机械工业出版社高职高专土建类"十二五"规划教材

# 建设工程招投标与合同管理

## 第2版

主　编　杨志中

副主编　尉胜伟　杨桂华　秦慧敏

参　编（以姓氏笔画为序）

　　　　于　彦　刘心萍　朱祥亮　高孟珲

主　审　蔡红新

机 械 工 业 出 版 社

本书分为 5 个学习单元，内容包括：建设工程招投标概论、建设工程招标、建设工程投标、建设工程合同、建设工程施工索赔管理。为加深学生学习理解，各学习单元附职业活动训练内容及典型工作任务，并附有单元概述、学习目标、案例分析、复习思考与训练题等。

本书可作为高职高专土建类专业及其他成人高校相应专业的教材，也可以作为相关工程技术人员的参考用书。

## 图书在版编目（CIP）数据

建设工程招投标与合同管理/杨志中主编 . —2 版 . —北京：机械工业出版社，2013.7（2020.3 重印）

机械工业出版社高职高专土建类"十二五"规划教材

ISBN 978 - 7 - 111 - 43467 - 2

Ⅰ.①建… Ⅱ.①杨… Ⅲ.①建筑工程 – 招标 – 高等职业教育 – 教材②建筑工程 – 投标 – 高等职业教育 – 教材③建筑工程 – 合同 – 管理 – 高等职业教育 – 教材 Ⅳ.①TU723

中国版本图书馆 CIP 数据核字（2013）第 170058 号

机械工业出版社（北京市百万庄大街 22 号 邮政编码 100037）

策划编辑：张荣荣 责任编辑：张荣荣 刘志刚

封面设计：张 静 责任校对：刘秀丽

责任印制：常天培

北京京丰印刷厂印刷

2020 年 3 月第 2 版·第 9 次印刷

184mm × 260mm·19 印张·468 千字

标准书号：ISBN 978 - 7 - 111 - 43467 - 2

定价：46.00 元

# 第 2 版序

　　近年来，随着国家经济建设的迅速发展，建设工程的发展规模不断扩大，建设速度不断加快，对具备高等职业技能的建筑类人才需求也随之不断加大。2008 年，我们通过深入调查，组织了全国三十余所高职高专院校的一批优秀教师，编写出版了本套教材。

　　本套教材以《高等职业教育土建类专业教育标准和培养方案》为纲，编写中注重培养学生的实践能力，基础理论贯彻"实用为主、必需和够用为度"的原则，基本知识采用广而不深、点到为止的编写方法，基本技能贯穿教学的始终。在教材的编写过程中，力求文字叙述简明扼要、通俗易懂。本套教材结合了专业建设、课程建设和教学改革成果，在广泛的调查和研讨的基础上进行规划和编写，在编写中紧密结合职业要求，力争能满足高职高专教学需要并推动高职高专土建类专业的教材建设。

　　本套教材出版后，经过四年的教学实践和行业的迅速发展，吸收了广大师生、读者的反馈意见，并按照国家最新颁布的标准、规范进行了修订。第 2 版教材强调理论与实践的紧密结合，突出职业特色，实用性、实操性强，重点突出，通俗易懂，配备了教学课件，适于高职高专院校、成人高校及二级职业技术院校、继续教育学院和民办高校的土建类专业使用，也可作为相关从业人员的培训教材。

　　由于时间仓促，也限于我们的水平，书中疏漏甚至错误之处在所难免，殷切希望能得到专家和广大读者的指正，以便修改和完善。

**本教材编审委员会**

# 第 2 版前言

本书是在《建设工程招投标与合同管理》第 1 版的基础上，结合高职高专教学改革的实践经验，为适应高职高专教育不断深入的教学改革和内容不断更新的需要而修订的。

本书基本上保持第 1 版的体系和特点。由于国家相关法律法规和有关标准的更新，第 2 版的内容主要作了以下调整和修订。

1. 采用最新标准《房屋建筑和市政工程标准施工招标资格预审文件》(2010)、《房屋建筑和市政工程标准施工招标文件》(2010) 以及《建设工程工程量清单计价规范》（GB 50500—2013)、《建设工程施工合同（示范文本)》(GF-2013-0201) 对原有内容进行了修订。

2. 根据国务院 2011 年颁布并于 2012 年 2 月实施的《中华人民共和国招标投标法实施条例》对原有内容进行了修订。

3. 根据行业发展要求和实际做法对原有内容进行修订。

4. 教材体系力求体现高职高专教育培养高等应用型人才的办学宗旨，教材内容的取舍贯彻以应用为目的，遵从基于工作过程理实一体化的高职教育改革思路，附有典型工作任务供使用者选用。

5. 对第 1 版中的错漏之处进行了修正。

本教材第 2 版由杨志中主持修订，山西工程职业技术学院秦慧敏参加了本书的修订。山西工程职业技术学院蔡红新教授对修订后的内容进行了审核，在此表示感谢。

由于编者水平有限，书中难免有错误和不当之处，请广大使用者批评指正。

# 目　　录

# 学习单元一　建设工程招标投标概论

## 本单元概述

建设工程招标投标概念；建设工程承发包概念、方式；建设工程市场基本特征；建设工程市场主体与客体；建设工程交易中心基本功能和工程交易程序；有关工程招标投标的法律制度。

## 学习目标

掌握建设工程招标投标概念、基本原则；掌握建设工程市场主、客体及建设工程市场资质管理的内容。熟悉建设工程承发包的方式；熟悉建设工程交易中心功能及运作的一般程序。了解建设工程招标投标的发展及建设工程招标投标有关法律制度。

## 1.1　建设工程招标投标概述

### 1.1.1　建设工程招标投标发展历史

新中国成立至 20 世纪 70 年代末，我国建筑业一直都采取行政手段指定施工单位、层层分配任务的办法。这种计划分配任务的办法，在当时对促进国民经济全面发展曾起到重要作用，为我国的社会主义建设作出了重大贡献。随着社会的发展，此种方式已不能满足飞速发展的经济需要。为此，从 20 世纪 80 年代开始，国家开始在建筑行业尝试实行招标投标，逐步推行工程招标承包制。到 20 世纪末，我国建设工程招标投标工作经过了三个阶段，立法建制初具规模，并形成基本框架体系，推动着我国建设工程招标投标制度的不断完善。

第一阶段：观念确立和试点（1980 ~ 1983 年）。1980 年，根据国务院"对一些适宜承包的生产建设项目和经营项目，可以实行招标投标的办法"的精神，我国的吉林省吉林市和经济特区深圳市率先试行招标投标，收效良好，在全国产生了示范性的影响。1983 年 6 月，原城乡建设环境保护部颁布了《建筑安装工程招标投标试行办法》，它是我国第一个关于工程招标投标的部门规章，对推动全国范围内实行此项工作起到了重要作用。

第二阶段：大力推行（1984 ~ 1991 年）。1984 年 9 月，国务院制定颁布了《关于改革建筑业和基本建设管理体制若干问题的暂行规定》规定了招标投标的原则办法，要改革单纯用行政手段分配建设任务的老办法，实行招标投标。由发包单位择优选定勘察设计单位、建筑安装企业，同时要求大力推行工程招标承包制，同年 11 月，原国家计委和原城乡建设环境保护部联合制定了《建设工程招标投标暂行规定》。

第三阶段：全面推开（1992 ~ 1999 年）。1999 年 8 月 30 日，全国人大九届十一次会议通过了《中华人民共和国招标投标法》，并于 2000 年 1 月 1 日起施行。这部法律的颁布实施，标志着我国建设工程招标投标步入了法制化的轨道。对于规范投资、融资领域的招标投标活动，保护国家利益、社会利益和招标投标活动当事人的合法权益，保证项目质量，降低项目成本，提高项目经济效益，具有深远的历史意义和重大的现实意义。

建设工程招投标制在我国虽然起步较晚，但发展很快。立法建制已初见成效，而且已基本形成了一套完善的体制。

## 1.1.2 建设工程招标投标概念

建设工程招标，是指招标人（或发包人）将拟建工程对外发布信息，吸引有承包能力的单位参与竞争，按照法定程序优选承包单位的法律活动。

招标是招标人通过招标竞争机制，从众多投标人中择优选定一家承包单位作为建设工程承建者的一种建筑商品的交易方式。

建设工程投标，是指投标人（或承包人）根据所掌握的信息，按照招标人的要求，参与投标竞争，以获得建设工程承包权的法律活动。

建设工程投标行为实质上是参与建设工程市场交易的行为，是众多投标人综合实力的较量，投标人通过竞争取得工程承包权。

建设工程招标投标是指建设单位或个人（即业主或项目法人）通过招标的方式，将工程建设项目的勘察、设计、施工、材料设备供应、监理等业务，一次或分步发包，由具有相应资质的承包单位通过投标竞争的方式承接。

整个招标投标过程，首先由招标人（建设单位）向特定或不特定的人发出通知，说明建设工程的具体要求以及参加投标的条件、期限等，邀请对方在期限内提出报价，然后根据投标人提供的报价和其他条件，选择对自己最为有利的投标人作为中标人，并与之签订合同。如果招标人对所有的投标条件都不满意，也可以全部拒绝，宣布招标失败，并可另择日期，重新进行招标活动，直至选择最为有利的对象（称中标人）并与之达成协议，建设工程招标投标活动即告结束。

## 1.1.3 建设工程招标投标分类及特点

建设工程招标投标的目的是在工程建设中引入竞争机制，择优选定勘察、设计、设备安装、施工、装饰装修、材料设备供应、监理或工程总承包单位，以缩短工期、提高工程质量和节约建设资金。

**1. 建设工程招标投标的分类**

（1）建设工程可行性研究招标投标。

（2）建设工程勘察、设计招标投标。

（3）建设工程施工招标投标。

（4）建设工程材料设备采购招标投标。

（5）建设工程设备安装招标投标。

（6）建设工程工程咨询和建设监理招标投标。

（7）建设工程总承包招标投标。

**2. 建设工程各阶段招标投标的特点**

建设工程招标投标总的特点是：①通过竞争机制，实行交易公开；②鼓励竞争、防止垄断、优胜劣汰，实现投资效益；③通过科学合理和规范化的监管机制与运作程序，有效地杜绝不正之风，保证交易的公正和公平。

政府及公共采购领域通常推行强制性公开招标的方式来择优选择承包商和供应商。但由于各类建设工程招标投标的内容不尽相同，因而它们有不同的招标投标意图或侧重点，在具体操作上也有细微的差别，呈现出不同的特点。

（1）工程勘察招标投标的主要特点。工程勘察设计阶段招标投标的主要特点是：①有批准的项目建议书或者可行性研究报告、规划部门同意的用地范围许可文件和要求的地形图；②采用公开招标或邀请招标方式；③申请办理招标登记，招标人自己组织招标或委托招标代理机构代理招标，编制招标文件，对投标单位进行资格审查，发放招标文件，组织勘察现场和进行答疑，投标人编制和递交投标书，开标、评标、定标，发出中标通知书，签订勘察合同；④在评标、定标上，着重考虑勘察方案的优劣，同时也考虑勘察进度的快慢，勘察收费依据与取费的合理性、正确性，以及勘察资历和社会信誉等因素。

工程设计招标投标的主要特点是：①在招标的条件、程序、方式上与勘察设计招标相同；②在招标的范围和形式上，主要实行设计方案招标，可以是一次性总招标，也可以分单项、分专业招标；③在评标、定标上，强调把设计方案的优劣作为择优、确定中标的主要依据，同时也考虑设计经济效益的好坏、设计进度的快慢、设计费报价的高低以及设计资历和社会信誉等因素；④中标人应承担初步设计和施工图设计，经招标人同意也可以向其他具有相应资格的设计单位进行一次性委托分包。

（2）施工招标投标的特点。建设工程施工是指把设计图纸变成预期的建筑产品的活动。施工招标投标是目前我国建设工程招标投标中开展得比较早、比较多、比较好的一类，其程序和相关制度具有代表性、典型性，甚至可以说，建设工程其他类型的招标投标制度，都是承袭施工招标投标制度而来的。就施工招标投标本身而言，其特点主要是：①在招标条件上，比较强调建设资金的充分到位；②在招标方式上，强调公开招标，特殊情况下经批准才可采用邀请招标；③在投标和评标、定标中，要综合考虑价格、工期、技术、质量、安全、信誉等因素，价格因素所占分量比较突出，可以说是关键一环，常常起决定性作用。

（3）工程建设监理招标投标的特点。工程建设监理是指具有相应资质的监理单位和监理工程师，受建设单位的委托，独立对工程建设过程进行组织、协调、监督、控制和服务的专业化活动。工程建设监理招标投标的主要特点是：①在性质上属工程咨询招标投标的范畴；②在监理的范围上，可以包括工程建设过程中的全部工作，如项目建设前期的可行性研究、项目评估等，项目实施阶段的勘察、设计、施工等，也可以只包括工程建设过程中的部分工作，通常主要是施工监理工作；③在评标、定标上，综合考虑监理规划（或监理大纲）、人员素质、监理业绩、监理取费、检测手段等因素，但其中最主要的考虑因素是人员素质，其分值所占比重较大。

（4）材料设备采购招标投标的特点。建设工程材料设备是指用于建设工程的各种建筑材料和设备。材料设备采购招标投标的主要特点是：①在招标形式上，一般应优先考虑在国内招标；②在招标范围上，一般为大宗的而不是零星的建设工程材料设备采购，如锅炉、电梯、空调等的采购；③在招标内容上，可以就整个工程建设项目所需的全部材料设备进行总招标，也可以就单项工程所需材料设备进行分项招标或者就单件（台）材料设备进行招标，还可以进行从项目的设计，材料设备生产、制造、供应和安装调试到试用投产的工程技术材料设备的成套招标；④在招标中，一般要求做标底，标底在评标、定标中具有重要意义；⑤

允许具有相应资质的投标人就部分或全部招标内容进行单独投标，也可以联合投标。

（5）工程总承包招标投标的特点。工程总承包，简单地讲，是指对工程全过程的承包。按其具体范围，可分为三种情况：第一种是对工程建设项目从可行性研究、勘察、设计、材料设备采购、施工、安装直到竣工验收、交付使用、质量保修等的全过程实行总承包，由一个承包商对建设单位负总责，建设单位一般只负责提供项目投资、使用要求及竣工、交付使用期限。这也就是所谓的交钥匙工程。第二种是对工程建设项目实施阶段从勘察、设计、材料设备采购、施工、安装直到交付使用等的全过程实行一次性总承包。第三种是对整个工程建设项目的某一阶段（如施工）或某几个阶段（如设计、施工、材料设备采购等）实行一次性总承包。工程总承包招标投标的主要特点是：①它是一种带有综合性的全过程的一次性招标投标；②投标人在中标后应当自行完成中标工程的主要部分（如主体结构等），对中标工程范围内的其他部分，经发包方同意，有权作为招标人组织分包招标投标或依法委托具有相应资质的招标代理机构组织分包招标投标，并与中标的分包投标人签订工程分包合同；③分承包招标投标的运作一般按照有关总承包招标投标的规定执行。

## 1.1.4　建设工程招标投标基本原则

### 1. 合法原则

合法原则是指建设工程招标投标主体的一切活动，必须符合法律、法规、规章和有关政策的规定，即：

（1）主体资格要合法。招标人必须具备一定的条件才能自行组织招标，否则只能委托具有相应资格的招标代理机构组织招标；投标人必须具有与其投标的工程相适应的资质等级，并经招标人资格审查合格。

（2）活动依据要合法。招标投标活动应按照相关的法律、法规、规章和政策性文件开展。

（3）活动程序要合法。建设工程招标投标活动的程序，必须严格按照有关法规规定的要求进行。当事人不能随意增加或减少招标投标过程中某些法定步骤或环节，更不能颠倒次序、超过时限、任意变通。

（4）对招标投标活动的管理和监督要合法。建设工程招标投标管理机构必须依法监管、依法办事，不能越权干预招（投）标人的正常行为或对招（投）标人的行为进行包办代替，也不能懈怠职责、玩忽职守。

### 2. 公开、公平、公正原则

（1）公开原则，是指建设工程招标投标活动应具有较高的透明度。具体有以下几层意思：

1）建设工程招标投标的信息公开。通过建立和完善建设工程项目报建登记制度，及时向社会发布建设工程招标投标信息，让有资格的投标者都能享受到同等的信息。

2）建设工程招标投标的条件公开。什么情况下可以组织招标，什么机构有资格组织招标，什么样的单位有资格参加投标等，必须向社会公开，便于社会监督。

3）建设工程招标投标的程序公开。在建设工程招标投标的全过程中，招标单位的主要招标活动程序、投标单位的主要投标活动程序和招标投标管理机构的主要监管程序，必须公开。

4）建设工程招标投标的结果公开。哪些单位参加了投标，最后哪个单位中了标，应当予以公开。

（2）公平原则，是指所有投标人在建设工程招标投标活动中，享有均等的机会，具有同等的权利，履行相应的义务，任何一方都不应受歧视。

（3）公正原则，是指在建设工程招标投标活动中，按照同一标准实事求是地对待所有的投标人，不偏袒任何一方。

我国《招标投标法实施条例》明确规定，招标人不得以不合理的条件限制、排斥潜在投标人或者投标人。招标人有下列行为之一的，属于以不合理条件限制、排斥潜在投标人或者投标人：

（1）就同一招标项目向潜在投标人或者投标人提供有差别的项目信息。

（2）设定的资格、技术、商务条件与招标项目的具体特点和实际需要不相适应或者与合同履行无关。

（3）依法必须进行招标的项目以特定行政区域或者特定行业的业绩、奖项作为加分条件或者中标条件。

（4）对潜在投标人或者投标人采取不同的资格审查或者评标标准。

（5）限定或者指定特定的专利、商标、品牌、原产地或者供应商。

（6）依法必须进行招标的项目非法限定潜在投标人或者投标人的所有制形式或者组织形式。

（7）以其他不合理条件限制、排斥潜在投标人或者投标人。

**3. 诚实信用原则**

诚实信用原则，是指在建设工程招标投标活动中，招（投）标人应当以诚相待，讲求信义，实事求是，做到言行一致，遵守诺言，履行成约，不得见利忘义，投机取巧，弄虚作假，隐瞒欺诈，损害国家、集体和其他人的合法权益。诚实信用原则是市场经济的基本前提，是建设工程招标投标活动中的重要道德规范。

## 1.1.5 建设工程招标投标的意义

实行招投标制，其最显著的特征是将竞争机制引入了交易过程。与采用供求双方"一对一"直接交易方式等非竞争性的交易方式相比，具有明显的优越性，主要表现在以下几个方面：

（1）招标人通过对各投标竞争者的报价和其他条件进行综合比较，从中选择报价低、技术力量强、质量保障体系可靠、具有良好信誉的承包商、供应商或监理单位、设计单位作为中标者，与其签订承包合同、采购合同、咨询合同，有利于节省和合理使用资金，保证招标项目的质量。

（2）招标投标活动要求依照法定程序公开进行，有利于遏制承包活动中行贿受贿等腐败和不正当竞争行为。

（3）有利于创造公平竞争的市场环境，促进企业间公平竞争。采用招标投标制，对于供应商、承包商来说，只能通过在价格、质量、服务等方面展开竞争，以尽可能充分满足招标人的要求，取得商业机会，体现了在商机面前人人平等的原则。

当然，招标方式与直接发包方式相比，也有程序复杂、费时较多、费用较高等缺点，因此，有些发包标的物价值较低或采购时间紧迫的交易行为，根据相关法规的规定可不采用招标投标方式。

## 1.2 建设工程承发包

### 1.2.1 建设工程承发包的概念

承发包是一种商业交易行为，是指交易的一方负责为交易的另一方完成某项工作或供应一批货物，并按一定的价格取得相应报酬的一种交易。委托任务并负责支付报酬的一方称为发包人；接受任务并负责按时完成而取得报酬的一方称为承包人。承发包双方通过签订合同或协议，予以明确发包人和承包人之间的经济上的权利与义务等关系，且具有法律效力。

一般对发包的理解可视为针对一项工作或任务，寻求委托承接方的过程；而承包是产品或服务的供应商寻求承接任务的过程。

工程承发包是指建筑企业（承包商）作为承包人（称乙方），建设单位（业主）作为发包人（称甲方），由甲方将建筑安装工程任务委托给乙方，且双方在平等互利的基础上签订工程合同，明确各自的经济责任、权利和义务，以保证工程任务在合同造价内按期按质按量地全面完成。对于建筑企业而言，它是一种经营方式。

### 1.2.2 建设工程承发包的内容

工程项目承发包的内容，就是整个建设过程各个阶段的全部工作，可以分为工程项目的项目建议书、可行性研究、勘察设计、材料及设备的采购供应、建筑安装工程施工、生产准备和竣工验收以及工程监理等阶段的工作。对一个承包单位来说，承包内容可以是建设过程的全部工作，也可以是某一阶段的全部或一部分工作。

**1. 项目建议书**

项目建议书是建设单位向国家有关主管部门提出要求建设某一项目的建设性文件。主要内容为项目的性质、用途、基本内容、建设规模及项目的必要性和可行性分析等。项目建议书可由建设单位自行编制，也可委托工程咨询机构代为编制。

**2. 可行性研究**

项目建议书经批准后，应进行项目的可行性研究。可行性研究是国内外广泛采用的一种研究工程建设项目的技术先进性、经济合理性和建设可能性的科学方法。

可行性研究的主要内容是对拟建项目的一些重大问题，如市场需求、资源条件、原料、燃料、动力供应条件、厂址方案、拟建规模、生产方法、设备选型、环境保护、资金筹措等，从技术和经济两方面进行详尽的调查研究，分析计算和进行方案比较，并对这个项目建成后可能取得的技术效果和经济效益进行预测，从而提出该项工程是否值得投资建设和怎样建设的意见，为投资决策提供可靠的依据。此阶段的任务，可委托工程咨询机构完成。

**3. 勘察设计**

勘察与设计两者之间既有密切联系，又有显著的区别。

（1）工程勘察。工程勘察的主要内容为工程测量、水文地质勘察和工程地质勘察。其任务是查明工程项目建设地点的地形地貌、地层土壤岩性、地质构造、水文条件等自然地质条件，作出鉴定和综合评价，为建设项目的选址、工程设计和施工提供科学的依据。

（2）工程设计。工程设计是工程建设的重要环节，它是从技术上和经济上对拟建工程进行全面规划的工作。一般建设项目采用两阶段设计，即初步设计和施工图设计，如有需要，可先进行方案设计；技术复杂的建设项目采用三阶段设计，即初步设计、技术设计和施工图设计。对一些大型联合企业、矿区和水利电力枢纽工程，为解决总体部署和开发问题，还需进行总体规划设计和总体设计。该阶段可通过方案竞选、招标投标等方式选定勘察设计单位。

**4. 材料和设备的采购供应**

建设项目所需的设备和材料，涉及面广、品种多、数量大。设备和材料采购供应是工程建设过程中的重要环节。建筑材料的采购供应方式有：公开招标、询价报价、直接采购等。设备供应方式有：委托承包、设备包干、招标投标等。

**5. 建筑安装工程施工**

建筑安装工程施工是工程建设过程中的一个重要环节，是把设计图纸付诸实施的决定性阶段。其任务是把设计图纸变成物质产品，如工厂、矿井、电站、桥梁、住宅、学校等，使预期的生产能力或使用功能得以实现。建筑安装施工内容包括施工现场的准备工作，以及永久性工程的建筑施工、设备安装及工业管道安装等。此阶段采用招标投标的方式进行工程的承发包。

**6. 生产职工培训**

基本建设的最终目的，就是形成新的生产能力。为了使新建项目建成后投入生产、交付使用，在建设期间就要准备合格的生产技术工人和配套的管理人员。因此，需要组织生产职工培训。这项工作通常由建设单位委托设备生产厂家或同类企业进行，在实行总承包的情况下，则由总承包单位负责，委托适当的专业机构、学校、工厂去完成。

**7. 建设工程监理**

监理单位受建设单位委托，对建设项目的可行性研究、勘察设计、设备及材料采购供应、工程施工、生产准备直至竣工投产，实行全过程监督管理或阶段监督管理。他们代表建设单位与设计、施工各方打交道，在设计阶段协助选择设计单位，提出设计要求，估算和控制投资额，安排和控制设计进度等；在施工阶段组织招标协助选择施工单位，协助建设单位签订施工合同并监督检查其执行，直至竣工验收。

## 1.2.3　建设工程承发包的方式

工程承发包方式是多种多样的，其分类如图1-1所示。

**1. 工程承发包方式分类**

工程承发包方式，是指发包人与承包人双方之间的经济关系形式。从承发包的范围、承包人所处的地位、合同计价方式、获得任务的途径等不同的角度，可以对工程承发包方式进行不同的分类，其主要分类如下：

（1）按承发包范围划分，工程承发包方式可分为建设全过程承发包、阶段承发包和专项（业）承发包。

阶段承发包和专项（业）承发包方式还可划分为包工包料、包工部分包料、包工不包料三种方式。

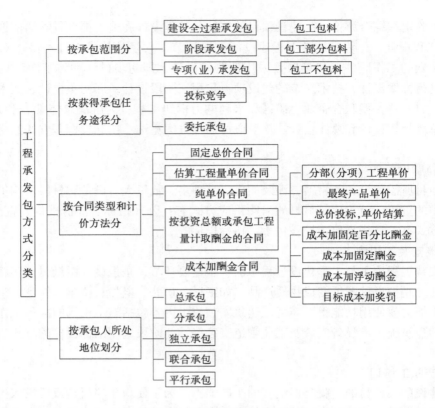

图 1-1　工程承发包方式分类

（2）按获得承包任务的途径划分，工程承发包方式可分为投标竞争和委托承包。

（3）按合同类型和计价方法划分，工程承发包方式可分为固定总价合同、估算工程量单价合同、纯单价合同、按投资总额或承包工程量计取酬金的合同和成本加酬金合同。

（4）按承包人所处的地位划分，工程承发包方式可分为总承包、分承包、独立承包、联合承包和平行承包。

**2. 按承发包范围划分承发包方式**

（1）建设全过程承发包。建设全过程承发包又称统包、一揽子承包、交钥匙合同。它是指发包人一般只要提出使用要求、竣工期限或对其他重大决策性问题作出决定，承包人就可对项目建议书、可行性研究、勘察设计、材料设备采购、建筑安装工程施工、职工培训、竣工验收，直到投产使用和建设后评估等全过程实行全面总承包，并负责对各项分包任务和必要时被吸收参与工程建设有关工作的发包人的部分力量进行统一组织、协调和管理。

建设全过程承发包主要适用于大中型建设项目。大中型建设项目由于工程规模大、技术复杂，要求工程承包公司必须具有雄厚的技术经济实力和丰富的组织管理经验，通常由实力雄厚的工程总承包公司（集团）承担。这种承包方式的优点是：由专职的工程承包公司承包，可以充分利用其丰富的经验，还可进一步积累建设经验，节约投资，缩短建设工期并保证建设项目的质量，提高投资效益。

（2）阶段承发包。阶段承发包是指发包人、承包人针对建设过程中某一阶段或某些阶段的工作（如勘察、设计或施工、材料设备供应等）进行发包承包。例如由设计机构承担勘察设计，由施工企业承担工业与民用建筑施工；由设备安装公司承担设备安装任务。其中，施工阶段承发包还可依承发包的具体内容，再细分为以下三种方式：

1）包工包料，即工程施工所用的全部人工和材料由承包人负责。其优点是：便于调剂余缺，合理组织供应，加快建设速度，促进施工企业加强企业管理，精打细算，厉行节约，减少损失和浪费；有利于合理使用材料，降低工程造价，减轻建设单位的负担。

2）包工部分包料，即承包人只负责提供施工的全部人工和一部分材料，其余部分材料由发包人或总承包人负责供应。

3）包工不包料，又称包清工，实质上是劳务承包，即承包人（大多是分包人）仅提供劳务而不承担任何材料供应的义务。

（3）专项（业）承发包。专项承发包是指发包人、总承包人就某建设阶段中的一个或几个专门项目进行发包承包。专项承发包主要适用于可行性研究阶段的辅助研究项目；勘察设计阶段的工程地质勘察、供水水源勘察，基础或结构工程设计、工艺设计，供电系统、空调系统及防灾系统的设计；施工阶段的深基础施工、金属结构制作和安装、通风设备和电梯安装等建设准备阶段的设备选购和生产技术人员培训等专门项目。由于专门项目专业性强，常常是由有关专业分包人承包，所以，专项发包承包也称作专业发包承包。

**3. 按获得承包任务的途径划分承发包方式**

（1）投标竞争。通过投标竞争，中标者获得工程任务，与建设单位签订承包合同。我国现阶段的工程任务是以投标竞争为主的承包方式。

（2）委托承包。委托承包即由建设单位采用直接发包的方式发包工程，与承包单位协商，签订委托其承包某项工程任务的合同。主要适用于不属于必须招标的项目或法律法规规定的可以不进行招标的情形。

**4. 按合同类型和计价方法划分承发包方式**

（1）固定总价合同。固定总价合同是指发包人要求承包人按商定的总价承包工程。这种方式通常适用于规模较小、风险不大、技术简单、工期较短的工程。其主要做法是，以图纸和工程说明书为依据，明确承包内容和计算承包价，总价一次包死，一般不予变更。这种方式的优点是，因为有图纸和工程说明书为依据，发包人、承包人都能较准确地估算工程造价，发包人容易选择最优承包人。其缺点主要是对承包商有一定的风险，因为如果设计图纸和说明书不太详细，未知数比较多，或者遇到材料突然涨价、地质条件变化和气候条件恶劣等意外情况，承包人承担的风险就会增大，风险费加大不利于降低工程造价，最终对发包人也不利。

（2）估算工程量单价合同。估算工程量单价合同是指以工程量清单和单价表为计算承包价依据的承发包方式。通常的做法是，由发包人或委托具有相应资质的中介咨询机构提出工程量清单，列出分部（分项）工程工程量，由承包商根据发包人给出的工程量，经过复核并填上适当的单价，再算出总造价，发包人只要审核单价是否合理即可。这种承发包方式，结算时单价一般不能变化，但工程量可以按实际工程量计算，承包人承担的风险较小，操作起来也比较方便。

（3）纯单价合同。纯单价合同是指以工程单价结算工程价款的承发包方式。其特点是，工程量实量实算，以实际完成的数量乘以单价结算。

具体包括以下两种类型：

1）按分部（分项）工程单价承包。即由发包人列出分部（分项）工程名称和计量单位，由承包人逐项填报单价，经双方磋商确定承包单价，然后签订合同，并根据实际完成的工程数量，按此单价结算工程价款。这种承包方式主要适用于没有施工图、工程量不明而且需要开工的工程。

2）按最终产品单价承包。即按每平方米住宅、每平方米道路等最终产品的单价承包。其报价方式与按分部（分项）工程单价承包相同。这种承包方式通常适用于采用标准设计的住宅、宿舍和通用厂房等房屋建筑工程。但对其中因条件不同而造价变化较大的基础工程，则大多采用按计量估价承包或分部（分项）工程单价承包的方式。

（4）按投资总额或承包工程量计取酬金的合同。这种方式主要适用于可行性研究、勘察设计和材料设备采购供应等项承包业务。例如，承包可行性研究的计费方法通常是根据委托方的要求和所提供的资料情况，拟定工作内容，估计完成任务所需各种专业人员的数量和工作时间，据此计算工资、差旅费以及其他各项开支，再加企业总管理费，汇总即可得出承包费用总额。勘察费的计费方法，是按完成的工作量和相应的费用定额计取。

（5）成本加酬金合同。成本加酬金合同又称成本补偿合同，是指按工程实际发生的成本结算外，发包人另加上商定好的一笔酬金（总管理费和利润）支付给承包人的一种承发包方式。工程实际发生的成本，主要包括人工费、材料费、施工机械使用费、其他直接费和现场经费以及各项独立费等。其主要的做法有：成本加固定酬金、成本加固定百分比酬金、成本加浮动酬金、目标成本加奖罚。

1）成本加固定酬金。这种承包方式工程成本实报实销，但酬金是事先商量好的一个固定数目。

这种承包方式，酬金不会因成本的变化而改变，它不能鼓励承包商降低成本，但可鼓励承包商为尽快取得酬金而缩短工期。有时，为鼓励承包人更好地完成任务，也可在固定酬金之外，再根据工程质量、工期和降低成本情况另加奖金，且奖金所占比例的上限可以大于固定酬金。

2）成本加固定百分比酬金。这种承包方式工程成本实报实销，但酬金是事先商量好的以工程成本为计算基础的一个百分比。

这种承包方式，对发包人不利，因为工程总造价随工程成本增大而相应增大，不能有效地鼓励承包商降低成本、缩短工期。现在这种承包方式已很少采用。

3）成本加浮动酬金。这种承包方式的做法，通常是由双方事先商定工程成本和酬金的预期水平，然后将实际发生的工程成本与预期水平相比较，如果实际成本恰好等于预期成本，工程造价就是成本加固定酬金；如果实际成本低于预期成本，则增加酬金；如果实际成本高于预期成本，则减少酬金。

采用这种承包方式，优点是对发包人、承包人双方都没有太大风险，同时也能促使承包商降低成本和缩短工期。缺点是在实践中估算预期成本比较困难，要求承发包双方具有丰富的经验。

4）目标成本加奖罚。这种承包方式是在初步设计结束后，工程迫切开工的情况下，根据粗略估算的工程量和适当的概算单价表编制概算，作为目标成本，随着设计逐步具体化，目标成本可以调整。另外以目标成本为基础规定一个百分比作为酬金，最后结算时，如果实际成本高于目标成本并超过事先商定的界限（例如5%），则减少酬金；如果实际成本低于目标成本（也有一个幅度界限），则增加酬金。

此外，还可另加工期奖罚。这种承发包方式的优点是可促使承包商关心降低成本和缩短工期，而且，由于目标成本是随设计的进展而加以调整才确定下来的，所以，发包人、承包人双方都不会承担过大风险。缺点是目标成本的确定较困难，也要求发包人、承包人都须具有比较丰富的经验。

**5. 按承包人所处的地位划分承发包方式**

（1）总承包。总承包简称总包，是指发包人将一个建设项目建设全过程或其中某个或某几个阶段的全部工作发包给一个承包人承包，该承包人可以将在自己承包范围内的若干专业性工作再分包给不同的专业承包人去完成，并对其统一协调和监督管理。各专业承包人只同总承包人发生直接关系，不与发包人发生直接关系。

总承包主要有两种情况：一种是建设全过程总承包；另一种是建设实施阶段总承包。建设实施阶段总承包主要分为：①勘察、设计、施工、设备采购总承包；②勘察、设计、施工总承包；③勘察、设计总承包；④施工总承包；⑤施工、设备采购总承包；⑥投资、设计、施工总承包，即建设项目由承包商贷款垫资，并负责规划设计、施工，建成后再转让给发包人；⑦投资、设计、施工、经营一体化总承包，通称 BOT 方式，即发包人和承包人共同投资，承包人不仅负责项目的可行性研究、规划设计、施工，而且建成后还负责经营几年或几十年，然后再转让给发包人。

采用总承包方式时，可以根据工程具体情况，将工程总承包任务发包给有实力的具有相应资质的咨询公司、勘察设计单位、施工企业以及设计施工一体化的大建筑公司等承担。

（2）分承包。分承包简称分包，是相对于总承包而言的，指从总承包人承包范围内分包某一分项工程（如土方、模板、钢筋等）或某种专业工程（如钢结构制作和安装、电梯安装、卫生设备安装等）。分承包人不与发包人发生直接关系，而只对总承包人负责，在现场由总承包人统筹安排其活动。

分承包人承包的工程不能是总承包范围内的主体结构工程或主要部分（关键性部分），主体结构工程或主要部分必须由总承包人自行完成。

分承包主要有两种情形：一种是总承包合同约定的分包，总承包人可以直接选择分包人，经发包人同意后与分包人订立分包合同；另一种是总承包合同未约定的分包，须经发包人认可后总承包人方可选择分包人，并与之订立分包合同。可见，分包事实上都要经过发包人同意后才能进行。

（3）独立承包。独立承包是指承包人依靠自身力量自行完成承包任务的承发包方式。此方式主要适用于技术要求比较简单、规模不大的工程项目。

（4）联合承包。联合承包是相对于独立承包而言的，指发包人将一项工程任务发包给两个以上承包人，由这些承包人联合共同承包。联合承包主要适用于大型或结构复杂的工程。参加联合的各方，通常是采用成立工程项目合营公司、合资公司、联合集团等联营体形式，推选承包代表人，协调承包人之间的关系，统一与发包人签订合同，共同对发包人承担连带责任。参加联营的各方仍都是各自独立经营的企业，只是就共同承包的工程项目必须事先达成联合协议，以明确各个联合承包人的权利和义务，包括投入的资金数额、工人和管理人员的派遣、机械设备种类、临时设施的费用分摊、利润的分享以及风险的分担等。

在市场竞争日趋激烈的形势下，采取联合承包的方式优越性十分明显，具体表现在：①

可以有效地减弱多家承包商之间的竞争，化解和防范承包风险；②促进承包商在信息、资金、人员、技术和管理上互相取长补短，有助于充分发挥各自的优势；③增强共同承包大型或结构复杂的工程的能力，增加了中大标、中好标和共同获取更丰厚利润的机会。

（5）平行承包。平行承包是指不同的承包人在同一工程项目上分别与发包人签订承包合同，各自直接对发包人负责。各承包商之间不存在总承包、分承包的关系，现场上的协调工作由发包人自己去做，或由发包人委托具有相应资质的项目管理公司完成。

## 1.3　建设工程市场

### 1.3.1　建设工程市场的概念

#### 1. 建设工程市场的含义

建设工程市场简称建设市场或建筑市场，是进行建筑商品和相关要素交换的市场。

建设工程市场有广义的市场和狭义的市场之分。狭义的建设工程市场一般指有形建设工程市场，有固定的交易场所。广义的建设工程市场包括有形市场和无形市场，它是工程建设生产和交易关系的总和。

由于建筑产品具有生产周期长、价值量大、生产过程的不同阶段对承包的能力和特点要求不同等特点，决定了建设工程市场交易贯穿于建筑产品生产的整个过程。从工程建设的决策、设计、施工，一直到工程竣工、保修期结束，发包方与承包商、分包商进行的各种交易以及相关的商品混凝土供应、构配件生产、建筑机械租赁等活动，都是在建设工程市场中进行的。生产活动和交易活动交织在一起，使得建设工程市场在许多方面不同于其他产品市场。

建设工程市场由工程建设发包方、承包方和中介服务机构组成市场主体，各种形态的建筑商品及相关要素（如建筑材料、建筑机械、建筑技术和劳动力）构成市场客体。建设工程市场的主要竞争机制是招标投标形式，用法律法规和监管体系保证市场秩序、保护市场主体的合法权益。建设工程市场是消费品市场的一部分，如住宅建筑等；也是生产要素市场的一部分，例如工业厂房、港口、道路、水库等。

#### 2. 建设工程市场分类

（1）按交易对象分为建筑商品市场、资金市场、劳动力市场、建筑材料市场、租赁市场、技术市场和服务市场等。

（2）按市场覆盖范围分为国际市场和国内市场。

（3）按有无固定交易场所分为有形市场和无形市场。

（4）按固定资产投资主体分为国家投资形成的建设工程市场，各类法人单位自有资金投资形成的建设工程市场，个人投资形成的建设工程市场和外商投资形成的建设工程市场等。

（5）按建筑商品的性质分为工业建设工程市场、民用建设工程市场、公用建设工程市场、市政工程市场、道路桥梁市场、装饰装修市场、设备安装市场等。

#### 3. 建设工程市场的特征

建设工程市场不同于其他市场，这是由于建设工程市场的主要商品——建筑商品是一种特殊的商品。建设工程市场具有不同于其他产业市场的特征。

（1）建设工程市场交换关系复杂。

（2）建设工程市场的范围广，变化大。

（3）建筑产品生产和交易的统一性。

（4）建筑产品交易的长期性和阶段性。

（5）建设工程市场交易的特殊性。

1）主要交易对象的单件性。

2）交易对象的整体性和分部（分项）工程的相对独立性。

3）交易价格的特殊性。

4）交易活动的不可逆转性。

（6）建设工程市场竞争激烈。

1）价格竞争。

2）质量竞争。

3）工期竞争。

4）企业信誉竞争。

（7）建筑产品的社会性。

（8）建设工程市场与房地产市场的交融性。

## 1.3.2 建设工程市场的主体与客体

### 1. 建设工程市场的主体

建设工程市场主体是指在市场中从事交换活动的当事人，包括组织和个人。按照参与交易活动的目的不同，当事人可分为卖方、买方和商业中介机构三类。建设工程市场的主体是业主、承包商和中介机构。

（1）业主。业主是指既有某项工程建设需求，又具有该项工程的建设资金和各种准建证件，在建设工程市场中发包工程项目建设任务，并最终得到建筑产品达到其投资目的的法人、其他组织和自然人。

（2）承包商。承包商是指有一定生产能力、技术装备、流动资金，具有承包工程建设任务的营业资格，在建设工程市场中能够按照业主方的要求，提供不同形态的建筑产品，并获得工程价款的建筑业企业。

（3）中介机构。中介机构是指具有一定注册资金和相应的专业服务能力，持有从事相关业务的资质证书和营业执照，能对工程建设提供估算测量、管理咨询、建设监理等智力型服务或代理，并取得服务费用的咨询服务机构和其他为工程建设服务的专业中介组织。建设工程市场的中介机构主要有：

1）建筑业协会及其下属的专业分会。

2）各种专业事务所、评估机构、公证机构、合同纠纷的调解仲裁机构等。

3）建设工程交易中心、监理公司等。

4）建筑产品质量检测、鉴定机构，ISO—9000 认证机构等。

5）基金会、保险机构等。

6）招标代理机构。

**2. 建设工程市场的客体**

建设工程市场客体是指一定量的可供交换的商品和服务，它包括有形的物质产品和无形的服务。

建设工程市场的客体一般称作建筑产品，它包括有形的建筑产品——建筑物和无形的产品——各种服务。客体凝聚着承包商的劳动，业主以投入资金的方式取得它的使用价值。

## 1.3.3 建设工程市场资质管理

建筑活动的专业性及技术性都很强，而且建设工程投资大、周期长，一旦发生问题将给社会和人民的生命财产安全造成极大损失。因此，为保证建设工程的质量和安全，对从事建设活动的单位和专业技术人员必须实行从业资格管理，即资质管理制度。建设工程市场中的资质管理包括两类：一类是对从业企业的资质管理；另一类是对专业人士的资格管理。

**1. 从业企业资质管理**

我国《建筑法》规定，对从事建筑活动的施工企业、勘察设计单位、工程咨询机构（含监理单位）等实行资质管理。

（1）工程勘察设计企业资质管理。我国建设工程勘察设计资质分为工程勘察资质、工程设计资质。工程勘察资质分为工程勘察综合资质（甲级）、工程勘察专业资质（甲、乙、丙级）和工程勘察劳务资质（不分级）；工程设计资质分为工程设计综合资质（甲级）、工程设计行业资质（甲、乙级；部分行业设丙级）、工程设计专业资质（甲、乙级；部分专业设丙级，建筑专业设丁级）、工程设计专项资质（甲、乙级；个别专业设丙级）。

建设工程勘察、设计企业应当按照其拥有的注册资本、专业技术人员、技术装备和业绩等条件申请资质，经审查合格，取得建设工程勘察、设计资质证书后，方可在资质等级许可的范围内从事建设工程勘察设计活动。我国勘察设计企业的业务范围参见表1-1的有关规定。国务院建设行政主管部门及各地建设行政主管部门负责工程勘察、设计企业资质的审批、晋升和处罚。

表1-1　我国勘察设计企业的业务范围

| 企业类别 | 资质分类 | 等级 | 承担业务范围 |
|---|---|---|---|
| 勘察企业 | 综合资质 | 甲级 | 承担工程勘察业务范围和地区不受限制 |
| | 专业资质（分专业设立） | 甲级 | 承担本专业工程勘察业务范围和地区不受限制 |
| | | 乙级 | 可承担本专业工程勘察中、小型工程项目，承担工程勘察业务的地区不受限制 |
| | | 丙级 | 可承担本专业工程勘察小型工程项目，承担工程勘察业务限定在省、自治区、直辖市所辖行政区范围内 |
| | 劳务资质 | 不分级 | 承担岩石工程治理、工程钻探、凿井等工程勘察劳务工作，承担工程勘察劳务工作的地区不受限制 |
| 设计企业 | 综合资质 | 甲级 | 承担各行业、各等级的建设工程设计业务；地区不受限制 |
| | 行业资质（分行业设立） | 甲、乙、丙级 | 承担相应行业相应等级的工程设计及本行业范围内同级别的相应专业、专项（设计施工一体化资质除外）工程设计业务；甲、乙级地区不受限制，丙级限制在省、自治区、直辖市所辖行政区范围内 |

（续）

| 企业类别 | 资质分类 | 等级 | 承 担 业 务 范 围 |
|---|---|---|---|
| 设计企业 | 专业资质（分专业设立） | 甲、乙、丙、丁级 | 承担相应本专业相应等级的工程设计及同级别的相应专项（设计施工一体化资质除外）工程设计业务；甲、乙级地区不受限制，丙、丁级限制在省、自治区、直辖市所辖行政区范围内 |
| | 专项资质 | 甲、乙、丙级 | 承担本专项相应等级的专项工程设计业务；甲、乙级地区不受限制，丙级限制在省、自治区、直辖市所辖行政区范围内 |

（2）建筑业企业（承包商）资质管理。建筑业企业（承包商）是指从事土木工程、建筑工程、线路管道及设备安装工程、装修工程等的新建、扩建、改建活动的企业。我国的建筑业企业分为施工总承包企业、专业承包企业和劳务分包企业三个资质序列。施工总承包企业又按工程性质分为房屋建筑、公路、铁路、港口与航道、水利水电、电力、矿山、冶炼、化工石油、市政公用、通信、机电安装等 12 个类别；专业承包企业又根据工程性质和技术特点划分为 60 个类别；劳务分包企业按技术特点划分为 13 个类别。工程施工总承包企业每个资质类别划分 3~4 个资质等级，即特、一、二级或特、一、二、三级；施工专业承包企业每个资质类别分为 1~3 个资质等级或不分级；劳务分包企业每个资质类别分为一、二级两个资质等级或不分级。这三类企业的资质等级标准，由住建部统一组织制定和发布。工程施工总承包企业和施工专业承包企业的资质实行分级审批。特级和一级资质由住建部审批；二级以下资质由企业注册所在地省、自治区、直辖市人民政府建设主管部门审批；劳务分包企业资质由企业所在地省、自治区、直辖市人民政府建设主管部门审批。经审查合格的企业，由资质管理部门颁发相应等级的建筑业企业（施工企业）资质证书。建筑业企业资质证书由国务院建设行政主管部门统一印制，分为正本（1 本）和副本（若干本），正本和副本具有同等法律效力。任何单位和个人不得涂改、伪造、出借、转让资质证书，复印的资质证书无效。我国建筑业企业承包工程范围见表 1-2。

**表 1-2　我国建筑业企业承包工程范围**

| 企业类别 | 等级 | 承 包 工 程 范 围 |
|---|---|---|
| 施工总承包企业（12 类） | 特级 | （以房屋建筑工程为例）可承担各类房屋建筑工程的施工 |
| | 一级 | （以房屋建筑工程为例）可承担单项建安合同额不超过企业注册资本金 5 倍的下列房屋建筑工程的施工：①40 层及以下，各类跨度的房屋建筑工程；②高度 240m 及以下的构筑物；③建筑面积 20 万 $m^2$ 及以下的住宅小区或建筑群体 |
| | 二级 | （以房屋建筑工程为例）可承担单项建安合同额不超过企业注册资本金 5 倍的下列房屋建筑工程的施工：①28 层及以下、单跨跨度 36m 以下的房屋建筑工程；②高度 120m 及以下的构筑物；③建筑面积 12 万 $m^2$ 及以下的住宅小区或建筑群体 |
| | 三级 | （以房屋建筑工程为例）可承担单项建安合同额不超过企业注册资本金 5 倍的下列房屋建筑工程的施工：①14 层及以下、单跨跨度 24m 以下的房屋建筑工程；②高度 70m 及以下的构筑物；③建筑面积 6 万 $m^2$ 及以下的住宅小区或建筑群体 |
| 专业承包企业（60 类） | 一级 | （以土石方工程为例）可承担各类土石方工程的施工 |
| | 二级 | （以土石方工程为例）可承担单项合同额不超过企业注册资本金 5 倍且 60 万 $m^3$ 及以下的土石方工程的施工 |

（续）

| 企业类别 | 等级 | 承 包 工 程 范 围 |
|---|---|---|
| 专业承包企业<br>（60 类） | 三级 | （以土石方工程为例）可承担单项合同额不超过企业注册资本金 5 倍且 15 万 $m^3$ 及以下的土石方工程的施工 |
| 劳务分包企业<br>（13 类） | 一级 | （以木工作业为例）可承担各类工程木工作业分包业务，但单项合同额不超过企业注册资本金的 5 倍 |
| | 二级 | （以木工作业为例）可承担各类工程木工作业分包业务，但单项合同额不超过企业注册资本金的 5 倍 |

（3）工程咨询单位资质管理。我国对工程咨询单位也实行资质管理。目前，已有明确资质等级评定条件的有：工程监理、招标代理、工程造价等咨询机构。

工程监理企业资质按照等级划分为综合资质、专业资质和事务所资质。其中，专业资质按照工程性质和技术特点划分为 14 个工程类别，综合资质、事务所资质不设类别和等级。专业资质分为甲级、乙级，其中：房屋建筑、水利水电、公路和市政公用专业资质可设立丙级。综合资质可以承担所有专业工程类别建设工程项目的工程监理业务。专业资质中，丙级监理单位只能监理相应专业类别的三级工程；乙级监理单位只能监理相应专业类别的二、三级工程；甲级监理单位可以监理相应专业类别的所有工程。事务所资质可以承担三级建设工程项目的监理业务，但国家规定必须实行监理的工程除外。

工程招标代理机构资格划分为甲级、乙级和暂定级。甲级招标代理机构可以承担各类工程的招标代理业务。乙级招标代理机构只能承担工程总投资额 1 亿元人民币以下的工程招标代理业务。暂定级招标代理机构只能承担工程总投资额 6000 万元人民币以下的工程招标代理业务。招标代理机构承担业务的地区范围不受限制。

工程造价咨询机构资质等级划分为甲级和乙级。乙级工程造价咨询机构在本省、自治区、直辖市所辖行政区域范围内承接中、小型建设项目的工程造价咨询业务；甲级工程造价咨询机构承担工程的范围和地区不受限制。

**2. 专业人士资格管理**

建筑业专业人员执业资格制度指的是我国的建筑业专业人员在各自的专业范围内参加全国或行业组织的统一考试，获得相应的执业资格证书，经注册后在资格许可范围内执业的制度。建筑业专业人员执业资格制度是我国强化建设工程市场准入的重要举措。我国《建筑法》规定："从事建筑活动的专业技术人员，应当依法取得相应的执业资格证书，并在执业资格证书许可的范围内从事建筑活动。"

我国目前的建筑业专业执业资格有：注册建筑师、注册结构工程师、注册监理工程师、注册造价工程师、注册土木（岩土）工程师、注册建造师、注册房地产估价师等。

这些不同岗位的执业资格存在许多共同点，包括①均需要参加统一考试；②均需要注册，只有经过注册后才能成为注册执业人员；③均有各自的执业范围，注册执业人员只能在证书规定的执业范围内执业；④均须接受继续教育，每一位注册执业人员都必须要及时更新知识，因此都必须要接受继续教育。

### 1.3.4 建设工程交易中心

**1. 建设工程交易中心的性质**

建设工程交易中心是依据国家法律法规成立，为建设工程交易活动提供相关服务，依法自主经营、独立核算、自负盈亏，具有法人资格的服务性经济实体。

建设工程交易中心是一种有形建设工程市场。

**2. 建设工程交易中心应具备的功能**

（1）场所服务功能。交易中心一般具备信息发布大厅、洽谈室、开标室、会议室及其他相关设施，为工程承发包交易双方包括建设工程发布招标公告、资格预审、开标、评标、定标、合同谈判等提供场所服务。

（2）信息服务功能。交易中心配备有电子墙、计算机网络工作站，收集、存储和发布各类工程信息、法律法规、造价信息、价格信息、专业人士信息等。

（3）集中办公功能。建设行政主管部门的各职能机构进驻建设工程交易中心，为建设项目进入有形建筑市场进行项目报建、招标投标交易和办理有关批准手续进行集中办公和实施统一管理监督。由于其具有集中办公功能，因此建设工程交易中心只能集中设立，每个城市原则上只能设立一个，特大城市可以根据需要设立区域性分中心，在业务上受中心领导。

（4）咨询服务功能。提供技术、经济、法律等方面的咨询服务。

**3. 建设工程交易中心的管理**

建设工程交易中心要逐步建成包括建设项目工程报建、招标投标、承包商、中介机构、材料设备价格和有关法律法规等的信息中心。

各级建设工程招标投标监督管理机构负责建设工程交易中心的具体管理工作。

新建、扩建、改建的限额以上建设工程，包括各类房屋建筑、土木工程、设备安装、管道线路铺设、装饰装修和水利、交通、电力等专业工程的施工、监理、中介服务、材料设备采购，都必须在有形建设市场进行交易。凡应进入建设工程交易中心而在场外交易的，建设行政主管部门不得为其办理有关工程建设手续。

**4. 建设工程交易中心运作的一般程序**

按有关规定，建设工程项目进入建设工程交易中心按下列程序运行（图1-2）。

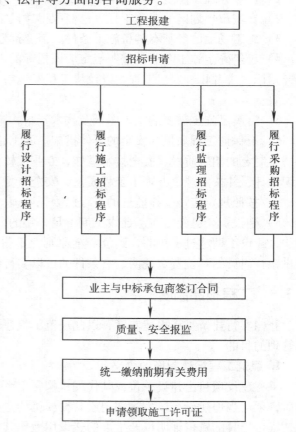

图1-2　建设工程交易中心运行程序图

（1）建设工程项目报建。在建设工程项目的立项批准文件或投资计划下达后，建设单位根据《工程建设项目报建管理办法》规定的要求进行报建。报建内容主要包括：工程名称、建设地点、投资规模、资金来源、当年投资额、工程规模、工程筹建情况、计划开竣工日期等。

（2）确定招标方式。招标人填写"建设工程招标申请表"，并经上级主管部门批准后，连同"工程建设项目报建审查登记表"报招标管理机构核准。招标管理机构依据《中华人民共和国招标投标法》和有关规定确认招标方式。

（3）履行招标投标程序。招标人依据《中华人民共和国招标投标法》和有关规定，履行建设项目包括建设项目的勘察、设计、施工、监理以及与工程建设有关的设备材料采购等的招标投标程序。

（4）签订合同。自发出中标通知书之日起 30 天内，发包单位与中标单位签订承包合同。

（5）按规定进行质量、安全监督登记。

（6）统一缴纳有关工程前期费用。

（7）领取建设工程施工许可证。根据《建设工程施工许可管理办法》的规定，申请领取施工许可证需要满足下列条件：

1）已经办理该建筑工程用地批准手续。

2）在城市规划区的建筑工程，已经取得建设工程规划许可证。

3）施工场地已经基本具备施工条件，需要拆迁的，其拆迁进度符合施工要求。

4）已经确定施工企业。按照规定应该招标的工程没有招标，应该公开招标的工程没有公开招标，或者肢解发包工程，以及将工程发包给不具备相应资质条件的，所确定的施工企业无效。

5）有满足施工需要的施工图纸及技术资料，施工图设计文件已按规定进行了审查。

6）有保证工程质量和安全的具体措施。施工企业编制的施工组织设计中有根据建筑工程特点制定的相应质量、安全技术措施，专业性较强的工程项目编制了专项质量、安全施工组织设计，并按照规定办理了工程质量、安全监督手续。

7）按照规定应该委托监理的工程已委托监理。

8）建设资金已经落实。建设工期不足一年的，到位资金原则上不得少于工程合同价的50%，建设工期超过一年的，到位资金原则上不得少于工程合同价的 30%。建设单位应当提供银行出具的到位资金证明，有条件的可以实行银行付款保函或者其他第三方担保。

## 1.3.5 工程报建制度

我国实行建筑工程报建制度，以此规范工程建设实施阶段的程序管理，达到加强建筑市场管理的目的。

### 1. 建筑工程报建制度的含义

工程建设项目由建设单位或其代理机构在工程项目可行性研究报告或其他立项文件被批准后，须向当地建设行政主管部门或其授权机构进行报建，交验工程项目立项的批准文件，包括银行出具的资信证明以及批准的建设用地等其他有关文件。

**2. 实行报建制度的工程范围**

凡在我国境内投资兴建的所有工程建设项目，都必须实行报建制度，接受当地建设行政主管部门或其授权机构的监督管理。工程建设项目是指各类房屋建筑、土木工程、设备安装、管道线路敷设、装饰装修等固定资产投资的新建、扩建、改建以及技改等建设项目。

**3. 报建内容**

工程建设项目的报建内容主要包括：①工程名称；②建设地点；③投资规模；④资金来源；⑤当年投资额；⑥工程规模；⑦开工、竣工日期；⑧发包方式；⑨工程筹建情况。

**4. 报建程序**

（1）建设单位到建设行政主管部门或其授权机构领取"工程建设项目报建表"。

（2）建设单位按报建表的内容及要求认真填写。

（3）建设单位向建设行政主管部门或其授权机构报送"工程建设项目报建表"及相关资料，并按要求进行招标准备。

凡未报建的工程建设项目，不得办理招投标手续和发放施工许可证，设计、施工单位不得承接该项工程的设计和施工任务。

# 1.4  建设工程招标投标法律制度

## 1.4.1  招标投标法

**1. 招标投标法的概念**

招标投标法是国家用来规范招标投标活动、调整在招标投标过程中产生的各种关系的法律规范的总称。按照法律效力的不同，招标投标法法律规范分为下列四个层次：

（1）由全国人大及其常委会颁布的《中华人民共和国招标投标法》（以下简称《招标投标法》）法律。

（2）由国务院颁布的行政法规《中华人民共和国招标投标法实施条例》。

（3）具有立法权的地方人大及其常委会制定的地方性行政法规，如《××省建筑市场管理条例》等。

（4）由国务院有关部门颁发的部门规章以及地方人民政府颁发的地方政府规章，如国家发展改革委员会等7部委颁发的《工程建设项目施工招标投标办法》、某省颁布的《××省招标投标活动管理规定》等。

**2. 招标投标法法规体系简介**

1999年8月30日，第九届全国人大常委会第十一次会议审议通过了《中华人民共和国招标投标法》，2000年1月1日开始实施，它是整个招标投标领域的基本法，一切有关招标投标的法规、规章和规范性文件都必须与《招标投标法》相一致，不得抵触。2011年11月30日经国务院第183次常务会议审议通过，2012年2月1日正式实施的《中华人民共和国招标投标法实施条例》，在总结我国招标投标实践、借鉴国际经验的基础上，对招标投标制度作了补充、细化和完善，进一步健全了我国招标投标法法规体系。除此之外，各类与工程建设招标投标相关的部门规章也是该体系的重要组成部分。重要的有：2000年4月4日国务院批准2000年5月1日原国家计委发布《工程建设项目招标范围和规模标准规定》；2001

年 7 月 5 日原国家计委等七部委联合发布《评标委员会和评标办法暂行规定》；2000 年 10 月 18 日原建设部颁布《建筑工程设计招标投标管理办法》；2001 年 6 月 1 日原建设部颁布《房屋建筑和市政基础设施工程招标投标管理办法》；2002 年 2 月 1 日原国家计委颁布《国家重大建设项目招标投标监督暂行办法》；原国家计委等七部委联合发布于 2003 年 5 月 1 日施行《工程建设项目施工招标投标办法》；国家发改委等七部委联合发布的 2005 年 3 月 1 日实施的《工程建设项目货物招标投标办法》；2006 年 12 月 30 日原建设部颁布《工程建设项目招标代理机构资格认定方法》等。

### 1.4.2 建设工程招标投标活动监管

国务院发展改革部门指导和协调全国招标投标工作，对国家重大建设项目的工程招标投标活动实施监督检查。国务院工业和信息化、住房城乡建设、交通运输、铁道、水利、商务等部门，按照规定的职责分工对有关招标投标活动实施监督。财政部门依法对实行招标投标的政府采购工程建设项目的预算执行情况和政府采购政策执行情况实施监督。监察机关依法对与招标投标活动有关的监察对象实施监察。建设工程招标投标活动及其当事人应当接受依法实施的监督管理。

**1. 建设工程招标投标监管体制**

建设工程招标投标涉及各行各业的很多部门，如果都各自为政，必然会导致建设市场混乱无序，无从管理。为了维护建筑市场的统一性、竞争的有序性和开放性，国家明确指定了一个统一归口的建设行政主管部门，即住建部，它是全国最高建设工程招标投标管理机构。在住建部的统一监管下，实行省、市、县三级建设行政主管部门对所辖行政区内的建设工程招标投标分级管理。各级建设行政主管部门作为本行政区域内建设工程招标投标工作的统一归口监督管理部门，其主要职责如下：

（1）从指导全社会的建筑活动、规范整个建筑市场、发展建筑产业的高度研究制定有关建设工程招标投标的发展战略、规划、行业规范和相关方针、政策、行为规则、标准和监管措施，组织宣传、贯彻有关建设工程招标投标的法律、法规、规章，进行执法检查监督。

（2）指导、检查和协调本行政区域内建设工程的招标投标活动，总结交流经验，提供高效率的规范化服务。

（3）负责对当事人的招标投标资质、中介服务机构的招标投标中介服务资质和有关专业技术人员的执业资格的监督，开展招标投标管理人员的岗位培训。

（4）会同有关专业主管部门及其直属单位办理有关专业工程招标投标事宜。

（5）调解建设工程招标投标纠纷，查处建设工程招标投标违法、违规行为，否决违反招标投标规定的定标结果。

**2. 建设工程招标投标分级管理**

建设工程招标投标分级管理，是指省、市、县三级建设行政主管部门依照各自的权限，对本行政区域内的建设工程招标投标分别实行管理，即分级属地管理。这是建设工程招标投标管理体制内部关系中的核心问题。实行这种建设行政主管部门系统内的分级属地管理，是现行建设工程项目投资管理体制的要求，也是进一步提高招标工作效率和质量的重要措施，有利于更好地实现建设行政主管部门对本行政区域建设工程招标投标工作的统一监管。

**3. 建设工程招标投标监管机关**

建设工程招标投标监管机关，是指经政府或政府主管部门批准设立的隶属于同级建设行政主管部门的省、市、县建设工程招标投标办公室。

（1）建设工程招标投标监管机关的性质。

各级建设工程招标投标监管机关从机构设置、人员编制来看，其性质通常都是代表政府行使行政监管职能的事业单位。建设行政主管部门与建设工程招标投标监管机关之间是领导与被领导关系。省、市、县（市）招标投标监管机关的上级与下级之间有业务上的指导和监督关系。

（2）建设工程招标投标监管机关的职权。

县级以上建设行政主管部门设立的建设工程招标投标管理机关，负责建设工程招标投标日常监督管理工作，其主要职责是：

1）贯彻实施国家、地方有关建设工程招标投标的法律、法规和规章，并制定实施细则。

2）负责分级管理权限内的建设工程项目报建，监督管理分级管理权限内的建设工程的招标投标活动。

3）负责本行政区域内有形建筑市场的日常监督、指导工作。

4）负责对招标代理机构的资质进行初审和日常监督管理。

5）负责建设工程评标专家资格的审查和评委专家库的建立及管理。

6）监督承发包合同的签订和履行。

7）调解招标投标活动中的纠纷。

8）会同有关部门查处违反招标投标法律、法规的行为。

（3）建设工程招标投标监管机关的具体工作内容。

1）建设工程项目招标前备案核准。包括依法对具备招标条件的建设工程项目进行备案登记核准；依法对招标人自行办理招标的资格条件进行核查；核查建设工程招标代理机构资质；核准招标方式；核查招标方案。

2）招标投标过程的监督。包括监督招标人严格按照法律、法规规定的程序组织招标投标；监督招标人按规定发布招标公告；对招标人报送备案的招标文件进行审查，发现招标文件有违反法律、法规、规章内容的应当书面责令招标人改正；监督招标人依法成立评标机构；会同有关监督部门监督招标人依照法律、法规、规章和招标文件规定的程序进行的开标活动；会同有关监督部门监督评标机构按照招标文件确定的评标标准和方法进行评标。

3）建设工程招标项目招标投标情况书面报告备案审查。

4）监督招标人和中标人依法签订书面合同并备案。

建设工程招标投标监管机关的职权，概括起来可分为两个方面：一方面是承担具体负责建设工程招标投标管理工作的职责。也就是说，建设行政主管部门作为本行政区域内建设工程招标投标工作统一归口管理部门的职责，具体是由招标投标监管机关来全面承担的。这时，招标投标监管机关行使职权是在建设行政主管部门的名义下进行的。另一方面，是在招标投标管理活动中享有可独立以自己的名义行使的管理职权。

### 1.4.3　违反《招标投标法》的法律责任

在招标投标的全过程中应遵守《招标投标法》的规定，按照《招标投标法》的规定依法进行招标投标，如果违反《招标投标法》的规定要受到经济、行政处罚以至追究刑事责任。

**1. 招标投标过程**

（1）依法必须进行招标的项目而不招标的，将必须进行招标的项目化整为零或者以其他任何方式规避招标的，有关行政监督部门责令限期改正，可以处项目合同金额 5‰以上 10‰以下的罚款；对全部或者部分使用国有资金的项目，项目审批部门可以暂停项目执行或者暂停资金拨付；对单位直接负责的主管人员和其他直接负责人员依法给予处分。

（2）招标代理机构非法泄漏应当保密且与招标投标活动有关的情况资料的，或者与招标人、投标人串通损害国家利益、社会公共利益或者他人合法权益的，由有关行政监督部门处 5 万元以上 25 万元以下罚款，对单位直接负责的主管人员和其他直接负责人员处单位罚款数额 5%以上 10%以下的罚款；有违法所得的，并处没收违法所得；情节严重的，有关行政监督部门可停止其一定时期内参与相关领域的招标代理业务，资格认定部门可暂停直至取消招标代理资格；构成犯罪的，由司法部门依法追究刑事责任。给他人造成损失的，依法承担赔偿责任。

（3）招标人以不合理的条件限制或者排斥潜在投标人的，对潜在投标人实行歧视待遇的，强制要求投标人组成联合体共同投标的，或者限制投标人之间竞争的，有关行政监督部门责令改正，可处 1 万元以上 5 万元以下的罚款。

（4）依法必须进行招标项目的招标人向他人透露已获取招标文件的潜在投标人的名称、数量或者可能影响公平竞争的有关招标投标的其他情况的，或者泄露标底的，有关行政监督部门给予警告，可以并处 1 万元以上 10 万元以下的罚款；对单位直接负责的主管人员和其他直接责任人员依法给予处分；构成犯罪的，依法追究刑事责任。

（5）招标人在发布招标公告、发出投标邀请书或者售出招标文件或资格预审文件后终止招标的，除有正当理由外，有关行政监督部门给予警告，根据情节可处 3 万元以下的罚款；给潜在投标人或者投标人造成损失的，应当赔偿损失。

（6）招标人或者招标代理机构有下列情形之一的，有关行政监督部门责令其限期改正，根据情节可处 3 万元以下的罚款；情节严重的，招标无效。

1）未在指定的媒介发布招标公告的。

2）邀请招标不依法发出投标邀请书的。

3）自招标文件或资格预审文件出售之日起至停止出售之日止，少于 5 个工作日的。

4）依法必须招标的项目，自招标文件开始发出之日起至提交投标文件截止之日止，少于 20 日的。

5）应当公开招标而不公开招标的。

6）不具备招标条件而进行招标的。

7）应当履行核准手续而未履行的。

8）不按项目审批部门核准内容进行招标的。

9）在提交投标文件截止时间后接受投标文件的。

10）投标人数量不符合法定要求不重新招标的。

（7）投标人相互串通投标或者与招标人串通投标的，投标人以向招标人或者评标委员会成员行贿的手段谋取中标的，中标无效，由有关行政监督部门处中标项目金额5‰以上10‰以下的罚款，对单位直接负责的主管人员和其他直接责任人员处单位罚款数额5%以上10%以下的罚款；有违法所得的，并处没收违法所得；情节严重的，取消其1~2年内的投标资格，并予以公告，直至由工商行政管理机关吊销营业执照；构成犯罪的，依法追究刑事责任。给他人造成损失的，依法承担赔偿责任。

（8）投标人以他人名义投标或者以其他方式弄虚作假，骗取中标的，中标无效，给招标人造成损失的，依法承担赔偿责任；构成犯罪的，依法追究刑事责任。

依法必须进行招标项目的投标人有前款所列行为尚未构成犯罪的，有关行政监督部门处中标项目金额5‰以上10‰以下的罚款，对单位直接负责的主管人员和其他直接责任人员处单位罚款数额5%以上10%以下的罚款；有违法所得的，并处没收违法所得；情节严重的，取消其1~3年内的投标资格，并予以公告，直至由工商行政管理机构吊销营业执照。

（9）依法必须进行招标的项目，招标人违法与投标人就投标价格、投标方案等实质性内容进行谈判的，有关行政监督部门给予警告，对单位直接负责的主管人员和其他直接责任人员依法给予处分。

**2. 评标过程**

评标过程中，标书的评审对招标人和投标人都非常重要，对评标人员也提出了新的要求。客观、公正、具备良好的职业素质是必不可少的，《招标投标法》对评标过程中的法律责任也进行了明确的规定。

（1）评标委员会成员收受投标人的财物或者其他好处的，评标委员会成员或者参加评标的有关工作人员向他人透露对投标文件的评审和比较、中标候选人的推荐以及与评标有关的其他情况的，有关行政监督部门给予警告，没收收受的财物，并处3000元以上5万元以下的罚款，对有所列违法行为的评标委员会成员取消担任评标委员会成员的资格并予以公告，不得再参加任何招标项目的评标；构成犯罪的，依法追究刑事责任。

（2）评标委员会成员在评标过程中擅离职守，影响评标程序正常进行，或者在评标过程中不能客观公正地履行职责的，有关行政监督部门给予警告；情节严重的，取消担任评标委员会成员的资格，不得再参加任何招标项目的评标，并处1万元以下的罚款。

（3）评标过程有下列情况之一的，评标无效，应当依法重新进行评标或者重新进行招标，有关行政监督部门可处3万元以下的罚款。

1）使用招标文件没有确定的评标标准和方法的。

2）评标标准和方法含有倾向或者排斥投标人的内容，妨碍或者限制投标人之间竞争，且影响评标结果的。

3）应当回避担任评标委员会成员的人参与评标的。

4）评标委员会的组建及人员组成不符合法定要求的。

5）评标委员会及其成员在评标过程中有违法行为，且影响评标结果的。

（4）招标人在评标委员会依法推荐的中标候选人以外确定中标人的，依法必须进行招标的项目在所有投标被评标委员会否决后自行确定中标人的，中标无效。有关行政监督部门责令改正，可以处中标项目金额5‰以上10‰以下的罚款；对单位直接责任的主管人员和其他直接责任人员依法给予处分。

### 3. 合同签订过程

招标投标活动的最终目的是招标人和投标人签订合同，在合同签订过程中要受到我国《合同法》和《招标投标法》的规范，如有下列行为承担一定的经济责任或行政处罚。

（1）招标人不按规定期限确定中标人的，或者中标通知书发出后，改变中标结果的，无正当理由不与中标人签订合同的，或者在签订合同时向中标人提出附加条件或者更改合同实质性内容的，有关行政监督部门给予警告，责令改正，根据情节可处3万元以下的罚款；造成中标人损失的，并应当赔偿损失。中标通知书发出后，中标人放弃中标项目的，无正当理由不与招标人签订合同的，在签订合同时向招标人提出附加条件或者更改合同实质性内容的，或者拒不提交所要求的履约保证金的，招标人可取消其中标资格，并没收其投标保证金；给招标人的损失超过投标保证金数额的，中标人应当对超过部分予以赔偿；没有提交投标保证金的，应当对招标人的损失承担赔偿责任。

（2）中标人将中标项目转让给他人的，将中标项目肢解后分别转让给他人的，违法将中标项目的部分主体、关键性工作分包给他人的，或者分包人再次分包的，转让、分包无效，有关行政监督部门处转让、分包项目金额5‰以上10‰以下的罚款；有违法所得的，并处没收违法所得；可以责令停业整顿；情节严重的，由工商行政管理机关吊销营业执照。

（3）招标人与中标人不按照招标文件和中标人的投标文件订立合同的，招标人、中标人订立背离合同实质性内容的协议的，或者招标人擅自提高履约保证金的，有关行政监督部门责令改正；可以处中标项目金额5‰以上10‰以下的罚款。

（4）中标人不履行与招标人订立的合同的，履约保证金不予退还，给招标人造成的损失超过履约保证金数额的，还应当对超过部分予以赔偿；没有提交履约保证金的，应当对招标人的损失承担赔偿责任。中标人不按照与招标人订立的合同履行义务，情节严重的，有关行政监督部门取消其2～5年内参加招标项目的投标资格并予以公告，直至由工商行政管理机关吊销营业执照。

（5）招标人不履行与中标人订立的合同的，应当双倍返还中标人的履约保证金；给中标人造成的损失超过返还的履约保证金的，还应当对超过部分予以赔偿；没有提交履约保证金的，应当对中标人的损失承担赔偿责任。

### 4. 在招标投标过程中的其他法律责任

（1）依法必须进行施工招标的项目违反法律规定，中标无效的，应当依照法律规定的中标条件从其余投标人中重新确定中标人或者依法重新进行招标。中标无效的，发出的中标通知书和签订的合同自始至终没有法律约束力，但不影响合同中独立存在的有关解决争议方法的条款的效力。

（2）任何单位违法限制或者排斥本地区、本系统以外的法人或者其他组织参加投标的，为招标人指定招标代理机构的，强制招标人委托招标代理机构办理招标事宜的，或者以其他方式干涉招标投标活动的，有关行政监督部门责令改正；对单位直接责任的主管人员和其他直接责任人员依法给予警告、记过、记大过的处分，情节较重的，依法给予降级、撤职、开除的处分。

（3）对招标投标活动依法负有行政监督职责的国家机关工作人员徇私舞弊、滥用职权或者玩忽职守，构成犯罪的，依法追究刑事责任；不构成犯罪的，依法给予行政处分。

（4）任何单位和个人对工程建设项目施工招标投标过程中发生的违法行为，有权向项目审批部门或者有关行政监督部门投诉或举报。

## 1.4.4 违反我国《招标投标法实施条例》的法律责任

### 1. 招标投标过程

（1）招标人有下列限制或者排斥潜在投标人行为之一的，由有关行政监督部门依照招标投标法的规定处罚（责令改正，可以处1万元以上5万元以下的罚款）。

1）依法应当公开招标的项目不按照规定在指定媒介发布资格预审公告或者招标公告。

2）在不同媒介发布的同一招标项目的资格预审公告或者招标公告的内容不一致，影响潜在投标人申请资格预审或者投标。

依法必须进行招标的项目的招标人不按照规定发布资格预审公告或者招标公告，构成规避招标的，依照招标投标法的规定处罚。

（2）招标人有下列情形之一的，由有关行政监督部门责令改正，可以处10万元以下的罚款。

1）依法应当公开招标而采用邀请招标。

2）招标文件、资格预审文件的发售、澄清、修改的时限，或者确定的提交资格预审申请文件、投标文件的时限不符合招标投标法和本条例规定。

3）接受未通过资格预审的单位或者个人参加投标。

4）接受应当拒收的投标文件。

招标人有第1）、3）、4）项所列行为之一的，对单位直接负责的主管人员和其他直接责任人员依法给予处分。

（3）招标代理机构在所代理的招标项目中投标、代理投标或者向该项目投标人提供咨询的，接受委托编制标底的中介机构参加受托编制标底项目的投标或者为该项目的投标人编制投标文件、提供咨询的，依照招标投标法第五十条的规定追究法律责任。

（4）招标人超过本条例规定的比例收取投标保证金、履约保证金或者不按照规定退还投标保证金及银行同期存款利息的，由有关行政监督部门责令改正，可以处5万元以下的罚款；给他人造成损失的，依法承担赔偿责任。

（5）投标人相互串通投标或者与招标人串通投标的，投标人向招标人或者评标委员会成员行贿谋取中标的，中标无效；构成犯罪的，依法追究刑事责任；尚不构成犯罪的，依照招标投标法第五十三条的规定处罚。投标人未中标的，对单位的罚款金额按照招标项目合同金额依照招标投标法规定的比例计算。

投标人有下列行为之一的，属于招标投标法规定的情节严重行为，由有关行政监督部门取消其1~2年内参加依法必须进行招标的项目的投标资格。

1）以行贿谋取中标。

2）3年内2次以上串通投标。

3）串通投标行为损害招标人、其他投标人或者国家、集体、公民的合法利益，造成直接经济损失30万元以上。

4）其他串通投标情节严重的行为。

投标人自第2）项规定的处罚执行期限届满之日起3年内又有该项所列违法行为之一

的，或者串通投标、以行贿谋取中标情节特别严重的，由工商行政管理机关吊销营业执照。

法律、行政法规对串通投标报价行为的处罚另有规定的，从其规定。

（6）投标人以他人名义投标或者以其他方式弄虚作假骗取中标的，中标无效；构成犯罪的，依法追究刑事责任；尚不构成犯罪的，依照招标投标法第五十四条的规定处罚。依法必须进行招标的项目的投标人未中标的，对单位的罚款金额按照招标项目合同金额依照招标投标法规定的比例计算。

投标人有下列行为之一的，属于招标投标法规定的情节严重行为，由有关行政监督部门取消其 1~3 年内参加依法必须进行招标的项目的投标资格：

1）伪造、变造资格、资质证书或者其他许可证件骗取中标。

2）3 年内 2 次以上使用他人名义投标。

3）弄虚作假骗取中标给招标人造成直接经济损失 30 万元以上。

4）其他弄虚作假骗取中标情节严重的行为。

投标人自第 2）项规定的处罚执行期限届满之日起 3 年内又有该项所列违法行为之一的，或者弄虚作假骗取中标情节特别严重的，由工商行政管理机关吊销营业执照。

出让或者出租资格、资质证书供他人投标的，依照法律、行政法规的规定给予行政处罚；构成犯罪的，依法追究刑事责任。

**2. 评标定标过程**

（1）依法必须进行招标的项目的招标人不按照规定组建评标委员会，或者确定、更换评标委员会成员违反招标投标法和招标投标法实施条例规定的，由有关行政监督部门责令改正，可以处 10 万元以下的罚款，对单位直接负责的主管人员和其他直接责任人员依法给予处分；违法确定或者更换的评标委员会成员作出的评审结论无效，依法重新进行评审。

国家工作人员以任何方式非法干涉选取评标委员会成员的，依法追究法律责任。

（2）评标委员会成员有下列行为之一的，由有关行政监督部门责令改正；情节严重的，禁止其在一定期限内参加依法必须进行招标的项目的评标；情节特别严重的，取消其担任评标委员会成员的资格：

1）应当回避而不回避。

2）擅离职守。

3）不按照招标文件规定的评标标准和方法评标。

4）私下接触投标人。

5）向招标人征询确定中标人的意向或者接受任何单位或者个人明示或者暗示提出的倾向或者排斥特定投标人的要求。

6）对依法应当否决的投标不提出否决意见。

7）暗示或者诱导投标人作出澄清、说明或者接受投标人主动提出的澄清、说明。

8）其他不客观、不公正履行职务的行为。

（3）评标委员会成员收受投标人的财物或者其他好处的，没收收受的财物，处 3000 元以上 5 万元以下的罚款，取消担任评标委员会成员的资格，不得再参加依法必须进行招标的项目的评标；构成犯罪的，依法追究刑事责任。

（4）依法必须进行招标的项目的招标人有下列情形之一的，由有关行政监督部门责令改正，可以处中标项目金额10‰以下的罚款；给他人造成损失的，依法承担赔偿责任；对单位直接负责的主管人员和其他直接责任人员依法给予处分：

1）无正当理由不发出中标通知书。

2）不按照规定确定中标人。

3）中标通知书发出后无正当理由改变中标结果。

4）无正当理由不与中标人订立合同。

5）在订立合同时向中标人提出附加条件。

（5）中标人无正当理由不与招标人订立合同，在签订合同时向招标人提出附加条件，或者不按照招标文件要求提交履约保证金的，取消其中标资格，投标保证金不予退还。对依法必须进行招标的项目的中标人，由有关行政监督部门责令改正，可以处中标项目金额10‰以下的罚款。

（6）招标人和中标人不按照招标文件和中标人的投标文件订立合同，合同的主要条款与招标文件、中标人的投标文件的内容不一致，或者招标人、中标人订立背离合同实质性内容的协议的，由有关行政监督部门责令改正，可以处中标项目金额5‰以上10‰以下的罚款。

（7）中标人将中标项目转让给他人的，将中标项目肢解后分别转让给他人的，违反招标投标法和招标投标法实施条例规定将中标项目的部分主体、关键性工作分包给他人的，或者分包人再次分包的，转让、分包无效，处转让、分包项目金额5‰以上10‰以下的罚款；有违法所得的，并处没收违法所得；可以责令停业整顿；情节严重的，由工商行政管理机关吊销营业执照。

**3. 在招标投标过程中的其他法律责任**

（1）投标人或者其他利害关系人捏造事实、伪造材料或者以非法手段取得证明材料进行投诉，给他人造成损失的，依法承担赔偿责任。

招标人不按照规定对异议作出答复，继续进行招标投标活动的，由有关行政监督部门责令改正，拒不改正或者不能改正并影响中标结果的，招标、投标、中标无效，应当依法重新招标或者评标。

（2）取得招标职业资格的专业人员违反国家有关规定办理招标业务的，责令改正，给予警告；情节严重的，暂停一定期限内从事招标业务；情节特别严重的，取消招标职业资格。

（3）项目审批、核准部门不依法审批、核准项目招标范围、招标方式、招标组织形式的，对单位直接负责的主管人员和其他直接责任人员依法给予处分。

有关行政监督部门不依法履行职责，对违反招标投标法和招标投标法实施条例规定的行为不依法查处，或者不按照规定处理投诉、不依法公告对招标投标当事人违法行为的行政处理决定的，对直接负责的主管人员和其他直接责任人员依法给予处分。

项目审批、核准部门和有关行政监督部门的工作人员徇私舞弊、滥用职权、玩忽职守，构成犯罪的，依法追究刑事责任。

（4）国家工作人员利用职务便利，以直接或者间接、明示或者暗示等任何方式非法干涉招标投标活动，有下列情形之一的，依法给予记过或者记大过处分；情节严重的，依法给予降级或者撤职处分；情节特别严重的，依法给予开除处分；构成犯罪的，依法追究刑事责任：

1）要求对依法必须进行招标的项目不招标，或者要求对依法应当公开招标的项目不公开招标。

2）要求评标委员会成员或者招标人以其指定的投标人作为中标候选人或者中标人，或者以其他方式非法干涉评标活动，影响中标结果。

3）以其他方式非法干涉招标投标活动。

（5）依法必须进行招标的项目的招标投标活动违反招标投标法和招投标法实施条例的规定，对中标结果造成实质性影响，且不能采取补救措施予以纠正的，招标、投标、中标无效，应当依法重新招标或者评标。

# 本单元小结

本单元介绍了建设工程招标投标概念、建设工程招标投标基本原则以及国内外建设工程招标投标的发展情况；从不同角度分析了建设工程承发包的方式；对建设工程市场主、客体组成以及建设工程市场资质管理作了比较详细的阐述。介绍了建设工程交易中心功能及运作的一般程序及建设工程招标投标有关法律制度。

## 案例分析

### 案例分析一：鲁布革水电站引水工程招标投标

一、鲁布革水电站引水工程招标投标情况简介

鲁布革水电站装机容量 60 万 kW·h，位于云贵交界的黄泥河上。1981 年 6 月经国家批准，列为重点建设工程。1982 年 7 月，国家决定将鲁布革水电站的引水工程作为水利电力部第一个对外开放、利用世界银行贷款的工程，并按世界银行规定，实行新中国成立以来第一次的国际公开（竞争性）招标。该工程由一条长 8.8km、内径 8m 的引水隧洞和调压井等组成。招标范围包括其引水隧洞、调压井和通往电站的压力钢管等。

二、招标程序及合同履行情况见表 1-3

表1-3 鲁布革水电站引水工程国际公开招标程序及合同履行情况

| 时 间 | 工作内容 | 说 明 |
|---|---|---|
| 1982 年 9 月 | 刊登招标通告及编制招标文件 | |
| 1982 年 9~12 月 | 第一阶段资格预审 | 从 13 个国家 32 家公司中选定 20 家合格公司，包括我国 3 家公司 |
| 1983 年 2~7 月 | 第二阶段资格预审 | 与世界银行磋商第一阶段预审结果，中外公司为组成联合投标公司进行谈判 |
| 1983 年 6 月 15 日 | 发售招标文件（标书） | 15 家外商及 3 家国内公司购买了标书，8 家投了标 |
| 1983 年 11 月 8 日 | 当众开标 | 8 家公司投标，其中一家为废标 |

（续）

| 时 间 | 工作内容 | 说 明 |
|---|---|---|
| 1983 年 11 月 ~ 1984 年 4 月 | 评标 | 确定大成、前田和英波吉洛公司 3 家为评标对象，最后确定日本大成公司中标，与其签订合同，合同价 8463 万元，比标底 12958 万元低 43%，合同工期为 1597 天 |
| 1984 年 11 月 | 引水工程正式开工 | |
| 1988 年 8 月 13 日 | 正式竣工 | 工程师签署了工程竣工移交证书，工程初步结算价 9100 万元，仅为标底的 60.8%，比合同价增加 7.53%，实际工期 1475 天，比合同工期提前 122 天 |

　　表 1-4 为各投标人的评标折算报价情况。按照国际惯例，只有前三名进入评标阶段，因此我国两家公司没有入选。这次国际竞争性招标，虽然国内公司享受 7.5% 的优惠，条件颇为有利，但未中标。

表 1-4　鲁布革水电站引水工程国际公开招标评标折算报价

| 公 司 | 折算报价/万元 | 公 司 | 折算报价/万元 |
|---|---|---|---|
| 日本大成公司 | 8460 | 中国闽昆与挪威 FHS 联合公司 | 12210 |
| 日本前田公司 | 8800 | 南斯拉夫能源公司 | 13220 |
| 英波吉洛公司（意美联合） | 9280 | 法国 SBTP 联合公司 | 17940 |
| 中国贵华与霍尔兹曼（前西德）联合公司 | 12000 | 前西德某公司 | 废标 |

　　大成公司采用总承包制，管理及技术人员仅 30 人左右，由国内企业分包劳务，采用科学的项目管理方法。比预期工期提前 122 天竣工，工程质量综合评价为优良。最终工程初步结算为 9100 万元，仅为标底的 60.8%。"鲁布革工程"受到我国政府的重视，号召建筑施工企业进行学习。

　　三、鲁布革水电站引水工程的主要经验

　　鲁布革水电站引水工程进行国际招标和实行国际合同管理，在当时具有很大的超前性。鲁布革工程管理局作为既是"代理业主"又是"监理工程师"的机构设置，按合同进行项目管理的实践，使人耳目一新，所以当时到鲁布革水电站引水工程考察被称为"不出国的出国考察"。这是在 20 世纪 80 年代初我国计划经济体制还没有根本改变，建筑市场还没形成，外部条件尚未充分具备的情况下进行的。而且只是在水电站引水工程进行国际招标，首部大坝枢纽和地下厂房工程以及机电安装仍由水电十四局负责施工，因此形成了一个工程两种管理体制并存的状况。这正好给了人们一个充分比较、研究、分析两种管理体制差异的极好机会。鲁布革水电站引水工程的国际招标实践和一个工程两种体制的鲜明对比，在中国工程界引起了强烈的反响。到鲁布革水电站引水工程参观考察的人几乎遍及全国各省市，鲁布革水电站引水工程的实践激发了人们对基本建设管理体制改革的强烈愿望。

鲁布革水电站引水工程的管理经验主要有以下几点：

（1）核心的经验是把竞争机制引入工程建设领域。

（2）工程施工采用全过程总承包方式和科学的项目管理。

（3）严格的合同管理和工程监理制。

在我国工程建设发展和改革过程中，鲁布革水电站的建设占有一定的历史地位，发挥了其重要的历史作用。

### 案例分析二

A建设单位准备建一座图书馆，建筑面积 8000m²，预算投资 400 万元，建设工期为 10 个月。工程采用公开招标的方式确定承包商。按照我国《招标投标法》和《建筑法》的规定，建设单位编制了招标文件，并向当地的建设行政主管部门提出招标申请，得到了批准。但是在招标之前，该建设单位就已经与甲施工公司进行了工程招标沟通，对投标价格、投标方案等实质性内容达成了一致的意向。招标公告发布后，有甲、乙、丙三家公司通过了资格预审。按照招标文件规定的时间、地点和招标程序，三家施工单位向建设单位递交了标书。在公开开标的过程中，甲和乙承包公司在施工技术、施工方案、施工力量和投标报价上相差不大，乙承包公司在总体技术和实力上较甲承包公司好一些。但是，定标的结果确定是甲承包公司。乙承包公司很不满意，但最终接受了这个竞标结果。20 多天后，一个偶然机会，乙承包公司接触到甲承包公司的一名中层管理人员，在谈到该建设单位的工程招标时，甲承包公司的这名员工透露说，在招标之前，该建设单位已经和甲公司进行了多次接触，中标条件和标底是双方议定的，参加投标的其他人都蒙在鼓里。对此情节，乙承包公司认为该建设单位严重违反了法律的有关规定，遂向当地的建设行政主管部门举报，要求建设行政管理部门依照职权宣布该招标结果无效。经建设行政管理部门审查，乙公司所陈述的事实属实，遂宣布本次招标结果无效。

分析要点：本案例涉及的是招标单位与投标单位相互串通而导致中标无效的问题。

《工程建设项目施工招标投标办法》中列举了招标人与投标人串通投标的几种情形："①招标人在开标前开启招标文件，并将投标情况告知其他投标人，或者协助投标人撤换投标文件，更改报价；②招标人向投标人泄露标底；③招标人与投标人商定，投标时压低或抬高标价，中标后再给投标人或招标人额外补偿；④招标人预先内定中标人；⑤其他串通投标行为。"本案中 A 建设单位的行为明显属于招标单位与投标单位相互串通投标行为。

《招标投标法》第五十五条明确规定："依法必须进行招标的项目，招标人违反本法规定，与投标人就投标价格、投标方案等实质性内容进行谈判的，给予警告，对单位直接负责的主管人员和其他直接责任人员依法给予处分。前款所列行为影响中标结果的，中标无效。"

## 复习思考与训练题

1. 建设工程招标投标工作包含哪些内容？
2. 建设工程招标投标活动的基本原则有哪些？
3. 简述工程承发包的概念。
4. 简述工程承发包的方式。

5. 简述建设工程市场的组成和交易内容。

6. 我国目前对承包商如何进行资质管理？目前与建设工程有关的执业资格制度有哪些？

7. 建筑施工企业的资质如何划分？

8. 简述建设工程交易中心的功能。

9. 简述建设工程交易中心运作的一般程序。

10. 领取施工许可证需要哪些条件？

11. 我国现行的招投标法律制度有哪些？

12. 建设工程招标投标监管机关的主要任务有哪些？

13. 违反《招标投标法》要承担哪些法律责任？

# 学习单元二　建设工程招标

## 本单元概述

建设工程招标的种类、范围、方式；建设工程项目施工招标；建设工程项目施工招标文件编制；国际工程项目招标。

## 学 习 目 标

掌握建设工程招标的方式；掌握建设工程项目施工招标条件、程序及各阶段工作的要点；能够编制招标文件；熟悉招标过程中涉及的相关文件、报告的格式和内容；学习资格预审和评标的基本方法。了解国际工程招标的方式和程序。

## 2.1　建设工程招标概述

### 2.1.1　建设工程招标的种类

建设工程招标，根据其招标范围、任务不同通常有以下几种。

**1. 建设工程项目总承包招标**

建设工程项目总承包招标也称为建设项目全过程招标，即通常所称的"交钥匙"工程承包方式。就是指从项目建议书开始，包括可行性研究、勘察设计、设备和材料询价及采购、工程施工、工业项目的生产准备，直至竣工验收和交付使用等实行全面招标。在国内，一些大型工程项目进行全过程招标时，一般是先由建设单位或项目主管部门通过招标方式确定总承包单位，再由总承包单位组织建设，按其工作内容或分阶段、或分专业再进行分包，即进行第二次招标。当然，有些总承包单位也可独立完成整个项目的建设全过程。

**2. 建设工程勘察设计招标**

勘察设计招标就是把工程建设的一个主要阶段——勘察设计阶段的工作单独进行招标的活动的总称。招标人就拟建工程的勘察、设计任务发布通告或发出邀请书，依法定方式吸引勘察设计单位参加竞争，勘察设计单位按照招标文件的要求，在规定的时间内向招标人填报标书，招标人从中择优选择中标单位完成工程勘察设计任务。

**3. 建设工程材料和设备供应招标**

材料和设备供应招标是指建筑材料和设备供应的招标活动全过程。实际工作中材料和设备往往分别进行招标。

在工程施工招标过程中，关于工程所需的建筑材料，一般可分为由施工单位全部包料、部分包料和由建设单位全部包料三种情况。在上述任何一种情况下，建设单位或施工单位都可能作为招标单位进行材料招标。与材料招标相同，设备招标要根据工程合同的规定，或是由建设单位负责招标，或者由施工单位负责招标。

建设工程材料和设备供应招标，即是指招标人就拟购买的材料设备发布公告或者邀请，以法定方式吸引建设工程材料设备供应商参加竞争，从中择优选择条件优越者购买其材料设备的行为。

**4. 建设工程施工招标**

工程施工招标就是指工程施工阶段的招标活动全过程，它是目前国际国内工程项目建设经常采用的一种发包形式，也是建筑市场的基本竞争方式。其特点是招标范围灵活化、多样化，有利于施工的专业化。

**5. 建设工程监理招标**

建设工程监理招标，是指招标人为了委托监理任务的完成，以法定方式吸引监理单位参加竞争，从中选择条件优越的工程监理企业的行为。

## 2.1.2　建设工程招标方式

**1. 按竞争程度进行划分**

（1）公开招标。公开招标是指招标人通过报刊、广播、电视、信息网络或其他媒介，公开发布招标广告，招揽不特定的法人或其他组织参加投标的招标方式。公开招标形式一般对投标人的数量不予限制，故也称之为"无限竞争性招标"。

采用公开招标的主要优势是：

1）有利于招标人获得最合理的投标报价，取得最佳投资效益。由于公开招标是无限竞争性招标，竞争相当激烈，使招标人能切实做到"货比多家"，有充分的选择余地，招标人利用投标人之间的竞争，一般都易选择出质量最好、工期最短、价格最合理的投标人承建工程，使自己获得较好的投资效益。

2）有利于为潜在的投标人提供均等机会。采用公开招标能够保证所有合格的投标人都有机会参加投标，都以统一的客观衡量标准，衡量自身的生产条件，体现出竞争的公平性。

3）公开招标是根据预先制定并众所周知的程序和标准公开而客观地进行的，因此，能有效防止招标投标过程中腐败情况的发生。

4）有利于学习国外先进的工程技术和管理经验。

但是，公开招标也不可避免地存在这样一些问题：其一，公开招标所需费用较大，时间较长。由于公开招标要遵循一套周密而复杂的程序，需准备的文件较多，工作量较大且各项工作的具体实施难度较大，从发布招标消息、投标人作出相应反应、评标到签约，通常都需若干个月甚至一年以上的时间，在此期间招标人还需支付较多的费用进行各项工作。其二，公开招标存在完全以书面材料决定中标人的缺陷。有时书面材料并不能完全反映出投标人真实的水平和情况。

（2）邀请招标。邀请招标是指招标人以投标邀请书的方式直接邀请若干家特定的法人或其他组织参加投标的招标形式。由于投标人的数量是招标人确定的，是有限制的，所以又称之为"有限竞争性招标"。

邀请招标与公开招标相比，其优点主要表现在以下几方面：

1）招标所需的时间较短，且招标费用较省。一般而言，由于邀请招标时，被邀请的投标人都是经招标人事先选定，具备对招标工程投标资格的承包企业，故无需再进行投标人资格预审；又由于被邀请的投标人数量有限，可相应减少评标阶段的工作量及费用开支，因此邀请招标能以比公开招标更短的时间、更少的费用结束招标投标过程。

2）投标人不易串通抬价。因为邀请招标不公开进行，参与投标的承包企业不清楚其他被邀请人，所以，在一定程度上能避免投标人之间进行接触，使其无法串通抬价。

邀请招标形式与公开招标形式比较，也存在明显不足，主要是：不利于招标人获得最优报价，取得最佳投资效益。这是由于邀请招标时，由业主选择投标人，业主的选择相对于广阔、发达的市场，不可避免地存在一定局限性，业主很难对市场上所有承包商的情况都了如指掌，常会漏掉一些在技术上、报价上都更具竞争力的承包企业；加上邀请招标的投标人数量既定，竞争有限，可供业主比较、选择的范围相对狭小，也就不易使业主获得最合理的报价。

邀请招标是在特殊情况下才能采用的招标方式，《招标投标法》明确规定了邀请招标的适用范围。招标人采用邀请招标方式的，应当向三个以上具备承担招标项目能力、资信良好的特定的法人或其他组织发出投标邀请书。

除此之外，在建筑市场上，还存在议标的招标方式，即由招标人或业主直接选定一家或几家承包商进行谈判，确定承包条件及标价。由于该方式属于"非竞争性招标"，《招标投标法》已经取消了此种投标方式。

**2. 按招标阶段划分**

从招标的阶段来划分，招标可以分为一阶段招标和两阶段招标。两者的区别在于招标是按照一个阶段进行还是分为两个阶段进行。两阶段招标一般适用于技术复杂或者无法精确拟定技术规格的项目。第一阶段，投标人按照招标公告或者投标邀请书的要求提交不带报价的技术建议，招标人根据投标人提交的技术建议确定技术标准和要求，编制招标文件。第二阶段，招标人向在第一阶段提交技术建议的投标人提供招标文件，投标人按照招标文件的要求提交包括最终技术方案和投标报价的投标文件。招标人要求投标人提交投标保证金的，应当在第二阶段提出。在两阶段招标中，到第二阶段投标人投送了商务标后，投标才具有法律约束力。

## 2.1.3 建设工程招标的范围

必须依法进行建设工程招标的项目，《招标投标法》有明确规定："在中华人民共和国境内进行下列工程建设项目包括项目的勘察、设计、施工、监理以及与工程建设有关的重要设备、材料等的采购，必须进行招标：①大型基础设施、公用事业等关系社会公共利益、公众安全的项目；②全部或者部分使用国有资金投资或者国家融资的项目；③使用国际组织或者外国政府贷款、援助资金的项目。"

国家发展改革委员会为此颁布了《工程建设项目招标范围和规模标准规定》，确定了必须进行招标的工程建设项目的具体范围和规模标准。

（1）关系社会公共利益、公众安全的基础设施项目的范围包括：

1）煤炭、石油、天然气、电力、新能源等能源项目。

2）铁路、公路、管道、水运、航空以及其他交通运输业等交通运输项目。

3）邮政、电信枢纽、通信、信息网络等邮电通信项目。

4）防洪、灌溉、排涝、引（供）水、滩涂治理、水土保持、水利枢纽等水利项目。

5）道路、桥梁、地铁和轻轨交通、污水排放及处理、垃圾处理、地下管道、公共停车场等城市设施项目。

6）生态环境保护项目。

7）其他基础设施项目。

（2）关系社会公共利益、公众安全的公用事业项目的范围包括：

1）供水、供电、供气、供热等市政工程项目。

2）科技、教育、文化等项目。

3）体育、旅游等项目。

4）卫生、社会福利等项目。

5）商品住宅，包括经济适用住房。

6）其他公用事业项目。

（3）使用国有资金投资项目的范围包括：

1）使用各级财政预算资金的项目。

2）使用纳入财政管理的各种政府性专项建设基金的项目。

3）使用国有企业事业单位自有资金，并且国有资产投资者实际拥有控制权的项目。

（4）国家融资项目的范围包括：

1）使用国家发行债券所筹资金的项目。

2）使用国家对外借款或者担保所筹资金的项目。

3）使用国家政策性贷款的项目。

4）国家授权投资主体融资的项目。

5）国家特许的融资项目。

（5）使用国际组织或者外国政府资金的项目的范围包括：

1）使用世界银行、亚洲开发银行等国际组织贷款资金的项目。

2）使用外国政府及其机构贷款资金的项目。

3）使用国际组织或者外国政府援助资金的项目。

（6）上述规定范围内的各类工程建设项目，包括项目的勘察、设计、施工、监理以及与工程建设有关的重要设备、材料等的采购，达到下列标准之一的，必须进行招标：

1）施工单项合同估算价在 200 万元人民币以上的。

2）重要设备、材料等货物的采购，单项合同估算价在 100 万元人民币以上的。

3）勘察、设计、监理等服务的采购，单项合同估算价在 50 万元人民币以上的。

4）单项合同估算价低于第 1）、2）、3）项规定的标准。但项目总投资额在 3000 万元人民币以上的。

建设项目的勘察、设计，采用特定专利或者专有技术的，或者其建筑艺术造型有特殊要求的，经项目主管部门批准，可以不进行招标。

依法必须进行招标的项目，全部使用国有资金投资或者国有资金投资占控股或者主导地位的，应当公开招标。

省、自治区、直辖市人民政府根据实际情况，可以规定本地区必须进行招标的具体范围和规模标准，但不得缩小《工程建设项目招标范围和规模标准规定》确定的必须进行招标的范围。

## 2. 1. 4  建设工程招标代理

按照我国《招标投标法》的规定，具有编制招标文件和组织评标能力的招标人，可以组建招标机构，自行办理招标事宜。当招标单位缺乏与招标工程相适应的经济、技术管理人员，没有编制招标文件和组织评标的能力时，依据我国《招标投标法》的规定，应认真挑选、慎重委托具有相应资质的中介服务机构代理招标。

**1. 工程建设项目招标代理**

工程建设项目招标代理，是指工程招标代理机构接受招标人的委托，从事工程的勘察、设计、施工、监理以及与工程建设有关的重要设备（进口机电设备除外）、材料采购招标的代理业务。

**2. 招标代理机构**

招标代理机构是指在工程项目招标投标活动中，受招标人委托，为招标人提供有偿服务，代表招标人，在招标人委托的范围内，办理招标事宜的社会中介机构。

根据我国《招标投标法》的规定，招标代理机构必须是法人或依法成立的经济组织；有从事招标代理业务的营业场所和相应资金；有能够编制招标文件和组织评标的相应专业力量；有符合可以作为评标委员会成员人选的技术、经济等方面的专家库；已经取得我国建设行政主管部门认定的招标代理机构资格。

招标代理机构与行政机关和其他国家机关不得存在隶属关系和其他利益关系。

**3. 招标代理机构可以承担的招标事宜**

招标代理机构可以在其资格等级范围内承担下列招标事宜：拟订招标方案，编制和出售招标文件、资格预审文件；审查投标人资格；编制标底；组织投标人踏勘现场；组织开标、评标，协助招标人定标；草拟合同；招标人委托的其他事项。

招标代理在法律上属于委托代理，招标代理机构的行为必须符合代理委托的授权范围，超出委托授权范围的代理行为属无权代理。被代理人对此有拒绝权和追索权。签好招标代理协议对双方都至关重要。招标单位选定招标代理机构后，务必在代理协议中详尽规定授权范围及代理人的权利和义务。以便招标代理机构能按照合同约定，顺利代理招标事宜。

招标代理机构不应同时接受同一招标工程的投标代理或投标咨询业务；招标代理机构与被代理工程的投标人不得有隶属关系或者其他利害关系。未经招标人同意，不得转让招标代理业务。

## 2.2 工程项目施工招标条件和程序

建设工程项目施工招标，是指招标人就拟建工程发布公告或者邀请书，依法定形式吸引建筑施工企业参加竞争，招标人从中选择条件优越者完成工程建设任务的行为。

为规范工程建设项目施工的招标投标活动，确保招投标工作有条不紊的进行，稳定招标投标市场的秩序，国家发改委、建设部等7部委联合发布《工程建设项目施工招标投标办法》，并于2003年5月1日开始实施。

### 2.2.1 工程项目施工招标的条件

**1. 建设单位自行招标应当具备的条件**

（1）招标人是法人或依法成立的其他组织。

（2）有与招标工程相适应的经济、技术、管理人员。

（3）有组织编制招标文件的能力。

（4）有审查投标单位资质的能力。

（5）有组织开标、评标的能力。

不具备上述（2）～（5）项条件的，须委托具有相应资格的招标代理机构代理招标。上述五条中，（1）、（2）两条是对招标资格的规定，后三条则是对招标人能力的要求。

**2. 工程建设项目招标应当具备的条件**

依法必须招标的工程建设项目，应当具备下列条件才能进行工程招标。

（1）招标人已经依法成立。

（2）初步设计及概算应当履行审批手续的，已经批准。

（3）招标范围、招标方式和招标组织形式等应当履行核准手续的，已经核准。

（4）有相应的资金或资金来源已经落实。

（5）有招标所需的设计图纸及技术资料。

上述规定的主要目的在于促使建设单位严格按基本建设程序办事，防止"三边"工程的现象发生，并确保招标工作的顺利进行。

**3. 可以不进行招标的工程项目**

《招标投标法》规定，依法必须招标的工程建设项目，有下列情形之一的，可不进行工程招标。需要审批的项目须由相关审批部门批准。

（1）涉及国家安全、国家秘密或者抢险救灾而不适宜招标的。

（2）属于利用扶贫资金实行以工代赈需要使用民工的。

（3）建筑技术采用特定的专利或者专有技术的。

（4）建筑企业自建自用工程，且该建筑企业资质等级符合工程要求的。

（5）在建工程追加的附属小型工程或者主体加层工程，原中标人仍具备承包能力的。

（6）法律、行政法规规定的其他情形。

《招标投标法实施条例》进一步明确，除上述情形外，有下列情形之一的，可以不进行招标：

①需要采用不可替代的专利或者专有技术。

②采购人依法能够自行建设、生产或者提供。

③已通过招标方式选定的特许经营项目投资人依法能够自行建设、生产或者提供。

④需要向原中标人采购工程、货物或者服务，否则将影响施工或者功能配套要求。

⑤国家规定的其他特殊情形。

招标人为适用上述规定弄虚作假的，属于规避招标行为。

**4. 可以采取邀请招标方式的工程建设项目**

建设工程项目施工招标分为公开招标和邀请招标。

国有资金占控股或者主导地位的依法必须进行招标的项目，应当公开招标；但有下列情形之一的，可以邀请招标：

1）技术复杂、有特殊要求或者受自然环境限制，只有少量潜在投标人可供选择。

2）采用公开招标方式的费用占项目合同金额的比例过大。

其中符合第二项所列情形的，按照国家有关规定需要履行项目审批、核准手续的，由项目审批、核准部门在审批、核准项目时作出认定；其他项目由招标人申请有关行政监督部门作出认定。

### 2.2.2 建设工程项目施工招标程序

招标投标是一个整体活动，涉及业主和承包商两个方面，招标作为整体活动的一部分主要是从业主的角度揭示其工作内容，但同时又须注意到招标与投标活动的关联性，不能将两者割裂开来。所谓招标程序是指招标活动的内容的逻辑关系。建设工程项目施工公开招标程序如图 2-1 所示，其具体步骤如下。

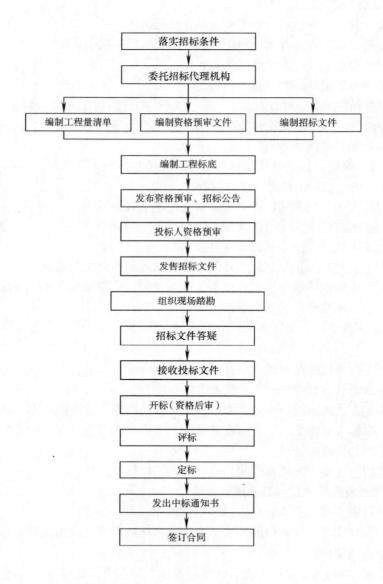

图 2-1　建设工程施工招标程序（公开招标）

## 1. 落实招标条件

招标项目按照国家有关规定需要履行项目审批手续的，应当先履行审批手续，取得批准。按照国家有关规定需要履行项目审批、核准手续的依法必须进行招标的项目，其招标范围、招标方式、招标组织形式应当报项目审批、核准部门审批、核准。项目审批、核准部门应当及时将审批、核准确定的招标范围、招标方式、招标组织形式通报有关行政监督部门。

依法必须招标的工程项目，必须达到上文所规定的条件。所招标的工程建设项目须到当地招标投标监管机构登记备案核准。

## 2. 委托招标代理机构

招标人具有编制招标文件和组织评标能力的，可以自行办理招标事宜。任何单位和个人不得强制其委托招标代理机构办理招标事宜。依法必须招标的项目，招标人自行办理招标事宜的，应当向有关行政监督部门备案。招标人不具备条件的，须委托具有相应资格的招标代理机构代理招标。

## 3. 招标文件编制与备案

招标人应当根据招标项目的特点和需要编制资格预审文件和招标文件，并按规定报送招标投标监管机构审查备案。编制依法必须进行招标的项目的资格预审文件和招标文件，应当使用国务院发展改革部门会同有关行政监督部门制定的标准文本。

## 4. 编制工程标底

招标人设有工程标底的，当招标文件的商务条款一经确定，即可进入标底编制阶段。

## 5. 发布资格预审、招标公告

进行资格预审的项目，需要发布资格预审公告；不进行资格预审的项目，则直接发布招标公告。招标人发布资格预审公告和招标公告，需通过报刊、广播、电视等公开媒体或者信息网进行发布。依法必须进行招标的项目的资格预审公告和招标公告，应当在国务院发展改革部门依法指定的媒介发布。在不同媒介发布的同一招标项目的资格预审公告或者招标公告的内容应当一致。指定媒介发布依法必须进行招标的项目的境内资格预审公告、招标公告，不得收取费用。

## 6. 资格预审

由招标人对申请参加投标的潜在投标人进行资质条件、业绩、信誉、技术、资金等多方面的情况进行资格审查。只有在资格预审中被认定为合格的潜在投标人（或者投标人），才可以参加投标。

## 7. 发售招标文件

招标人将招标文件、图纸和有关技术资料发售给通过资格预审获得投标资格的投标人。投标人收到招标文件、图纸和有关资料后，应认真核对，核对无误后，应以书面形式予以确认。

招标人应当按资格预审公告、招标公告或者投标邀请书规定的时间、地点出售招标文件。自招标文件开始出售之日到停止出售之日止，最短不得少于5日。

招标人发售招标文件收取的费用应当限于补偿印刷、邮寄的成本支出，不得以营利为目的。对于所附的设计文件，可以酌情收取押金；开标后投标人退还设计文件的，招标人应向投标人退还押金。

招标文件售出后，不予退还。招标人在发布招标公告或者售出招标文件或者资格预审文件后不得擅自终止招标。

招标人可以对已发出的招标文件进行必要的澄清或者修改。澄清或者修改的内容可能影响投标文件编制的，招标人应当在投标截止时间至少 15 日前，以书面形式通知所有获取招标文件的潜在投标人；不足 15 日的，招标人应当顺延提交投标文件的截止时间。该澄清或者修改的内容为招标文件的组成部分。

### 8. 踏勘现场

招标人根据招标项目的具体情况，可以组织投标人踏勘现场，向其介绍工程场地和相关环境的有关情况。潜在投标人依据招标人介绍情况作出的判断和决策，由投标人自行负责。招标人不得组织单个或者部分潜在投标人踏勘项目现场。

### 9. 招标文件答疑

投标人应在招标文件规定的时间前，以书面形式将提出的问题送达招标人，由招标人以投标预备会或以书面答疑的方式澄清。

招标文件中规定召开投标预备会的，招标人按规定的时间和地点召开投标预备会，澄清投标人提出的问题。预备会后，招标人需要在招标文件中规定的时间之前，将对投标人所提问题的澄清，以书面方式通知所有购买招标文件的投标人。

如果是采用书面形式答疑，招标人则直接将所提问题的澄清，在招标文件中规定的时间之前，以书面方式通知所有购买招标文件的投标人。

潜在投标人或者其他利害关系人对招标文件有异议的，应当在投标截止时间 10 日前提出。招标人应当自收到异议之日起 3 日内作出答复；作出答复前，应当暂停招标投标活动。

### 10. 接收投标文件

投标人根据招标文件的要求，编制投标文件，并进行密封和标志，在投标截止时间前按规定地点提交至招标人。招标人按照招标文件中规定的时间和地点接收投标文件。未通过资格预审的申请人提交的投标文件，以及逾期送达或者不按照招标文件要求密封的投标文件，招标人应当拒收。招标人应当如实记载投标文件的送达时间和密封情况，并存档备查。依法必须招标的项目，自招标文件开始发出之日至投标人提交投标文件截止之日止，最短不得少于 20 日。

### 11. 开标

招标人在招标文件中确定的提交投标文件截止日期的同一时间即开标时间，按招标文件中预先确定的地点，按规定的议程进行公开开标，并邀请所有投标人的法定代表人或其委托代理人准时参加。

### 12. 评标

由招标人依法组建评标委员会，在招标投标监管机构的监督下，依据招标文件规定的评标标准和方法，对投标人的报价、工期、质量、主要材料用量、施工方案或施工组织设计、以往业绩、社会信誉、优惠条件等方面进行评价，提出书面评标报告，推荐中标候选人。

### 13. 定标

依法必须进行招标的项目，招标人应当自收到评标报告之日起 3 日内公示中标候选人，公示期不得少于 3 日。投标人或者其他利害关系人对依法必须进行招标的项目的评标结果有异议的，应当在中标候选人公示期间提出。招标人应当自收到异议之日起 3 日内作出答复；作出答复前，应当暂停招标投标活动。

招标人根据评标报告和推荐的中标候选人确定中标人。招标人也可以授权评标委员会直接确定中标人。

### 14. 发出中标通知书

中标人选定后由招标投标监管机构核准，获准后在招标文件中规定的投标有效期内招标人以书面形式向中标人发出"中标通知书"，同时将中标结果通知未中标的投标人。

### 15. 合同签订

招标人与中标人应当在中标通知书发出之日起 30 日内，按照招标文件签订书面工程承包合同。

依法必须招标的项目，招标人应当自确定中标人之日起 15 日内，向当地有关建设行政监督部门提交招标投标情况的书面报告。书面报告包括以下内容：招标范围；招标方式和发布招标公告的媒介；招标文件中投标人须知、技术条款、评标标准和方法、合同主要条款等内容；评标委员会的组成和评标报告；中标结果。

建设工程项目施工邀请招标程序与公开招标基本相同。其不同点主要是没有资格预审环节，也不公开发布招标公告或资格预审公告，但增加了发出投标邀请书的环节。

招标人终止招标的，应当及时发布公告，或者以书面形式通知被邀请的或者已经获取资格预审文件、招标文件的潜在投标人。已经发售资格预审文件、招标文件或者已经收取投标保证金的，招标人应当及时退还所收取的资格预审文件、招标文件的费用，以及所收取的投标保证金及银行同期存款利息。

## 2.3　工程项目施工招标文件编制

工程招标文件是由招标单位或其委托的招标代理机构编制并发布的进行工程招标的纲领性、实施性文件。该文件中提出的各项要求，各投标单位及选中的中标单位必须遵守。招标文件对招标单位自身同样具有法律约束力。

### 2.3.1　施工招标文件的要求

#### 1. 原则性要求

招标人应当根据招标项目的特点和需要编制招标文件。招标文件应当包括招标项目的技术要求、对投标人资格审查的标准、投标报价要求和评标标准等所有实质性要求和条件以及拟签订合同的主要条款。

国家对招标项目的技术、标准有规定的，招标人应当按照其规定在招标文件中提出相应要求。招标文件不得要求或者标明特定的生产供应者以及含有倾向或者排斥潜在投标人的其他内容。

#### 2. 对技术的要求

技术标准应符合国家强制性标准。招标文件中规定的各项技术标准均不得要求或标明某一特定的专利、商标、名称、设计、原产地或生产供应者，不得含有倾向或者排斥潜在投标人的其他内容。如果必须引用某一生产供应者的技术标准才能准确或清楚地说明拟招标项目的技术标准时，则应当在参照后面加上"或相当于"的字样。

合理划分标段、确定工期。施工招标项目需要划分标段、确定工期的，招标人应当合理划分标段、确定工期，并在招标文件中载明。对工程技术上紧密相连、不可分割的单位工程不得分割标段。招标人不得以不合理的标段或工期限制或者排斥潜在投标人或者投标人。

### 3. 合理规定投标有效期

投标有效期是招标文件中规定的投标文件有效期。在此期间，投标人有义务保证投标文件的有效性。

招标文件应当规定一个适当的投标有效期，以保证招标人有足够的时间完成评标和与中标人签订合同。投标有效期从投标人提交投标文件截止之日起计算，一般不宜超过 90 日，大型复杂项目的招标可适当长些。目前通用的期限多为 90～120 天。

在原投标有效期结束前，出现特殊情况的，招标人可以书面形式要求所有投标人延长投标有效期。投标人同意延长的，不得要求或被允许修改其投标文件的实质性内容，但应当相应延长其投标保证金的有效期；投标人拒绝延长的，其投标失效，但投标人有权收回其投标保证金。因延长投标有效期造成投标人损失的，招标人应当给予补偿，但因不可抗力需要延长投标有效期的除外。

### 4. 科学编制标底或招标控制价

招标人可根据项目特点决定是否编制标底。招标项目编制标底的，应根据批准的初步设计、投资概算，依据有关计价办法，参照有关工程定额，结合市场供求状况，综合考虑投资、工期和质量等方面的因素科学确定。

国有资金投资的工程项目进行招标，招标人可以设标底。当招标人不设标底时，应编制招标控制价。招标控制价应由具有编制能力的招标人，或受其委托具有相应资质的工程造价咨询人，根据国家或省级、行业建设主管部门颁发的有关计价依据和办法，并按工程项目设计施工图纸等具体条件调整计算。

### 5. 投标保证金

招标人可以在投标文件中要求投标人按照一定的方式和金额提交投标保证金。投标保证金实质上是一种投标责任担保，是为了避免因投标人在投标有效期内随意撤回、撤销投标或中标后不能提交履约保证金和签署合同而给招标人造成损失。投标人不按招标文件要求提交投标保证金的，该投标文件将被拒绝。

投标人应按照招标文件要求的方式和金额，将投标保证金随投标文件提交给招标人。投标保证金除现金外，可以是银行出具的银行保函、保兑支票、银行汇票或现金支票。依法必须进行招标的项目的境内投标单位，以现金或者支票形式提交的投标保证金应当从其基本账户转出。招标人不得挪用投标保证金。投标保证金不得超过招标项目估算价的 2%。投标保证金有效期应当与投标有效期一致。

投标人撤回已提交的投标文件，应当在投标截止时间前书面通知招标人。招标人已收取投标保证金的，应当自收到投标人书面撤回通知之日起 5 日内退还。

招标人最迟应当在工程承包书面合同签订后 5 日内向中标人和未中标的投标人退还投标保证金及银行同期存款利息。

有下列情形之一的，投标保证金将被没收：①在提交投标文件截止时间后到招标文件规定的投标有效期终止之前，投标人撤回投标文件的；②中标通知书发出之后，中标人放弃中标项目的，无正当理由不与招标人签订合同的，在签订合同时向招标人提出附加条件或者更改合同实质性内容的，或者拒不提交所要求的履约保证金的。

## 2.3.2　施工招标文件的编制

招标人应当根据招标项目的特点和需要编制招标文件。招标文件应当包括招标项目的技术要求、对投标人资格审查的标准、投标报价要求和评标标准等所有实质性要求和条件以及拟签订合同的主要条款。

国家对招标项目的技术、标准有规定的，招标人应当按照其规定在招标文件中提出相应要求。

《工程建设项目施工招标投标办法》中规定，招标文件一般包括下列内容：①投标邀请书；②投标人须知；③合同主要条款；④投标文件格式；⑤采用工程量清单招标的，应当提供工程量清单；⑥技术条款；⑦设计图纸；⑧评标标准和方法；⑨投标辅助材料。招标人应当在招标文件中规定实质性要求和条件，并用醒目的方式标明。

由国家发改委、住建部等部委联合编制的《中华人民共和国标准施工招标文件》，于2007年11月1日国家发改委令第56号发布，并于2008年5月1日起在全国试行。2010年，住建部又发布了配套的《房屋建筑和市政工程标准施工招标文件》（以下简称《行业标准施工招标文件》），广泛适用于一定规模以上的房屋建筑和市政工程的施工招标。

《行业标准施工招标文件》共分为四卷八章，主要内容包括：招标公告（投标邀请书）、投标人须知、评标办法（最低投标价法、综合评估法）、合同条款及格式、工程量清单、图纸、技术标准和要求、投标文件格式。

《行业标准施工招标文件》既是项目招标人编制施工招标文件的范本，也是有关行业主管部门编制行业标准施工招标文件的依据，其中的"投标须知""评标办法"和"通用合同条款"在行业标准施工招标文件和试点项目招标人编制的施工招标文件中必须不加修改地引用，其他内容供招标人参考。

## 2.3.3　行业标准施工招标文件内容介绍

### 1. 招标公告和投标邀请书格式

建设工程施工招标采用公开招标方式的，招标人应当发布招标公告，邀请不特定的法人或者其他组织投标。依法必须进行施工招标项目的招标公告，应当在国家指定的报刊、信息网络和其他媒介上发布。采用邀请招标方式的，招标人应当向三家以上具备承担施工招标项目的能力、资信良好的特定的法人或者其他组织发出投标邀请书。

招标公告或者投标邀请书应当至少载明下列内容：招标人的名称和地址；招标项目的内容、规模、资金来源；招标项目的实施地点和工期；获取招标文件或者资格预审文件的地点和时间；对招标文件或者资格预审文件收取的费用；对招标人的资质等级的要求。

《行业标准施工招标文件》第一章规定了招标公告和投标邀请书格式。

（1）招标公告（未进行资格预审）格式。

（项目名称）＿＿＿＿＿＿标段＿＿＿＿＿＿施工招标公告

1. 招标条件

本招标项目＿＿＿＿＿＿（项目名称）已由＿＿＿＿＿＿（项目审批、核准或备案机关名称）以（批文名称及编号）批准建设，招标人（项目业主）为＿＿＿＿＿＿，建设资金来自＿＿＿＿＿＿（资金来源），项目出资比例为＿＿＿＿＿＿。项目已具备招标条件，现对该项目的施工进行公开招标。

2. 项目概况与招标范围

_____（说明本招标项目的建设地点、规模、合同估算价、计划工期、招标范围、标段划分（如果有）等）。

3. 投标人资格要求

3.1 本次招标要求投标人须具备_____资质，_____（类似项目描述）业绩，并在人员、设备、资金等方面具有相应的施工能力，其中，投标人拟派项目经理须具备_____专业_____级注册建造师执业资格，具备有效的安全生产考核合格证书，且未担任其他在施建设工程项目的项目经理。

3.2 本次招标_____（接受或不接受）联合体投标。联合体投标的，应满足下列要求：_____。

3.3 各投标人均可就本招标项目上述标段中的_____（具体数量）个标段投标，但最多允许中标_____（具体数量）个标段（适用于分标段的招标项目）。

4. 投标报名

凡有意参加投标者，请于_____年_____月_____日至_____年_____月_____日（法定公休日、法定节假日除外），每日上午_____时至_____时，下午_____时至_____时（北京时间，下同），在_____（有形建筑市场/交易中心名称及地址）报名。

5. 招标文件的获取

5.1 凡通过上述报名者，请于_____年_____月_____日至_____年_____月_____日（法定公休日、法定节假日除外），每日上午_____时至_____时，下午_____时至_____时，在_____（详细地址）持单位介绍信购买招标文件。

5.2 招标文件每套售价_____元，售后不退。图纸押金_____元，在退还图纸时退还（不计利息）。

5.3 邮购招标文件的，需另加手续费（含邮费）_____元。招标人在收到单位介绍信和邮购款（含手续费）后_____日内寄送。

6. 投标文件的递交

6.1 投标文件递交的截止时间（投标截止时间，下同）为_____年_____月_____日_____时____分，地点为_____（有形建筑市场交易中心名称及地址）。

6.2 逾期送达的或者未送达指定地点的投标文件，招标人不予受理。

7. 发布公告的媒介

本次招标公告同时在_____（发布公告的媒介名称）上发布。

8. 联系方式

| 招 标 人：_____ | 招标代理机构：_____ |
| 地 址：_____ | 地 址：_____ |
| 邮 编：_____ | 邮 编：_____ |
| 联系人：_____ | 联系人：_____ |
| 电 话：_____ | 电 话：_____ |
| 传 真：_____ | 传 真：_____ |
| 电子邮件：_____ | 电子邮件：_____ |
| 网 址：_____ | 网 址：_____ |
| 开户银行：_____ | 开户银行：_____ |
| 账 号：_____ | 账 号：_____ |

_____年_____月_____日

（2）投标邀请书（适用于邀请招标）格式。

_____（项目名称）_____**标段施工投标邀请书**

_____（被邀请单位名称）：

1. 招标条件

本招标项目_____（项目名称）已由_____（项目审批、核准或备案机关名称）以_____（批文名称及编号）批准建设，项目业主为_____，建设资金来自_____（资金来源），出资比例为_____，招标人为_____。项目已具备招标条件，现邀请你单位参加_____（项目名称）_____标段施工投标。

2. 项目概况与招标范围

_____（说明本招标项目的建设地点、规模、合同估算价、计划工期、招标范围、标段划分（如果有）等）。

3. 投标人资格要求

3.1 本次招标要求投标人具备_____资质，_____（类似项目描述）业绩，并在人员、设备、资金等方面具有相应的施工能力。

3.2 你单位_____（可以或不可以）组成联合体投标。联合体投标的，应满足下列要求：_____。

3.3 本次招标要求投标人拟派项目经理具备____专业___级注册建造师执业资格，具备有效的安全生产考核合格证书，且未担任其他在施建设工程项目的项目经理。

4. 招标文件的获取

4.1 请于_____年_____月_____日至_____年_____月_____日（法定公休日、法定节假日除外），每日上午_____时至_____时，下午_____时至_____时（北京时间，下同），在_____（详细地址）持本投标邀请书购买招标文件。

4.2 招标文件每套售价_____元，售后不退。图纸押金_____元，在退还图纸时退还（不计利息）。

4.3 邮购招标文件的，需另加手续费（含邮费）_____元。招标人在收到邮购款（含手续费）后_____日内寄送。

5. 投标文件的递交

5.1 投标文件递交的截止时间（投票截止时间，下同）为_____年___月___日___时___分，地点为_____（有形建筑市场/交易中心名称及地址）。

5.2 逾期送达的或者未送达指定地点的投标文件，招标人不予受理。

6. 确认

你单位收到本投标邀请书后，请于_____（具体时间）前以传真或快递方式予以确认。

7. 联系方式

| 招 标 人：_____ | 招标代理机构：_____ |
| 地　　址：_____ | 地　　址：_____ |
| 邮　　编：_____ | 邮　　编：_____ |
| 联 系 人：_____ | 联 系 人：_____ |
| 电　　话：_____ | 电　　话：_____ |
| 传　　真：_____ | 传　　真：_____ |
| 电子邮件：_____ | 电子邮件：_____ |
| 网　　址：_____ | 网　　址：_____ |
| 开户银行：_____ | 开户银行：_____ |
| 账　　号：_____ | 账　　号：_____ |

_____年_____月_____日

（3）投标邀请书（代资格预审通知书）格式。

_____（项目名称）_____标段施工投标邀请书

_____（被邀请单位名称）：

你单位已通过资格预审，现邀请你单位按招标文件规定的内容，参加_____（项目名称）____标段施工投标。

请你单位于_____年_____月_____日至_____年_____月_____日（法定公休日、法定节假日除外），每日上午_____时至_____时，下午_____时至_____时（北京时间，下同），在_____（详细地址）持本投标邀请书购买招标文件。

招标文件每套售价为_____元，售后不退。图纸押金_____元，在退还图纸时退还（不计利息）。邮购招标文件的，需另加手续费（含邮费）_____元。招标人在收到邮购款（含手续费）后_____日内寄送。

递交投标文件的截止时间（投标截止时间，下同）为___年___月___日___时___分，地点为_____（有形建筑市场/交易中心名称及地址）。逾期送达的或者未送达指定地点的投标文件，招标人不予受理。

你单位收到本投标邀请书后，请于_____（具体时间）前以传真或快递方式予以确认。

| | |
|---|---|
| 招　标　人：_____ | 招标代理机构：_____ |
| 地　　　址：_____ | 地　　　址：_____ |
| 邮　　　编：_____ | 邮　　　编：_____ |
| 联　系　人：_____ | 联　系　人：_____ |
| 电　　　话：_____ | 电　　　话：_____ |
| 传　　　真：_____ | 传　　　真：_____ |
| 电子邮件：_____ | 电子邮件：_____ |
| 网　　　址：_____ | 网　　　址：_____ |
| 开户银行：_____ | 开户银行：_____ |
| 账　　　号：_____ | 账　　　号：_____ |

_____年_____月_____日

## 2. 投标人须知

《行业标准施工招标文件》第二章为投标人须知，是招标文件中非常重要的部分，投标人在投标时必须仔细阅读和理解，按投标人须知中的要求进行投标。在投标人须知前有投标人须知前附表，将投标人须知中的重要条款规定内容列出，以便使投标人在整个投标过程中严格遵守和深入考虑。投标人须知前附表见表2-1。

表 2-1　投标人须知前附表

| 条款号 | 条款名称 | 编　列　内　容 |
|---|---|---|
| 1.1.2 | 招标人 | 名称：<br>地址：<br>联系人：<br>电话：<br>电子邮件： |

（续）

| 条款号 | 条款名称 | 编 列 内 容 |
|--------|----------|-------------|
| 1.1.3 | 招标代理机构 | 名称：<br>地址：<br>联系人：<br>电话：<br>电子邮件： |
| 1.1.4 | 项目名称 | |
| 1.1.5 | 建设地点 | |
| 1.2.1 | 资金来源 | |
| 1.2.2 | 出资比例 | |
| 1.2.3 | 资金落实情况 | |
| 1.3.1 | 招标范围 | _____<br>_____，<br>关于招标范围的详细说明见第七章"技术标准和要求" |
| 1.3.2 | 计划工期 | 计划工期：_____日历天<br>计划开工日期：___年___月___日<br>计划竣工日期：___年___月___日<br>除上述总工期外，发包人还要求以下区段<br>工期：<br>_____<br>有关工期的详细要求见第七章"技术标准和要求" |
| 1.3.3 | 质量要求 | 质量标准：<br>关于质量要求的详细说明见第七章"技术标准和要求" |
| 1.4.1 | 投标人资质条件、能力和信誉 | 资质条件：<br>财务要求：<br>业绩要求：<br>信誉要求：<br>项目经理资格：_____专业_____级（含以上级）注册建造师执业资格，具备有效的安全生产考核合格证书，且不得担任其他在施建设工程项目的项目经理。<br>其他要求： |
| 1.4.2 | 是否接受联合体投标 | □不接受<br>□接受，应满足下列要求：<br>联合体资质按照联合体协议约定的分工认定 |
| 1.9.1 | 踏勘现场 | □不组织<br>□组织，踏勘时间：<br>　　　　　踏勘集中地点： |
| 1.10.1 | 投标预备会 | □不召开<br>□召开，召开时间：<br>　　　　　召开地点： |

（续）

| 条款号 | 条款名称 | 编 列 内 容 |
|--------|----------|-------------|
| 1.10.2 | 投标人提出问题的截止时间 | |
| 1.10.3 | 招标人书面澄清的时间 | |
| 1.11 | 分包 | □不允许<br>□允许，分包内容要求：<br>　　　分包金额要求：<br>　　　接受分包的第三人资质要求： |
| 1.12 | 偏离 | □不允许<br>□允许，可偏离的项目和范围见第七章<br>　　"技术标准和要求"：<br>　　允许偏离最高项数：_____<br>　　偏差调整方法：_____ |
| 2.1 | 构成招标文件的其他材料 | |
| 2.2.1 | 投标人要求澄清招标文件的截止时间 | |
| 2.2.2 | 投标截止时间 | _____年____月___日___时___分 |
| 2.2.3 | 投标人确认收到招标文件澄清的时间 | 在收到相应澄清文件后____小时内 |
| 2.3.2 | 投标人确认收到招标文件修改的时间 | 在收到相应修改文件后____小时内 |
| 3.1.1 | 构成投标文件的其他材料 | |
| 3.3.1 | 投标有效期 | _____天 |
| 3.4.1 | 投标保证金 | 投标保证金的形式：<br>投标保证金的金额：<br>递交方式： |
| 3.5.2 | 近年财务状况的年份要求 | ___年，指___年___月___日起至___年___月___日止 |
| 3.5.3 | 近年完成的类似项目的年份要求 | ___年，指___年___月___日起至___年___月___日止 |
| 3.5.5 | 近年发生的诉讼及仲裁情况的年份要求 | _____年，指___年___月___日起至___年___月___日止 |
| 3.6 | 是否允许递交备选投标方案 | □不允许<br>□允许，备选投标方案的编制要求见附表七"备选投标方案编制要求"，评审和比较方法见第三章"评标办法" |
| 3.7.3 | 签字和（或）盖章要求 | |
| 3.7.4 | 投标文件副本份数 | _____份 |

（续）

| 条款号 | 条款名称 | 编 列 内 容 |
|---|---|---|
| 3.7.5 | 装订要求 | 按照投标人须知第 3.1.1 项规定的投标文件组成内容，投标文件应按以下要求装订：<br>□不分册装订<br>□分册装订，共分____册，分别为：<br>　投标函，包括____至____的内容<br>　商务标，包括____至____的内容<br>　技术标，包括____至____的内容<br>　_____标，包括____至____的内容<br>每册采用_____方式装订，装订应牢固、不易拆散和换页，不得采用活页装订 |
| 4.1.2 | 封套上写明 | 招标人地址：<br>招标人名称：<br>_____（项目名称）____标段投标文件在____年____月____日____时____分前不得开启 |
| 4.2.2 | 递交投标文件地点 | _____<br>（有形建筑市场/交易中心名称及地址） |
| 4.2.3 | 是否退还投标文件 | □否<br>□是，退还安排： |
| 5.1 | 开标时间和地点 | 开标时间：同投标截止时间<br>开标地点： |
| 5.2 | 开标程序 | 密封情况检查：<br>开标顺序： |
| 6.1.1 | 评标委员会的组建 | 评标委员会构成：_____人，其中招标人代表人（限招标人在职人员，且应当具备评标专家相应的或者类似的条件），专家_____人；评标专家确定方式：_____ |
| 7.1 | 是否授权评标委员会确定中标人 | □是<br>□否，推荐的中标候选人数： |
| 7.3.1 | 履约担保 | 履约担保的形式：<br>履约担保的金额： |

10. 需要补充的其他内容

10.1　词语定义

| | | |
|---|---|---|
| 10.1.1 | 类似项目 | 类似项目是指： |
| 10.1.2 | 不良行为记录 | 不良行为记录是指： |
| … | … | |

（续）

| 条款号 | 条款名称 | 编 列 内 容 |
|---|---|---|
| 10.2 | 招标控制价 | |
| | 招标控制价 | □不设招标控制价<br>□设招标控制价，招标控制价为：＿＿＿元<br>详见本招标文件附件：＿＿＿＿ |
| 10.3 | "暗标"评审 | |
| | 施工组织设计是否采用"暗标"评审方式 | □不采用<br>□采用，投标人应严格按照第八章"投标文件格式"中"施工组织设计（技术暗标）编制及装订要求"编制和装订施工组织设计 |
| 10.4 | 投标文件电子版 | |
| | 是否要求投标人在递交投标文件时，同时递交投标文件电子版 | □不要求<br>□要求，投标文件电子版内容：＿＿＿＿＿＿＿＿＿＿＿<br>　　　　投标文件电子版份数：＿＿＿＿＿＿＿＿＿＿<br>　　　　投标文件电子版形式：＿＿＿＿＿＿＿＿＿＿<br>投标文件电子版密封方式：单独放入一个密封袋中，加贴封条，并在封套封口处加盖投标人单位章，在封套上标记"投标文件电子版"字样 |
| 10.5 | 计算机辅助评标 | |
| | 是否实行计算机辅助评标 | □否<br>□是，投标人需递交纸质投标文件一份，同时按本须知附表八"电子投标文件编制及报送要求"编制及报送电子投标文件。计算机辅助评标方法见第三章"评标办法" |
| 10.6 | 投标人代表出席开标会 | |
| | 按照本须知第 5.1 款的规定，招标人邀请所有投标人的法定代表人或其委托代理人参加开标会。投标人的法定代表人或其委托代理人应当按时参加开标会，并在招标人按开标程序进行点名时，向招标人提交法定代表人身份证明文件或法定代表人授权委托书，出示本人身份证，以证明其出席，否则，其投标文件按废标处理 | |
| 10.7 | 中标公示 | |
| | 在中标通知书发出前，招标人将中标候选人的情况在本招标项目招标公告发布的同一媒介和有形建筑市场/交易中心予以公示，公示期不少于 3 个工作日 | |
| 10.8 | 知识产权 | |
| | 构成本招标文件各个组成部分的文件，未经招标人书面同意，投标人不得擅自复印和用于非本招标项目所需的其他目的。招标人全部或者部分使用未中标人投标文件中的技术成果或技术方案时，需征得其书面同意，并不得擅自复印或提供给第三人 | |
| 10.9 | 重新招标的其他情形 | |
| | 除投标人须知正文第 8 条规定的情形外，除非已经产生中标候选人，在投标有效期内同意延长投标有效期的投标人少于三个的，招标人应当依法重新招标 | |

（续）

| 10.10 | 同义词语 |
|---|---|
| | 构成招标文件组成部分的"通用合同条款""专用合同条款""技术标准和要求"和"工程量清单"等章节中出现的措辞"发包人"和"承包人"，在招标投标阶段应当分别按"招标人"和"投标人"进行理解 |
| 10.11 | 监督 |
| | 本项目的招标投标活动及其相关当事人应当接受有管辖权的建设工程招标投标行政监督部门依法实施的监督 |
| 10.12 | 解释权 |
| | 构成本招标文件的各个组成文件应互为解释，互为说明；如有不明确或不一致，构成合同文件组成内容的，以合同文件约定内容为准，且以专用合同条款约定的合同文件优先顺序解释；除招标文件中有特别规定外，仅适用于招标投标阶段的规定，按招标公告（投标邀请书）、投标人须知、评标办法、投标文件格式的先后顺序解释；同一组成文件中就同一事项的规定或约定不一致的，以编排顺序在后者为准；同一组成文件不同版本之间有不一致的，以形成时间在后者为准。按本款前述规定仍不能形成结论的，由招标人负责解释 |
| 10.13 | 招标人补充的其他内容 |
| | ... |

投标人须知内容如下：

（1）总则。

1）项目概况。包括招标项目的招标人、招标代理机构、招标项目名称、项目建设地点等，具体内容填写在前附表内。

2）资金来源和落实情况。在前附表内注明本招标项目的资金来源、出资比例以及资金落实情况等内容。

3）招标范围、计划工期和质量要求。在前附表内列出本次招标范围、本标段的计划工期和本标段的质量要求。

4）投标人资格要求。对于已经进行资格预审的情形，投标人应是收到招标人发出投标邀请书（资格预审合格通知书）的单位。

如果未对投标人进行资格预审，则需要在前附表中针对投标人应具备承担本标段施工的资质条件、能力和信誉提出具体要求，包括资质条件、财务要求、业绩要求、信誉要求、项目经理资格以及其他方面的要求。

如果该招标项目接受联合体投标，联合体成员除达到上述要求外，还应遵守以下规定：①联合体各方应按招标文件提供的格式签订联合体协议书，明确联合体牵头人和各方权利义务；②由同一专业的单位组成的联合体，按照资质等级较低的单位确定资质等级；③联合体各方不得再以自己名义单独或参加其他联合体在同一标段中投标。

投标人不得存在下列情形之一：①为招标人不具有独立法人资格的附属机构（单位）；②为本标段前期准备提供设计或咨询服务的，但设计施工总承包的除外；③为本标段的监理人；④为本标段的代建人；⑤为本标段提供招标代理服务的；⑥与本标段的监理人或代建人或招标代理机构同为一个法定代表人的；⑦与本标段的监理人或代建人或招标代理机构相互控股或参股的；⑧与本标段的监理人或代建人或招标代理机构相互任职或工作的；⑨被责令停业的；⑩被暂停或取消投标资格的；⑪财产被接管或冻结的；⑫在最近三年内有骗取中标或严重违约或重大工程质量问题的。

5）费用承担。投标人准备和参加投标活动发生的费用自理。

6）保密。参与招标投标活动的各方应对招标文件和投标文件中的商业和技术等秘密保密，违者应对由此造成的后果承担法律责任。

7）语言文字。除专用术语外，与招标投标有关的语言均使用中文，必要时专用术语应附有中文注释。

8）计量单位。所有计量均采用中华人民共和国法定计量单位。

9）踏勘现场。投标人须知前附表规定组织踏勘现场的，招标人按投标人须知前附表规定的时间、地点组织投标人踏勘项目现场。投标人踏勘现场发生的费用自理。除招标人的原因外，投标人自行负责在踏勘现场中所发生的人员伤亡和财产损失。招标人在踏勘现场中介绍的工程场地和相关的周边环境情况，供投标人在编制投标文件时参考，招标人不对投标人据此作出的判断和决策负责。

10）投标预备会。投标人须知前附表规定召开投标预备会的，招标人按投标人须知前附表规定的时间和地点召开投标预备会，澄清投标人提出的问题。投标人应在投标人须知前附表规定的时间前，以书面形式将提出的问题送达招标人，以便招标人在会议期间澄清。投标预备会后，招标人在投标人须知前附表规定的时间内，将对投标人所提问题的澄清，以书面方式通知所有购买招标文件的投标人。该澄清内容为招标文件的组成部分。

11）分包。投标人拟在中标后将中标项目的部分非主体、非关键性工作进行分包的，应符合投标人须知前附表规定的分包内容、分包金额和接受分包的第三人资质要求等限制性条件。

12）偏离。投标人须知前附表允许投标文件偏离招标文件某些要求的，偏离应当符合招标文件规定的偏离范围和幅度。

（2）招标文件。

1）招标文件的组成。招标文件包括：①招标公告（或投标邀请书）；②投标人须知；③评标办法；④合同条款及格式；⑤工程量清单；⑥图纸；⑦技术标准和要求；⑧投标文件格式；⑨投标人须知前附表规定的其他材料。按照规定对招标文件所作的澄清、修改，构成招标文件的组成部分。

2）招标文件的澄清。投标人应仔细阅读和检查招标文件的全部内容。如发现缺页或附件不全，应及时向招标人提出，以便补齐。如有疑问，应在投标人须知前附表规定的时间前以书面形式（包括信函、电报、传真等可以有形地表现所载内容的形式），要求招标人对招标文件予以澄清。

招标文件的澄清将在投标人须知前附表规定的投标截止时间 15 天前以书面形式发给所有购买招标文件的投标人，但不指明澄清问题的来源。如果澄清发出的时间距投标截止时间不足 15 天，相应延长投标截止时间。

投标人在收到澄清后，应在投标人须知前附表规定的时间内以书面形式通知招标人，确认已收到该澄清。

3）招标文件的修改。在投标截止时间 15 天前，招标人可以书面形式修改招标文件，并通知所有已购买招标文件的投标人。如果修改招标文件的时间距投标截止时间不足 15 天，相应延长投标截止时间。

投标人收到修改内容后，应在投标人须知前附表规定的时间内以书面形式通知招标人，确认已收到该修改。

（3）投标文件。

1）投标文件的组成。投标文件应包括：①投标函及投标函附录；②法定代表人身份证明或附有法定代表人身份证明的授权委托书；③联合体协议书；④投标保证金；⑤已标价工程量清单；⑥施工组织设计；⑦项目管理机构；⑧拟分包项目情况表；⑨资格审查资料；⑩投标人须知前附表规定的其他材料。

投标人须知前附表规定不接受联合体投标的，或投标人没有组成联合体的，投标文件不包括联合体协议书。

2）投标报价。投标人应按招标文件第五章"工程量清单"的要求填写相应表格。投标人在投标截止时间前修改投标函中的投标总报价，应同时修改第五章"工程量清单"中的相应报价。

3）投标有效期。在投标人须知前附表规定的投标有效期内，投标人不得要求撤销或修改其投标文件。

出现特殊情况需要延长投标有效期的，招标人以书面形式通知所有投标人延长投标有效期。投标人同意延长的，应相应延长其投标保证金的有效期，但不得要求或被允许修改或撤销其投标文件；投标人拒绝延长的，其投标失效，但投标人有权收回其投标保证金。

4）投标保证金。投标人在递交投标文件的同时，应按投标人须知前附表规定的金额、担保形式和"投标文件格式"规定的投标保证金格式递交投标保证金，并作为其投标文件的组成部分。联合体投标的，其投标保证金由牵头人递交，并应符合投标人须知前附表的规定。

投标人不按要求提交投标保证金的，其投标文件作废标处理。招标人与中标人签订合同后5个工作日内，向未中标的投标人和中标人退还投标保证金。

有下列情形之一的，投标保证金将不予退还：①投标人在规定的投标有效期内撤销或修改其投标文件；②中标人在收到中标通知书后，无正当理由拒签合同协议书或未按招标文件规定提交履约担保。

5）资格审查资料。如果已经进行过资格预审，则投标人在编制投标文件时，应按新情况更新或补充其在申请资格预审时提供的资料，以证实其各项资格条件仍能继续满足资格预审文件的要求，具备承担本标段施工的资质条件、能力和信誉。如果未进行资格预审，则投标人应提供：

①"投标人基本情况表"应附投标人营业执照副本及其年检合格的证明材料、资质证书副本和安全生产许可证等材料的复印件。

②"近年财务状况表"应附经会计师事务所或审计机构审计的财务会计报表，包括资产负债表、现金流量表、利润表和财务情况说明书的复印件，具体年份要求见投标人须知前附表。

③"近年完成的类似项目情况表"应附中标通知书和（或）合同协议书、工程接收证书（工程竣工验收证书）的复印件，具体年份要求见投标人须知前附表。每张表格只填写一个项目，并标明序号。

④"正在施工和新承接的项目情况表"应附中标通知书和（或）合同协议书复印件。每张表格只填写一个项目，并标明序号。

⑤"近年发生的诉讼及仲裁情况"应说明相关情况，并附法院或仲裁机构作出的判决、裁决等有关法律文书复印件，具体年份要求见投标人须知前附表。

⑥投标人须知前附表规定接受联合体投标的，则上述规定的表格和资料应包括联合体各方相关情况。

6）备选投标方案。除投标人须知前附表另有规定外，投标人不得递交备选投标方案。允许投标人递交备选投标方案的，只有中标人所递交的备选投标方案方可予以考虑。评标委员会认为中标人的备选投标方案优于其按照招标文件要求编制的投标方案的，招标人可以接受该备选投标方案。

7）投标文件的编制。投标文件应按招标文件中的"投标文件格式"部分进行编写，如有必要，可以增加附页，作为投标文件的组成部分。其中，投标函附录在满足招标文件实质性要求的基础上，可以提出比招标文件要求更有利于招标人的承诺。

投标文件应当对招标文件有关工期、投标有效期、质量要求、技术标准和要求、招标范围等实质性内容作出响应。

投标文件应用不褪色的材料书写或打印，并由投标人的法定代表人或其委托代理人签字或盖单位章。委托代理人签字的，投标文件应附法定代表人签署的授权委托书。投标文件应尽量避免涂改、行间插字或删除。如果出现上述情况，改动之处应加盖单位章或由投标人的法定代表人或其授权的代理人签字确认。签字或盖章的具体要求见投标人须知前附表。

投标文件正本一份，副本份数见投标人须知前附表要求。正本和副本的封面上应清楚地标记"正本"或"副本"的字样。当副本和正本不一致时，以正本为准。投标文件的正本与副本应分别装订成册，并编制目录，具体装订要求见投标人须知前附表规定。

（4）投标。

1）投标文件的密封和标记。投标文件的正本与副本应分开包装，加贴封条，并在封套的封口处加盖投标人单位章。投标文件的封套上应清楚地标记"正本"或"副本"字样，封套上应写明的其他内容见投标人须知前附表要求。未按要求密封和加写标记的投标文件，招标人不予受理。

2）投标文件的递交。投标人应在投标人须知前附表规定的投标截止时间前递交投标文件。投标人递交投标文件的地点为投标人须知前附表中规定的地点。

除投标人须知前附表另有规定外，投标人所递交的投标文件不予退还。招标人收到投标文件后，应向投标人出具签收凭证。逾期送达的或者未送达指定地点的投标文件，招标人不予受理。

3）投标文件的修改与撤回。在规定的投标截止时间前，投标人可以修改或撤回已递交的投标文件，但应以书面形式通知招标人。投标人修改或撤回已递交投标文件的书面通知应按照要求签字或盖章。招标人收到书面通知后，向投标人出具签收凭证。修改的内容为投标文件的组成部分。修改的投标文件应按照规定进行编制、密封、标记和递交，并标明"修改"字样。

（5）开标。

1）开标时间和地点。招标人在投标人须知前附表规定的投标截止时间（开标时间）和投标人须知前附表规定的地点公开开标，并邀请所有投标人的法定代表人或其委托代理人准时参加。

2）开标程序。主持人按下列程序进行开标：①宣布开标纪律；②公布在投标截止时间前递交投标文件的投标人名称，并点名确认投标人是否派人到场；③宣布开标人、唱标人、记录人、监标人等有关人员姓名；④按照投标人须知前附表规定检查投标文件的密封情况；⑤按照投标人须知前附表的规定确定并宣布投标文件开标顺序；⑥设有标底的，公布标底；⑦按照宣布的开标顺序当众开标，公布投标人名称、标段名称、投标保证金的递交情况、投标报价、质量目标、工期及其他内容，并记录在案；⑧投标人代表、招标人代表、监标人、记录人等有关人员在开标记录上签字确认；⑨开标结束。

（6）评标。

1）评标委员会。评标由招标人依法组建的评标委员会负责。评标委员会由招标人或其委托的招标代理机构熟悉相关业务的代表，以及有关技术、经济等方面的专家组成。评标委员会成员人数以及技术、经济等方面专家的确定方式见投标人须知前附表。

评标委员会成员有下列情形之一的，应当回避：

①招标人或投标人的主要负责人的近亲属。

②项目主管部门或者行政监督部门的人员。

③与投标人有经济利益关系，可能影响对投标公正评审的。

④曾因在招标、评标以及其他与招标投标有关活动中从事违法行为而受过行政处罚或刑事处罚的。

2）评标原则。评标活动遵循公平、公正、科学和择优的原则。

3）评标。评标委员会按照招标文件"评标办法"规定的方法、评审因素、标准和程序对投标文件进行评审。"评标办法"没有规定的方法、评审因素和标准，不作为评标依据。

（7）合同授予。

1）定标方式。除投标人须知前附表规定评标委员会直接确定中标人外，招标人依据评标委员会推荐的中标候选人确定中标人，评标委员会推荐中标候选人的人数见投标人须知前附表。

2）中标通知。在规定的投标有效期内，招标人以书面形式向中标人发出中标通知书，同时将中标结果通知未中标的投标人。

3）履约担保。在签订合同前，中标人应按投标人须知前附表规定的金额、担保形式和招标文件中"合同条款及格式"规定的履约担保格式向招标人提交履约担保。联合体中标的，其履约担保由牵头人递交，并应符合投标人须知前附表规定的金额、担保形式和招标文件中"合同条款及格式"规定的履约担保格式要求。

中标人不能按要求提交履约担保的，视为放弃中标，其投标保证金不予退还，给招标人造成的损失超过投标保证金数额的，中标人还应当对超过部分予以赔偿。

4）签订合同。招标人和中标人应当自中标通知书发出之日起 30 天内，根据招标文件和中标人的投标文件订立书面合同。中标人无正当理由拒签合同的，招标人取消其中标资格，其投标保证金不予退还；给招标人造成的损失超过投标保证金数额的，中标人还应当对超过部分予以赔偿。

发出中标通知书后，招标人无正当理由拒签合同的，招标人向中标人退还投标保证金；给中标人造成损失的，还应当赔偿损失。

（8）重新招标和不再招标。

1）重新招标。有下列情形之一的，招标人将重新招标：①投标截止时间止，投标人少于3个的；②经评标委员会评审后否决所有投标的。

2）不再招标。重新招标后投标人仍少于3个或者所有投标被否决的，属于必须审批或核准的工程建设项目，经原审批或核准部门批准后不再进行招标。

（9）纪律和监督。

1）对招标人的纪律要求。招标人不得泄漏招标投标活动中应当保密的情况和资料，不得与投标人串通损害国家利益、社会公共利益或者他人的合法权益。

2）对投标人的纪律要求。投标人不得相互串通投标或者与招标人串通投标，不得向招标人或者评标委员会成员行贿谋取中标，不得以他人名义投标或者以其他方式弄虚作假骗取中标；投标人不得以任何方式干扰、影响评标工作。

3）对评标委员会成员的纪律要求。评标委员会成员不得收受他人的财物或者其他好处，不得向他人透漏对投标文件的评审和比较、中标候选人的推荐情况以及评标有关的其他情况。在评标活动中，评标委员会成员不得擅离职守，影响评标程序正常进行，不得使用第三章"评标办法"没有规定的评审因素和标准进行评标。

4）对与评标活动有关的工作人员的纪律要求。与评标活动有关的工作人员不得收受他人的财物或者其他好处，不得向他人透漏对投标文件的评审和比较、中标候选人的推荐情况以及评标有关的其他情况。在评标活动中，与评标活动有关的工作人员不得擅离职守，影响评标程序正常进行。

5）投诉。投标人和其他利害关系人认为本次招标活动违反法律、法规和规章规定的，有权向有关行政监督部门投诉。

（10）需要补充的其他内容。

需要补充的其他内容：见投标人须知前附表。

除上述内容外，第二章还附有开标记录表、问题澄清通知以及中标通知书等8个附件。

**3. 评标方法**

《行业标准施工招标文件》第三章为评标方法，分为综合评估法及经评审的最低投标价法两部分内容。招标人可以根据事先确定的评标办法来选择不同的内容编制项目施工招标文件。

**4. 合同条款及格式**

《行业标准施工招标文件》第四章为合同条款及格式，列出了施工合同通用条款以及合同协议书、承包人履约担保和承包人预付款担保等格式，具体内容详见本书学习单元四。

**5. 工程量清单**

建设工程施工招标投标的计价方式分为定额计价方式和工程量清单计价方式。全部使用国有资金投资或国有直接投资为主的建设工程施工发承包，必须采用工程量清单计价方式。非国有资金投资的建设工程，宜采用工程量清单计价。采用工程量清单计价方式进行施工招投标时，招标人应当按要求提供工程量清单。

工程量清单的工程量是编制招标工程标底和投标报价的依据，也是支付工程进度款和竣工结算时调整工程量的依据。它供建设各方计价时使用，并为投标人提供一个公开、公平、公正的竞争环境，是评标的基础，也为竣工时调整工程量、办理工程结算及工程索赔提供的重要依据。

工程量清单是对招标投标双方都具有约束力的重要文件，是招标投标活动的重要依据。由于专业性强、内容复杂，所以对编制人的业务技术水平要求高。因此，工程量清单应由具有编制能力的人员（造价工程师）和具有工程造价咨询资质并按规定的业务范围承担工程造价咨询业务的中介机构编制。

《行业标准施工招标文件》第五章列明了工程量清单格式。

（1）工程量清单说明。工程量清单是根据招标文件中包括的、有合同约束力的图纸以及有关工程量清单的国家标准、行业标准、合同条款中约定的工程量计算规则编制。约定计量规则中没有的子目，其工程量按照有合同约束力的图纸所标示尺寸的理论净量计算。计量单位采用中华人民共和国法定计量单位。

工程量清单应与招标文件中的投标人须知、通用合同条款、专用合同条款、技术标准和要求及图纸等一起阅读和理解。

工程量清单仅是投标报价的共同基础，实际工程计量和工程价款的支付应遵循合同条款的约定和"技术标准和要求"的有关规定。补充子目工程量计算规则及子目工作内容要在文件中说明。

（2）投标报价说明。工程量清单中的每一子目须填入单价或价格，且只允许有一个报价。

工程量清单中标价的单价或金额，应包括所需人工费、施工机械使用费、材料费、其他（运杂费、质检费、安装费、缺陷修复费、保险费，以及合同明示或暗示的风险、责任和义务等），以及管理费、利润等。

工程量清单中投标人没有填入单价或价格的子目，其费用视为已分摊在工程量清单中其他相关子目的单价或价格之中。暂列金额的数量及拟用子目、暂估价的数量及拟用子目要在文件中列出。

（3）其他说明。列出其他需要说明的内容。

（4）工程量清单。

**工程量清单格式之一：工程量清单封面**

_____工程

工程量清单

工程造价

招标人：_____　　　　咨询人：_____

　　　　　（单位盖章）　　　　　　　　　　（单位资质专用章）

法定代表人　　　　　　　　　　　法定代表人

或其授权人：_____　　或其授权人：_____

　　　　　（签字或盖章）　　　　　　　　　（签字或盖章）

编制人：_____　　　　复核人：_____

（造价人员签字盖专用章）　　　　（造价工程师签字盖专用章）

编制时间：____年____月____日　　复核时间：____年____月____日

**工程量清单格式之二：投标总价表**

投 标 总 价

招 标 人：_____

工程名称：_____

投标总价（小写）：_____

（大写）：_____

投 标 人：_____

（单位盖章）

法定代表人或其授权人：_____

（签字或盖章）

编制人：_____

（造价人员签字盖专用章）

编制时间：_____年_____月_____日

**工程量清单格式之三：总说明**

总 说 明

工程名称：                                                    第　页 共　页

|  |
|---|
|  |

**工程量清单格式之四：工程项目投标报价汇总表**

工程项目投标报价汇总表

工程名称：                                                    第　页 共　页

| 序号 | 单项工程名称 | 金额/元 | 其 中 | | |
|---|---|---|---|---|---|
|  |  |  | 暂估价/元 | 安全文明施工费/元 | 规费/元 |
|  |  |  |  |  |  |
|  | 合计 |  |  |  |  |

**工程量清单格式之五：单项工程投标报价汇总表**

单项工程投标报价汇总表

工程名称：                                                    第　页 共　页

| 序号 | 单项工程名称 | 金额/元 | 其 中 | | |
|---|---|---|---|---|---|
|  |  |  | 暂估价/元 | 安全文明施工费/元 | 规费/元 |
|  |  |  |  |  |  |
|  | 合计 |  |  |  |  |

**工程量清单格式之六：单位工程投标报价汇总表**

单位工程投标报价汇总表

工程名称：　　　　　　　　　　　　　　　　　　　　　　　第　页　共　页

| 序号 | 汇 总 内 容 | 金额/元 | 其中：暂估价/元 |
|---|---|---|---|
| 1 | 分部（分项）工程 | | |
| 1.1 | | | |
| 1.2 | | | |
| …… | | | |
| | | | |
| 2 | 措施项目 | | — |
| 2.1 | 其中：安全文明施工费 | | — |
| 3 | 其他项目 | | — |
| 3.1 | 暂列金额（不包括计日工） | | — |
| 3.2 | 专业工程暂估价 | | — |
| 3.3 | 计日工 | | — |
| 3.4 | 总承包服务费 | | — |
| 4 | 规费 | | — |
| 5 | 税金 | | — |
| | 报标报价合计＝1＋2＋3＋4＋5 | | — |

**工程量清单格式之七：分部（分项）工程工程量清单与计价表**

分部（分项）工程工程量清单与计价表

工程名称：　　　　　　　　　　　　　　　　　　　　　　　第　页　共　页

| 序号 | 子目编码 | 子目名称 | 子目特征描述 | 计量单位 | 工程量 | 金额/元 | | |
|---|---|---|---|---|---|---|---|---|
| | | | | | | 综合单价 | 合价 | 其中:暂估价 |
| | | | | | | | | |
| | | | | | | | | |
| | | | | | | | | |
| | | 本页小计 | | | | | | |
| | | 合计 | | | | | | |

注：根据《建筑安装工程费用项目组成》（建标［2003］206号）的规定，为计取规费等的使用，可在表中增设"直接费""人工费"或"人工费＋机械费"。

**工程量清单格式之八：工程量清单综合单价分析表**

### 工程量清单综合单价分析表

工程名称：                                                                第　页　共　页

| 子目编码 | | 子目名称 | | | | 计量单位 | | |
|---|---|---|---|---|---|---|---|---|
| 清单综合单价组成明细 | | | | | | | | |

| 定额编号 | 定额名称 | 定额单位 | 数量 | 单　价 | | | | 合　价 | | | |
|---|---|---|---|---|---|---|---|---|---|---|---|
| | | | | 人工费 | 材料费 | 机械费 | 管理费和利润 | 人工费 | 材料费 | 机械费 | 管理费和利润 |
| | | | | | | | | | | | |
| | | | | | | | | | | | |

| 人工单价 | | 小计 | | | | | | | | | |
|---|---|---|---|---|---|---|---|---|---|---|---|
| 元/工日 | | 未计价材料费 | | | | | | | | | |
| 清单子目综合单价 | | | | | | | | | | | |

| 材料费明细 | 主要材料名称、规格、型号 | 单位 | 数量 | 单价 | 合计 | 暂估单价/元 | 暂估单价/元 |
|---|---|---|---|---|---|---|---|
| | | | | | | | |
| | | | | | | | |
| | 其他材料费 | | | | | | |
| | 材料费小计 | | | | | | |

注：如不使用省级或行业建设主管部门发布的计价定额，可不填定额项目、编号等。

**工程量清单格式之九：措施项目清单与计价表（一）**

### 措施项目清单与计价表（一）

工程名称：                                                                第　页　共　页

| 序号 | 子 目 名 称 | 计算基础 | 费率（%） | 金额/元 |
|---|---|---|---|---|
| 1 | 安全文明施工费 | | | |
| 2 | 夜间施工费 | | | |
| 3 | 二次搬运费 | | | |
| 4 | 冬雨期施工 | | | |
| 5 | 大型机械设备进出场及安拆费 | | | |
| 6 | 施工排水、降水 | | | |
| 7 | 地上、地下设施、建筑物的临时保护设施 | | | |
| 8 | 已完工程及设备保护 | | | |
| 9 | 各专业工程的措施项目 | | | |
| …… | | | | |
| 合　计 | | | | |

注：1. 本表适用于以"项"计价的措施项目。

2. 根据原建设部、财政部发布的《建筑安装工程费用项目组成》（建标［2003］206号）的规定，"计算基础"可为"直接费""人工费"或"人工费+机械费"。

## 工程量清单格式之十：措施项目清单与计价表（二）

### 措施项目清单与计价表（二）

工程名称：
第　页　共　页

| 序号 | 子目编码 | 子目名称 | 子目特征描述 | 计量单位 | 工程量 | 金额/元 | |
| --- | --- | --- | --- | --- | --- | --- | --- |
| | | | | | | 综合单价 | 合价 |
| | | | | | | | |
| | | | | | | | |
| | | | | | | | |
| 本页小计 | | | | | | | |
| 合计 | | | | | | | |

注：本表适用于以综合单价形式计价的措施项目。

## 工程量清单格式之十一：其他项目清单与计价汇总表

### 其他项目清单与计价汇总表

工程名称：
第　页　共　页

| 序号 | 子目名称 | 计算基础 | 金额/元 | 备注 |
| --- | --- | --- | --- | --- |
| 1 | 暂列金额(不包括计日工) | 项 | | 明细另列详表11.1 |
| 2 | 暂估价 | | | |
| 2.1 | 材料和工程设备暂估价 | | | 明细另列详表11.2 |
| 2.2 | 专业工程暂估价 | | | 明细另列详表11.3 |
| 3 | 计日工 | | | 明细另列详表11.4 |
| 4 | 总承包服务费 | | | 明细另列详表11.5 |
| | | | | |
| | | | | |
| 合计 | | | | — |

注：材料和工程设备暂估单价进入清单子目综合单价，此处不汇总。

## 工程量清单格式之十二：规费、税金项目清单与计价表

### 规费、税金项目清单与计价表

工程名称：
第　页　共　页

| 序号 | 项目名称 | 计算基础 | 费率(%) | 金额/元 |
| --- | --- | --- | --- | --- |
| 1 | 规费 | | | |
| 1.1 | 工程排污费 | | | |
| 1.2 | 社会保障费 | | | |
| (1) | 养老保险费 | | | |
| (2) | 失业保险费 | | | |

（续）

| 序号 | 项目名称 | 计算基础 | 费率（%） | 金额/元 |
|---|---|---|---|---|
| （3） | 医疗保险费 | | | |
| 1.3 | 住房公积金 | | | |
| 1.4 | 危险作业意外伤害保险 | | | |
| 1.5 | 工程定额测定费 | | | |
| … | …… | | | |
| 2 | 税金 | 分部（分项）工程费＋措施项<br>目费＋其他项目费＋规费 | | |

注：规费根据原建设部、财政部发布的《建筑安装工程费用项目组成》（建标〔2003〕206 号）的规定，"计算基础"可为"直接费""人工费"或"人工费＋机械费"。

## 工程量清单格式之十三：措施项目报价组成分析表

### 措施项目报价组成分析表

工程名称：

| 子目编码 | 措施项目<br>名称 | 拟采取主要方案或<br>投入资源描述 | 实际成本详细计算表 | 报价构成分析 | | | 报价金额 |
|---|---|---|---|---|---|---|---|
| | | | | 实际成本 | 管理费 | 利润 | |
| | | | | | | | |

## 工程量清单格式之十四：费率报价表

### 费率报价表

工程名称：

| 序号 | 费用名称 | 取费基数 | 报价费率（%） |
|---|---|---|---|
| A | 建筑工程 | | |
| 1 | 企业管理费 | | |
| 2 | 利润 | | |
| | | | |
| B | 装饰和装修工程 | | |
| 3 | 企业管理费 | | |
| 4 | 利润 | | |
| | | | |
| …… | …… | | |

注：本报价表中的费率应与分部（分项）工程工程量清单综合单价分析表中的费率一致。

**工程量清单格式之十五：主要材料和工程设备选用表**

### 主要材料和工程设备选用表

工程名称：

| 序号 | 材料和工程设备名称 | 单位 | 单价 | 数量 | 品牌/厂家 | 规格型号 | 备注 |
|------|--------------------|------|------|------|-----------|----------|------|
|      |                    |      |      |      |           |          |      |
|      |                    |      |      |      |           |          |      |
|      |                    |      |      |      |           |          |      |
|      |                    |      |      |      |           |          |      |
|      |                    |      |      |      |           |          |      |

## 6. 图纸

《行业标准施工招标文件》第六章为图纸部分。图纸是招标文件的重要组成部分。图纸是指用于招标工程施工用的全部图纸，是进行施工的依据，也是进行工程管理的基础。招标人应将全部施工图纸编入招标文件，供投标申请人全面了解招标工程情况，以便于编制投标文件。为便于投标人查阅，招标人应按图纸内容编制图纸目录。图纸涉及标准图集的，招标人可列出标准图集清单，作为图纸的重要组成部分。

图纸是招标人编制工程量清单的依据，也是投标人编制招标文件商务部分和技术部分的依据。建筑工程施工图纸一般包括：图纸目录、设计总说明、建筑施工图、结构施工图、给水排水施工图、采暖通风施工图和电气施工图等。

### 图纸目录格式

### 图 纸 目 录

| 序号 | 图名 | 图号 | 版本 | 出图日期 | 备注 |
|------|------|------|------|----------|------|
|      |      |      |      |          |      |
|      |      |      |      |          |      |
|      |      |      |      |          |      |
|      |      |      |      |          |      |
|      |      |      |      |          |      |
|      |      |      |      |          |      |
|      |      |      |      |          |      |
|      |      |      |      |          |      |

## 7. 技术标准和要求

依据设计文件的要求，招标人应提出拟招标工程项目的材料、设备、施工须达到的现行中华人民共和国以及省、自治区、直辖市或行业的工程建设标准、规范的要求。在招标文件中，应根据招标工程的性质、设计施工图纸、技术文件，提出使用国家或行业标准，如涉及规范的名称、编号等。

对于根据工程设计要求，该项工程项目的材料、施工除必须达到以上标准外，还要求达到的特殊施工标准和要求，以及国内没有相应标准、规范的项目，由招标人在本章内提出施工工艺要求及验收标准，投标人在中标后提出具体的施工工艺和做法，经招标人（发包人）批准执行。

《行业标准施工招标文件》中要求按照下述规定编制本章内容：

（1）一般要求：包括工程说明、承包范围、工期要求、质量要求、适用规范和标准、安全文明施工、治安保卫、地上地下设施和周边建筑物的临时保护、样品和材料代换、进口材料和工程设备、进度报告和进度例会、试验和检验、计日工、计量与支付、竣工验收和工程移交、其他要求。

（2）特殊技术标准和要求：包括材料和工程设备技术要求、特殊技术要求、新技术新工艺和新材料、其他特殊技术标准和要求。

（3）适用的国家、行业以及地方规范、标准和规程：本部分内容只需列出规范、标准、规程等的名称、编号等内容。由招标人根据国家、行业和地方现行标准、规范和规程等，以及项目具体情况摘录。

（4）附件：施工现场现状平面图。

**8. 投标文件格式**

见本教材学习单元三。

## 2.4 投标人资格审查

### 2.4.1 资格审查方式

招标人可以根据招标项目本身的特点和需要，要求潜在投标人或者投标人提供满足其资格要求的文件，对潜在投标人或者投标人进行资格审查。

对投标人的资格审查可以分为资格预审和资格后审两种方式。资格预审是指招标人在发出招标公告或投标邀请书以前，先发出资格预审的公告或邀请，要求潜在投标人提交资格预审的申请及有关证明资料，经资格预审合格的，方可参加正式的投标竞争。资格后审是指招标人在投标人提交投标文件开标后，由评标委员会对投标人是否有能力履行合同义务进行审查。实践中，一般都采用资格预审的办法确定潜在投标人。资格预审方式通过招标人在招标前对潜在的投标人进行筛选，大大减少招标的工作量，有利于提高招标的工作效率，降低招标成本，也为潜在投标人节约了资金，有利于吸引力量雄厚的投标人前来投标。资格预审还可以帮助招标人了解潜在投标人对项目投标的兴趣，以便于及时修正招标要求，扩大竞争。因此，资格预审同时受到招标人和投标人的重视，成为招标人对投标人进行资格审查的主要方式。

进行资格预审的，一般不再进行资格后审，但招标文件另有规定的除外。资格预审不合格的潜在投标人不得参加投标。经资格后审不合格的投标人的投标应作为废标处理。

## 2.4.2 资格预审的作用

（1）排除不合格的投标人。对于许多招标项目来说，投标人的基本条件对招标项目能否完成具有极其重要的意义。如工程建设，必须具有相应条件的承包人才能按质按期完成。招标人可以在资格预审中设置基本的要求，将不具备基本要求的投标人排除在外。

（2）降低招标人的招标成本，提高招标工作效率。如果招标人对所有有意参加投标的投标人都允许投标，则招标、评标的工作量势必会增大，招标的成本也会增大。经过资格预审程序，招标人对想参加投标的潜在投标人进行初审，对不可能中标和没有履约能力的投标人进行筛选，把有资格参加投标的投标人控制在一个合理的范围内，既有利于选择到合适的投标人，也节省了招标成本，可以提高正式开始的招标的工作效率。

（3）可以吸引实力雄厚的投标人。实力雄厚的潜在投标人有时不愿意参加竞争过于激烈的招标项目，因为编写投标文件费用较高，而一些基本条件较差的投标人往往会进行恶性竞争。资格预审可以确保只有基本条件较好的投标人参加投标，这对实力雄厚的潜在投标人具有较大的吸引力。

## 2.4.3 资格审查的内容

无论采用预审还是后审，都是主要审查投标申请人是否符合下列条件：

（1）具有独立订立合同的权利。

（2）具有履行合同的能力，包括专业、技术资格和能力，资金、设备和其他物质设施状况，管理能力，经验、信誉和相应的从业人员的能力。

（3）没有处于被责令停业，投标资格被取消，财产被接管、冻结，破产状态。

（4）在最近三年内没有骗取中标和严重违约及重大工程质量问题。

（5）法律、行政法规规定的其他资格条件。

## 2.4.4 资格预审的程序

资格预审的程序为招标人（招标代理人）编制资格预审文件、发布资格预审公告、发售资格预审文件、接收投标申请人提交的资格预审申请文件、对资格预审申请文件进行评审并编写评审报告、将评审结果通知相关申请人。

**1. 编制资格预审文件**

采取资格预审的工程项目，招标人须编制资格预审文件。自行组织招标的，资格预审文件由招标人自行编制；委托代理招标的，由具备相应资质的招标代理机构编制。编制依法必须进行招标的项目的资格预审文件，应当使用国务院发展改革部门会同有关行政监督部门制定的标准文本。

招标人编制的资格预审文件的内容违反法律、行政法规的强制性规定，违反公开、公平、公正和诚实信用原则，影响资格预审结果或者潜在投标人投标的，依法必须进行招标的项目的招标人应当在修改资格预审文件后重新组织资格预审。

**2. 发布资格预审公告**

招标人采用资格预审办法对潜在投标人进行资格审查的，应当在公开媒体上发布资格预审公告。依法必须进行招标的项目的资格预审公告，应当在国务院发展改革部门依法指定的媒介发布。在不同媒介发布的同一招标项目的资格预审公告的内容应当一致。指定媒介发布依法必须进行招标的项目的境内资格预审公告，不得收取费用。

**3. 发售资格预审文件**

招标人应当按照资格预审公告中规定的时间和地点发售资格预审文件。资格预审文件的发售期不得少于5日。招标人发售资格预审文件、招标文件收取的费用应当限于补偿印刷、邮寄的成本支出，不得以营利为目的。

招标人可以对已发出的资格预审文件进行必要的澄清或者修改。澄清或者修改的内容可能影响资格预审申请文件编制的，招标人应当在提交资格预审申请文件截止时间至少3日前，以书面形式通知所有获取资格预审文件的潜在投标人；不足3日的，招标人应当顺延提交资格预审申请文件的截止时间。

资格预审文件的澄清与修改必须以书面的形式进行，当资格预审文件、资格预审文件的澄清或修改等在同一内容的表述上不一致时，以最后发出的书面文件为准。

**4. 接收资格预审申请文件**

申请人根据资格预审文件的要求，编制资格预审申请文件，并进行密封和标志，在申请截止时间前按规定地点提交至招标人。招标人按照资格预审文件中规定的时间和地点接收资格预审文件。招标人收到资格预审文件后，填写申请文件递交时间和密封及标识检查记录表，并由双方签字确认。

依法必须招标的项目，自资格预审文件停止发售之日至投标人提交申请文件截止之日止，最短不得少于5日。

潜在投标人或者其他利害关系人对资格预审文件有异议的，应当在提交资格预审申请文件截止时间2日前提出；招标人应当自收到异议之日起3日内作出答复；作出答复前，应当暂停招标投标活动。

**5. 资格审查**

资格预审应当按照资格预审文件载明的标准和方法进行。

国有资金占控股或者主导地位的依法必须进行招标的项目，招标人应当组建资格审查委员会审查资格预审申请文件。资格审查委员会及其成员组成应当遵守我国《招标投标法》和《招标投标法实施条例》有关评标委员会及其成员的规定，并符合资格预审文件的要求。

**6. 发出资格预审合格通知书**

资格预审后，招标人应当向合格的投标申请人发出资格预审合格通知书（投标邀请书），告知获取招标文件的时间、地点和方法，并同时向资格预审不合格的投标申请人发出资格预审结果通知书，告知资格预审结果。未通过资格预审的申请人不具有投标资格。

通过资格预审的申请人收到投标邀请书后，应在申请人须知前附表规定的时间内以书面形式明确表示是否参加投标。在申请人须知前附表规定时间内未表示是否参加投标或明确表示不参加投标的，不得再参加投标。通过资格预审的申请人少于3个的，应当重新招标。

## 2.4.5 资格预审文件

·由国家发改委、住建部等部委联合编制的《中华人民共和国标准施工招标资格预审文件》，2007年11月1日国家发改委令第56号发布，于2008年5月1日起在全国试行。2010年，住建部又发布了配套的《房屋建筑和市政工程标准施工招标资格预审文件》（以下简称·

"行业标准施工招标资格预审文件"），广泛适用于一定规模以上的房屋建筑和市政工程的施工招标过程的资格预审文件编制。

《行业标准施工招标资格预审文件》由五个部分组成：①资格预审公告；②申请人须知；③资格审查办法；④资格预审文件格式；⑤建设项目概况。

**1. 资格预审公告**

招标人采用资格预审办法对潜在投标人进行资格审查的，应当在公开媒体上发布资格预审公告。《行业标准施工招标资格预审文件》第一章规定了资格预审公告的格式与内容。

_____（项目名称）_____标段施工招标

**资格预审公告（代招标公告）**

1. 招标条件

本招标项目_____（项目名称）已由_____（项目审批、核准或备案机关名称）以_____（批文名称及编号）批准建设，项目业主为_____，建设资金来自_____（资金来源），项目出资比例为_____，招标人为_____。项目已具备招标条件，现进行公开招标，特邀请有兴趣的潜在投标人（以下简称申请人）提出资格预审申请。

2. 项目概况与招标范围

_____（说明本次招标项目的建设地点、规模、计划工期、招标范围、标段划分（如果有）等）。

3. 申请人资格要求

3.1 本次资格预审要求申请人具备_____资质，_____业绩，并在人员、设备、资金等方面具备相应的施工能力，其中，投标人拟派项目经理须具备_____专业_____级注册建造师执业资格，具备有效的安全生产考核合格证书，且未担任其他在施建设工程项目的项目经理。

3.2 本次资格预审_____（接受或不接受）联合体资格预审申请。联合体申请资格预审的，应满足下列要求：_____。

3.3 各申请人可就上述标段中的_____（具体数量）个标段提出资格预审申请，但最多允许中标_____（具体数量）个标段（适用于分标段的招标项目）。

4. 资格预审方法

本次资格预审采用_____（合格制/有限数量制）。采用有限数量制的，当通过详细审查的申请人超过_____家时，通过资格预审的申请人限定为____家。

5. 申请报名

凡有意申请资格预审者，请于_____年_____月_____日至_____年_____月_____日（法定公休日、法定节假日除外），每日上午_____时至_____时，下午_____时至_____时（北京时间，下同），在_____（有形建筑市场/交易中心名称及地址）报名。

6. 资格预审文件的获取

6.1 凡通过上述报名者，请于_____年_____月_____日至_____年_____月_____日（法定公休日、法定节假日除外），每日上午_____时至_____时，下午_____时至_____时（北京时间，下同），在_____（有形建筑市场/交易中心名称及地址）持单位介绍信购买资格预审文件。

6.2 资格预审文件每套售价_____元，售后不退。

6.3 邮购资格预审文件的，需另加手续费（含邮费）_____元。招标人在收到单位介绍信和邮购款（含手续费）后_____日内寄送。

7. 资格预审申请文件的递交

7.1 递交资格预审申请文件截止时间（申请截止时间，下同）为_____年_____月_____日_____时_____分，地点为_____（有形建筑市场/交易中心名称及地址）。

7.2 逾期送达或者未送达指定地点的资格预审申请文件，招标人不予受理。

8. 发布公告的媒介

本次资格预审公告同时在_____（发布公告的媒介名称）上发布。

9. 联系方式

| | |
|---|---|
| 招　标　人：_____ | 招标代理机构：_____ |
| 地　　　址：_____ | 地　　　址：_____ |
| 邮　　　编：_____ | 邮　　　编：_____ |
| 联　系　人：_____ | 联　系　人：_____ |
| 电　　　话：_____ | 电　　　话：_____ |
| 传　　　真：_____ | 传　　　真：_____ |
| 电　子　邮件：_____ | 电　子　邮件：_____ |
| 网　　　址：_____ | 网　　　址：_____ |
| 开　户　银行：_____ | 开　户　银行：_____ |
| 账　　　号：_____ | 账　　　号：_____ |

_____年_____月_____日

## 2. 申请人须知

《行业标准施工招标资格预审文件》第二章为申请人须知，是资格预审文件中非常重要的部分，申请人在申请资格预审时必须仔细阅读和理解，按申请人须知之中的要求申请资格预审。在申请人须知前有申请人须知前附表，将须知中的重要条款规定内容列出，以便使申请人在整个过程中严格遵守和深入考虑。申请人须知前附表见表2-2。

表 2-2　申请人须知前附表

| 条款号 | 条款名称 | 编　列　内　容 |
|---|---|---|
| 1.1.2 | 招标人 | 名称：<br>地址：<br>联系人：<br>电话：<br>电子邮件： |
| 1.1.3 | 招标代理机构 | 名称：<br>地址：<br>联系人：<br>电话：<br>电子邮件： |
| 1.1.4 | 项目名称 | |
| 1.1.5 | 建设地点 | |
| 1.2.1 | 资金来源 | |
| 1.2.2 | 出资比例 | |
| 1.2.3 | 资金落实情况 | |
| 1.3.1 | 招标范围 | |
| 1.3.2 | 计划工期 | 计划工期：_____日历天<br>计划开工日期：_____年_____月_____日<br>计划竣工日期：_____年_____月_____日 |

（续）

| 条款号 | 条款名称 | 编 列 内 容 |
|--------|----------|-------------|
| 1.3.3 | 质量要求 | |
| 1.4.1 | 申请人资质条件、能力和信誉 | 资质条件：<br>财务要求：<br>业绩要求：（与资格预审公告要求一致）<br>信誉要求：<br>（1）诉讼及仲裁情况<br>（2）不良行为记录<br>（3）合同履约率<br>项目经理（建造师，下同）资格：_____专业_____级（含以上级）注册建造师执业资格，具备有效的安全生产考核合格证书，且不得担任其他在施建设工程项目的项目经理<br>其他要求：<br>（1）拟投入主要施工机械设备情况<br>（2）拟投入项目管理人员<br>（3）…… |
| 1.4.2 | 是否接受联合体资格预审申请 | □不接受<br>□接受，应满足下列要求：<br>其中：联合体资质按照联合体协议约定的分工认定，其他审查标准按照联合体协议约定的各成员分工所占合同量的比例，进行加权折算 |
| 2.2.1 | 申请人要求澄清资格预审文件的截止时间 | |
| 2.2.2 | 招标人澄清资格预审文件的截止时间 | |
| 2.2.3 | 申请人确认收到资格预审文件澄清的时间 | |
| 2.3.1 | 招标人修改资格预审文件的截止时间 | |
| 2.3.2 | 申请人确认收到资格预审文件修改的时间 | |
| 3.1.1 | 申请人需补充的其他材料 | |
| 3.2.4 | 近年财务状况的年份要求 | ___年，指___年___月___日起至___年___月___日止 |
| 3.2.5 | 近年完成的类似项目的年份要求 | ___年，指___年___月___日起至___年___月___日止 |
| 3.2.7 | 近年发生的诉讼及仲裁情况的年份要求 | ___年，指___年___月___日起至___年___月___日止 |
| 3.3.1 | 签字或盖章要求 | |
| 3.3.2 | 资格预审申请文件副本份数 | ___份 |

（续）

| 条款号 | 条款名称 | 编 列 内 容 |
|---|---|---|
| 3.3.3 | 资格预审申请文件的装订要求 | □不分册装订<br>□分册装订，共分____册，分别为：_____<br>每册采用_____方式装订，装订应牢固、不易拆散和换页，不得采用活页装订 |
| 4.1.2 | 封套上写明 | 招标人的地址：<br>招标人全称：<br>_____（项目名称）____标段施工招标资格预审申请文件<br>在___年___月___日___时___分前不得开启 |
| 4.2.1 | 申请截止时间 | ___年___月___日___时___分 |
| 4.2.2 | 递交资格预审申请文件的地点 | |
| 4.2.3 | 是否退还资格预审申请文件 | □否　　□是，退还安排： |
| 5.1.2 | 审查委员会人数 | 审查委员会构成：_____人，其中招标人代表_____人（限招标人在职人员，且应当具备评标专家相应的或者类似的条件），专家_____人；<br>审查专家确定方式：_____ |
| 5.2 | 资格审查方法 | □合格制　　□有限数量制 |
| 6.1 | 资格预审结果的通知时间 | |
| 6.3 | 资格预审结果的确认时间 | |
| 9 | 需要补充的其他内容 | |
| 9.1 | 词语定义 | |
| 9.2 | 资格预审申请文件编制的补充要求 | |
| 9.3 | 通过资格预审的申请人（适用于有限数量制） | |
| 9.4 | 监督 | |

申请人须知内容如下：

1. 总则

1.1 项目概况

1.1.1 根据《中华人民共和国招标投标法》等有关法律、法规和规章的规定，本招标项目已具备招标条件，现进行公开招标，特邀请有兴趣承担本标段的申请人提出资格预审申请。

1.1.2 本招标项目招标人：见申请人须知前附表。

1.1.3 本标段招标代理机构：见申请人须知前附表。

1.1.4 本招标项目名称：见申请人须知前附表。

1.1.5 本标段建设地点：见申请人须知前附表。

1.2 资金来源和落实情况

1.2.1 本招标项目的资金来源：见申请人须知前附表。

1.2.2 本招标项目的出资比例：见申请人须知前附表。

1.2.3 本招标项目的资金落实情况：见申请人须知前附表。

1.3 招标范围、计划工期和质量要求

1.3.1 本次招标范围：见申请人须知前附表。

1.3.2 本标段的计划工期：见申请人须知前附表。

1.3.3 本标段的质量要求：见申请人须知前附表。

1.4 申请人资格要求

1.4.1 申请人应具备承担本标段施工的资质条件、能力和信誉。

（1）资质条件：见申请人须知前附表。

（2）财务要求：见申请人须知前附表。

（3）业绩要求：见申请人须知前附表。

（4）信誉要求：见申请人须知前附表。

（5）项目经理资格：见申请人须知前附表。

（6）其他要求：见申请人须知前附表。

1.4.2 申请人须知前附表规定接受联合体申请资格预审的，联合体申请人除应符合本章第 1.4.1 项和申请人须知前附表的要求外，还应遵守以下规定：

（1）联合体各方必须按资格预审文件提供的格式签订联合体协议书，明确联合体牵头人和各方的权利义务。

（2）由同一专业的单位组成的联合体，按照资质等级较低的单位确定资质等级。

（3）通过资格预审的联合体，其各方组成结构或职责，以及财务能力、信誉情况等资格条件不得改变。

（4）联合体各方不得再以自己名义单独或加入其他联合体在同一标段中参加资格预审。

1.4.3 申请人不得存在下列情形之一：

（1）为招标人不具有独立法人资格的附属机构（单位）。

（2）为本标段前期准备提供设计或咨询服务的，但设计施工总承包的除外。

（3）为本标段的监理人。

（4）为本标段的代建人。

（5）为本标段提供招标代理服务的。

（6）与本标段的监理人或代建人或招标代理机构同为一个法定代表人的。

（7）与本标段的监理人或代建人或招标代理机构相互控股或参股的。

（8）与本标段的监理人或代建人或招标代理机构相互任职或工作的。

（9）被责令停业的。

（10）被暂停或取消投标资格的。

（11）财产被接管或冻结的。

（12）在最近三年内有骗取中标或严重违约或重大工程质量问题的。

1.5 语言文字

除专用术语外，来往文件均使用中文。必要时专用术语应附有中文注释。

1.6 费用承担

申请人准备和参加资格预审发生的费用自理。

2. 资格预审文件

2.1 资格预审文件的组成

2.1.1 本次资格预审文件包括资格预审公告、申请人须知、资格审查办法、资格预审申请文件格式、项目建设概况，以及根据本章第 2.2 款对资格预审文件的澄清和第 2.3 款对资格预审文件的修改。

2.1.2 当资格预审文件、资格预审文件的澄清或修改等在同一内容的表述上不一致时，以最后发出的书面文件为准。

2.2 资格预审文件的澄清

2.2.1 申请人应仔细阅读和检查资格预审文件的全部内容。如有疑问，应在申请人须知前附表规定的时间前以书面形式（包括信函、电报、传真等可以有形表现所载内容的形式，下同），要求招标人对资格预审文件进行澄清。

2.2.2 招标人应在申请人须知前附表规定的时间前，以书面形式将澄清内容发给所有购买资格预审文件的申请人，但不指明澄清问题的来源。

2.2.3 申请人收到澄清后，应在申请人须知前附表规定的时间内以书面形式通知招标人，确认已收到该澄清。

2.3 资格预审文件的修改

2.3.1 在申请人须知前附表规定的时间前，招标人可以书面形式通知申请人修改资格预审文件。在申请人须知前附表规定的时间后修改资格预审文件的，招标人应相应顺延申请截止时间。

2.3.2 申请人收到修改的内容后，应在申请人须知前附表规定的时间内以书面形式通知招标人，确认已收到该修改。

3. 资格预审申请文件的编制

3.1 资格预审申请文件的组成

3.1.1 资格预审申请文件应包括下列内容：

（1）资格预审申请函。

（2）法定代表人身份证明或附有法定代表人身份证明的授权委托书。

（3）联合体协议书。

（4）申请人基本情况表。

（5）近年财务状况表。

（6）近年完成的类似项目情况表。

（7）正在施工和新承接的项目情况表。

（8）近年发生的诉讼及仲裁情况。

（9）其他材料：见申请人须知前附表。

3.1.2 申请人须知前附表规定不接受联合体资格预审申请的或申请人没有组成联合体的，资格预审申请文件不包括本章第3.1.1（3）项所指的联合体协议书。

3.2 资格预审申请文件的编制要求

3.2.1 资格预审申请文件应按第四章"资格预审申请文件格式"进行编写，如有必要，可以增加附页，并作为资格预审申请文件的组成部分。申请人须知前附表规定接受联合体资格预审申请的，本章第3.2.3项～第3.2.7项规定的表格和资料应包括联合体各方相关情况。

3.2.2 法定代表人授权委托书必须由法定代表人签署。

3.2.3 "申请人基本情况表"应附申请人营业执照副本及其年检合格的证明材料、资质证书副本和安全生产许可证等材料的复印件。

3.2.4 "近年财务状况表"应附经会计师事务所或审计机构审计的财务会计报表，包括资产负债、现金流量表、利润表和财务情况说明书的复印件，具体年份要求见申请人须知前附表。

3.2.5 "近年完成的类似项目情况表"应附中标通知书和（或）合同协议书、工程接收证书（工程竣工验收证书）的复印件，具体年份要求见申请人须知前附表。每张表格只填写一个项目，并标明序号。

3.2.6 "正在施工和新承接的项目情况表"应附中标通知书和（或）合同协议书复印件。每张表格只填写一个项目，并标明序号。

3.2.7 "近年发生的诉讼及仲裁情况"应说明相关情况，并附法院或仲裁机构作出的判决、裁决等有关法律文书复印件，具体年份要求见申请人须知前附表。

3.3 资格预审申请文件的装订、签字

3.3.1 申请人应按本章第3.1款和第3.2款的要求，编制完整的资格预审申请文件，用不褪色的材料书写或打印，并由申请人的法定代表人或其委托代理人签字或盖单位章。资格预审申请文件中的任何改动之处应加盖单位章或由申请人的法定代表人或其委托代理人签字确认。签字或盖章的具体要求见申请人须知前附表。

3.3.2 资格预审申请文件正本一份，副本份数见申请人须知前附表。正本和副本的封面上应清楚地标记"正本"或"副本"字样。当正本和副本不一致时，以正本为准。

3.3.3 资格预审申请文件正本与副本应分别装订成册，并编制目录，具体装订要求见申请人须知前附表。

4. 资格预审申请文件的递交

4.1 资格预审申请文件的密封和标识

4.1.1 资格预审申请文件的正本与副本应分开包装，加贴封条，并在封套的封口处加盖申请人单位章。

4.1.2 在资格预审申请文件的封套上应清楚地标记"正本"或"副本"字样，封套还应写明的其他内容见申请人须知前附表。

4.1.3 未按本章第4.1.1项或第4.1.2项要求密封和加写标记的资格预审申请文件，招标人不予受理。

4.2 资格预审申请文件的递交

4.2.1 申请截止时间：见申请人须知前附表。

4.2.2 申请人递交资格预审申请文件的地点：见申请人须知前附表。

4.2.3 除申请人须知前附表另有规定的外，申请人所递交的资格预审申请文件不予退还。

4.2.4 逾期送达或者未送达指定地点的资格预审申请文件，招标人不予受理。

5. 资格预审申请文件的审查

5.1 审查委员会

5.1.1 资格预审申请文件由招标人组建的审查委员会负责审查。审查委员会参照《中华人民共和国招标投标法》第三十七条规定组建。

5.1.2 审查委员会人数：见申请人须知前附表。

5.2 资格审查

审查委员会根据申请人须知前附表规定的方法和第三章"资格审查办法"中规定的审查标准，对所有已受理的资格预审申请文件进行审查。没有规定的方法和标准不得作为审查依据。

6. 通知和确认

6.1 通知

招标人在申请人须知前附表规定的时间内以书面形式将资格预审结果通知申请人，并向通过资格预审的申请人发出投标邀请书。

6.2 解释

应申请人书面要求，招标人应对资格预审结果作出解释，但不保证申请人对解释内容满意。

6.3 确认

通过资格预审的申请人收到投标邀请书后，应在申请人须知前附表规定的时间内以书面形式明确表示是否参加投标。在申请人须知前附表规定时间内未表示是否参加投标或明确表示不参加投标的，不得再参加投标。因此造成潜在投标人数量不足3个的，招标人重新组织资格预审或不再组织资格预审而直接招标。

7. 申请人的资格改变

通过资格预审的申请人组织机构、财务能力、信誉情况等资格条件发生变化，使其不再实质上满足第三章"资格审查办法"规定标准的，其投标不被接受。

8. 纪律与监督

8.1 严禁贿赂

严禁申请人向招标人、审查委员会成员和与审查活动有关的其他工作人员行贿。在资格预审期间，不得邀请招标人、审查委员会成员以及与审查活动有关的其他工作人员到申请人单位参观考察，或出席申请人主办、赞助的任何活动。

8.2 不得干扰资格审查工作

申请人不得以任何方式干扰、影响资格预审的审查工作，否则将导致其不能通过资格预审。

8.3 保密

招标人、审查委员会成员，以及与审查活动有关的其他工作人员应对资格预审申请文件的审查、比较进行保密，不得在资格预审结果公布前透露资格预审结果，不得向他人透露可能影响公平竞争的有关情况。

8.4 投诉

申请人和其他利害关系人认为本次资格预审活动违反法律、法规和规章规定的，有权向有关行政监督部门投诉。

9. 需要补充的其他内容

需要补充的其他内容：见申请人须知前附表。

### 3. 资格审查办法

《行业标准施工招标资格预审文件》为资格审查办法，分为合格制和有限数量制。本章内容包括前附表和正文条款、附件三个部分，前附表列出了各条款的重要内容，包括全部审查因素和审查标准。本章详细规定了资格审查的具体标准和详细程序，标明了申请人不满足其要求就不能通过资格预审的全部条款。

### 4. 资格预审文件格式

《行业标准施工招标资格预审文件》列出了资格审查文件内容和格式的具体要求，具体内容见本教材学习单元三。

### 5. 建设项目概况

列出项目说明、建设条件、建设要求以及其他需要说明的情况。

## 2.4.6 资格审查方法

资格审查由招标人依法组成的审查委员会进行，资格审查应当按照资格预审文件规定的详细程序进行，资格预审文件中没有规定的方法和标准不得作为审查依据。

资格审查活动分为五个步骤：①审查准备；②初步审查；③详细审查；④澄清、说明或补正；⑤确定通过资格预审的申请人及提交资格审查报告。

### 1. 审查准备

审查委员会首先推选或由招标人直接指定一名审查委员会主任，负责评审活动的组织领导工作。审查委员会成员应认真研究资格预审文件，了解和熟悉招标项目基本情况，掌握资格审查的标准和方法，熟悉资格审查表格的使用。

在审查委员会全体成员在场见证的情况下，由审查委员会主任或审查委员会成员推荐的成员代表检查各个资格预审申请文件的密封和标识情况并打开密封。在不改变申请人资格预审申请文件实质性内容的前提下，审查委员会应当对申请文件进行基础性数据分析和整理，从而发现并提取其中可能存在的理解偏差、明显文字错误、资料遗漏等存在明显异常、非实质性问题，决定需要申请人进行书面澄清或说明的问题，并准备问题澄清通知。

申请人接到审查委员会发现的问题澄清通知后，应按审查委员会的要求提供书面澄清资料并按要求进行密封，在规定的时间递交到指定地点。申请人递交的书面澄清资料由审查委员会开启。

**2. 初步审查**

审查委员会根据资格预审文件规定的审查因素和审查标准，对申请人的资格预审申请文件进行初步审查，并记录审查结果。

（1）提交和核验原件。申请人应按照资格预审文件的要求提交有关证明和证件的原件。审查委员会按规定审查申请人提交的有关证明和证件的原件。对存在伪造嫌疑的原件，审查委员会应当要求申请人给予澄清或者说明或者通过其他合法方式进行核实。

（2）澄清、说明或补正。在初步审查过程中，审查委员会应当针对资格预审申请文件中不明确的内容，以书面形式要求申请人进行必要的澄清、说明或补正。申请人应当根据问题澄清通知，以书面形式予以澄清、说明或补正，并不得改变资格预审申请文件的实质性内容。澄清、说明或补正应当根据资格预审文件的规定进行。

申请人有任何一项初步审查因素不符合审查标准的，或者未按照审查委员会要求的时间和地点提交有关证明和证件的原件、原件与复印件不符或者原件存在伪造嫌疑且申请人不能合理说明的，不能通过资格预审。

**3. 详细审查**

通过初步审查的申请人可进入详细审查。审查委员会根据资格预审文件规定的程序、标准和方法，对申请人的资格预审申请文件进行详细审查，并记录审查结果。

（1）联合体申请人。两个以上资质类别相同但资质等级不同的成员组成的联合体申请人，以联合体成员中资质等级最低者的资质等级作为联合体申请人的资质等级。两个以上资质类别不同的成员组成的联合体，按照联合体协议中约定的内部分工分别认定联合体申请人的资质类别和等级，不承担联合体协议约定由其他成员承担的专业工程的成员，其相应的专业资质和等级不参与联合体申请人的资质和等级的认定。

联合体申请人的可量化审查因素（如财务状况、类似项目业绩、信誉等）的指标考核，首先分别考核联合体各个成员的指标，在此基础上，以联合体协议中约定的各个成员的分工占合同总工作量的比例作为权重，加权折算各个成员的考核结果，作为联合体申请人的考核结果。

（2）澄清、说明或补正。在详细审查过程中，审查委员会应当就资格预审申请文件中不明确的内容，以书面形式要求申请人进行必要的澄清、说明或补正。申请人应当根据问题澄清通知，以书面形式予以澄清、说明或补正，并不得改变资格预审申请文件的实质性内容。澄清、说明或补正应当根据资格预审文件的规定进行。

申请人有任何一项详细审查因素不符合审查标准的；不按审查委员会要求澄清或说明的；有资格预审文件"申请人须知"规定的任何一种情形的；在资格预审过程中弄虚作假、行贿或有其他违法违规行为的，均不能通过详细审查。

**4. 确定通过资格预审的申请人**

资格审查办法分为合格制和有限数量制。

采用合格制的，详细审查工作全部结束后，审查委员会填写审查结果汇总表。凡通过初步审查和详细审查的申请人均应确定为通过资格预审的申请人。通过资格预审的申请人均应被邀请参加投标。

采用有限数量制的，通过详细审查的申请人超过资格预审文件"申请人须知"（前附表）规定的数量时，审查委员会按照资格预审文件规定的评分标准进行评分。按申请人得分由高到低的顺序进行排序，确定通过资格预审的申请人名单。通过详细审查的申请人不少于 3 个且没有超过规定数量的，审查委员会不再进行评分，通过详细审查的申请人均通过资格预审。

通过详细审查的申请人数量不足 3 个的，招标人应当重新组织资格预审或不再组织资格预审而直接招标。招标人重新组织资格预审的，应当在保证满足法定资格条件的前提下，适当降低资格预审的标准和条件。

**5. 编制及提交书面审查报告**

审查委员会按规定向招标人提交书面审查报告，审查报告应当由全体审查委员会成员签字。审查报告应当包括以下内容：

（1）基本情况和数据表。

（2）审查委员会成员名单。

（3）不能通过资格预审的情况说明。

（4）审查标准、方法或者审查因素一览表。

（5）审查结果汇总表。

（6）通过资格预审的申请人名单（采用有限数量制的，分别列出正选、候补名单）。

（7）澄清、说明或补正事项纪要。

# 2.5 开标、评标与定标

## 2.5.1 开标

开标应当在招标文件规定的提交投标文件截止时间的同一时间，按招标文件中确定的地点在有形建筑市场（建设工程交易中心）公开进行。开标会议由招标人组织并主持。所有参与投标的投标人应按时参加开标会议。投标人法定代表人或法定代表人的委托代理人未按时参加开标会议的，作为弃权处理。参加会议的投标人的法定代表人或其委托代理人应携带本人身份证，委托代理人还应携带参加开标会议的授权委托书（原件）以证明其身份。建设工程招标投标管理机构应派人参加开标会议，对开标过程进行现场监督。

开标时，由投标人或者其推选的代表检查投标文件的密封情况，也可以由招标人委托的公证机构检查并公证。经确认无误后，由工作人员当众拆封，宣读投标人名称、投标价格和投标文件的其他主要内容。招标人在招标文件要求提交投标文件的截止时间前收到的所有投标文件，开标时都应当众予以拆封、宣读。按规定提交合格的撤回通知的投标文件不予开封，并退回给投标人。未通过资格预审的申请人提交的投标文件，以及逾期送达或者不按照招标文件要求密封的投标文件，招标人不予受理。

唱标应按施工招标文件"投标人须知前附表"所确定的开标顺序进行，唱标内容按照规定格式填写开标记录表，由招标人代表、记录人、监标人共同签字确认，并附参加开标会的所有单位人员签到表，以存档备查。

投标人少于 3 个的，不得开标；招标人应当重新招标。投标人对开标有异议的，应当在开标现场提出，招标人应当当场作出答复，并制作记录。

开标会议的程序如下：

（1）宣布开标纪律。

（2）公布在投标截止时间前递交投标文件的投标人名称，并点名确认投标人是否派人到场。

（3）宣布开标人、唱标人、记录人、监标人等有关人员姓名。

（4）按照投标人须知前附表规定检查投标文件的密封情况。

（5）按照投标人须知前附表的规定确定并宣布投标文件开标顺序。

（6）设有标底的，公布标底。

（7）按照宣布的开标顺序当众开标，公布投标人名称、标段名称、投标保证金的递交情况、投标报价、质量目标、工期及其他内容，并记录在案。

（8）投标人代表、招标人代表、监标人、记录人等有关人员在开标记录上签字确认。

（9）开标结束。

## 2.5.2 评标

所谓评标，就是根据评标文件的规定和要求，对投标文件所进行的审查、评审和比较。

**1. 评标委员会**

为确保评标的公正性，评标不能由招标人或其委托的代理机构独自承担，应依法组成一个评标组织。评标委员会由招标人按照投标人须知前附表的规定依法组建。

依法必须进行招标的项目，其评标委员会由招标人的代表和有关技术、经济等方面的专家组成，成员人数为 5 人以上单数，其中技术、经济等方面的专家不得少于成员总数的 2/3。技术、经济等方面的专家应当从事相关领域工作满 8 年并具有高级职称或者具有同等专业水平，由招标人根据工程规模和评标工作需要，在招投标管理机构监督下，于开标前从专家评委库中抽选，一般招标项目可以采取随机抽取方式，技术复杂、专业性强或者国家有特殊要求的项目可以由招标人直接确定。任何单位和个人不得以明示、暗示等任何方式指定或者变相指定参加评标委员会的专家成员。

与投标人有利害关系的人不得进入相关项目的评标委员会；已经进入的应当更换。评标委员会成员的名单在中标结果确定前应当保密。

除非发生下列情况之一，评标委员会成员不得在评标中途更换：

（1）因不可抗拒的客观原因，不能到场或需在评标中途退出评标活动。

（2）根据法律法规规定，某个或某几个评标委员会成员需要回避。退出评标的评标委员会成员，其已完成的评标行为无效。由招标人根据本招标文件规定的评标委员会成员产生方式另行确定替代者进行评标。

**2. 评标原则和纪律**

（1）评标原则。

1）竞争择优。

2）公平、公正、科学合理。

3）质量好，履约率高，价格、工期合理，施工方法先进。

4）反对不正当竞争。

（2）评标纪律。

1）评标由评标委员会依法进行，任何单位和个人不得非法干预、影响评标的过程和结果。

2）评标委员会成员应当客观、公正地履行职务，遵守职业道德，对所提出的评审意见承担个人责任。

3）评标委员会成员不得私下接触投标人，不得收受投标人给予的财物或者其他好处，不得向招标人征询确定中标人的意向，不得接受任何单位或者个人明示或者暗示提出的倾向或者排斥特定投标人的要求，不得有其他不客观、不公正履行职务的行为。

4）评标委员会成员和参与评标的有关工作人员不得透露对投标文件的审查、澄清、评价和比较的有关资料以及中标候选人的推荐情况以及与评标有关的其他任何情况。

5）在投标文件的评审和比较、中标候选人推荐以及授予合同的过程中，投标人向招标人和评标委员会施加影响的任何行为，都将会导致其投标被拒绝。

6）中标人确定后，招标人不对未中标人就评标过程以及未能中标原因作出任何解释。未中标人不得向评标委员会组成成员或其他有关人员索问评标过程的情况和材料。

7）招标人应当采取必要的措施，保证评标在严格保密的情况下进行。

**3. 评标程序**

评标活动将按以下五个步骤进行：①评标准备；②初步评审；③详细评审；④澄清、说明或补正；⑤推荐中标候选人或者直接确定中标人及提交评标报告。

（1）评标准备。评标委员会成员在投标文件评审前，应推举或由招标人指定一名评标委员会主任，并对成员进行分工，一般可分为技术组和商务组。

1）熟悉文件资料。评标委员会成员应认真研究招标文件，了解和熟悉招标目的、招标范围、主要合同条件、技术标准和要求、质量标准和工期要求等，掌握评标标准和方法，未在招标文件中规定的标准和方法不得作为评标的依据。

招标人或招标代理机构应向评标委员会提供评标所需的信息和数据，包括招标文件、未在开标会上当场拒绝的各投标文件、开标会记录、资格预审文件及各投标人在资格预审阶段递交的资格预审申请文件、招标控制价或标底、工程所在地工程造价管理部门颁布的工程造价信息、定额、有关的法律、法规、规章、国家标准以及招标人或评标委员会认为必要的其他信息和数据。

2）对投标文件进行基础性数据分析和整理工作（清标）。在不改变投标人投标文件实质性内容的前提下，评标委员会应当对投标文件进行基础性数据分析和整理（简称为"清标"），从而发现并提取其中可能存在的对招标范围理解的偏差、投标报价的算术性错误、错漏项、投标报价构成不合理、不平衡报价等存在明显异常的问题，并就这些问题整理形成清标成果。评标委员会对清标成果审议后，决定需要投标人进行书面澄清、说明或补正的问题，形成质疑问卷，向投标人发出问题澄清通知。

投标人接到评标委员会发出的问题澄清通知后，应按评标委员会的要求提供书面澄清资料并按要求进行密封，在规定的时间递交到指定地点。投标人递交的书面澄清资料由评标委员会开启。

（2）初步评审。初步评审的内容包括形式评审、资格评审、响应性评审以及施工组织设计和项目管理机构评审。

1）形式评审。评标委员会根据招标文件规定的评审因素和评审标准，对投标人的投标文件进行形式评审，主要评审投标人名称是否与营业执照、资质证书、安全生产许可证一致；投标函签字盖章是否符合要求；投标文件格式是否符合招标文件要求；联合体投标是否附联合体协议书并明确联合体牵头人；投标报价是否唯一等内容。

2）资格评审。未进行资格预审的，评标委员会根据招标文件中规定的评审因素和评审标准，对投标人的投标文件进行资格后审。已进行资格预审的，当投标人资格预审申请文件的内容发生重大变化时，评标委员会依据资格预审文件中规定的标准和方法，对照投标人在资格预审阶段递交的资料以及在投标文件中更新的资料，对其更新的资料进行评审。其更新的资料应符合资格预审文件中规定的审查标准，或者更新的资料按照资格预审文件中规定的评分标准评分后，其得分应当保证即便在资格预审阶段仍然能够获得投标资格，否则其投标作废标处理。

3）响应性评审。评标委员会根据招标文件中规定的评审因素和评审标准，对投标人的投标文件进行响应性评审。评审内容包括投标价格、工期、工程质量、投标有效期、投标保证金等，其中投标人投标价格不得超出按照招标文件规定计算的"拦标价"或者不得超过招标文件载明的招标控制价，否则该投标人的投标文件不能通过响应性评审。

4）施工组织设计和项目管理机构评审。评标委员会根据招标文件规定的评审因素和评审标准，对投标人的施工组织设计和项目管理机构进行评审。对施工组织设计进行暗标评审的，则在评标工作开始前，招标人将指定专人负责编制投标文件暗标编码，并就暗标编码与投标人的对应关系做好暗标记录。暗标编码按随机方式编制。在评标委员会全体成员均完成暗标部分评审并对评审结果进行汇总和签字确认后，招标人方可向评标委员会公布暗标记录。暗标记录公布前必须妥善保管并予以保密。

5）判断投标是否为废标。我国《招标投标法实施条例》规定凡投标人和投标文件出现下列情形的，其投标文件将被认定为废标：

①投标文件未经投标单位盖章和单位负责人签字。

②投标联合体没有提交共同投标协议。

③投标人不符合国家或者招标文件规定的资格条件。

④同一投标人提交两个以上不同的投标文件或者投标报价，但招标文件要求提交备选投标的除外。

⑤投标报价低于成本或者高于招标文件设定的最高投标限价。

⑥投标文件没有对招标文件的实质性要求和条件作出响应。

⑦投标人有串通投标、弄虚作假、行贿等违法行为。

《行业标准施工招标文件》中进一步补充明确下列出现废标情形：

①不按评标委员会要求澄清、说明或补正的。

②当投标人资格预审申请文件的内容发生重大变化时，其在投标文件中更新的资料，未能通过资格评审的。

③投标报价文件（投标函除外）未经有资格的工程造价专业人员签字并加盖执业专用章的。

④投标人未按招标文件规定出席开标会的。

6）算术错误修正。评标委员会将对确定为实质上响应招标文件要求的投标文件进行校核，看其是否有计算或表达上的错误，除招标文件另有规定外，修正错误的原则如下：①如果数字表示的金额和用文字表示的金额不一致时，应以文字表示的金额为准；②当单价与数量的乘积与合价不一致时，以单价为准，除非评标委员会认为单价有明显的小数点错误，此时应以标出的合价为准，并修改单价。

按上述修正错误的原则及方法调整或修正投标文件的投标报价，投标人书面确认后，调整后的投标报价对投标人起约束作用。如果投标人不接受修正后的报价，则其投标将被拒绝。

（3）详细评审。只有通过了初步评审、被判定为合格的投标方可进入详细评审。采用经评审的最低报价法的，评标委员会按招标文件规定的量化因素和标准进行价格折算，计算出评标价，判断投标报价是否低于其成本，编制价格比较一览表，评标委员会按照经评审的价格由低到高的顺序推荐中标候选人。

采用综合评估法的，评标委员会按招标文件规定的量化因素和分值进行打分，并计算出综合评估得分，评标委员会按照得分由高到低的顺序推荐中标候选人。

评标委员会发现投标人的报价明显低于其他投标报价，或者明显低于标底或招标控制价，使得其投标报价可能低于其个别成本的，应当要求该投标人作出书面说明并提供相应的证明材料。投标人不能合理说明或者不能提供相应证明材料的，由评标委员会认定该投标人以低于成本报价竞标，其投标作废标处理。应当注意，设有标底或者招标控制价时可以以标底或者招标控制价为基准设立下浮限度，既不设招标控制价又不设标底的，可以以有效投标报价的算术平均值为基准设立下浮限度，以此作为启动成本评审工作的警戒线，但不得直接认定为废标。

（4）澄清、说明或补正。投标截止日后，投标文件即不得被补充、修改，这是一条基本原则。但在评审过程中，若发现投标文件的内容含义不明确、对同类问题表述不一致或者有明显文字和计算错误，评标委员会可以以书面方式要求投标人作必要的澄清、说明或补正，但不得超出投标文件的范围或改变投标文件的实质性内容。评标委员会不得暗示或者诱导投标人作出澄清、说明，不得接受投标人主动提出的澄清、说明。评标委员会对投标人提交的澄清、说明或补正有疑问的，可以要求投标人进一步澄清、说明或补正，直至满足评标委员会的要求。

澄清的要求和答复及确认均应采用招标文件规定的书面形式及格式。

1）问题澄清通知格式。

**问题澄清通知**

编号：＿＿＿＿＿＿＿＿＿＿

＿＿＿＿＿＿＿＿＿＿（投标人名称）：

＿＿＿＿＿＿＿（项目名称）＿＿＿＿＿＿＿标段施工招标的评标委员会，对你方的投标文件进行了仔细的审查，现需你方对本通知所附质疑问卷中的问题以书面形式予以澄清、说明或者补正。

请将上述问题的澄清、说明或者补正于＿＿＿＿＿年＿＿＿＿＿月＿＿＿＿＿日＿＿＿＿＿时前密封递交至（详细地址）或传真至（传真号码）。采用传真方式的，应在＿＿＿＿＿年＿＿＿＿＿月＿＿＿＿＿日＿＿＿＿＿时前将原件递交至＿＿＿＿＿＿＿＿＿＿＿＿（详细地址）。

附件：质疑问卷

＿＿＿＿＿＿（项目名称）＿＿＿＿＿＿标段施工招标评标委员会

（经评标委员会授权的招标人代表签字或招标人加盖单位章）

＿＿＿＿＿年＿＿＿＿＿月＿＿＿＿＿日

2）问题澄清格式。

**问题的澄清、说明或补正**

编号：_____

_____（项目名称）_____标段施工招标评标委员会：

问题澄清通知（编号：_____）已收悉，现澄清、说明或者补正如下：

1.

2.

……

投标人：_____（盖单位章）

法定代表人或其委托代理人：_____（签字）

_____年_____月_____日

（5）推荐中标候选人或者直接确定中标人。采用经评审的最低报价法的，投标报价评审工作全部结束后，评标委员会按照规定格式填写评标结果汇总表，对有效的投标按照评标价由低至高的次序排列，根据"投标人须知"前附表规定的数量推荐中标候选人。采用综合评估法的，评标委员会按照最终得分由高至低的次序排列，按规定数量将排序在前的投标人推荐为中标候选人。

如果评标委员会按照招标文件的规定作废标处理后，有效投标不足三个，且少于规定的中标候选人数量，则评标委员会可以将所有有效投标按评标价由低至高的次序作为中标候选人向招标人推荐。如果因有效投标不足三个使得投标明显缺乏竞争的，评标委员会可以建议招标人重新招标。

投标截止时间前递交投标文件的投标人数量少于三个或者所有投标被否决的，招标人应当依法重新招标。

授权评标委员会直接确定中标人的，评标委员会可按有效的投标按照评标价由低至高的次序排列或者按照最终得分由高至低的次序排列，并确定排名第一的投标人为中标人。

（6）提交评标报告。评标委员会按照招标文件的规定完成评标后，评标委员会应当向招标人提交书面评标报告和中标候选人名单。中标候选人应当不超过3个，并标明排序。评标报告应当由全体评标委员会成员签字，并于评标结束时抄送有关行政监督部门。

对评标结果有不同意见的评标委员会成员应当以书面形式说明其不同意见和理由，评标报告应当注明该不同意见。评标委员会成员拒绝在评标报告上签字又不书面说明其不同意见和理由的，视为同意评标结果。

评标报告的内容应包括：①基本情况和数据表；②评标委员会成员名单；③开标记录；④符合要求的投标一览表；⑤废标情况说明；⑥评标标准、评标方法或者评标因素一览表；⑦经评审的价格一览表或综合评分一览表（包括评标委员会在评标过程中所形成的所有记载评标结果、结论的表格、说明、记录等文件）；⑧经评审的投标人排序；⑨推荐的中标候选人名单（如果"投标人须知"前附表授权评标委员会直接确定中标人，则为"确定的中标人"）与签订合同前需要处理的事宜；⑩澄清、说明、补正事项纪要。

（7）中标候选人公示。依法必须进行招标的项目，招标人应当自收到评标报告之日起3日内公示中标候选人，公示期不得少于3日。

投标人或者其他利害关系人对依法必须进行招标的项目的评标结果有异议的，应当在中标候选人公示期间提出。招标人应当自收到异议之日起 3 日内作出答复；作出答复前，应当暂停招标投标活动。

**4. 评标标准和方法**

（1）经评审的最低报价法。经评审的最低报价法一般适用于具有通用技术、性能标准或者招标人对其技术、性能没有特殊要求的招标项目。采用经评审的最低投标价法，评标委员会对满足招标文件实质要求的投标文件，根据招标文件规定的量化因素及量化标准进行价格折算，按照经评审的投标价（评标价）由低到高的顺序推荐中标候选人，或根据招标人授权直接确定中标人，但投标报价低于其成本的除外。评标价相等时，投标报价低的优先；投标报价也相等的，由招标人自行确定。

经评审的最低报价法对技术标部分的评审一般采用合格制。评标委员会对施工组织设计或施工方案、施工组织机构、质量控制措施、工期保证、劳动力计划、施工机械配备、安全文明措施和综合管理水平按照招标文件要求和工程特点等进行"可行"或"不可行"的评审。技术标"可行"的进入商务标评审。

商务标评审首先依据相关原则对投标报价中存在的算术错误进行修正，并按照招标办文件规定的标准和方法进行错漏项、不平衡报价等方面的分析，进行价格折算，计算出评标价，在对各个投标价格和影响投标价格合理性的因素逐一进行分析的基础上，根据投标人澄清和说明的结果，计算出对投标人投标报价进行合理化修正后所产生的最终差额，判断投标人的投标报价是否低于其成本，否决低于成本的投标报价，最终按照评标价从低到高的顺序推荐中标候选人。

**【实例】** 经评审的最低报价法评标价的计算

某工程项目招标文件专用合同条款中，约定计划工期 500 日，预付款为签约合同价的 20%，月工程进度款为月应付款的 85%，保修期为 18 个月，招标文件许可的偏离项目和偏离范围见表 2-3。

表 2-3 许可偏离项目及范围一览表

| 序　　号 | 许可偏离项目 | 许可偏离范围 |
|---|---|---|
| 1 | 工期 | 450 日 ≤ 投标工期 ≤ 540 日 |
| 2 | 预付款额度 | 15% ≤ 投标额度 ≤ 25% |
| 3 | 工程进度款 | 75% ≤ 投标额度 ≤ 90% |
| 4 | 综合单价遗漏 | 单价遗漏项数不多于 3 项 |
| 5 | 综合单价 | 在有效投标人该子目综合单价平均值的 10% 内 |
| 6 | 保修期 | 18 个月 ≤ 投标保修期 ≤ 24 个月 |

假定承包人每提前 10 日交付给发包人带来的效益为 6 万元，工程预付款的 1% 为 10 万，进度款的 1% 为 4 万。另外，保修期每延长一个月，发包人少支出维护费 3 万元。

招标文件中所设定的价格折算标准见表 2-4。

表 2-4　评标价格折算标准

| 序　号 | 折算因素 | 折算标准 |
|---|---|---|
| 1 | 工期 500 日 | 在计划工期基础上,每提前 10 日调减投标报价 6 万元 |
| 2 | 预付款额度 20% | 在预付款 20% 额度基础上,每少 1% 调减投标报价 5 万元,每多 1% 调增 10 万元 |
| 3 | 工程进度款 85% | 在进度付款 85% 基础上,每少 1% 调减投标报价 2 万元,每多 1% 调增 4 万元 |
| 4 | 综合单价遗漏 | 调增其他投标人该遗漏项最高报价 |
| 5 | 综合单价 | 每偏离有效投标人该子目综合单价平均值的 1%,调增该子目价格的 0.2% |
| 6 | 保修期 18 个月 | 每延长一个月减 3 万元 |

如某投标人投标报价为 6000 万元,不存在算术性错误,其工期为 450 日历天,预付款额度为投标价的 24%,进度款为 80%,其综合单价均在该子目其他投标人综合单价 10% 内,无单价遗漏项,且保修期为 24 个月,则该投标人的评标价为:

6000 万元 –[(6 万元/10 日)×(500 日 – 450 日)]+[(10 万元/1%)×(24% – 20%)]–[(2 万元/1%)×(85% – 80%)]–[3 万元/月×6 月]=5982 万元。

(2)综合评估法。综合评估法一般适用于招标人对其技术、性能具有比较特殊要求的项目。采用综合评估法的,评标委员会对满足招标文件实质性要求的投标文件,按照招标文件规定的评分标准进行打分,并按得分由高到低顺序推荐中标候选人,或根据招标人授权直接确定中标人,但投标报价低于其成本的除外。综合评分相等时,以投标报价低的优先;投标报价也相等的,由招标人自行确定。

技术标评审分为"明标"方式和"暗标"方式。采用"暗标"方式的,其格式需采用招标文件第八章"投标文件格式"中对施工组织设计编制的格式要求,不符合相应要求的,将被视为废标。技术标评审需对技术标的下列内容进行评审或打分:①施工组织设计;②施工进度计划、保证措施和违约责任承诺;③劳动力和材料投入计划及其保证措施;④机械设备投入计划;⑤施工平面布置和临时设施布置;⑥安全文明施工措施;⑦质量保证和质量违约责任承诺;⑧关键施工技术、工艺、重点、难点分析和解决方案。

商务标评审包括投标总价评审和分项报价评审。投标总价评审需要首先按照评标办法前附表中规定的方法计算"评标基准价"。评标基准价分为:①绝对基准价:标底价;②相对基准价:a. 投标人的最低价;b. 有效平均价(投标人平均价);③组合基准价(复合标底):有效均价×A + 标底×B,其中 A + B = 1。然后计算各个已通过了初步评审、施工组织设计评审和项目管理机构评审并且经过评审认定为不低于其成本的投标报价的"偏差率"。最后按照评标办法前附表中规定的评分标准,对照投标报价的偏差率,分别对各个投标报价进行评分。分项报价评审,首先按照招标文件中规定的方法抽取分项报价项目,再依次计算各分项的评标基准价、报价"偏差率"、评分,然后按照规定方法汇总得分。投标总价得分和各分项报价得分按照规定的比例合计计算投标报价得分。

商务标详细评审前,应对投标报价明显不均衡报价和漏项进行分析,对投标报价不可竞争费进行核实。明显不均衡报价是指投标报价中所产生的不均衡报价影响到其他投标人的公平竞争。漏项是指没有按招标文件要求填报或者单价不为零填报为零。不可竞争费是包括规费、安全施工费、文明施工费、税金等。其规费标准按照建设行政主管部门核准的规费费率标准计取。在工程招标投标及价款结算中任何一方主体不得随意调整。

**【实例】** XX省工程量清单评标综合评估法

**1. 商务标评审**

商务标部分满分为80分，各评审因子如下。

（1）总报价40分。所有保留的投标报价中去掉一个最高报价和一个最低报价后的算术平均值作为评标基准价。

投标报价每高于评标基准价1%（含1%）扣1分，投标报价每低于评标基准价1%（含1%）扣0.5分。

（2）分部（分项）工程工程量清单综合单价报价（15分）。

以最接近总报价评标基准价负标价投标人的投标报价为准，每个分部工程中按分项工程综合单价占该分部工程全部综合单价的比重，从高至低抽取1～2项清单项目报价共15项（同类项只取一项），以同一编号抽取其他投标人的分部（分项）工程工程量清单综合单价报价。招标人也可根据工程需要在招标文件中按比重由高到低原则明确15项分部（分项）工程综合单价作为评审内容。

抽取（或明确）综合单价报价后，将同一编号的报价去掉一个最高报价和一个最低报价的算术平均值作为评标基准价。

$$主要项目清单报价得分 = 15 - \sum [（投标报价 - 评标基准价）/评标基准价]$$

（3）措施项目清单报价（15分）。

措施项目清单除不可竞争费外，招标人可根据工程特点按照XX省建设工程工程量清单计价费用定额中所列措施项目中，至少选取5项（不足的全部选取）评审项目并在招标文件中列明。

以相对应施工方案可行的措施费报价最低的作为评标基准价。

$$措施项目清单报价得分 = 15 - \sum [（投标报价 - 评标基准价）/评标基准价]$$

（4）主要材料报价（10分）。

以最接近总报价评标基准价负标价投标人的投标报价为准，按材料单价费占全部材料比重，从高至低抽取10项不同类型的材料，同类型材料中只取比重最大的一项，以同一编号抽取其他投标人的主要材料报价进行评审。

将抽取的10项材料报价同一编号中去掉一个最高报价和一个最低报价后的算术平均值作为评标基准价。

$$主要材料报价得分 = 10 - \sum [（投标报价 - 评标基准价）/评标基准价]$$

商务标总得分：上述评审因子评审分数之和。

**2. 技术标评审**

技术标满分为15分。

技术部分的评审评分：主要施工方法20分；投入的主要物资计划6分；拟投入的主要施工机械6分；劳动力安排计划6分；确保工程质量的技术组织措施8分；确保安全生产的技术组织措施8分；确保工期的技术组织措施8分；确保文明施工的技术组织措施7分；施工总进度或施工网络图11分；确保报价完成工程建设的技术和管理措施10分；施工总平面布置图10分。

技术标总得分：去掉一个最高评审分和一个最低评审分的算术平均值。

**3. 信用档案**

信用档案5分，其中包括投标人和项目经理近年来信用、履约、业绩等情况及拟派出的主要施工人员情况。各项考核内容和分值应在招标文件中写明。计分以建设行政主管部门建立的信用档案记录为准。所有其他证明一律无效。

**4. 汇总商务标、技术标、信用档案各项得分即为投标人的总得分**

### 2.5.3 定标

**1. 确定中标人**

招标人以评标委员会提出的书面评标报告为依据，对评标委员会推荐的中标候选人进行比较，从中择优确定中标人。招标人应当接受评标委员会推荐的中标候选人，不得在评标委员会推荐的中标候选人之外确定中标人。国有资金占控股或者主导地位的依法必须进行招标的项目，招标人应当确定排名第一的中标候选人为中标人。排名第一的中标候选人放弃中标、因不可抗力不能履行合同、不按照招标文件要求提交履约保证金，或者被查实存在影响中标结果的违法行为等情形，不符合中标条件的，招标人可以按照评标委员会提出的中标候选人名单排序依次确定其他中标候选人为中标人，也可以重新招标。

招标人可以授权评标委员会直接确定中标人。

中标人的投标应当符合下列条件之一：①能够最大限度地满足招标文件中规定的各项综合评价标准；②能够满足招标文件的实质性要求，并且经评审的投标价格最低；但是投标价格低于成本的除外。

评标委员会提出书面评标报告后，招标人一般应当在十五日内确定中标人，但最迟应当在投标有效期结束日三十个工作日前确定。

**2. 发出中标通知书**

中标人确定后，招标人应当向中标人发出中标通知书，并同时将中标结果通知所有未中标的投标人，投标人接到上述通知后应予以书面确认。中标通知书对招标人和中标人具有法律效力。中标通知书发出后，招标人改变中标结果的，或者中标人放弃中标项目的，应当依法承担法律责任。

中标候选人的经营、财务状况发生较大变化或者存在违法行为，招标人认为可能影响其履约能力的，应当在发出中标通知书前由原评标委员会按照招标文件规定的标准和方法审查确认。

中标通知书由招标人发出。

1）中标通知书的格式如下。

**中标通知书**

_____（中标人名称）：

你方于_____（投标日期）所递交的_____（项目名称）_____标段施工投标文件已被我方接受，被确定为中标人。

中标价：_____元。

工期：_____日历天。

工程质量：符合_____标准。

项目经理：_____（姓名）。

请你方在接到本通知书后的_____日内到_____（指定地点）与我方签订施工承包合同，在此之前按招标文件第二章"投标人须知"第7.3款规定向我方提交履约担保。

特此通知。

招标人：_____（盖单位章）

法定代表人：_____（签字）

_____年_____月_____日

2）中标结果通知书的格式如下。

中标结果通知书

_____（未中标人名称）：

我方已接受_____（中标人名称）于_____（投标日期）所递交的（项目名称）_____标段施工投标文件，确定_____（中标人名称）为中标人。

感谢你单位对我方工作的大力支持！

招标人：_____（盖单位章）

法定代表人：_____（签字）

_____年_____月_____日

3）确认通知的格式如下。

确 认 通 知

_____（招标人名称）：

你方_____年_____月_____日发出的_____（项目名称）_____标段施工招标关于_____的通知，我方已于_____年_____月_____日收到。

特此确认。

投标人：_____（盖单位章）

_____年_____月_____日

### 3. 履约担保

在签订合同前，中标人应按投标人须知前附表规定的金额、担保形式和招标文件"合同条款及格式"规定的履约担保格式向招标人提交履约担保。履约保证金不得超过中标合同金额的10%。联合体中标的，其履约担保由牵头人递交。中标人不能按要求提交履约担保的，视为放弃中标，其投标保证金不予退还，给招标人造成的损失超过投标保证金数额的，中标人还应当对超过部分予以赔偿。

招标人要求中标人提供履约保证金或其他形式履约担保的，招标人应当同时向中标人提供工程款支付担保。

招标人不得擅自提高履约保证金，不得强制要求中标人垫付中标项目建设资金。

### 4. 报告招标投标情况

依法必须进行施工招标的项目，招标人应当自确定中标人之日起 15 日内，向有关行政监督部门提交招标投标情况的书面报告。书面报告至少应包括下列内容：①招标范围；②招标方式和发布招标公告的媒介；③招标文件中投标人须知、技术条款、评标标准和方法、合同主要条款等内容；④评标委员会的组成和评标报告；⑤中标结果。

## 2.5.4 签订承包合同

招标人和中标人应当自中标通知书发出之日起 30 日内，按照招标文件和中标人的投标文件订立书面合同。合同的标的、价款、质量、履行期限等主要条款应当与招标文件和中标人的投标文件的内容一致。招标人和中标人不得再行订立背离合同实质性内容的其他协议。中标人无正当理由拒签合同的，招标人取消其中标资格，其投标保证金不予退还；给招标人造成的损失超过投标保证金数额的，中标人还应当对超过部分予以赔偿。发出中标通知书后，招标人无正当理由拒签合同的，应当赔偿给中标人造成的损失，并承担相应的法律责任。

招标人不得以向中标人提出压低报价、增加工作量、缩短工期或其他违背中标人意愿的要求，依此作为发出中标通知书和签订合同的条件。

招标人不得强制要求中标人垫付中标项目建设资金。中标人垫付建设资金的，当事人对垫资和垫资利息有约定，承包人请求按照约定返还垫资及其利息的，应予支持，但是约定的利息计算标准高于中国人民银行发布的同期同类贷款利率的部分除外。当事人对垫资没有约定的，按照工程欠款处理。当事人对垫资利息没有约定，承包人请求支付利息的，不予支持。

招标人最迟应当在书面合同签订后 5 日内向中标人和未中标的投标人退还投标保证金及银行同期存款利息。

中标人应当按照合同约定履行义务，完成中标项目。中标人不得向他人转让中标项目，也不得将中标项目肢解后分别向他人转让。

中标人按照合同约定或者经招标人同意，可以将中标项目的部分非主体、非关键性工作分包给他人完成。接受分包的人应当具备相应的资格条件，并不得再次分包。

中标人应当就分包项目向招标人负责，接受分包的人就分包项目承担连带责任。

## 2.6 工程标底与招标控制价

### 2.6.1 工程标底

#### 1. 工程标底的概念

工程标底是指招标人根据招标项目的具体情况，编制的完成招标项目所需的全部费用，是依据国家规定的计价依据和计价办法计算出来的工程造价，是招标人对建设工程的期望价格。标底由施工成本、利润、税金等组成，一般应控制在批准的总概算及投资包干限额内。

《招标投标法》没有明确规定招标工程是否必须设置标底价格，招标人可根据工程的实际情况自己决定是否需要编制标底价格。一般情况下，即使采用无标底招标方式进行工程招标，招标人在招标时还是需要对招标工程的建造费用做出估计，使心中有基本价格底数，同时由此也可对各个投标报价的合理性做出理性的判断。

#### 2. 工程标底的作用

对设置标底价格的招标工程，标底价格是招标人的预期价格，对工程招标阶段的工作具有一定的作用。

（1）标底价格是招标人控制建设工程投资、确定工程合同价格的参考依据。

（2）标底价格是衡量、评审投标人投标报价是否合理的尺度和依据。

因此，标底价格必须以严肃认真的态度和科学的方法进行编制，应当实事求是，综合考虑和体现发包方和承包方的利益。不合理的标底可能会导致工程招标的失误，达不到降低建设投资、缩短建设工期、保证工程质量、择优选用工程承包队伍的目的。编制切实可行的标底价格，真正发挥标底的作用，严格衡量和审定投标人的投标报价，是工程招标工作能否达到预期目标的关键。

**3. 标底的编制原则**

标底应当参考国务院和省、自治区、直辖市人民政府建设行政主管部门制定的工程造价计价办法和计价依据以及其他有关规定，根据市场价格信息，由招标单位或委托有相应资质的招标代理机构和工程造价咨询单位以及监理单位等中介组织进行编制。工程标底编制人员应严格按照国家的有关政策、规定，科学公正地编制工程标底。标底必须以严肃认真的态度和科学的方法进行编制，应当实事求是，综合考虑和体现招标人和投标人的利益。

编制标底应遵循下列原则：

（1）根据国家公布的统一工程项目划分、统一计量单位、统一计算规则以及施工图纸招标文件，并参照国家、行业或地方批准发布的定额和国家、行业、地方规定的技术标准、规范以及要素市场价格确定工程量和编制标底。

（2）标底作为招标人的期望价格，应力求与市场的实际变化相吻合，要有利于竞争和保证工程质量。

（3）标底应由工程成本、利润、税金等组成，一般应控制在批准的建设项目投资估算或总概算（修正概算）价格以内。

（4）标底应考虑人工、材料、设备、机械台班等价格变化因素，还应包括管理费、利润、税金以及不可预见费（特殊情况）、现场因素费、以及保险等其他费用。采用固定价格的还应考虑工程的风险金等。

（5）工程项目进行招标可以不设标底，进行无标底招标（特别是对于实行工程量清单计价的招标工程）；编制标底的，一个工程只能编制一个标底。

（6）标底编制完成后应及时封存，在开标前应严格保密，所有接触过工程标底的人员都有保密责任，不得泄露。

强调标底必须保密，是因为当投标人不了解招标人的标底时，所有投标人都处于平等的竞争地位，各自只能根据自己的情况提出自己的投标报价。而某些投标人一旦掌握了标底，就可以根据情况将报价设定为高出标底一定的合理幅度，并仍然能保证很高的中标概率，从而增加投标人的未来效益。这对其他投标人来说，显然是不公平的。因此，必须强调对标底的保密。招标人履行保密义务应当从标底的编制开始，编制人员应在保密的环境中编制标底，完成之后需送审的，应将其密封送审。标底经审定后应及时封存，直至开标。在整个招标活动过程中所有接触过标底的人员都有对其保密的义务。

**4. 标底的编制依据**

《建筑工程施工发包与承包计价管理办法》（中华人民共和国建设部令第 107 号）第六条规定，招标标底编制的依据为：

（1）国家的有关法律、法规以及国务院和省、自治区、直辖市人民政府建设行政主管部门制定的有关工程造价的文件、规定。

（2）工程招标文件中确定的计价依据和计价办法，招标文件的商务条款，包括施工合同中规定由工程承包人应承担义务而可能发生的费用，以及招标文件的澄清、答疑等补充文件和资料。在标底计算时，计算口径和取费内容必须与招标文件中有关取费等的要求一致。

（3）工程设计文件、图纸、技术说明及招标时的设计交底，施工现场地质、水文、勘探及现场环境等有关资料以及按设计图纸确定的或招标人提供的工程量清单等相关基础资料。

（4）国家、行业、地方的工程建设标准，包括建设工程施工必须执行的建设技术标准、规范和规程。

（5）采用的施工组织设计、施工方案、施工技术措施等。

（6）工程施工现场地质、水文勘探资料，现场环境和条件及反映相应情况的有关资料。

（7）招标时的人工、材料、设备及施工机械台班等的要素市场价格信息，以及国家或地方有关政策性调价文件的规定。

**5. 标底价格的确定方式**

我国目前常用标底价格的确定方式有定额计价方式和工程量清单计价方式。

（1）定额计价方式。用定额计价方式确定工程标底价格，一般采用下列两种方法。

1）定额单价法。定额单价法是定额计价方式常采用的方法。该方法就是采用地区统一单位估价表中的各分项工程工料预算单价（基价）乘以相应的各分项工程的工程量，求和后得到包括人工费、材料费和施工机械使用费在内的单位工程直接工程费，措施费、间接费、利润和税金可根据统一规定的费率乘以相应的计费基数得到，将上述费用汇总后得到该单位工程的施工图预算造价。

2）实物量法。当只有人工、材料、机械台班消耗量定额，而没有定额基价的货币量时，可以采用实物量法来计算工程造价。实物量法的基本做法是，先用计算出的各分项工程的实物工程量，分别套取预算定额中人工、材料、机械台班消耗指标，并按类相加，求出单位工程所需的各种人工、材料、施工机械台班总消耗量，再将这些消耗量分别乘以当时当地各种人工、材料、机械台班的单价，求得人工费、材料费、机械台班使用费，再汇总单位工程直接费。后面各项费用的计算程序同单价法，但相关费率根据当时当地建筑市场供求情况予以确定。

（2）工程量清单计价方式。业主或标底编制人以工程量清单为平台，根据建筑企业平均社会水平的技术、财力、物力、管理能力以及市场的人工、材料、机械价格等确定工程标底。

标底价格由五部分费用组成：分部（分项）工程工程量清单计价费、措施项目清单计价费、其他项目清单计价费、规费项目清单计价费和税金项目清单计价费。

1）分部（分项）工程工程量清单计价费。分部（分项）工程工程量清单计价，是对招标方提供的分部（分项）工程工程量进行计价的。分部（分项）工程工程量清单计价采用综合单价法，需要分项计算清单项目，再汇总得到总造价。综合单价由人工费、材料费、施工机械使用费、管理费和合理利润以及必要的风险费用组成，根据招标文件中的分部（分项）工程工程量清单的特征描述及有关要求、行业建设主管部门颁发的计价定额和计价方法等编制依据进行编制。

2）措施项目清单计价费。标底编制人需要对招标方提供的措施项目清单表中的内容逐项计价。如果标底编制人认为表内提供的项目不全，也可列项补充。其中安全文明施工费应按照国家或省级、行业建设主管部门的规定计价。

措施项目计价的依据主要来源于施工组织设计和施工技术方案，按项计算。措施项目费可采用综合单价法、参数法、分包法计算。

3）其他项目清单计价费。其他项目费由暂列金额、暂估价、计日工、总承包服务费等组成。

暂列金额根据工程特点，按有关计价规定进行估算确定。暂估价包括材料暂估价和专业工程暂估价。暂估价中的材料单价应按照工程造价管理机构发布的工程造价信息或参考市场价格确定；暂估价中的专业工程暂估价分不同专业，按有关计价规定估算。计日工包括计日工人工、材料和施工机械，按照相关部门公布的单价计算。总承包服务费应根据招标文件中列出的内容和向总承包人提出的要求，参照相关标准计算。

4）规费项目清单计价费。规费是指根据省级政府或省级有关权力部门规定必须缴纳的，应计入建筑安装工程造价的费用。在标底编制时应按工程所在地的有关规定计算此项费用。包括：工程定额测定费、工程排污费、社会保障费、住房公积金、危险作业意外伤害保险等。

5）税金项目清单计价费。税金包括营业税、城市维护建设税、教育费附加三项内容。因为工程所在地的不同，税率也有所区别。标底编制时应按工程所在地规定的税率计取税金。

工程标底价格＝分部（分项）工程工程量清单计价费＋措施项目清单计价费＋其他项目清单计价费＋规费项目清单计价费＋税金项目清单计价费

**6. 编制标底的注意事项**

（1）标底由具备相应能力的招标人或具备相应资质的中介机构编制，接受委托编制标底的中介机构不得参加受托编制标底项目的投标，也不得为该项目的投标人编制投标文件或者提供咨询。

（2）标底价格必须控制在批准的总概算（或修正概算）及投资包干的限额内。

（3）编制标底应以设计图纸为依据，标底价格及工期的计算应执行国家或地区所颁发的概（预）算定额和有关规定。人工、机械、台班及材料价格的变动因素，施工不可预见费或包干系数以及工程需要增加的措施费等应列标底。

（4）一个招标工程只允许编一个标底。

（5）标底必须封存，开标前严格保密。

（6）标底只能作为评标的参考，不得以投标报价是否接近标底作为中标条件，也不得以投标报价超过标底上下浮动范围作为否决投标的条件。

（7）标底是否正确首先取决工程量表是否正确，因而在工程量表中要尽量减少漏项，并尽可能计算无误，力争计算工程量的误差控制在实际工程量的±5%以内，以防止加漏项和工程量差别太大而引起的索赔。

## 2.6.2 招标控制价

### 1. 招标控制价的概念

招标人根据国家或省级、行业建设主管部门颁发的有关计价依据和办法、招标文件、市场行情，并按设计施工图纸等具体条件调整计算的，对招标工程项目限定的最高工程造价，也可称为拦标价、预算控制价或最高限价。国有资金投资的工程建设项目应实行工程量清单招标，并应编制招标控制价。

（1）国有资金投资的工程进行招标，根据招标投标法的规定，招标人可以设标底。当招标人不设标底时，招标人应编制招标控制价。

（2）我国对国有资金投资项目的是投资控制实行的投资概算审批制度，国有资金投资的工程原则上不能超过批准的投资概算。因此，在工程招标发包时，当编制的招标控制价超过批准的概算，招标人应当将其报原概算审批部门重新审核。

（3）投标人的投标报价不能高于招标控制价，否则，其投标将被拒绝。

（4）招标控制价应由具有编制能力的招标人或受其委托具有相应资质的工程造价咨询人编制。工程造价咨询人不得同时接受招标人和投标人对同一工程的招标控制价和投标报价的编制。

（5）招标控制价的作用决定了招标控制价不同于标底，无须保密。为体现招标的公平、公正，防止招标人有意抬高或压低工程造价，招标人应在招标文件中如实公布招标控制价，不得对所编制的招标控制价进行上浮或下调。招标人在招标文件中公布招标控制价时，应公布招标控制价各组成部分的详细内容，不得只公布招标控制价总价。同时，招标人应将招标控制价报工程所在地的招投标监督机构或工程造价管理机构备查。

（6）投标人经复核认为招标人公布的招标控制价未按照《建设工程工程量清单计价规范》的规定进行编制的，应在开标前 5 日向招投标监督机构或工程造价管理机构投诉。工程造价管理机构受理投诉后，应立即对招标控制价进行复查，组织投诉人、被投诉人或其委托的招标控制价编制人等单位人员对投诉问题逐一核对。当招标控制价复查结论与原公布的招标控制价误差 ≥ ±3% 的，应当责成招标人改正。招标人根据招标控制价复查结论，需要修改公布的招标控制价的，且最终招标控制价的发布时间至投标截止时间不足 15 日的，应当顺延投标文件的截止时间。

**2. 招标控制价的作用**

（1）招标人有效控制项目投资，防止恶性投标带来的投资风险。

（2）增强招标过程的透明度，有利于正常评标。

（3）利于引导投标方投标报价，避免投标方在无标底情况下的无序竞争。

（4）招标控制价反映的是社会平均水平，为招标人判断最低投标价是否低于成本提供参考依据。

（5）可为工程变更新增项目确定单价提供计算依据。

（6）投标人根据自己的企业实力、施工方案等报价，不必描测招标人的标底，提高了市场交易效率。

（7）减少了投标人的交易成本，使投标人不必花费人力、财力去套取招标人的标底。

（8）招标人把工程投资控制在招标控制价范围内，提高了交易成功的可能性。

**3. 招标控制价的编制依据**

（1）建设工程工程量清单计价规范。

（2）国家或省级、行业建设主管部门颁发的计价定额和计价办法。

（3）建设工程设计文件及相关资料。

（4）拟定的招标文件和招标工程量清单。

（5）与建设项目相关的标准规范、技术资料。

（6）施工现场情况、工程特点和常规施工方案。

（7）工程造价管理机构发布的工程造价信息，工程造价信息没有发布的参照市场价。

（8）其他相关资料。

应当注意：使用的计价标准、计价政策应是国家或省级、行业建设主管部门颁布的计价定额和相关政策规定；采用的材料价格应是工程造价管理机构通过工程造价信息发布的材料单价，工程造价信息未发布材料单价的材料，其材料价格应通过市场调查确定；国家或省级、行业建设主管部门对工程造价计价中费用或费用标准有规定的，应按规定执行。

**4. 招标控制价的编制**

招标控制价的编制内容包括：分部（分项）工程工程费、措施项目费、其他项目费、规费和税金。

（1）分部（分项）工程工程费应根据招标文件中的分部（分项）工程工程量清单项目的特征描述及有关要求，按规定确定综合单价进行计算。综合单价中应包括招标文件中要求投标人承担的风险费用。招标文件提供了暂估单价的材料，按暂估的单价计入综合单价。

（2）措施项目费应按招标文件中提供的措施项目清单确定，措施项目采用分部（分项）工程综合单价形式进行计价的工程量，应按措施项目清单中的工程量，并按规定确定综合单价；以"项"为单位的方式计价的，按规定确定除规费、税金以外的全部费用。措施项目费中的安全文明施工费应当按照国家或省级、行业建设主管部门的规定标准计价。

（3）其他项目费应按下列规定计价。

1）暂列金额。暂列金额由招标人根据工程特点，按有关计价规定进行估算确定。为保证工程施工建设的顺利实施，在编制招标控制价时应对施工过程中可能出现的各种不确定因素对工程造价的影响进行估算，列出一笔暂列金额。暂列金额可根据工程的复杂程度、设计深度、工程环境条件（包括地质、水文、气候条件等）进行估算，一般可按分部（分项）工程费的 10%～15% 作为参考。

2）暂估价。暂估价包括材料暂估价和专业工程暂估价。暂估价中的材料单价应按照工程造价管理机构发布的工程造价信息或参考市场价格确定；暂估价中的专业工程暂估价应分不同专业，按有关计价规定估算。

3）计日工。计日工包括计日工人工、材料和施工机械。在编制招标控制价时，对计日工中的人工单价和施工机械台班单价应按省级、行业建设主管部门或其授权的工程造价管理机构公布的单价计算；材料应按工程造价管理机构发布的工程造价信息中的材料单价计算，工程造价信息未发布材料单价的材料，其价格应按市场调查确定的单价计算。

4）总承包服务费。招标人应根据招标文件中列出的内容和向总承包人提出的要求，参照下列标准计算：

①招标人要求对分包的专业工程进行总承包管理和协调时，按分包的专业工程估算造价的 1.5% 计算。

②招标人要求对分包的专业工程进行总承包管理和协调，并同时要求提供配合服务时，根据招标文件中列出的配合服务内容和提出的要求，按分包的专业工程估算造价的 3%～5% 计算。

③招标人自行供应材料的，按招标人供应材料价值的 1% 计算。

（4）招标控制价的规费和税金必须按国家或省级、行业建设主管部门的规定标准计算。

## 2.7　国际工程招标概述

### 2.7.1　国际工程招标的方式

国际工程招标的方式，通常有国际竞争性招标、国际有限招标、两阶段招标和议标。

**1. 国际竞争性招标**

国际竞争性招标是目前世界上最普遍采用的招标方式。国际竞争性招标，又称国际公开招标、国际无限竞争性招标，是指在国际范围内，对一切有能力的承包商一视同仁，凡有意向的均可报名参加投标，通过公开、公平、无限竞争，择优选定中标人。这种方式主要适用于国际性金融组织（如世界银行等）、地区性金融组织（如亚洲开发银行等）和联合国多边援助机构（如国际工业发展组织等）提供优惠或援助性贷款的工程项目；国家间合资或政府、国家性基金会提供资助的工程项目；国际财团或多家金融组织投资的工程项目；需承包商带资、垫资承包或业主需延期付款或以实物（如石油、矿产或其他实物等）偿付的工程项目；两国或两国以上合资的工程项目；发包商拥有足够自有资金而自己无力实施的工程项目。

**2. 国际有限招标**

国际有限招标，又称国际有限竞争性招标、国际邀请招标。较之国际竞争性招标，有其局限性，即投标人选带有一定的限制，不是任何对发包项目有兴趣的承包商都有资格投标。具体做法通常有以下两种：

（1）一般限制性招标。这种做法也与国际竞争性招标一样，只是更强调投标人的资信，也要在国内外主要报刊上刊登广告，但对投标人的范围作了更严格的限制，不是任何对发包项目感兴趣的承包商都有资格参加投标。

（2）特邀招标。即特别邀请性招标。这种做法一般不在报刊上刊登广告，而是由业主根据自己的经验和资料或咨询公司提供的名单，在征得招标项目资助机构的同意后，对某些承包商（最低不能少于3家）发出邀请，经过对应邀人进行资格预审后，允许其参加投标。国际有限招标通常适用于：不宜采用国际竞争性招标（如准备招标的成本过高等）或采用国际竞争性招标未获成功（如无人投标或投标人数不足法定人数等）的工程项目；工程量不大，投标商数目有限的工程项目；规模太大只有少数承包商能够胜任的工程项目；专业性很强或性质特殊的工程项目；有保密性要求或工期紧迫的工程项目等。

**3. 两阶段招标**

两阶段招标是在国际范围内实行无限竞争与有限竞争相结合的招标方式。具体做法通常是第一阶段按国际竞争性招标方式组织招标、投标，经开标、评标确定出3~4家报价较低或各方面条件均较优秀的承包商；第二阶段按国际有限招标方式邀请第一阶段选出的数家承包商再次进行报价，从中选择最终的中标人。两阶段招标方式主要适用于一些大型复杂项目、新型项目及工程内容不十分明确的项目。

**4. 议标**

议标又称谈判招标、指定招标、邀请协商，是一种非竞争性招标方式。其本意和习惯做法是由发包人寻找一家承包商直接进行合同谈判，一般不公开发布通告。严格来说，议标不是一种招标方式，只是一种"谈判合同"。但随着国际工程承包活动的发展，议标的含义和做法也发生了一些变化。如发包人不再只同一家承包商谈判，而同时物色几家承包商与之进行谈判，然后不受约束地将合同授予其中任何一家，无需优先授予报价最优惠者。

议标给承包商带来较大好处，不用出具投标保函，竞争对手不多，缔约的可能性较大。议标对于业主也有好处，不受任何约束按其要求选择合作对象。但是，议标毕竟不是招标，竞争对手少，无法获得有竞争力的报价。

在招标的方式上，各国和国际组织通常允许业主自由选择招标方式，但强调要优先采用竞争性强的招标方式，以确保最佳效益。

## 2.7.2 国际工程项目招标程序

各国和各个国际组织规定的招标程序不完全相同，但其主要步骤和环节一般来说是大同小异。现以世界银行贷款项目为例，来说明国际工程项目招标程序。主要程序如图 2-2 所示。

**1. 招标准备阶段**

这一阶段主要工作是发布招标公告，具体的步骤如下：

（1）在国内或国际重要的报刊上登出招标公告以及对承包商的资格预审通告。有关这一类文件也可以通过借款国驻世界银行成员国和瑞士的使馆发送，同时还要将文件送交世界银行，提出招标公告到正式投标的时间，应根据采购及工程内容决定，按国际惯例，至少是 45 日，如果大型工程则不少于 90 日。

（2）发出承包商资格预审文件和资格预审须知，并列出要求有关承包商回答问题的清单或提纲。

**2. 投标承包商的资格预审阶段**

这一阶段的主要工作如下：

（1）对收到的承包商资格预审资料进行分析、评价，确定参加投标竞争的承包商名单，并通知这些承包商，以便确认他们参加投标竞争的意向。

（2）正式发出信函，通知所有通过资格预审的承包商。

**3. 公开招标阶段**

这一阶段的主要工作如下：

（1）编制招标文件。这是招标过程中一项极为重要的工作，因为它是投标承包商编制投标文件的基本依据，也是构成合同文件的基本内容。招标文件的主要内容一般包括：①投标邀请书；②投标者须知；③投标书格式及附录；④合同条件、协议书；⑤规范；⑥图纸；⑦工程量清单或报价表；⑧资料数据；⑨要求投标人提交的附加资料清单。其中，投标邀请书和投标者须知一般不构成合同的一部分。

（2）正式向预审合格的承包商发出投标邀请函及招标文件。通常的做法是首先分别向承包商发出邀请通知，并告之购买招标文件的日期、时间、地点及售价，接受投标文件的截止日期、时间、地点，提交正、副文本的份数也要一并通知。如果招标文件是以邮寄方式发出，则应要求投标承包商在收到招标文件之后，立即通知招标组织机构，表明文件已收到。

（3）组织承包商进行现场勘察。任何一项招标工程都必须允许投标的承包商进行现场勘察，因此招标文件要注明现场勘察的时间和地点。招标组织机构或监理工程师应组织承包商进行现场勘察，解答投标的承包商所提出的问题，但所发生的费用，例如食宿、交通、通信等，均由承包商自己负担。在勘察中，招标组织机构应该对承包商及其代表以口头或文字形式提出的各种与招标有关的问题作出解释性回答，一般说来，口头答复不具有法律约束力。

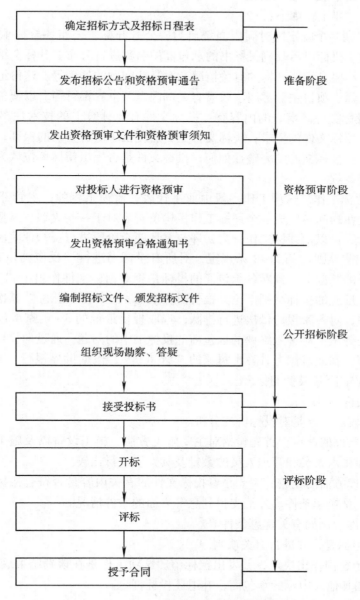

图 2-2　国际工程项目招标程序示意图

（4）必要时，对招标文件作出补充修改，并发出补充通知。这一项工作主要是针对现场勘察之后各承包商所提的有关问题。招标文件连同对招标文件的修改、补充意见一起发给各承包商。这些意见具有与招标文件同等的效力。

（5）接受投标文件的招标组织机构在收到投标文件时应记下收到的日期，并通知有关承包商已收到其投标文件，所有被接受的投标文件必须是在规定的时间之内送达的。在开标之前，这些文件一律不得启封。对于在截止投标日期和时间之后收到的投标文件，一概原封退还，并取消这些承包商的投标资格。

### 4. 开标、评标、授予合同阶段

这一阶段的主要工作如下：

（1）开标。在一个既定的时间内当场启封，公开开标，公布各投标承包商名称及其报价，同时也对截止投标以后收到投标书的承包商的名称进行公布。开标会结束后，主持者应编写一份开标会纪要，说明开标的有关情况及对某些问题的处理等。这份纪要，应分别送给业主、监理工程师、项目主管部门、政府有关部门以及世界银行等，以便备查。

（2）审查投标文件。审查的内容有：投标文件有无计算上的技术性错误；投标文件是否总体上符合了招标文件的要求；投标文件是否已提供了所有要求的保证；投标文件是否全部按规定签了字；投标文件的完整性如何；投标文件是否提出招标单位认为无法接受或违背招标文件的保留条款。

（3）进行评标工作。这项工作一般由业主代表、监理工程师、主管部门及政府有关部门的代表以及法律顾问等组成一个评标工作机构负责。对于一些大型、巨型或比较复杂的工程，评标量较大，可以把评标工作分为初评与终评两个阶段进行。初评阶段的主要任务是根据世界银行"采购导则"第2.48条规定，对所有投标书进行"反应性检查"，首先是在全面分析投标文件的基础上，判断各承包商的投标是否对招标文件作出了"实质性反应"。如没有作出实质性反应的投标，则不论其报价是否最低，一律予以排除。其次是对已作出实质性反应的投标中，对各家报价依次进行排队，选取报价最低的3~4家承包商进行终评，终评阶段的主要任务是针对进入终评的承包商的投标书中的问题，通过向投标者澄清问题及进一步分析、评审，在此基础上计算出每家的"评审价"，根据世界银行"采购导则"规定，合同应授予"评审价"最低的标。

评标的主要内容如下：

1）价格比较。也就是对投标价的分析。

2）对技术条件的评审。首先包括对主要施工方法、施工设备以及施工进度的比较，其次是对主要工程技术人员和管理人员的数量及其素质进行比较。

3）商务法律方面的比较。主要是看投标文件的有关内容是否符合招标文件要求，以及支付条件、外汇兑换率条件、外汇支付利息等方面的条件情况。

4）其他条件。例如有关优惠条件等。

（4）决定中标者，并进行有关谈判。

（5）对授予合同作出决定，并发出授标信。这项工作是在谈判结束后立即进行。同时，组织者还应通知其他未中标的承包商，并退还投标押金。

（6）要求中标者提交履约保证书。

（7）准备合同文件，签订合同。承发包双方同时签字，合同自签字之日起生效。

（8）特殊情况——废标、拒绝全部投标。招标文件中明确规定组织机构有权废标，但是国际惯例对此做法是有严格限定的：

1）最低投标报价大大超过标底（一般超过20%以上），招标单位无力接受投标条件。

2）所有报价文件在实质上均未按招标文件要求编制。

3）投标单位过少（不超过 3 家），缺乏竞争性。

但按国际惯例，不允许为了压低报价而废标。如要更新招标，应对招标文件有关内容如合同范围、合同条件、设计、图纸、规范等重新审订修改后才能重新招标。

## 本课程职业活动训练

### 工作任务一　工程项目施工招标文件的编制

1. 活动目的

招标文件是工程项目施工招标过程中最重要、最基本的技术文件，编制施工招标有关文件是学习本课程需要掌握的基本技能之一。国家对施工招标文件的内容、格式均有特殊规定，通过本实训活动，进一步提高学生对招标文件内容与格式的基本认识，提高学生编制招标文件的能力。

2. 实训环境要求

（1）选择一个已完成项目报建阶段的施工项目，选择项目为公开招标项目。

（2）学生按 4～6 人分为若干招标工作小组，各小组分工合作完成工作任务。

（3）有条件可提供专业机房和利用相关软件。

3. 实训内容

（1）招标公告（资格预审公告）编写训练。

（2）根据招标文件内容、格式和本工程具体条件编写招标文件。

（3）教师在指导过程中，应尽可能书面提供施工项目与业主方的背景资料，招标文件采用行业统一标准格式。

# 本单元小结

本单元主要介绍建设工程招标的种类、范围、方式；建设工程项目施工招标的概念、范围和程序以及各阶段的主要工作；建设工程项目资格预审文件、施工招标文件内容及格式；工程标底与招标控制价；国际工程项目招标的方式和程序。

## 案例分析

### 案例分析一

某办公楼工程全部由政府投资兴建。该项目为该市建设规划的重点项目之一，且已列入地方年度投资计划，概算已经主管部门批准，施工图纸及有关技术资料齐全。现决定对该项目进行施工招标。因估计除本市施工企业参加投标外，还可能有外省市施工企业参加。故招标人委托咨询机构编制了两个标底，准备分别用于对本市企业和外省市企业标价的评定。招标人在公开媒体上发布资格预审通告，其中说明，3 月 10 日和 3 月 11 日 9～16 时在市建筑工程交易中心发售资格预审文件。最终有 A、B、C、D、E 五家承包商通过了资格预审。根据资格预审合格通知书的规定，承包商于 4 月 5 日购买了本次招标的招标文件。4 月 12 日，招标人就投标单位对招标文件提出的所有问题召开答疑会，统一作了书面答复。随后招标人组织各投标单位进行了现场踏勘。到招标文件所规定的投标截止日 4 月 20 日下午 16 时之前，这五家承包商均按规定时间提交了投标文件和投标保证金 90 万元。

4 月 21 日上午 8 时正，在市建筑工程交易中心正式开标。开标时，由招标人检查投标文件的密封情况，确认无误后，由工作人员当面拆封，由唱标人宣读五家承包商的投标价格、工期和其他主要内容。

评标委员会委员由招标人依法组建，其中，招标人代表 4 人，专家库中抽取的技术专家 2 人，经济专家 2 人。

按照招标文件中规定的综合评价标准，评标委员会进行评审后，确定承包商 B 为中标人。招标人于 4 月 30 日发出中标通知书，由于是外地企业，承包商于 5 月 2 日收到中标通知书。最终双方于 6 月 2 日签订了书面合同。

问题：在该项目的招标过程中哪些方面不符合招标投标的相关规定？

案例分析要点：

（1）不应编制两个标底。一个工程只能编制一个标底。

（2）出售资格预审文件的时间过短。自招标文件或资格预审文件开始出售之日到停止出售之日止，最短不得少于 5 日。

（3）现场踏勘应安排在投标预备会（答疑会）之前。

（4）招标时限过短。自招标文件发出之日到投标人提交投标文件截止之日止，最短不得少于 20 日。

（5）开标时间应与投标人提交投标文件截止的时间、地点一致。

（6）不应由招标人检查标书密封情况。应由投标人或者其推选的代表检查投标文件的密封情况，也可以由招标人委托的公证机构检查并公证。

（7）评标委员会组成不符合要求。评标委员会由招标人的代表和有关技术、经济等方面的专家组成，成员人数为 5 人以上单数，其中技术、经济等方面的专家不得少于成员总数的 2/3。

（8）签订合同日期过迟。招标人和中标人应当自中标通知书发出之日起 30 日内，按照招标文件和中标人的投标文件订立书面合同。

## 案例分析二

某建筑工程项目施工招标工作进入评标阶段，共有三家承包商的投标文件进入详细评审。根据招标文件确定的评标标准和评标方法，本项目评标采用综合评估法。具体评标标准如下：

标底价为 35500 万元，报价为标底的 98% 者得 100 分，在此基础上，报价比标底每下降 1%，扣 1 分，每上升 1%，扣 2 分（计分按四舍五入取整）。

定额工期为 500d，评分标准：工期提前 10% 为 100 分，在此基础上每拖后 5d 扣 2 分。

企业信誉和施工经验得分在资格审查时评定。

上述四项评标指标的总权重分别为：投标报价 60%；投标工期 20%；企业信誉和施工经验均为 10%。

各投标单位的有关情况如下表所示。

| 投标单位 | 报价/万元 | 总工期/d | 企业信誉得分 | 施工经验得分 |
|---|---|---|---|---|
| A | 35642 | 460 | 95 | 100 |
| B | 34364 | 450 | 95 | 100 |
| C | 33867 | 460 | 100 | 95 |

问题：请按综合得分最高者中标的原则确定中标单位。

案例分析要点：

（1）各单位的报价得分见下表。

| 投标单位 | 报价/万元 | 报价与标底比例（%） | 扣 分 | 得 分 |
|---|---|---|---|---|
| A | 35642 | 35642/35500 = 100.4 | $(100.4 - 98) \times 2 \approx 5$ | 95 |
| B | 34364 | 34364/35500 = 96.8 | $(98 - 96.8) \times 1 \approx 1$ | 99 |
| C | 33867 | 33867/35500 = 95.4 | $(98 - 95.4) \times 1 \approx 3$ | 97 |

（2）各单位的工期得分见下表。

| 投标单位 | 总工期/d | 工期与定额工期比较 | 扣 分 | 得 分 |
|---|---|---|---|---|
| A | 460 | $460 - 500(1 - 10\%) = 10$ | $10/5 \times 2 = 4$ | 96 |
| B | 450 | $450 - 500(1 - 10\%) = 0$ | 0 | 100 |
| C | 460 | $460 - 500(1 - 10\%) = 10$ | $10/5 \times 2 = 4$ | 96 |

（3）各单位加权总得分见下表。

| 评分项目 | A | B | C | 权 重 |
|---|---|---|---|---|
| 报价得分/分 | 95 | 99 | 97 | 60% |
| 工期得分/分 | 96 | 100 | 96 | 20% |
| 企业信誉/分 | 95 | 95 | 100 | 10% |
| 施工经验/分 | 100 | 100 | 95 | 10% |
| 总得分/分 | 95.7 | 98.9 | 96.9 | 100% |

B 承包商得分最高，应选择其作为第一顺序中标人。

## 案例分析三

某工程项目，建设单位通过招标选择了一家具有相应资质的监理单位承担施工招标代理和施工阶段监理工作，并与该监理单位签订了委托合同。在施工公开招标中，有 A、B、C、D、E、F、G、H 等施工单位报名投标，经监理单位资格预审均符合要求，但建设单位以 A 施工单位是外地企业为由不同意其参加投标，而监理单位坚持认为 A 施工单位有资格参加投标。

评标委员会由 5 人组成，其中当地建设行政管理部门的招投标管理办公室主任 1 人、建设单位代表 1 人、政府提供的专家库中抽取的技术经济专家 3 人。评标时发现，B 施工单位投标报价明显低于其他投标单位报价且未能合理说明理由；D 施工单位投标报价大写金额小于小写金额；F 施工单位投标文件提供的检验标准和方法不符合招标文件的要求；H 施工单位投标文件中某分项工程的报价有个别漏项；其他施工单位的投标文件均符合招标文件要求。

建设单位最终确定 G 施工单位中标，并按照《建设工程施工合同（示范文本）》与该施工单位签订了施工合同。

问题：1. 在施工招标资格预审中，监理单位认为 A 施工单位有资格参加投标是否正确？说明理由。

2. 指出施工招标评标委员会组成的不妥之处，说明理由，并写出正确做法。

3. 判别 B、D、F、H 四家施工单位的投标是否为有效标？说明理由。

案例分析要点：

问题 1. 监理单位认为 A 施工单位有资格参加投标是正确的。《招标投标法》第六条规定：依法必须进行招标的项目，其招标投标活动不受地区或者部门的限制。任何单位和个人不得违法限制或者排斥本地区、本系统以外的法人或者其他组织参加投标，不得以任何方式非法干涉招标投标活动。

问题 2. 评标委员会组成不妥，不应包括当地建设行政管理部门的招投标管理办公室主任。正确组成应为：评标委员会由招标人或其委托的招标代理机构熟悉相关业务的代表以及有关技术、经济等方面的专家组成，成员人数为 5 人以上单数，其中：技术、经济等方面的专家不得少于成员总数的 2/3。

问题 3. B、F 两家施工单位的投标不是有效标。B 单位的情况可以认定为低于成本，F 单位的情况可以认定为是明显不符合技术规格和技术标准的要求，属重大偏差。D、H 两家单位的投标是有效标，他们的情况不属于重大偏差。

《评标委员会和评标方法暂行规定》第 25 条：投标文件提供的检验标准和方法不符合招标文件的要求，属于重大偏差，为未能对招标文件作出实质性响应，按废标处理。所以，F 的投标无效。第 21 条：在评标过程中，评标委员会发现投标人的报价明显低于其他投标报价或者在设有标底时明显低于标底，使得其投标报价可能低于其个别成本的，应当要求该投标人作出书面说明并提供相关证明材料。投标人不能合理说明或者不能提供相关证明材料的，由评标委员会认定该投标人以低于成本报价竞标，其投标应作废标处理。从这一条看，B 单位的投标无效。第 19 条：评标委员会可以书面方式要求投标人对投标文件中有明显文字和计算错误的内容作必要的澄清、说明或者补正。澄清、说明或者补正应以书面方式进行并不得超出投标文件的范围或者改变投标文件的实质性内容。投标文件中的大写金额和小写金额不一致的，以大写金额为准。从这一点来看，D 单位的投标有效。第 26 条：细微偏差是指投标文件在实质上响应招标文件要求，但在个别地方存在漏项或者提供了不完整的技术信息和数据等情况，并且补正这些遗漏或者不完整不会对其他投标人造成不公平的结果。细微偏差不影响投标文件的有效性。显然，H 单位的标书属于这种情况，因此 H 单位的标书有效。

## 复习思考与训练题

1. 建设工程招标有哪几种方式？公开招标与邀请招标各有何优缺点？
2. 什么情况下需要招标代理？招标代理机构在招标过程的工作有哪些？
3. 依法必须进行招标的项目范围如何界定？
4. 建设工程项目施工招标必须具备哪些必要条件？
5. 哪些工程项目施工招标可以采用邀请招标方式？什么情况下可以不进行招标？
6. 建设工程施工招标程序如何？
7. 为什么要对投标人进行资格审查？资格审查的方式有几种？资格预审程序如何？
8. 建设工程施工招标文件一般包括哪几部分内容？
9. 现场踏勘的目的有哪些？
10. 什么是投标保证金？投标担保的方式有哪些？投标保证金的金额有什么规定？
11. 投标须知中对投标文件的密封、标识、签章、修改、补充及撤回有何规定？
12. 开标程序如何？什么样的投标文件为废标？
13. 评标委员会如何组成？常用的评标方法有哪几种？评标报告包含哪些内容？
14. 工程标底和招标控制价格各有什么作用？
15. 国际工程招标有哪些方式？程序如何？

# 学习单元三  建设工程投标

**本单元概述**

工程项目施工投标程序与过程；工程项目施工招标资格预审文件的编制；工程项目施工投标决策与技巧；工程项目施工投标文件的编制；国际工程项目投标。

## 学 习 目 标

掌握建设工程项目施工投标程序和内容；学习编制资格预审文件、施工投标文件；能够在原有编制施工组织设计与工程预算的基础上编制投标技术标和商务标；初步具有投标决策和报价技巧能力；了解国际工程投标程序及策略。

## 3.1  工程项目施工投标程序

### 3.1.1  投标人应具备的条件

**1. 投标的概念**

投标是指投标单位根据建设单位的招标条件，提出完成招标工程的方法、措施和报价，争取得到项目承包权的活动。投标是建筑企业取得工程施工合同的主要途径，又是建筑企业经营决策的重要组成部分。它是针对招标的工程项目，力求实现决策最优化的活动。

**2. 投标人的概念**

《招标投标法》规定：投标人是指响应招标、参加投标竞争的法人或者其他组织。所谓响应招标，主要是指投标人对招标人在招标文件中提出的实质性要求和条件，例如工期、质量、实施范围等一一作答，做出响应。

《招标投标法》还规定：依法招标的科研项目允许个人参加投标，投标的个人适用本法有关投标人的规定。因此，投标人除了包括法人、其他组织，还应当包括自然人。随着我国建筑市场的不断发展和成熟，自然人作为投标人的情形也会经常出现。

**3. 投标人应具备的条件**

投标人应具备承担招标项目的能力，若国家对投标人资格有规定或招标文件对投标人资格条件有规定，那么投标人应首先具备这些规定的条件。招标人资格必须满足招标文件的要求，一般招标通过资格预审来检验投标人的资格。根据《招标投标法》规定，投标人应具备下列条件：

（1）投标人应具备承担招标项目的能力；国家有关规定或者招标文件对投标人资格条件有规定的，投标人应当具备规定的资格条件。

（2）投标人应当按照招标文件的要求编制投标文件，投标文件应当对招标文件提出的要求和条件做出实质性响应。

（3）投标文件的内容应当包括拟派出的项目负责人与主要技术人员的简历、业绩和拟用于完成招标项目的机械设备等。

（4）投标人应当在招标文件所要求提交投标文件的截止时间前，将投标文件送达投标地点。招标人收到投标文件后，应当签收保存，不得开启。

（5）投标人在招标文件要求提交投标文件的截止时间前，可以补充、修改或者撤回已提交的投标文件，并书面通知招标人。补充、修改的内容为投标文件的组成部分。

（6）投标人根据招标文件载明的项目实际情况，拟在中标后将中标项目的部分非主体、非关键性工作委托他人完成的，应当在投标文件中载明。

（7）两个以上法人或者其他组织可以组成一个联合体，以一个投标人的身份共同投标。但是，联合体各方均应当具备承担招标项目的相应能力及相应资格条件。各方应当签订共同投标协议，明确约定各方拟承担的工作和相应的责任，并将共同投标协议连同投标文件一并提交招标人。联合体中标的联合体各方应当共同与招标人签订合同，就中标项目向招标人承担连带责任。

（8）投标人不得相互串通投标报价，不得排挤其他投标人的公平竞争，损害招标人或者他人的合法权益。

（9）投标人不得以低于合理预算成本的报价竞标，也不得以他人名义投标或者以其他方式弄虚作假，骗取中标。

所谓合理预算成本，即按照国家有关成本核算的规定计算的成本。

## 3.1.2 工程项目施工投标程序

从施工企业参与投标的角度，建设工程施工投标工作的程序如图 3-1 所示，分为以下步骤。

（1）获得招标信息、成立投标工作班子，决定是否投标。

施工企业根据招标公告（资格预审公告）或者投标邀请书，分析招标工程的条件，根据自身实力和项目特点，选择投标工程。

（2）参加资格预审，递交资格预审申请文件及相关资料。

（3）资格预审通过后，购买招标文件及有关技术资料。

（4）研究招标文件、踏勘现场、投标预备会，并对有关疑问提出质询。

（5）根据施工图纸,制订施工技术方案和组织计划,根据主客观条件决定投标报价策略。

（6）根据图纸校核或计算工程量，确定项目单价及总价。

（7）确定报价技巧，调整报价，编制投标文件、封标、递交投标文件。

（8）参加开标会议，书面澄清评标委员会对投标文件提出的问题。

（9）接收中标通知书后提交履约保证，与招标人签署施工承包合同。

## 3.1.3 工程项目施工投标内容

### 1. 申报资格预审

在获取招标资格预审信息决定参加投标后，就可以报名参加资格预审，并按照资格预审公告中确定的时间和地点购买资格预审文件，编制并提交资格预审申请文件及相关资料，接受招标单位的资格预审。

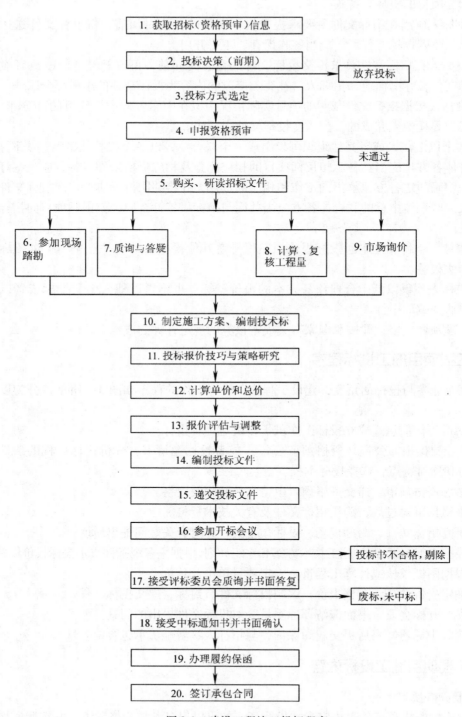

图 3-1　建设工程施工投标程序

**2. 研读招标文件**

投标人通过资格预审取得投标资格，按照招标邀请书（资格预审合格通知书）规定的时间、地点向招标单位购买招标文件。招标文件是投标和报价的重要依据，对其理解的深度将直接影响到投标结果，因此应该组织有力的设计、施工、商务、估价等专业人员仔细分析研究。

（1）投标人购买招标文件后，首先要检查上述文件是否齐全。按目录是否有缺页、缺图表，有无字迹不清的页、段，有无翻译错误、有否含糊不清、前后矛盾之处。如发现有上述现象的应立即向招标部门交涉补齐。

（2）在检查后，组织投标班子的全体人员，从头至尾认真阅读一遍。负责技术部分的专业人员，重点阅读技术卷、图纸；商务、估价人员精读投标须知和报价部分。

（3）认真研读完招标文件后，全体人员相互讨论解答招标文件存在的问题，做好备忘录，等待现场踏勘了解，或在答疑会上以书面形式提出质询，要求招标人澄清。

1）属于招标文件本身的问题，如图纸的尺寸与说明不一，工程量清单上的错漏，技术要求不明，文字含糊不清，合同条款中的一些数据缺漏，可以在招标文件前附表确定的时间内，以书面形式向招标人提出质疑，要求给予澄清。

2）与项目施工现场有关的问题，拟出调查提纲，确定重点要解决的问题，通过现场踏勘了解，如果考察后仍有疑问，也可以向招标人提出问题要求澄清。

3）如果发现的问题对投标人有利。可以在投标时加以利用或在以后提出索赔要求，这类问题投标人一般在投标时是不提的，待中标后情势有利时提出获取索赔。

（4）研究招标文件的要求，掌握招标范围，熟悉图纸、技术规范、工程量清单，熟悉投标书的格式、签署方式、密封方法和标志，掌握投标截止日期，以免错失投标机会。

（5）研究评标办法。分析评标办法和合同授予标准。我国常用的评标标准有两种方式，综合评估法和经评审的最低投标报价法。综合评估法又分为定性和定量两种，定量综合评议法是根据投标人的投标报价、施工方案、信誉、质量和投入的技术力量等因素进行量化，由评标委员会打分，得分高者中标。经评审的最低投标报价法是在质量、工期满足招标文件的要求的条件下，明确相应招标文件要求，投标价格最低的投标人中标。

（6）研究合同协议书、通用条款和专用条款。合同形式是总价合同还是单价合同，价格是否可以调整。分析拖延工期的罚款，保修期的长短和保证金的额度。研究付款方式、违约责任等。根据权利义务关系分析风险，将风险考虑到报价中。

**3. 现场踏勘**

现场踏勘是投标中极其重要的准备工作，招标人一般在招标文件中会明确现场踏勘的时间和地点。现场考察既是投标人的权力也是招标人的义务，投标人在报价以前必须认真地进行施工现场考察，全面地、仔细地调查了解工地及其周围的政治、经济、地理等情况。按照惯例，投标人提出的出的报价一般被认为是在现场考察的基础上编制的。一旦价格报出之后，投标人就无权因为现场考察不周、情况了解不细或因素考虑不全而提出修改投标报价或提出补偿等要求。

踏勘现场之前，通过仔细研究招标文件，对招标文件中的工作范围、专用条款，以及设计图纸和说明，拟定调研提纲，确定重点要解决的问题。

对于国内工程，进行现场考察应侧重以下几个方面：

（1）施工现场是否达到招标文件规定的条件，如"三通一平"等。

（2）投标工程与其他工程之间关系，与其他承包商或分包商之间的关系。

（3）工地现场形状和地貌、地质、地下水条件、水文，管线设置等情况。

（4）施工现场的气候条件，如气温、降水量、湿度、风力等。

（5）现场的环境，如交通、电力、水源、污水排放，有无障碍物等。

（6）临时用地、临时设施搭建等，工程施工过程中临时使用的工棚、材料堆场及设备设施所占的地方。

（7）工地附近治安情况。

除了调查施工现场的情况外，还应了解工程所在地的政治形势、经济形势、法律法规、风俗习惯、自然条件、生产和生活条件，调查发包人和竞争对手。通过调查，采取相应对策，提高中标的可能性。

**4. 参加标前会议，提出质询**

招标文件规定召开投标预备会的，投标人应按照招标文件规定的时间和地点参加会议，并将研究招标文件后存在的问题，以及在现场踏勘后仍存在的疑问，在招标文件规定的时间前以书面形式将提出的问题送达招标人，由招标人在会议中澄清，并形成书面意见。

招标文件规定不召开投标预备会的，投标人应在招标文件规定的时间前，以书面形式将提出的问题送达招标人，由招标人以书面答疑的方式澄清。书面答复同招标文件同样具有法律效力。

**5. 计算和校核工程量**

工程量的多少将直接影响到工程计价和中标的机会，无论招标文件是否提供工程量清单，投标人都应该认真按照图纸计算工程量。

对于工程量清单招标方式，招标文件里包含有工程量清单，一般不允许就招标文件做实质性的变动，招标文件中已给定工程量不允许做增减改动，否则有可能因为未实质性响应招标文件而成为废标。但是对于投标人来说仍然要按照图纸复核工程量，做到心中有数。同时因为工程量清单中的各分部（分项）工程工程量并不十分准确，若设计深度不够则可能有较大的误差，而工程量的多少是选择施工方法、安排人力和机械、准备材料必须考虑的因素，自然也影响分项工程的单价。对于单价合同，若发现所列工程量与调查及核实结果不同，可在编制标价时采取调整单价的策略，即提高工程量可能增加的项目的单价，降低工程量可能减少的项目单价。对于总价合同，特别是固定总价合同，若发现工程量有重大出入的，特别是漏项的，必要时可以找招标单位核对，要求招标单位认可，并给予书面证明。如果业主在投标前不给予更正，而且是对投标人不利的情况，投标人应在投标时附上说明。

对于传统的定额计价的招标方式，一般在招标文件中没有工程量清单，只给图纸。计算工程量时要注意：由于我们国家各个省、直辖市、自治区的预算定额都有自己的规定，从而引起项目划分、工程量计算规则、单价、费用、工程项目定额内容不尽相同。参加哪个地区的投标报价，必须首先熟悉当地使用的定额及规定，才能将计算工程量时的项目划分清楚。此外，还应注意工程量计算与现场实际相结合，与要采用的施工方法吻合，如土石方工程、构件和半成品的运输及吊装等。

### 6. 制定施工规划

施工项目投标的竞争主要是价格的竞争，而价格的高低与所采用的施工方案及施工组织计划密切相关，所以在确定标价前必须编制好施工规划。

在投标过程中编制的施工规划，其深度和广度都比不上施工组织设计。如果中标，再编制施工组织设计。施工规划一般由投标人的技术负责人支持制定，内容一般包括各分部分项工程施工方法、施工进度计划、施工机械计划、材料设备计划和劳动力安排计划，以及临时生产、生活设施计划。施工规划的制定应在技术和工期两方面吸引招标人，对投标人来说又能降低成本，增加利润。制定的主要依据是设计图纸、执行的规范、经复核的工程量、招标文件要求的开工竣工日期以及对市场材料、设备、劳动力价格的调查等。

（1）选择和确定主要部位施工方法。根据工程类型，研究可以采用的施工方法。对于一般的、较简单的工程，则结合已有施工机械及工人技术水平来选定施工方法。对于大型复杂的工程则要考虑几种方案综合比较，努力做到节省开支、加快施工进度。

（2）选择施工机械和施工设施。此工作一般与研究施工方法同时进行。在工程估价过程中还要不断进行施工机械和施工设施的比较，择定是租赁还是购买，考虑利用旧机械设备还是采购新机械设备，在国内采购还是在国外采购。

（3）编制施工进度计划。编制施工进度计划应紧密结合施工方法和施工设备考虑。施工进度计划中应提出各时段应完成的工程量及限定日期。施工进度计划是采用网络进度计划还是线条进度计划，应根据招标文件要求而定。在投标阶段，一般用线条进度即可满足要求。

### 7. 确定投标报价

投标人在研究了招标文件并对现场进行了考察之后，即进入工程价格计算阶段。投标报价是根据招标文件的要求和项目的具体特点，结合现场踏勘的情况，按照市场情况和企业实力自主报价。报价是投标竞争的核心，报价过高会失去承包机会，过低可能中标，但会给工程带来亏本的风险。如何做出合适的投标报价，是能否中标的关键性问题。

（1）投标报价的计算依据：

1）招标人提供的招标文件。

2）招标人提供的设计图纸、工程量清单及有关的技术说明书。

3）国家及地区颁发的现行建筑、安装工程预算定额及与之相配套执行的各种费用定额规定等。

4）地方现行材料价格、采购地点及供应方式。

5）因招标文件、设计图纸不明确和现场踏勘后存在问题的招标人的书面答复材料。

6）企业内部定额、取费、价格等规定、标准。

7）拟采用的施工方案、进度计划等。

还应考虑各种不可预见费用，不要遗漏。

（2）投标报价的原则。投标报价的编制主要是投标人对招标工程所发生的各种费用的计算。在进行标价计算时一般应遵循以下原则：

1）投标计算必须与采用的合同形式相协调。合同计价方式一般分为单价合同、总价合同、成本加酬金合同。计算时应根据工程承包方式不同考虑投标报价的费用内容和细目的计算深度。

2）以确定的施工方案、进度计划作为投标报价计算的基本条件。

3）以反映企业技术和管理水平的企业定额作为计算人工、材料、机械台班消耗量的基本依据。

4）充分利用现场考察、调研成果、市场价格信息和行情资料，编制基价，确定调价方法。

5）报价计算方法必须严格按照招标文件的要求和格式，不得改动，科学严谨，简明实用。

（3）投标报价的编制方法。根据我国目前工程计价方式现状，与招标文件的计价方式相对应，投标报价的编制方法可以分为定额计价模式和工程量清单计价模式。

1）定额计价模式投标报价。这种报价模式是国内工程以前经常使用的方式，现在也还在应用。报价编制与工程概预算基本一致，即按照定额规定的分部分项工程子目逐项计算工程量，套用定额计价或市场价格确定直接工程费，再按照规定的费用定额记取各项费用，最后汇总形成总价。

2）工程量清单计价模式投标报价。这种报价模式以国家颁布的《建设工程工程量清单计价规范》（GB 50500—2013）为依据的计算方式，也是与国际接轨的计价模式，广泛地在工程计价中使用。

投标人以招标人提供的工程量清单为基础，编制分部（分项）工程工程量清单报价表、措施项目清单报价表、其他项目清单报价表、规费、税金项目清单计价表，计算完毕后汇总而得到单位工程投标报价汇总表，再层层汇总，最后得出工程项目投标总价。

（4）确定投标价格。上述计算出的价格，只是待定的暂时标价，还不能作为投标价格，还需做以下两方面的工作：

1）复核报价的准确性。与以往类似工程相比较，复核项目单价的合理性，单位工程造价、单位工程用工用料指标、各分项工程的价值比例、各类费用的比例是否在正常范围。从中发现问题，看是否存在漏算、重复计算的项目。减少和避免报价失误。

2）根据报价策略调整报价。由于企业的投标目标的不同，出发点的不同，采取的报价策略也不同。经多方面客观而慎重分析，根据投标报价决策和确定报价策略，调整一些项目的单价、利润、管理费等，重新修正报价，确定一个具有竞争力的报价作为最终的投标报价。

**8. 编制投标文件**

投标文件的组成必须与招标文件的规定一致，不能带有任何附加条件，否则可能导致被否定或作废。具体内容及编写要求见 3.4 节相关内容。

**9. 递送投标文件**

递送投标文件也称递标，是指投标人在规定的截止日期之前，将准备好的所有投标文件密封递送到招标人的行为。

全部投标文件编制好后，按招标文件的要求加盖投标人印章并经法定代表人及委托代理人签字，密封后送达指定地点，逾期作废。但也不宜过早，以便在发生新情况时可做更改。

投标文件送达并被确认合格后，投标人应从收件处领取回执作为凭证。投标文件发出后，在规定的截止日期前或开标前，投标人仍可修改标书的某些事项。

招标人要求缴纳投标保证金的，投标人应在递交投标书的同时缴纳。

投标人递交投标文件后，便是参加开标会议了。通过了解竞标对手的投标报价和其他数据，可以找到差距，积累经验，进一步提高自身的管理、技术能力。

在评标期间，投标人应对评标委员会提出的各种书面澄清通知给予书面说明澄清。如最终得到招标人签发的中标通知书，则应在规定时间内与招标人签订合同，并在以后的规定时日内办理履约保函，最终在合同规定的时间进驻现场。至此，招投标工作即告结束，招投标双方进入合同履行期。

### 3.1.4　联合体投标

**1. 联合体投标的含义**

联合体投标是指两个以上法人或者其他组织组成一个联合体，以一个投标人的身份共同投标的行为。对于联合体投标可作如下理解：

（1）联合体承包的联合各方为法人或者法人之外的其他组织。形式可以是两个以上法人组成的联合体、两个以上非法人组织组成的联合体、或者是法人与其他组织组成的联合体。

（2）联合体是一个临时性的组织，不具有法人资格。组成联合体的目的是增强其投标竞争能力，减少联合体各方因支付巨额履约保证金而产生的资金负担，分散联合体各方的投标风险，弥补有关各方技术力量的相对不足，提高共同承担的项目完工的可靠性。

（3）联合体的组成属于各方自愿的共同的一致的法律行为，联合体的组成是"可以组成"，也可以不组成。是否组成联合体由联合体各方自己决定，任何单位或组织不得强制投标人组成联合体共同投标。

（4）联合体对外"以一个投标人的身份共同投标"。即联合体虽然不是一个法人组织，但是对外投标应以所有组成联合体各方的共同的名义进行，不能以其中一个主体或者两个主体（多个主体的情况下）的名义进行，即"联合体各方"共同与招标人签订合同。这里需要说明的是，联合体内部之间权利、义务、责任的承担等问题则需要依据联合体各方订立的联合体协议为依据。

（5）联合体共同投标的联合体各方应具备一定的条件。联合体各方均应具备承担招标项目的相应能力；国家有关规定或者招标文件对投标人资格条件有规定的，联合体各方均应当具备规定的相应资格条件。

（6）联合体共同投标一般适用于大型建设项目和结构复杂的建设项目。

**2. 联合体的资格条件**

联合体各方均应当具备国家相关法律或者规定的资格条件和承担招标项目的相应能力。这是对投标联合体资格条件的要求。

（1）联合体各方均应具有承担招标项目必备的条件，如相应的人力、物力、资金等。

（2）国家或招标文件对投标人资格条件有特殊要求的，联合体各个成员都应当具备规定的相应资格条件。

对联合体资质等级的认定遵守下属原则：

（1）两个以上资质类别相同但资质等级不同的成员组成的联合体申请人，以联合体成员中资质等级最低者的资质等级作为联合体申请人的资质等级。

（2）两个以上资质类别不同的成员组成的联合体，按照联合体协议中约定的内部分工分别认定联合体申请人的资质类别和等级，不承担联合体协议约定由其他成员承担的专业工程的成员，其相应的专业资质和等级不参与联合体申请人的资质和等级的认定。

资格审查时，联合体申请人的可量化审查因素（例如财务状况、类似项目业绩、信誉等）的指标考核，首先分别考核联合体各个成员的指标，在此基础上，以联合体协议中约定的各个成员的分工占合同总工作量的比例作为权重，加权折算各个成员的考核结果，作为联合体申请人的考核结果。

**3. 联合体协议**

联合体各方应当签订共同投标协议，明确约定各方拟承担的工作和责任，并将共同投标协议连同投标文件一并提交招标人。联合体各方共同投标协议应采用招标文件所规定的格式，没有附有联合体各方共同投标协议的联合体投标将会被认定为废标。

联合体中标，按照联合体的内部分工，各自按资质类别等级的许可范围承担工作，能够有效提高中标人的履约能力。

**4. 联合体各方的责任**

（1）履行共同投标协议中约定的责任。联合体成员未履行共同投标协议中所约定承担的工作，影响其他成员承担违约责任。

（2）就中标项目承担连带责任。联合体各方成员就中标项目对外向招标人承担连带责任。联合体在接到中标通知书后放弃中标项目，中标的联合体不履行与招标人签订的合同，给招标人造成损失的，联合体各成员承担连带赔偿责任。

（3）不得重复投标的责任。联合体各方在同一招标项目中以自己名义单独投标或者参加其他联合体投标的，相关投标均无效。

（4）不得随意改变联合体的组成。招标人接受联合体投标并进行资格预审的，联合体应当在提交资格预审申请文件前组成。资格预审后联合体增减、更换成员的，其投标无效。

（5）必须指定联合体牵头人的责任。联合体各方应指定一方作为联合体牵头人，授权其代表所有联合体成员负责投标和合同实施阶段的主办、协调工作，并应向投标人提交由所有联合体成员法定代表人签署的授权书。

投标保证金可由联合体各方或联合体牵头人的名义提交，但都对联合体各方具有约束力。

## 3.1.5　禁止投标人的不正当竞争行为

**1. 禁止投标人相互串通投标**

（1）有下列情形之一的，属于投标人相互串通投标。

1）投标人之间协商投标报价等投标文件的实质性内容。

2）投标人之间约定中标人。

3）投标人之间约定部分投标人放弃投标或者中标。

4）属于同一集团、协会、商会等组织成员的投标人按照该组织要求协同投标。

5）投标人之间为谋取中标或者排斥特定投标人而采取的其他联合行动。

（2）有下列情形之一的，视为投标人相互串通投标。

1）不同投标人的投标文件由同一单位或者个人编制。

2）不同投标人委托同一单位或者个人办理投标事宜。

3）不同投标人的投标文件载明的项目管理成员为同一人。

4）不同投标人的投标文件异常一致或者投标报价呈规律性差异。

5）不同投标人的投标文件相互混装。

6）不同投标人的投标保证金从同一单位或者个人的账户转出。

**2. 禁止招标人与投标人串通投标**

有下列情形之一的，属于招标人与投标人串通投标。

（1）招标人在开标前开启投标文件并将有关信息泄露给其他投标人。

（2）招标人直接或者间接向投标人泄露标底、评标委员会成员等信息。

（3）招标人明示或者暗示投标人压低或者抬高投标报价。

（4）招标人授意投标人撤换、修改投标文件。

（5）招标人明示或者暗示投标人为特定投标人中标提供方便。

（6）招标人与投标人为谋求特定投标人中标而采取的其他串通行为。

**3. 禁止投标人以行贿手段谋取中标**

投标人不得采用财物、给予回扣或者其他手段向招标人或评标委员会成员行贿以谋取中标，否则其中标无效，且各当事人均需承担相应的法律责任。

**4. 禁止投标人以低于成本的报价竞标**

低于成本的报价竞标不仅是不正当竞争行为，还容易导致中标后的偷工减料，影响工程质量。凡经评标委员会评审后认定低于成本的投标报价均被认定为废标。

**5. 禁止投标人以他人名义投标或以其他方式弄虚作假骗取中标**

凡使用通过受让或者租借等方式获取的资格、资质证书投标的，属于以他人名义投标。投标人有下列情形之一的，属于以其他方式弄虚作假的行为：

（1）使用伪造、变造的许可证件。

（2）提供虚假的财务状况或者业绩。

（3）提供虚假的项目负责人或者主要技术人员简历、劳动关系证明。

（4）提供虚假的信用状况。

（5）其他弄虚作假的行为。

# 3.2 资格预审申请文件的编制与递交

## 3.2.1 资格预审申请文件的组成

《房屋建筑和市政工程标准施工招标资格预审文件》第四章"资格预审申请文件格式"明确规定了资格预审申请文件的组成和格式。

**资格预审申请文件格式之一：资格预审申请函**

资格预审申请函

_____（招标人名称）：

1. 按照资格预审文件的要求，我方（申请人）递交的资格预审申请文件及有关资料，用于你方（招标人）审查我方参加_____（项目名称）____标段施工招标的投标资格。

2. 我方的资格预审申请文件包含第二章"申请人须知"第 3.1.1 项规定的全部内容。

3. 我方接受你方的授权代表进行调查，以审核我方提交的文件和资料，并通过我方的客户，澄清资格预审申请文件中有关财务和技术方面的情况。

4. 你方授权代表可通过＿＿＿＿＿＿＿＿＿＿（联系人及联系方式）得到进一步的资料。

5. 我方在此声明，所递交的资格预审申请文件及有关资料内容完整、真实和准确，且不存在第二章"申请人须知"第 1.4.3 项规定的任何一种情形。

申请人：＿＿＿＿＿＿＿＿＿＿＿＿＿＿＿（盖单位章）

法定代表人或其委托代理人：＿＿＿＿＿＿＿＿（签字）

电　　话：＿＿＿＿＿＿＿＿＿＿＿＿＿＿＿

传　　真：＿＿＿＿＿＿＿＿＿＿＿＿＿＿＿

申请人地址：＿＿＿＿＿＿＿＿＿＿＿＿＿＿＿

邮政编码：＿＿＿＿＿＿＿＿＿＿＿＿＿＿＿

＿＿＿＿年＿＿＿月＿＿＿日

## 资格预审申请文件格式之二：法定代表人身份证明

### 法定代表人身份证明

申　请　人：＿＿＿＿＿＿＿＿＿＿＿＿＿＿＿＿＿＿＿

单位性质：＿＿＿＿＿＿＿＿＿＿＿＿＿＿＿＿＿＿＿

地　　址：＿＿＿＿＿＿＿＿＿＿＿＿＿＿＿＿＿＿＿

成立时间：＿＿＿＿年＿＿＿＿月＿＿＿＿日

经营期限：＿＿＿＿＿＿＿＿＿＿＿＿＿＿＿＿＿＿＿

姓　　名：＿＿＿＿＿性　别：＿＿＿＿＿

年　　龄：＿＿＿＿＿职　务：＿＿＿＿＿

系＿＿＿＿＿＿＿＿＿＿＿＿＿＿＿（申请人名称）的法定代表人。

特此证明。

申请人：＿＿＿＿＿＿＿＿＿＿＿＿＿（盖单位章）

＿＿＿＿年＿＿＿月＿＿＿日

### 授权委托书

本人＿＿＿＿＿＿（姓名）系＿＿＿＿＿＿（申请人名称）的法定代表人，现委托＿＿＿＿＿＿（姓名）为我方代理人。代理人根据授权，以我方名义签署、澄清、说明、补正、递交、撤回、修改＿＿＿＿＿＿＿＿＿＿（项目名称）＿＿＿＿＿＿标段施工招标资格预审文件，其法律后果由我方承担。

委托期限：＿＿＿＿＿＿＿＿＿＿＿＿＿＿＿＿＿＿＿＿＿＿＿＿＿＿＿

＿＿＿＿＿＿＿＿＿＿＿＿＿＿＿＿＿＿＿＿＿＿＿＿＿＿＿。

代理人无转委托权。

附：法定代表人身份证明

申　请　人：＿＿＿＿＿＿＿＿＿＿＿＿＿＿＿（盖单位章）

法定代表人：＿＿＿＿＿＿＿＿＿＿＿＿＿（签字）

身份证号码：＿＿＿＿＿＿＿＿＿＿＿＿＿＿＿

委托代理人：＿＿＿＿＿＿＿＿＿＿＿＿＿（签字）

身份证号码：＿＿＿＿＿＿＿＿＿＿＿＿＿＿＿

＿＿＿＿年＿＿＿月＿＿＿日

**资格预审申请文件格式之三：联合体协议书**

联合体协议书

牵头人名称：_____

法定代表人：_____

法定住所：_____

成员二名称：_____

法定代表人：_____

法定住所：_____

......

鉴于上述各成员单位经过友好协商，自愿组成_____（联合体名称）联合体，共同参加_____（招标人名称）（以下简称招标人）_____（项目名称）_____标段（以下简称合同）。现就联合体投标事宜订立如下协议：

1. _____（某成员单位名称）为_____（联合体名称）牵头人。

2. 在本工程投标阶段，联合体牵头人合法代表联合体各成员负责本工程资格预审申请文件和投标文件编制活动，代表联合体提交和接收相关的资料、信息及指示，并处理与资格预审、投标和中标有关的一切事务；联合体中标后，联合体牵头人负责合同订立和合同实施阶段的主办、组织和协调工作。

3. 联合体将严格按照资格预审文件和招标文件的各项要求，递交资格预审申请文件和投标文件，履行投标义务和中标后的合同，共同承担合同规定的一切义务和责任，联合体各成员单位按照内部职责的划分，承担各自所负的责任和风险，并向招标人承担连带责任。

4. 联合体各成员单位内部的职责分工如下：_____
_____。

按照本条上述分工，联合体成员单位各自所承担的合同工作量比例如下：_____
_____。

5. 资格预审和投标工作以及联合体在中标后工程实施过程中的有关费用按各自承担的工作量分摊。

6. 联合体中标后，本联合体协议是合同的附件，对联合体各成员单位有合同约束力。

7. 本协议书自签署之日起生效，联合体未通过资格预审、未中标或者中标时合同履行完毕后自动失效。

8. 本协议书一式_____份，联合体成员和招标人各执一份。

牵头人名称：_____（盖单位章）
法定代表人或其委托代理人：_____（签字）

成员二名称：_____（盖单位章）
法定代表人或其委托代理人：_____（签字）
......

_____年_____月_____日

备注：本协议书由委托代理人签字的，应附法定代表人签字的授权委托书。

**资格预审申请文件格式之四：申请人基本情况表**

申请人基本情况表

| 申请人名称 | | | | | | |
|---|---|---|---|---|---|---|
| 注册地址 | | | | 邮政编码 | | |
| 联系方式 | 联系人 | | | 电　话 | | |
| | 传　真 | | | 网　址 | | |
| 组织结构 | | | | | | |
| 法定代表人 | 姓名 | | 技术职称 | | 电话 | |
| 技术负责人 | 姓名 | | 技术职称 | | 电话 | |
| 成立时间 | | | 员工总人数： | | | |
| 企业资质等级 | | | 其中 | 项目经理 | | |
| 营业执照号 | | | | 高级职称人员 | | |
| 注册资本金 | | | | 中级职称人员 | | |
| 开户银行 | | | | 初级职称人员 | | |
| 账号 | | | | 技　工 | | |
| 经营范围 | | | | | | |
| 体系认证情　况 | 说明：通过的认证体系、通过时间及运行状况 | | | | | |
| 备　注 | | | | | | |

**资格预审申请文件格式之五：近年财务状况表**

近年财务状况表

近年财务状况表是指经过会计师事务所或者审计机构的审计的财务会计报表，以下各类报表中反映的财务状况数据应当一致，如果有不一致之处，以不利于申请人的数据为准。

（一）近年资产负债表

（二）近年损益表

（三）近年利润表

（四）近年现金流量表

（五）财务状况说明书

备注：除财务状况总体说明外，本表应特别说明企业净资产，招标人也可根据招标项目具体情况要求说明是否拥有有效期内的银行 AAA 资信证明、本年度银行授信总额度、本年度可使用的银行授信余额等。

**资格预审申请文件格式之六：近年完成的类似项目情况表**

### 近年完成的类似项目情况表

类似项目业绩须附合同协议书和竣工验收备案登记表复印件。

| 项目名称 | |
|---|---|
| 项目所在地 | |
| 发包人名称 | |
| 发包人地址 | |
| 发包人电话 | |
| 合同价格 | |
| 开工日期 | |
| 竣工日期 | |
| 承包范围 | |
| 工程质量 | |
| 项目经理 | |
| 技术负责人 | |
| 总监理工程师及电话 | |
| 项目描述 | |
| 备 注 | |

**资格预审申请文件格式之七：正在施工的和新承接的项目情况表**

### 正在施工的和新承接的项目情况表

正在施工和新承接项目须附合同协议书或者中标通知书复印件。

| 项目名称 | |
|---|---|
| 项目所在地 | |
| 发包人名称 | |
| 发包人地址 | |
| 发包人电话 | |
| 签约合同价 | |
| 开工日期 | |
| 计划竣工日期 | |
| 承包范围 | |
| 工程质量 | |
| 项目经理 | |
| 技术负责人 | |
| 总监理工程师及电话 | |
| 项目描述 | |
| 备 注 | |

**资格预审申请文件格式之八：近年发生的诉讼和仲裁情况**

### 近年发生的诉讼和仲裁情况

备注：近年发生的诉讼和仲裁情况仅限于申请人败诉的，且与履行施工承包合同有关的案件，不包括调解结案以及未裁决的仲裁或未终审判决的诉讼。

| 类别 | 序号 | 发生时间 | 情况简介 | 证明材料索引 |
|---|---|---|---|---|
| 诉讼情况 | | | | |
| | | | | |
| | | | | |
| 仲裁情况 | | | | |
| | | | | |
| | | | | |

**资格预审申请文件格式之九：其他材料**

### 其 他 材 料

（一）企业信誉情况表（年份同诉讼及仲裁情况年份要求）

1. 企业不良行为记录情况主要是近年申请人在工程建设过程中因违反有关工程建设的法律、法规、规章或强制性标准和执业行为规范，经县级以上建设行政主管部门或其委托的执法监督机构查实和行政处罚，形成的不良行为记录。

2. 合同履行情况主要是申请人在施工程和近年已竣工工程是否按合同约定的工期、质量、安全等履行合同义务，对未竣工工程合同履行情况还应重点说明非不可抗力原因解除合同（如果有）的原因等具体情况等。

（1）近年不良行为记录情况

| 序号 | 发生时间 | 简要情况说明 | 证明材料索引 |
|---|---|---|---|
| | | | |
| | | | |
| | | | |

（2）在施工程以及近年已竣工工程合同履行情况

| 序号 | 工程名称 | 履约情况说明 | 证明材料索引 |
|---|---|---|---|
| | | | |
| | | | |
| | | | |

（3）其他

......

（二）拟投入主要施工机械设备情况表

列表说明拟投入的机械设备名称、型号规格、数量、目前状况（使用期限、是否完好以及目前是否正在使用）、来源（自有、市场租赁）、现停放地点等。正在使用中的设备应在"备注"中注明何时能够投入本项目，并提供相关证明材料。

（三）拟投入项目管理人员情况表

### 拟投入项目管理人员情况表

| 姓名 | 性别 | 年龄 | 职称 | 专业 | 资格证书编号 | 拟在本项目中担任的工作或岗位 |
|------|------|------|------|------|------------|------------------------------|
|      |      |      |      |      |            |                              |
|      |      |      |      |      |            |                              |
|      |      |      |      |      |            |                              |
|      |      |      |      |      |            |                              |
|      |      |      |      |      |            |                              |
|      |      |      |      |      |            |                              |
|      |      |      |      |      |            |                              |
|      |      |      |      |      |            |                              |
|      |      |      |      |      |            |                              |
|      |      |      |      |      |            |                              |
|      |      |      |      |      |            |                              |
|      |      |      |      |      |            |                              |

### 附1：项目经理简历表

项目经理应附建造师执业资格证书、注册证书、安全生产考核合格证书、身份证、职称证、学历证、养老保险复印件以及未担任其他在施建设工程项目项目经理的承诺，管理过的项目业绩须附合同协议书和竣工验收备案登记表复印件。类似项目限于以项目经理身份参与的项目。

| 姓　名 |  | 年　龄 |  | 学　历 |  |
|--------|--|--------|--|--------|--|
| 职　称 |  | 职　务 |  | 拟在本工程任职 | 项目经理 |
| 注册建造师资格等级 |  |  | 级 | 建造师专业 |  |
| 安全生产考核合格证书 |  |  |  |  |  |
| 毕业学校 |  | 年毕业于 | 学校 | 专业 |  |
| 主要工作经历 |  |  |  |  |  |
| 时　间 | 参加过的类似项目名称 |  | 工程概况说明 |  | 发包人及联系电话 |
|  |  |  |  |  |  |
|  |  |  |  |  |  |
|  |  |  |  |  |  |
|  |  |  |  |  |  |
|  |  |  |  |  |  |
|  |  |  |  |  |  |
|  |  |  |  |  |  |

**附2：主要项目管理人员简历表**

主要项目管理人员是指项目副经理、技术负责人、合同商务负责人、专职安全生产管理人员等岗位人员。应附注册资格证书、身份证、职称证、学历证、养老保险复印件，专职安全生产管理人员应附有效的安全生产考核合格证书，主要业绩须附合同协议书。

| 岗位名称 | | | |
|---|---|---|---|
| 姓　　名 | | 年　　龄 | |
| 性　　别 | | 毕业学校 | |
| 学历和专业 | | 毕业时间 | |
| 拥有的执业资格 | | 专业职称 | |
| 执业资格证书编号 | | 工作年限 | |
| 主要工作业绩及担任的主要工作 | | | |

**附3：承诺书**

**承　诺　书**

_____（招标人名称）：

我方在此声明，我方拟派往_____（项目名称）_____标段（以下简称"本工程"）的项目经理_____（项目经理姓名）现阶段没有担任任何在施建设工程项目的项目经理。

我方保证上述信息的真实和准确，并愿意承担因我方就此弄虚作假所引起的一切法律后果。

特此承诺。

申请人：_____（盖单位章）

法定代表人或其委托代理人：_____（签字）

_____年_____月_____日

## 3.2.2　资格预审申请文件的编制要求

1）资格预审申请文件应按严格按照资格预审文件中规定的格式进行编写，如有必要，可以增加附页，并作为资格预审申请文件的组成部分。申请人须知前附表规定接受联合体资格预审申请的，联合体各方成员均要填写相应的表格和提交相应的资料。

2）法定代表人授权委托书必须由法定代表人签署。

3）"申请人基本情况表"应附申请人营业执照副本及其年检合格的证明材料、资质证书副本和安全生产许可证等材料的复印件。

4）"近年财务状况表"应附经会计师事务所或审计机构审计的财务会计报表，包括资产负债表、现金流量表、利润表和财务情况说明书的复印件，具体年份要求见申请人须知前附表。

5）"近年完成的类似项目情况表"应附中标通知书和（或）合同协议书、工程接收证书（工程竣工验收证书）的复印件，具体年份要求见申请人须知前附表。每张表格只填写一个项目，并标明序号。

6）"正在施工和新承接的项目情况表"应附中标通知书和（或）合同协议书复印件。每张表格只填写一个项目，并标明序号。

7）"近年发生的诉讼及仲裁情况"应说明相关情况，并附法院或仲裁机构作出的判决、裁决等有关法律文书复印件，具体年份要求见申请人须知前附表。

8）申请人应按资格预审文件的要求，编制完整的资格预审申请文件，用不褪色的材料书写或打印，并由申请人的法定代表人或其委托代理人签字或盖单位章。资格预审申请文件中的任何改动之处应加盖单位章或由申请人的法定代表人或其委托代理人签字确认。

### 3.2.3 资格预审申请文件的递交

资格预审申请文件正本一份，副本份数按照申请人须知前附表规定的数量准备。正本和副本的封面上应清楚地标记"正本"或"副本"字样。当正本和副本不一致时，以正本为准。资格预审申请文件正本与副本应分别按要求装订成册，并编制目录。

资格预审申请文件的正本与副本应分开包装，加贴封条，并在封条的封口处加盖申请人单位章。在资格预审申请文件的封套上应清楚地标记"正本"或"副本"字样，封套还应写明的招标人全称及地址并注明"_____（项目名称）____标段施工招标资格预审申请文件在___年___月___日___时___分前不得开启。"

未按要求密封和加写标记的资格预审申请文件，招标人将不予受理。

申请人须按照资格预审文件规定的申请截止时间之前将申请文件送达资格预审文件规定的地点，并在"申请文件递交时间和密封及标识检查记录表"上签字确认。逾期送达或者未送达指定地点的资格预审申请文件，招标人不予受理。

### 3.2.4 资格预审申请文件编制过程注意事项

为了顺利通过资格预审，投标人应注意平时做好一般资格预审的有关资料积累工作，储存在计算机中。需要填写某个项目资格预审申请文件，可将有关文件调出来加以补充完善。因为资格预审申请文件的内容中，关于财务状况、施工经验、人员能力等属于通用审查内容，在此基础上，补充一些针对该项目要求的其他资料，即可完成资格预审申请文件需要填写的内容。如果平时不积累资料，完全靠临时填写，时间要求紧迫时可能达不到业主要求而失去投标机会。

填表分析时，既要针对工程特点，下工夫填好各个栏目，又要仔细分析针对业主考虑的重点，全面反映出本公司的施工经验、施工水平和施工组织能力。使资格预审申请文件既能达到业主的要求，又能反映自己的优势，给业主留下深刻印象。

## 3.3 工程项目施工投标决策与技巧

### 3.3.1 投标决策的概念

目前建筑市场的主要交易方式为招投标方式，通过招投标活动买家获得优质的产品，卖家获得预期的利润。招标方通过法定媒体刊登招标公告或者通过投标邀请函的方式吸引众多的投标者参与投标，以便从中择优。那么对于承包商来说，如何在众多的项目中选择中标几率高的项目，在选择了投标项目之后，通过哪些办法使自己尽可能中标，是承包商在投标前期花费大量精力要做的工作。这个过程称为投标决策。一般来说，投标决策是指承包商选择和确定投标项目和指定投标行动方案的过程。选择什么项目，选择了项目投什么性质的标，在投标报价过程中运用哪些策略赢得项目，关系到企业是否中标以及中标后利润的大小，关系到企业的未来发展甚至存活空间，因此对于企业具有重大意义。

施工企业的投标决策对于企业的意义重大，贯穿于竞争的全过程。决策内容一般包括下面几个方面：其一，针对项目招标是投标，或是不投标；其二，倘若去投标，是投什么性质的标；其三，投标中如何采用以长制短、以优胜劣的策略和技巧。第一方面内容一般称为前期决策，后两个方面称为后期决策或综合决策。

投标决策的核心是决策者在期望的利润和承担的风险之间进行权衡，做出选择。要求决策者广泛深入地对项目和项目的业主、项目的自然环境和设计环境、建设监理和投标的竞争对手进行调研，收集信息，做到知己知彼，保证投标决策的正确性。

## 3.3.2 投标项目选择决策

建筑企业通过招标公告或者投标邀请函获得招标信息，对于这些招标信息，企业不可能对所有得知的项目全部选择投标，因为企业的资源能力有限，包括财力资源、技术资源、管理资源等都有限。企业要获得生存和获得利润，在一段时期内要从企业内部和外部情况及项目特点来考虑选择工程项目进行投标，这是投标决策的第一步：投标项目的选择。选择什么项目投标、选择多少项目投标，关系到企业的投标目标能否实现，关系到企业的盈利情况、关系到企业的发展未来，在我国快速发展的过程中，也不乏由于决策失误而造成巨大损失的例子。因此科学客观的决策非常重要。

**1. 影响投标决策的因素**

科学正确的、有利于企业发展的决策的做出，其基础工作是进行广泛、深入的调查研究，掌握大量有关投标主客观环境的客观、详尽的信息。所谓"知己知彼，百战不殆"，利用这些可靠的信息资料，结合投标时期企业外部环境和内部条件，找出影响投标的主要因素，进行科学的分析决策。

（1）影响投标决策的主观因素。影响投标决策的主观因素就是投标人自己的条件，是投标决策的决定性因素。主要从技术、经济、管理、信誉等方面去分析，是否达到招标的要求，能否在竞争中取胜。

1）技术因素：

①拥有精通与招标工程相关业务的各种专业人才。

②具有与招标项目有关的设计、施工及解决技术难题的能力。

③有与招标工程相类似工程的施工实践经验。

④拥有与招标项目相适应的一定的固定资产及机具设备。

⑤具有一定技术实力的合作伙伴。如有实力的分包商、联合伙伴和代理人。

2）经济因素：

①具有垫付资金的实力。建筑市场是买方市场，施工企业在交易中处于劣势，工程价款

的支付方式一般由业主决定。要了解招标项目的工程价款支付方式，例如预付款多少，什么时间和条件下支付等。在工程开工到预付款支付期间是否有垫资施工的能力，尤其对于大型、造价高的工程更要注意。有些国际工程，业主要求"带资承包工程"，承包商需要投入大部分的工程项目投资，更需要承包商的垫付资金的能力。

②具有投入新增固定资产和机具设备及其投入的资金。为了项目的实施，需要新增机械设备会占用一定的资金，此外，为完成项目也必须有一批周转材料，也是占用资金的组成部分。

③具有支付或办理各种担保的能力。承包工程项目需要担保的形式多种多样，如投标担保、预付款担保、履约担保等，担保的金额会与工程造价成一定的比例，工程造价越高，担保金额越高。

④具有支付各种税款和保险的能力。特别对于国际工程，税种很多，税率也很高。

⑤具有承担不可抗力风险的实力。要深入分析招标项目可能遇到的各种不可抗力的风险，包括自然的和社会的两个方面，分析是否具有抵抗风险的能力。

3）管理因素。在建筑市场交易中承包商处于劣势，往往把利润压低来赢得项目。承包商在施工中要获得自身利益，必须提高成本管理、质量管理、进度控制的水平，节约材料、采用先进的施工方法，特别要重视合同管理和施工索赔管理能力。

4）信誉因素。企业拥有良好的商业信誉是在市场长期生存的重要标准，也是赢得更多项目的无形资本。要树立良好的信誉，必须遵守法律和行政法规，按市场惯例办事，认真履行合同，使施工安全、工期和质量有保证。

（2）影响投标决策的客观因素：

1）业主和监理的因素。业主的合法民事主体资格、支付能力、履约信誉、工作方式；监理在以往的工程中，处理问题的公正性和合理性等。

2）竞争对手和竞争形势。投标与否，要注意竞争对手的实力、优势、历年来的报价水平、在建工程情况等。一般来说，如果竞争对手在建工程工期长，就不急于中标，报高价的可能性较大；如果对手在建工程即将完工，必定急切争取中标，报价就不会高。从竞争形势来看，投标人要善于预测竞争形势，推测投标竞争的激烈程度，认清主要的竞争对手。例如，大中型复杂项目的投标以大型承包公司为主，这类企业技术能力强，适应性强。中小型承包公司主要选择中小项目作为投标对象，具有熟悉当地材料、劳动力供应渠道、管理人员比较少、有自己惯用的特殊施工方法等优势。

3）风险因素。国内工程承包风险相对较少，主要是自然风险、技术风险和经济风险，这类风险可以通过采取措施防范；国际承包风险大得多，除上述风险外，还存在着可能造成致命打击的特殊风险，如战争、政治风险等。

**2. 选择投标项目的步骤和方法**

选择投标项目，企业首先要根据自身情况确定投标的目标：是为了取得业务，满足生存需要，或者实现长期利润目标，就要低利或保本；是为了创立和提高企业信誉，就要想尽各种策略和办法赢得项目；是为了扩大影响获取的丰厚利润，就要高价高利。

根据企业的投标目标，就可以确定一个定性的或者量化的标准，达到什么标准参加投标，达不到该标准就不参加投标。一般来说，投标项目的选择决策方法分为两种，定性决策的方法和定量决策的方法，其中定量决策的方法包括评分法、决策树法、线性规划法和概率分析法等。

（1）定性决策的方法。定性选择投标项目，主要依靠企业投标决策人员，也可以聘请有关专家，按之前确定的投标标准，根据个人的经验和科学的分析研究方法选择投标项目。这种方法虽有一定的局限性，但方法简单，应用较为广泛。

投标决策工作应建立在掌握大量信息的基础上，从影响投标决策的主客观因素出发，根据招标项目的特点，结合本企业目前的经营状况，充分预测到竞争对手的投标策略，全面分析考虑选择投标对象。

1）对于下列工程，承包商应主动放弃投标：

①本企业主营和兼营能力之外的项目。

②工程规模、技术要求超过本企业资质等级的项目。

③本企业生产任务饱满，而招标工程的盈利水平较低或风险较大的项目。

④本企业资质等级、信誉、施工水平明显不如竞争对手的项目。

2）承包商应选择下列工程参加投标：

①与本企业的业务范围相适应，特别是能够发挥企业优势的项目。

②工期适当、建设资金落实、承包条件合理、风险较小，本企业有实力竞争取胜的项目。

③有助于本企业创名牌和提高社会信誉机会的项目。

④虽有风险，但属于本企业要开拓的新技术或新业务领域，提高企业知名度的工程项目。

⑤企业开拓新的市场时，对于有把握做好的项目，都应参加投标。

⑥本企业的市场占有份额受到威胁的情况下，应采用保本策略参加投标。

⑦业主与本企业有长期合作关系的项目。

（2）定量决策的方法。决策理论和方法也可以用在投标项目选择决策上，包括评分法、决策树法、线性规划法和概率分析法等。这里介绍评分法和决策树法。

1）评分法。承包商只对一个项目的投标机会进行决策时用此方法，也称为多指标评价法。首先确定影响决策的因素为评价指标，再根据各指标对企业完成投标项目的相对重要性确定各指标权重，用这些指标对投标项目进行衡量，对每个指标量化打分，即将每项指标权数与等级分值相乘，求出指标得分，最后将总得分与过去其他投标情况进行比较或和企业事先确定的准备接受的最低分数比较，决定是否参加投标。

项目投标的最低分数线，可根据历年的投标及其赢利情况、企业的生产能力和任务饱满程度、目前招标项目的数量、企业用于投标工作的人力物力等因素确定。在保证企业有足够的业务量的前提下，最低分数线可适当定得高一点。企业可投标的项目少，有利于集中力量提高投标工作的质量，从而提高中标率，中标项目对企业也必定利大于弊。

【例3-1】 某企业获取了一招标信息，根据企业主客观情况，现选取10个指标作为衡量条件，见表3-1。

评价步骤：

（1）按照所确定的指标对本单位完成该项目的相对重要程度，分别确定重要权数。

（2）用各项指标对投标项目进行衡量，可将标准划分为好、较好、一般、较差、差五个等级，各等级赋予定量数值，如按1.0、0.8、0.6、0.4、0.2打分。

表 3-1  评　分　表

| 投标须考虑的指标 | 权数 $w$ | 等级 $c$ | | | | | 指标得分 $w \times c$ |
|---|---|---|---|---|---|---|---|
| | | 好 1.0 | 较好 0.8 | 一般 0.6 | 较差 0.4 | 差 0.2 | |
| 1. 管理水平 | 0.15 | | ✓ | | | | 0.12 |
| 2. 技术水平 | 0.15 | ✓ | | | | | 0.15 |
| 3. 机械设备能力 | 0.05 | ✓ | | | | | 0.05 |
| 4. 对风险的控制能力 | 0.15 | | | ✓ | | | 0.09 |
| 5. 实现工期的可能性 | 0.10 | | | ✓ | | | 0.06 |
| 6. 资金支付条件 | 0.10 | | ✓ | | | | 0.08 |
| 7. 与竞争对手实力比较 | 0.10 | | | | | ✓ | 0.02 |
| 8. 与竞争对手积极性比较 | 0.10 | | ✓ | | | | 0.08 |
| 9. 今后的机会 | 0.05 | | | | ✓ | | 0.02 |
| 10. 劳务和材料条件 | 0.05 | ✓ | | | | | 0.05 |
| $\sum w \times c$ | | | | | | | 0.72 |

（3）将各项指标权数与等级分相乘，求出该指标得分，全部得分相加为该项目投标机会总分。

（4）将总分与过去其他投标情况进行比较或和预先确定的准备接受的最低分数相比较，来决定是否参加投标。

如果以往的经验值为 0.65 即可以投标，那么该工程满足最低标准，可以投标。

如果比较多个同时可以考虑投标的项目，看哪一个 $\sum w \times c$ 最高，即可考虑优先投标。

对于评价指标的选择，未必如例子中所列 10 项，招标项目不同或企业的经营状况不同，选择招标项目应考虑的主客观条件也就不同。例如，对于国内项目的选择，法律法规可以不考虑，因为我国的法律法规适用于所有项目。但对于国际工程来说，法律法规是一个必须考虑的重大因素，甚至是承包成败的决定性因素。选择投标项目的决策者，主要依据企业的现状确定必须考虑的主客观条件。

权数的确定方法：

权数的确定，是定量选择投标项目的关键。确定的方法主要有：经验确定法、强制确定法和 DARE 法等。下面以强制确定法（0—4 评分法）为例，说明计权系数的确定方法，具体步骤如下：

①列表。强制确定法的列表如表 3-2 所示，首先应将选择投标项目必须考虑的因素，按同一顺序填入表格的第一行和第一列。

②各因素之间的重要性比较。采用强制确定法（0—4 评分法），两两对比各因素之间的重要性时，有以下几种情形：很重要的因素得 4 分，另一很不重要的因素得 0 分；较重要的因素得 3 分，另一较不重要的因素得 1 分；同样重要的因素各得 2 分。

③计算各因素的得分及各因素得分之和。

④计算各因素的计数：各因素的计数 = 该因素的得分/各因素得分之和。

【例 3-2】　假设评价因素五个，重要性程度为：F3 相对于 F4 很重要，F3 相对于 F1 较重要，F2 和 F5 同样重要，F4 和 F5 同样重要。权数确定过程见表 3-2。

2）决策树法。如果企业由于施工能力和资源的限制，只能在多个项目中选择一项进行投标，而对另一些项目则放弃投标。当然，选择投标项目时考虑的因素很多，如果只从获利大小这一因素来分析，从中选择期望利润最大的项目。这时可以采用风险决策方法中的决策

表 3-2　强制确定法（0—4 评分法）

| 指标 | F1 | F2 | F3 | F4 | F5 | 得分 | 权重 |
|------|----|----|----|----|----|------|------|
| F1 | × | 3 | 1 | 3 | 3 | 10 | 0.250 |
| F2 | 1 | × | 0 | 2 | 2 | 5 | 0.125 |
| F3 | 3 | 4 | × | 4 | 4 | 15 | 0.375 |
| F4 | 1 | 2 | 0 | × | 2 | 5 | 0.125 |
| F5 | 1 | 2 | 0 | 2 | × | 5 | 0.125 |
| 合计 | | | | | | 40 | 1.000 |

树法进行选择。

决策树法是模仿树木生长过程，从出发点开始不断分枝表示所分析问题的各种发展可能性，并以分枝的期望值中最大者为选择的依据。画法如下：

①先画一个方框作为出发点，又称决策结点。

②从决策结点向右引出若干条直（折）线，每条线代表一个方案，称方案枝。

③每个方案枝末端画一个圆圈，称为概率分叉点，又称自然状态点。

④从自然状态点引出代表各自自然状态的直线，称为概率分枝，直线上用括号注明各自然状态发生的概率。

⑤如果问题只需要一级决策，则概率分枝末端画一个"△"表示终点。终点右侧协商各自然状态的期望值。如需作第二阶段决策，则用"决策节点□"代替"终点△"，再重复上述步骤画出决策树。

【例 3-3】　某承包商经研究决定参与某工程投标。经造价师估价，该工程估算成本为 1500 万元，其中材料费占 60%。拟议高、中、低三个报价方案的利润率分别为 10%、7%、4%。根据过去类似工程的投标经验，相应的中标概率分别为 0.3、0.6、0.9。编制投标文件费用为 5 万元。该工程业主在招标文件中明确规定采用固定总价合同。据估计，在施工过程中材料费可能平均上涨 3%，其发生概率为 0.4。试利用决策树的方法决定选择哪种报价方案。

分析：三种方案有三种期望利润，而每种方案都面临着材料涨价与不涨价的两种可能。因此该决策树为二级决策（图 3-2）。

解：

（1）计算各投标方案的利润

1）投高材料不涨价时的利润：$1500 \times 10\% = 150$（万元）

2）投高材料涨价时的利润：$150 - 1500 \times 60\% \times 3\% = 123$（万元）

3）投中材料不涨价时的利润：$1500 \times 7\% = 105$（万元）

4）投中材料涨价时的利润：$105 - 1500 \times 60\% \times 3\% = 78$（万元）

5）投低材料不涨价时的利润：$1500 \times 4\% = 60$（万元）

6）投低材料涨价时的利润：$60 - 1500 \times 60\% \times 3\% = 33$（万元）

（2）画出决策树。

（3）计算各机会点的期望值：

点 5：$150 \times 0.6 + 123 \times 0.4 = 139.2$（万元）

点 6：$105 \times 0.6 + 78 \times 0.4 = 94.2$（万元）

点 7：$60 \times 0.6 + 33 \times 0.4 = 49.2$（万元）

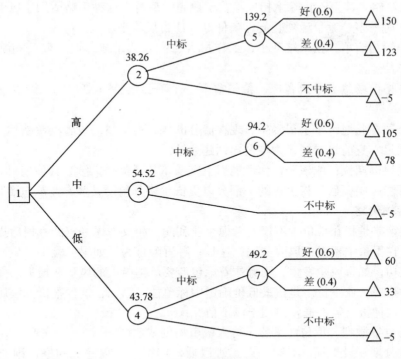

图 3-2　决策树

点 2：$139.2 \times 0.3 - 5 \times 0.7 = 38.26$（万元）

点 3：$94.2 \times 0.6 - 5 \times 0.4 = 54.52$（万元）

点 4：$49.2 \times 0.9 - 5 \times 0.1 = 43.78$（万元）

（4）决策。因为点 3 的期望利润最大，故应选择投中价标。

### 3.3.3　投标报价决策

在报价时，对什么工程定价应高，什么工程定价可低，采用什么报价策略，必须根据企业自身的现实情况、工程特点、投标者的数量、主要竞争对手的优势、竞争实力的强弱和支付条件等主客观因素统筹考虑，根据不同情况可计算出高、中、低三套报价方案。

**1. 高价赢利策略**

在报价过程中以较大利润为投标目标的策略。这种策略的使用通常基于以下情况：

（1）专业技术要求高、技术密集型的项目，并且投标的公司在此方面有特长以及良好的声誉。

（2）支付条件不理想、风险大的项目。

（3）竞争对手少，各方面自己都占绝对优势的项目。

（4）交货期甚短，设备和劳力超常规的项目，可增收加急费。

（5）特殊约定（如保密单位）需有特殊条件的项目，如港口海洋工程等，需要特别设备。

（6）总价较低的小工程，投标的公司不是特别想干，报价较高，不中标也无所谓。

**2. 保本微利策略**

如果夺标的目的是为了在该地区打开局面，树立信誉、占领市场和建立样板工程，则可采取保本微利策略。甚至不排除承担风险，宁愿先亏后盈。这种策略适用于以下情况：

（1）投标对手多、竞争激烈、支付条件好、项目风险小。

（2）工作较为简单，技术难度小、工作量大、配套数量多，但一般公司都可以做，比如大量的土方工程。

（3）为开拓市场急于寻找客户，希望拿下一个项目维持日常费用，可以支付开支，够本就行。

（4）本公司在此地区干了很多年，现在面临断档，有大量的设备处置费用。

（5）该项目本身前景看好，为本公司创建业绩。

（6）该项目分期执行或该公司保证能以上乘质量赢得信誉，续签其他项目。

（7）有可能在中标后，将工程的一部分以更低价格分包给某些专业承包商。

**3. 低价亏损策略**

低价亏损策略是指在报价中不仅不考虑企业利润，相反考虑一定的亏损后提出的报价策略。这种策略在报价中不考虑风险费用，这是一种冒险行为。如果风险不发生，即意味着承包商的报价成功；如果风险发生，则意味着承包商要承担极大的风险和损失。使用该投标策略时应注意：第一，业主肯定是按最低价确定中标单位；第二，这种报价方法属于正当的商业竞争行为。这种报价策略通常只用于以下情况：

（1）市场竞争激烈，承包商又急于打入该市场创建业绩。

（2）某些分期建设工程，对第一期工程以低价中标，工程完成的好，则能获得业主信任，希望后期工程继续承包，补偿第一期低价损失。

### 3.3.4 投标报价技巧

在具体的投标策略和报价策略指导下，工程项目的报价基本确定。基本报价确定后，还要研究在投标的最后阶段——实际报价阶段通过哪些技巧提高中标概率问题，即报价技巧。投标技巧是指投标人通过投标决策确定的既能提高中标率，又能在中标后获得期望效益的编制投标文件及其标价的方针、策略和措施。编制投标文件及其标价的方针是最基本的投标技巧。建筑业企业应当以诚实信用为方针，在投标全过程贯彻诚实信用原则，用以指导其他投标技巧的选择和应用。通常投标方所熟悉并经常使用的具体投标技巧包括以下几点。

**1. 根据招标项目不同特点采用不同报价**

（1）报价可以高一些的工程：

1）施工条件差的工程。

2）专业要求高的技术密集型工程，而且本公司在这方面有专长，声望也较高。

3）总价低的小型工程以及自己不愿做、又不方便不投标的工程。

4）竞争对手少的工程。

5）特殊的工程，如港口码头、地下开挖工程等。

6）工程要求急的工程。

7）支付条件不理想的工程。

（2）报价可低一些的工程：

1）施工条件好的工程。

2）工作简单、工程量大而一般公司都可以做的工程。

3）本公司在附近有工程，而本项目又可以利用该工地的设备、劳务，或有条件短期内完成的工程。

4）竞争对手多、竞争激烈的工程。

5）支付条件好的工程。

6）本公司目前急于打入某一市场、某一地区，或在该地区面临工程结束，机械设备等无工地转移的情况。

7）非急需的工程。

**2. 适当运用不平衡报价法**

不平衡报价法，是相对通常的平衡报价（正常报价）而言的。指在总价基本确定以后，在保证总价不变的情况下，通过调整内部各分项的报价，达到既不提高总价影响中标，又能在结算时得到理想的经济效益。可以调整的项目包括：

（1）能够早日收到价款的项目，如临时设施费、基础工程、土方开挖、桩基等，单价可以定得高一些；后期工程项目，如装饰、设备等，单价可适当降低。

（2）经过工程量核算，估计今后会增加工程量的项目，单价可定得高一些，这样在最终结算时可多盈利；将工程量可能减少的项目单价降低，工程结算时损失不大。

上述两种情况要统筹考虑，对于工程量有误的早期工程，如果实际工程量可能小于工程量清单表中的数量，就不能盲目抬高价格，要进行具体分析后再确定。

（3）图纸不明确的，估计明确后工程量要增加的，可以提高单价；工程内容说明不清楚的，单价可适当降低，待索赔时再提高价格。

值得注意的是在使用不平衡报价法时，调整的项目单价不能畸高畸低，容易引起评标委员会的注意，导致废标，一般幅度在15%～30%。而且报价高低相互抵消，不影响总价。此外，不平衡报价一定要建立在对工程量仔细核对分析的基础上，特别是对报低单价的项目，如工程量在执行时增多将对承包商造成损失。

**3. 注意计日工的报价**

单纯对计日工报价，可以报高一些；但如果招标文件中有一个假定"名义工程量"时，则需要具体分析，通过分析业主在开工后可能使用的计日工数量确定报价方针。

**4. 适当运用突然降价法**

由于投标竞争激烈，投标竞争犹如一场没有硝烟的战争，所谓兵不厌诈，可在整个报价过程中，先有意泄露一些假情报，甚至有意泄露一些虚假情况，如宣扬自己对该工程兴趣不大，不打算参加投标（或准备投高标），表现出无利可图不想干等假象，迷惑对手。到投标截止前几小时，突然前往投标，并压低投标价，不予对方修改投标文件或报价的机会，从而使对手措手不及而败北。

**5. 适当运用先亏后赢法**

对大型分期建设工程，一期少算利润争取中标；二期凭借第一期经验、临设以及信誉，容易中标，再将一期利润补回。采用这种方法应首先确认业主是否按照最低价确定中标单位，同时要求承包商拥有十分雄厚的实力和很强的管理能力。

**6. 适当运用多方案报价法**

有些招标文件工程范围不很明确，条款不清楚或很不公正，或技术规范要求过于苛刻时，可在充分估计投标风险的基础上，按多方案报价处理。先按照原招标文件报一个价；再向招标单位提出，如果某些条款作某些变动，则报价可以降低多少，由此报出一个较低的价格，以吸引招标单位，增加中标几率。这种方法运用时应注意，当招标文件明确提出可以提交一个（或多个）补充方案时，招标文件可以报多个价。如果明确不允许的话，绝对不能使用，否则会导致废标。

### 7. 适当运用建议方案报价

有的工程，如化工、石化项目等，由于工艺路线、施工方案不同等因素，会给工期、工程造价等带来重要影响。如果招标文件中规定，可以根据本企业的以往同类工程经验，提出推荐方案。投标者要抓住机会，组织有经验的工程师，对原招标文件的设计和施工方案仔细研究，提出更为合理的方案，重点突出新方案在改善质量、工期和节省投资等方面的优势，并列出总价和分项价，以吸引业主，促成自己的方案中标。但是推荐方案的技术方案不能提供得太具体，应该保留关键技术，防止业主将此方案交给其他承包商；同时所推荐的方案一定要比较成熟，有很好的操作性，否则易造成后患，带来不可估量的损失。另外，在编制建议方案的同时，还要做好对原招标方案的报价。

### 8. 注意暂定工程量的报价

暂定工程量有三种：一种是业主规定了暂定工程量的分项内容和暂定总价款，并规定所有投标大都必须在总报价中加入这笔固定金额。但由于分项工程量不很准确，允许将来按投标人所报单价和实际完成的工程量付款。另一种是业主列出了暂定工程量的项目和数量，但并没有限制这些工程量的估价总价款，要求投标人既列出单价，也应按暂定项目的数量计算总价，当将来结算付款时可按实际完成的工程量和所报单价支付。第三种是只有暂定工程的一笔固定总金额，将来这笔金额做什么用，由业主确定。第一种情况，由于暂定总价款是固定的，对各投标人的总报价水平竞争力没有任何影响，因此投标时应当对暂定工程量的单价适当提高。这样做，既不会因今后工程量变更而吃亏，也不会削弱投标报价的竞争力。第二类工程量可以采用正常价格。如果承包商估计今后实际工程量肯定会增大，则可适当提高单价，将来可增加额外收益。第三种情况对投标竞争没有实际意义，按照招标文件要求将规定的暂定金额列入总报价即可。

投标技巧是投标人在长期的投标实践中，逐步积累的投标竞争取胜的经验，在国内外的建筑市场上，经常运用的投标技巧还有很多，例如开口升级法、无利润报价法、联合保标法、质量信誉取胜法等。投标人应用时，一要注意项目所在地国家法律法规是否允许使用，二要根据招标项目的特点选用，三要坚持贯彻诚实信用原则，否则只能获得短期利益，还有可能损害自己的声誉。

## 3.4 工程项目施工投标文件的编制与递交

投标文件是整个投标活动的书面成果，是招标人评标、选择中标人、签订合同的重要依据。投标文件必须从实质上响应招标文件在法律、商务、技术的条件要求，不带任何附加条件，避免在评标时因为格式的问题而成为废标。

### 3.4.1 投标文件的组成

投标文件也叫做投标书或报价文件。投标文件的组成，也就是投标文件的内容。根据招标项目的不同，地域的不同，投标文件的组成上也会存在一定的区别。但重要的一点是投标文件的组成一定要符合招标文件的要求。常用的投标文件的格式文本包括以下几部分：

**1. 投标文件投标函部分**

投标文件投标函部分主要是对招标文件中的重要条款做出响应，包括法定代表人身份证明书、投标文件签署授权委托书、投标函及投标函附录、投标担保等文件。

（1）法定代表人身份证明书、投标文件签署授权委托书是证明投标人的合法性及商业资信的文件，按实填写。如果法定代表人亲自参加投标活动，则不需要有授权委托书。但一般情况下，法定代表人都不亲自参加，因此用授权委托书来证明参与投标活动代表进行各项投标活动的合法性。

（2）投标函是承包商向发包方发出的要约，表明投标人完全愿意按照招标文件的规定完成任务。写明自己的标价、完成的工期、质量承诺，并对履约担保、投标担保等做出具体明确的意思表示，加盖投标人单位公章，并由其法定代表人签字和盖章。

（3）投标函附录是明示投标文件中的重要内容和投标人的承诺的要点，见本节投标文件格式内容。

（4）投标保证金是一种投标责任担保，是为了避免因投标人在投标有效期内随意撤回、撤销投标或中标后不能提交履约保证金和签署合同而给招标人造成损失。投标保证金可以采用现金、现金支票、保兑支票、银行汇票和在中国注册的银行出具的银行保函等多种形式，金额一般不超过招标项目估算价的 2%，最高不得超过 80 万。投标人应按招标文件的规定提交投标担保，投标担保属于投标文件的一部分，未提交视为没有实质上响应招标文件，导致废标。

1）招标文件规定投标保证金采用银行保函方式的，投标人提交由担保银行按招标文件提供的格式文本签发的银行保函，保函的有效期应当与投标有效期一致。

2）招标文件规定投标担保采用支票或现金方式时，投标人可不提交投标担保书，投标保证金应当从投标人基本账户转出。

**2. 投标文件商务部分**（投标报价部分）

投标文件商务标部分因报价方式的不同而有不同文本，按照《建设工程工程量清单计价规范》（GB 50500—2013）的要求，商务标应包括：投标总价及工程项目投标报价汇总表、单项工程投标报价汇总表、单位工程投标报价汇总表、分部（分项）工程工程量清单与报价表、措施项目清单与报价表、其他项目清单与计价汇总表、规费、税金项目清单与计价表、工程量清单综合单价分析表、措施项目报价组成分析表、费率报价表、主要材料和主要设备选用表等。

**3. 投标文件技术部分**

对于大中型工程和结构复杂、技术要求高的工程来说，投标文件技术部分往往是能否中标的关键性因素。投标文件技术部分通常由施工组织设计、项目管理班子配备情况、项目拟分包情况、企业信誉及实力四部分组成，具体内容如下：

（1）施工组织设计。标前施工组织设计可以比中标后编制的施工组织设计简略，一般包括：工程概况及施工部署、分部（分项）工程主要施工方法、工程投入的主要施工机械设备情况、劳动力安排计划、确保工程质量的技术组织措施、确保安全生产及文明施工的技术组织措施、确保工期的技术组织措施等。其中包括拟投入工程的主要施工机械设备、主要工程材料用量及进场计划、劳动力计划、施工进度网络、施工总平面布置图等附表或附图。

（2）项目管理班子配备情况。项目管理班子配备情况主要包括；项目管理班子配备情况表、项目经理简历表、项目技术负资人简历表和项目管理班子配备情况辅助说明资料等。

（3）项目拟分包情况。如果投标决策中标后拟将部分工程分包出去的，应按规定格式如实填表。如果没有工程分包出去，则在规定表格填上"无"。

（4）企业信誉及实力。企业概况、已建和在建工程、获奖情况以及相应的证明资料。

### 3.4.2 工程项目施工投标文件的编制步骤

编制投标文件，首先要满足招标文件的各项实质性要求，再次要贯彻企业从实际出发决策确定的投标策略和技巧，按招标文件规定的投标文件格式文本填写。具体步骤如下。

**1. 准备工作**

编制投标文件的准备工作主要包括：熟读招标文件、踏勘现场、参加答疑会议、市场调查及询价、定额资料和标准图集的准备等。

（1）组建投标班子，确定该工程项目投标文件的编制人员。一般由三类人员组成：经营管理类人员、技术专业类人员、商务金融类人员。

（2）收集有关文件和资料。投标人应收集现行的规范、预算定额、费用定额、政策调价文件，以及各类标准图等。上述文件和资料是编制投标报价书的重要依据。

（3）分析研究招标文件。招标文件是编制投标文件的主要依据，也是衡量投标文件响应性的标准，投标人必须仔细分析研究。重点放在投标须知、合同专用条款、技术规范、工程量清单和图纸等部分。要领会业主的意图，掌握招标文件对投标报价的要求，预测到承包该工程的风险，总结存在的疑问，为后续的踏勘现场、标前会议、编制标前施工组织设计和投标报价做准备。

（4）踏勘现场。投标人的投标报价一般被认为是经过现场考察的基础上，考虑了现场的实际情况后编制的，在合同履行中不允许承包人因现场考察不周方面的原因调整价格。投标人应做好下列现场勘察工作：

1）现场勘察前充分准备。认真研究招标文件中的发包范围和工作内容、合同专用条款、工程量清单、图纸及说明等，明确现场勘察要解决的重点问题。

2）制定现场勘察提纲。按照保证重点、兼顾一般的原则有计划地进行现场勘察，重点问题一定要勘察清楚，一般情况尽可能多了解一些。

（5）市场调查及询价。材料和设备在工程造价中一般达到50%以上，报价时应谨慎对待材料和设备供应。通过市场调查和询价，了解市场建筑材料价格和分析价格变动趋势，随时随地能够报出体现市场价格和企业定额的各分部分项工程的综合单价。

**2. 编制施工组织设计**

标前施工组织设计又称施工规划，内容包括施工方案、施工方法、施工进度计划、用料计划、劳动力计划、机械使用计划、工程质量和施工进度的保证措施、施工现场总平面图等，由投标班子中的专业技术人员编制。

**3. 校核或计算工程量**

（1）校核或计算工程量。

1）如果招标文件同时提供了工程量清单和图纸，投标人一定根据图纸对工程量清单的工程量进行校对，因为它直接影响投标报价和中标机会。

2）在招标文件仅提供施工图纸的情况下，计算工程量，为投标报价做准备。

（2）校核工程量的目的。

1）核实承包人承包的合同数量义务，明确合同责任。

2）查找工程量清单与图纸之间的差异，为中标后调整工程量或按实际完成的工程量结算工程价款做准备。

3）通过校核，掌握工程量清单的工程量与图纸计算的工程量的差异，为应用报价技巧做准备。

**4. 计算投标报价**

（1）从实际情况出发，通过投标决策确定投标期望利润率和风险费用。

（2）按照招标文件的要求，确定采用定额计价方式还是工程量清单计价方式计算投标报价。

**5. 编制投标文件**

投标人按招标文件提供的投标文件格式，填写投标文件。

投标人在投标文件编制全部完成后，应认真进行核对、整理和装订成册，再按照招标文件的要求进行密封和标志，并在报送所规定的截止时间以前将投标文件递交给招标人。

### 3.4.3 编制工程项目施工投标文件的注意事项

（1）投标文件必须使用招标人提供的投标文件格式，不能随意更改。

（2）规定格式的每一空格都必须填写，如有空缺，则被视为放弃意见。若有重要数字不填写的，比如工期、质量、价格未填，将被作为废标处理。

（3）保证计算数字及书写正确无误，单价、合价、总标价及其大、小写数字均应仔细反复核对。按招标人要求修改的错误，应由投标文件原签字人签字并加盖印章证明。

（4）投标文件必须字迹清楚，签名及印签齐全，装帧美观大方。

（5）编制投标文件正本一份，副本按招标文件要求份数编制，并注明"正本"、"副本"；当正本与副本不一致时，以正本为准。

（6）投标文件编制完成后应按招标文件的要求整理、装订成册、密封和标志，做好保密工作。

（7）投递标书不宜太早，通常在截止日期前1~2天内递标，但也必须防止投递标书太迟，超过截止时间送达的标书是无效的。

（8）采用电子评标方式的，报送的电子书必须能够导入评标系统，否则将被视为废标。

### 3.4.4 工程项目施工投标文件格式

**施工投标文件格式之一：投标函及投标函附录**

投 标 函

致：＿＿＿＿＿＿＿＿＿＿＿＿＿＿＿＿＿＿（招标人名称）

在考察现场并充分研究＿＿＿＿＿＿＿＿（项目名称）＿＿＿＿＿＿标段（以下简称"本工程"）施工招标文件的全部内容后，我方兹以：

人民币（大写）：＿＿＿＿＿＿＿＿＿＿＿＿＿＿＿＿＿＿＿＿＿＿＿＿＿元

RMB ￥：＿＿＿＿＿＿＿＿＿＿＿＿＿＿＿＿＿＿＿＿＿元

的投标价格和按合同约定有权得到的其他金额，并严格按照合同约定，施工、竣工和交付本工程并维修其中的任何缺陷。

在我方的上述投标报价中，包括：

安全文明施工费 RMB ￥：＿＿＿＿＿＿＿＿＿＿＿＿＿＿＿＿＿＿元

暂列金额（不包括计日工部分）RMB ￥：＿＿＿＿＿＿＿＿＿＿元

专业工程暂估价 RMB ￥：＿＿＿＿＿＿＿＿＿＿＿＿＿＿＿元

如果我方中标，我方保证在＿＿＿＿年＿＿＿＿月＿＿＿＿日或按照合同约定的开工日期开始本工程的施工，＿＿＿＿天（日历日）内竣工，并确保工程质量达到＿＿＿＿标准。我方同意本投标函在招标文件规定的提交投标文件截止时间后，在招标文件规定的投标有效期期满前对我方具有约束力，且随时准备接受你方发出的中标通知书。

随本投标函道交的投标函附录是本投标函的组成部分，对我方构成约束力。

随同本投标函递交投标保证金一份，金额为人民币（大写）：＿＿＿＿＿＿元（￥：元）。

在签署协议书之前，你方的中标通知书连同本投标函，包括投标函附录，对双方具有约束力。

投标人（盖章）：

法人代表或委托代理人（签字或盖章）：

日期：＿＿＿＿年＿＿＿＿月＿＿＿＿日

备注：采用综合评估法评标，且采用分项报价方法对投标报价进行评分的，应当在投标函中增加分项报价的填报。

## 投标函附录

工程名称：＿＿＿＿＿＿＿＿＿＿（项目名称）＿＿＿＿标段

| 序　号 | 条款内容 | 合同条款号 | 约定内容 | 备注 |
|---|---|---|---|---|
| 1 | 项目经理 | 1.1.2.4 | 姓名：＿＿＿＿＿ | |
| 2 | 工期 | 1.1.4.3 | ＿＿＿＿＿日历天 | |
| 3 | 缺陷责任期 | 1.1.4.5 | | |
| 4 | 承包人履约担保金额 | 4.2 | | |
| 5 | 分包 | 4.3.4 | 见分包项目情况表 | |
| 6 | 逾期竣工违约金 | 11.5 | ＿＿＿＿＿元/天 | |
| 7 | 逾期竣工违约金最高限额 | 11.5 | ＿＿＿＿＿ | |
| 8 | 质量标准 | 13.1 | | |
| 9 | 价格调整的差额计算 | 16.1.1 | 见价格指数权重表 | |
| 10 | 预付款额度 | 17.2.1 | | |
| 11 | 预付款保函金额 | 17.2.2 | | |
| 12 | 质量保证金扣留百分比 | 17.4.1 | | |
| | 质量保证金额度 | 17.4.1 | | |
| …… | …… | | | |

备注：投标人在响应招标文件中规定的实质性要求和条件的基础上，可做出其他有利于招标人的承诺。此类承诺可在本表中予以补充填写。

投标人（盖章）：

法人代表或委托代理人（签字或盖章）：

日期：＿＿＿＿年＿＿＿＿月＿＿＿＿日

## 价格指数权重表

| 名　称 | | 基本价格指数 | | 权　重 | | | 价格指数来源 |
|---|---|---|---|---|---|---|---|
| | | 代号 | 指数值 | 代号 | 允许范围 | 投标人建议值 | |
| 定值部分 | | | | A | | | |
| 变值部分 | 人工费 | $F_{01}$ | | $B_1$ | ＿＿至＿＿ | | |
| | 钢材 | $F_{02}$ | | $B_2$ | ＿＿至＿＿ | | |
| | 水泥 | $F_{03}$ | | $B_3$ | ＿＿至＿＿ | | |
| | …… | …… | | …… | …… | | |
| | | | | | | | |
| | | | | | | | |
| 合　　计 | | | | | | 1.00 | |

注：在专用合同条款 16.1 款约定采用价格指数法进行价格调整时适用本表；表中除"投标人建议值"由投标人结合
　　其投标报价情况选择填写外，其余均由招标人在招标文件发出前填写。

## 施工投标文件格式之二：法定代表人身份证明、法定代表人授权委托书（见本单元 3.2 资格预审申请文件格式）

### 授权委托书

本人＿＿＿＿（姓名）系＿＿＿＿（投标人名称）的法定代表人，现委托＿＿＿＿（姓名）为我方代理人。代理人根据授权，以我方名义签署、澄清、说明、补正、递交、撤回、修改＿＿＿＿（项目名称）＿＿＿＿标段施工投标文件、签订合同和处理有关事宜，其法律后果由我方承担。

委托期限：＿＿＿＿＿＿＿＿＿＿＿＿＿＿＿＿＿＿＿＿＿＿＿＿＿＿＿＿＿＿＿＿＿＿＿＿＿＿＿＿

＿＿＿＿＿＿＿＿＿＿＿＿＿＿＿＿＿＿＿＿＿＿＿＿＿＿＿＿＿＿＿＿＿＿＿＿＿＿。

代理人无转委托权。

附：法定代表人身份证明

投　标　人：＿＿＿＿＿＿＿＿＿＿＿＿（盖单位章）

法定代表人：＿＿＿＿＿＿＿＿＿＿＿＿（签字）

身份证号码：＿＿＿＿＿＿＿＿＿＿＿＿＿

委托代理人：＿＿＿＿＿＿＿＿＿＿＿＿（签字）

身份证号码：＿＿＿＿＿＿＿＿＿＿＿＿＿

＿＿＿＿年＿＿＿＿月＿＿＿＿日

## 施工投标文件格式之三：联合体协议书（见本单元 3.2 资格预审申请文件格式）

## 施工投标文件格式之四：投标保证金

### 投标保证金

保函编号：＿＿＿＿＿＿＿

＿＿＿＿＿＿＿＿＿＿（招标人名称）：

鉴于＿＿＿＿＿＿＿＿＿（投标人名称）（以下简称"投标人"）参加你方＿＿＿＿＿（项目名称）＿＿＿标段的施工投标，＿＿＿＿＿＿＿＿＿＿＿＿＿＿＿＿（担保人名称）（以下简称"我方"）受该投标人委托，在此无条件地、不可撤销地保证：一旦收到你方提出的下述任何一种事实的书面通知，在 7 日内无条件地向你方支付总额不超过＿＿＿＿＿＿＿＿＿＿＿（投标保函额度）的任何你方要求的金额：

1. 投标人在规定的投标有效期内撤销或者修改其投标文件。

2. 投标人在收到中标通知书后无正当理由而未在规定期限内与贵方签署合同。

3. 投标人在收到中标通知书后未能在招标文件规定期限内向贵方提交招标文件所要求的履约担保。

本保函在投标有效期内保持有效，除非你方提前终止或解除本保函。要求我方承担保证责任的通知应在投标有效期内送达我方。保函失效后请将本保函交投标人退回我方注销。

本保函项下所有权利和义务均受中华人民共和国法律管辖和制约。

担保人名称：_____（盖单位章）

法定代表人或其委托代理人：_____（签字）

地　　址：_____

邮政编码：_____

电　　话：_____

传　　真：_____

_____年____月____日

备注：经过招标人事先的书面同意，投标人可采用招标人认可的投标保函格式，但相关内容不得背离招标文件约定的实质性内容。

**施工投标文件格式之五：已标价工程量清单**（见本书第2.3内容）

说明：已标价工程量清单按第五章"工程量清单"中的相关清单表格式填写。构成合同文件的已标价工程量清单包括第五章"工程量清单"有关工程量清单、投标报价以及其他说明的内容。

**施工投标文件格式之六：施工组织设计**

### 施工组织设计

1. 投标人应根据招标文件和对现场的勘察情况，采用文字并结合图表形式，参考以下要点编制本工程的施工组织设计：

（1）施工方案及技术措施。

（2）质量保证措施和创优计划。

（3）施工总进度计划及保证措施（包括以横道图或标明关键线路的网络进度计划、保障进度计划需要的主要施工机械设备、劳动力需求计划及保证措施、材料设备进场计划及其他保证措施等）。

（4）施工安全措施计划。

（5）文明施工措施计划。

（6）施工场地治安保卫管理计划。

（7）施工环保措施计划。

（8）冬期和雨期施工方案。

（9）施工现场总平面布置（投标人应递交一份施工总平面图，绘出现场临时设施布置图表并附文字说明，说明临时设施、加工车间、现场办公、设备及仓储、供电、供水、卫生、生活、道路、消防等设施的情况和布置）。

（10）项目组织管理机构（若施工组织设计采用"暗标"方式评审，则在任何情况下，"项目管理机构"不得涉及人员姓名、简历、公司名称等暴露投标人身份的内容）。

（11）承包人自行施工范围内拟分包的非主体和非关键性工作、材料计划和劳动力计划。

（12）成品保护和工程保修工作的管理措施和承诺。

（13）任何可能的紧急情况的处理措施、预案以及抵抗风险（包括工程施工过程中可能遇到的各种风险）的措施。

（14）对总承包管理的认识以及对专业分包工程的配合、协调、管理、服务方案。

（15）与发包人、监理及设计人的配合。

（16）招标文件规定的其他内容。

2. 若投标人须知规定施工组织设计采用技术"暗标"方式评审，则施工组织设计的编制和装订应按附表七"施工组织设计（技术暗标部分）编制及装订要求"编制和装订施工组织设计。

3. 施工组织设计除采用文字表述外可附下列图表，图表及格式要求附后。若采用技术暗标评审，则下述表格应按照章节内容，严格按给定的格式附在相应的章节中。

**附表一：拟投入本工程的主要施工设备表**

| 序号 | 设备名称 | 型号规格 | 数 量 | 国别产地 | 制造年份 | 额定功率/kW | 生产能力 | 用于施工部位 | 备注 |
|---|---|---|---|---|---|---|---|---|---|
| | | | | | | | | | |
| | | | | | | | | | |
| | | | | | | | | | |
| | | | | | | | | | |
| | | | | | | | | | |
| | | | | | | | | | |
| | | | | | | | | | |
| | | | | | | | | | |

**附表二：拟配备本工程的试验和检测仪器设备表**

| 序号 | 仪器设备名称 | 型号规格 | 数 量 | 国别产地 | 制造年份 | 已使用台时数 | 用 途 | 备注 |
|---|---|---|---|---|---|---|---|---|
| | | | | | | | | |
| | | | | | | | | |
| | | | | | | | | |
| | | | | | | | | |
| | | | | | | | | |
| | | | | | | | | |
| | | | | | | | | |
| | | | | | | | | |

**附表三：劳动力计划表**

单位：人

| 工种 | 按工程施工阶段投入劳动力情况 | | | | | |
|---|---|---|---|---|---|---|
| | | | | | | |
| | | | | | | |
| | | | | | | |
| | | | | | | |
| | | | | | | |

**附表四：计划开、竣工日期和施工进度网络图**

1. 投标人应递交施工进度网络图或施工进度表，说明按招标文件要求的计划工期进行施工的各个关键日期。

2. 施工进度表可采用网络图和（或）横道图表示。

**附表五：施工总平面图**

投标人应递交一份施工总平面图，绘出现场临时设施布置图表并附文字说明，说明临时设施、加工车间、现场办公、设备及仓储、供电、供水、卫生、生活、道路、消防等设施的情况和布置。

**附表六：临时用地表**

| 用　途 | 面积/m² | 位　置 | 需用时间 |
|---|---|---|---|
| | | | |
| | | | |
| | | | |
| | | | |
| | | | |
| | | | |
| | | | |

**附表七：施工组织设计（技术暗标部分）编制及装订要求**

（一）施工组织设计中纳入"暗标"部分的内容：

_____

_____

_____

_____。

（二）暗标的编制和装订要求

1. 打印纸张要求：_____。

2. 打印颜色要求：_____。

3. 正本封皮（包括封面、侧面及封底）设置及盖章要求：_____。

4. 副本封皮（包括封面、侧面及封底）设置要求：_____。

5. 排版要求：_____。

6. 图表大小、字体、装订位置要求：_____。

7. 所有"技术暗标"必须合并装订成一册，所有文件左侧装订，装订方式应牢固、美观，不得采用活页方式装订，均应采用_____方式装订；

8. 编写软件及版本要求：Microsoft Word _____；

9. 任何情况下，技术暗标中不得出现任何涂改、行间插字或删除痕迹；

10. 除满足上述各项要求外，构成投标文件的"技术暗标"的正文中均不得出现投标人的名称和其他可识别投标人身份的字符、徽标、人员名称以及其他特殊标记等。

备注："暗标"应当以能够隐去投标人的身份为原则，尽可能简化编制和装订要求。

**施工投标文件格式之七：项目管理机构**

**项目管理机构**

（一）项目管理机构组成表

| 职务 | 姓名 | 职称 | 执业或职业资格证明 | | | | | 备注 |
|---|---|---|---|---|---|---|---|---|
| | | | 证书名称 | 级别 | 证号 | 专业 | 养老保险 | |
| | | | | | | | | |
| | | | | | | | | |
| | | | | | | | | |
| | | | | | | | | |
| | | | | | | | | |
| | | | | | | | | |
| | | | | | | | | |
| | | | | | | | | |
| | | | | | | | | |

（二）主要人员简历表

附1：项目经理简历表

项目经理应附建造师执业资格证书、注册证书、安全生产考核合格证书、身份证、职称证、学历证、养老保险复印件及未担任其他在施建设工程项目项目经理的承诺书，管理过的项目业绩须附合同协议书和竣工验收备案登记表复印件。类似项目限于以项目经理身份参与的项目。（表格见本书第3.2内容）

附2：主要项目管理人员简历表

主要项目管理人员是指项目副经理、技术负责人、合同商务负责人、专职安全生产管理人员等岗位人员。应附注册资格证书、身份证、职称证、学历证、养老保险复印件，专职安全生产管理人员应附安全生产考核合格证书，主要业绩须附合同协议书。（表格见本书第3.2内容）

附3：承诺书（见本书第3.2内容）。

**施工投标文件格式之八：拟分包计划表**

**拟分包计划表**

| 序号 | 拟分包项目名称、范围及理由 | 拟选分包人 | | | | 备注 |
|---|---|---|---|---|---|---|
| | | 拟选分包人名称 | 注册地点 | 企业资质 | 有关业绩 | |
| | | 1 | | | | |
| | | 2 | | | | |
| | | 3 | | | | |
| | | 1 | | | | |
| | | 2 | | | | |
| | | 3 | | | | |
| | | 1 | | | | |
| | | 2 | | | | |
| | | 3 | | | | |
| | | 1 | | | | |
| | | 2 | | | | |
| | | 3 | | | | |

注：本表所列分包仅限于承包人自行施工范围内的非主体、非关键工程。

日 期： 年 月 日

**施工投标文件格式之九：资格审查资料**（用于资格后审见本单元第3.2内容）

**施工投标文件格式之十：其他材料**

## 3.5 国际工程投标概述

中国加入WTO之后，将进一步融入国际市场，越来越多的国际工程承包、成套设备出口及劳务输出将采用国际标准、按照国际惯例运作。因此，熟悉国际投标规则在国际工程承包竞争中显得尤为重要。

### 3.5.1 国际工程投标程序

国际工程投标程序与国内工程投标程序类似，但又有所不同，如图3-3所示。

**1. 获取项目信息**

国际工程项目信息的获得，可以通过以下渠道：

（1）国际金融机构的出版物。所有应用世界银行、亚洲开发银行等国际性金融机构贷款的项目，都要在世界银行的《商业发展论坛报》和亚洲开发银行的《项目机会》上发布。可以从发表项目信息开始跟踪，一直到发表该项目的招标公告。

（2）公开发行的国际性刊物。例如《中东经济文摘》、《非洲经济发展月刊》也会刊登一些投标邀请通告。

（3）公共关系和个人接触。可以通过接触国外的代理公司、非官方的民间朋友进行信息交流，了解所在国的一切商情。

（4）驻外使馆和经参处。我国同世界上绝大多数国家和地区建立了外交和商贸关系，各国政府间签订了数以千计的各种形式的经济合作协议、意向书以及合同。使馆和经参处对所在国总的政治经济形势和政局变动估计较为准确，这些都会为承包工作的开展提供扎实可信的资料和中肯

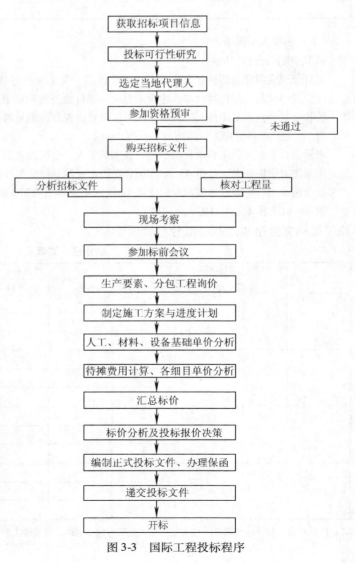

图3-3 国际工程投标程序

的意见，这点绝不可忽视。

（5）国际信息网络。充分利用现代通信设备和信息高速公路，是获得工程项目信息的一种快捷、全面的手段和方式，如国际国内互联网等。

### 2. 投标项目可行性研究

这一阶段也称为投标的前期决策，决定选择什么项目投标，投标的目标是什么等内容。国际承包商要从获得的工程项目信息中选择项目进行投标，要根据投标所在地区的宏观环境和企业自身情况进行技术的和经济的可行性分析，分析投标的机会。进行决策的方法同和国内工程投标决策方法并无不同，重要的是在决策事后分析的因素不同。

### 3. 选定当地代理人（公司）

国外承包的工程实施比国内复杂得多，不熟悉国外的经营和工作环境是国际承包商失败的原因。在激烈的竞争形势下，国际承包商往往雇用当地的咨询公司或者代理人，来协助自己进入该市场开展业务获得项目，并在项目实施过程中进行必要的斡旋和协调。

国际承包商和咨询公司或代理人双方必须签订代理合同，规定双方权利和义务。有时还需按当地惯例去法院办理委托手续。代理人（咨询公司）服务的主要内容为：

（1）协助外国承包商争取参加本地招标工程项目投标资格预审和取得招标文件。

（2）协助办理外国人出入境签证、居留证、工作证以及汽车驾驶执照等。

（3）为外国公司介绍本地合作对象和办理注册手续。

（4）提供当地有关法律和规章制度方面的咨询。

（5）提供当地市场信息和有关商业活动的知识。

（6）协助办理建筑器材和施工机械设备以及生活资料的进出口手续，诸如申请许可证、申报关税、申请免税、办理运输等。

（7）促进与当地官方及工商界、金融界的友好关系。

### 4. 申报资格预审

国际承包商都非常重视投标前的资格预审工作，都将资格预审当作投标的第一轮竞争，只有做好资格预审，方能取得投标资格，继续参与投标竞争。为了赢得资格预审这一轮竞争的胜利，国际承包商应认真地对待投标申请工作，谨慎填报和递送资格预审所需的一切资料。

### 5. 研读招标文件

承包商在派人对现场进行考察之前和整个投标报价期间，均应组织参加投标报价的人员认真细致地阅读招标文件，必要时还要组织人员把投标文件译成中文。认真领会招标文件的全部内容：

（1）承包者的责任和报价范围，以避免在报价中发生任何遗漏。

（2）各项技术要求，以便确定经济适用而又可加速工期的施工方案。

（3）工程中需使用的特殊材料和设备，以便在计算报价之前调查价格，避免因盲目估价而失误。

另外，应整理出招标文件中含糊不清的问题，以待解决。可能发现的问题有以下几个方面：

（1）招标文件本身的问题，如技术要求不明确，文字含混不清等。这类问题应向招标人咨询解决。

（2）与项目工程所在地的实际情况有关的问题。这类问题可通过参加现场考察和标前会议解决。

（3）投标人本身由于经验不足或承包知识缺乏而不能理解的问题。这类问题可向其他有经验的承包公司或者雇用的代理人（咨询公司）请教解决。

**6. 现场考察及市场询价**

现场考察工作是整个投标报价中的一项重要活动，对于正确考虑施工方案和合理计算报价具有重要意义。应由有经验的项目负责人带队，事先制定详细的调查提纲，对一般自然条件、现场施工条件、当地生活条件等逐项进行调查。考察后应提供出实事求是和包含比较准确可靠数据的考察报告，以供投标报价使用。

对于一个新市场，市场行情的调查尽可能广泛。现场考察及市场询价的主要内容有：

（1）建筑材料、施工机械设备、燃料、动力、水和生活用品的供应情况、价格水平、过去几年各类物资在近年内涨价的幅度以及今后的变化趋势。

（2）劳务市场状况，包括工人的技术水平、工资水平，有关劳动保险和福利待遇的规定，以及外籍工人是否被允许入境等。

（3）工程所在国海关手续和程序以及境内将发生的各项费用。

（4）外汇汇率、银行信贷利率、税率、保险费率。

（5）所在国国家工程部门颁发的有关费率和取费标准，为报价做准备。

**7. 复核或计算工程量**

国际工程招标中一般都有工程量清单，报价之前，要对工程数量进行校核。国际上通用的工程量计算方法有《建筑工程量计算原则（国际通用)》、《（英国）建筑工程量标准计算方法》。招标文件中如没有工程量清单，则须根据图纸计算全部工程量。如对计算方法有规定，应按规定的方法计算；如无规定，亦可用国内惯用的方法计算。

**8. 参加标前会议**

标前会议（Pre-bid Conference）是业主给所有投标人提供一次质疑的机会。招标人通过介绍项目情况，使投标者进一步了解招标文件的要求、规定和现场情况，更好地准备投标文件。投标者如有问题要提出，应在召开标前会议一周前以书面或电传形式发出。业主将对提出的问题以及标前会议的记录用书面答复的形式发给每个投标者。对于世界银行贷款项目，对标前会和现场考察的情况及对主要问题的澄清、解答还应做出书面纪要并报送世界银行。

**9. 制订施工组织规划**

招标文件中要求投标者在报价的同时要附上其施工规划。制定施工规划的原则是在保证工程质量和工期的前提下，尽可能使工程成本最低，投标价格合理。在这个原则下，投标者要采用对比和综合分析的方法寻求最佳方案。值得注意的问题如下：

（1）研究确定哪些工程由自己组织施工，哪些分包，提出寻求分包的条件设想，以便询价。

（2）用概略指标估算直接生产劳务数量，考虑其来源及进场时间安排。如果当地有限制外籍劳务的规定，则应提出当地劳务和外籍劳务的工种分配。

**10. 报价方针与报价决策**

此处内容参照 3.5.2 小节有关内容，不做重复叙述。

**11. 计算单价、汇总标价**

关于报价的计算方法内容较多，感兴趣者可以参照有关书籍关于国际工程造价的组成的内容。需要注意的问题如下：

（1）人工工资。国外工资包括的因素比国内复杂很多，大体分为出国工人工资和当地雇用工人工资两种。出国工人的工资包括：国内包干工资（约为基本工资的3倍）、服装费、国内外差旅费、国外零用费、人身保险费、伙食费、护照和签证费、税金、奖金、加班工资、劳保福利费、卧具费、探亲及出国后所需的调迁工资等。国外当地雇用工人的工资，一般包括工资、加班费、津贴以及招聘、解雇等费用。国际上，我国工人工资水平较低，是投标报价的有利因素。

（2）机械费。国外机械费往往是单独一笔费用列入"开办费"中，也有的包括在项目单价内。计量单位为"台时"，由于国内机械费定得太低，在国外应提高。比如折旧费，一年为重置价的40%，二年为70%，三年为90%，四年为100%。工期在2~3年以上的，或无后续工程的，可以考虑一次摊销，另加经常费。此外，还应增加机械的保险费。

（3）暂定金额。是指包括在合同工程量清单内，以此名义用于工程施工，或供应货物与材料，或提供服务，或应付意外情况的暂定数量的一笔金额，也称特定金额或备用金。类似我国工程量清单计价中的预留金。这笔费用按业主或工程师的指示，或全部使用，或部分使用，或全部不予动用。

**12. 标价评估、调整标价**

标价的评估方法同国内工程相同，只是对照指标不同。调整标价应根据投标人的投标策略和报价技巧将报价加以调整，并最后确定报价。

**13. 编制标书、办理投标保函**

投标文件中的内容一般主要有：投标书、投标保证书、工程报价表、施工规划及施工进度、施工组织机构及主要管理人员简历、其他必要的附件及资料等。

投标人在提交投标书时，要同时提交投标保证金证书（又称为投标保函）。投标人在准备投标文件的同时，还要寻找一家金融机构或保险机构作为投标担保单位。目前在我国采用国际竞争性招标方式的大型土建项目中，投标担保只能由下述银行开具：

（1）中国银行。

（2）中国银行在国外的开户行。

（3）在中国营业的外国银行。

（4）由招标公司和业主认可的任何一家外国银行。

（5）外国银行通过中国银行转开。

## 3.5.2 国际工程投标策略

国际投标竞争的胜负不仅取决于各投标商的实力，还取决于投标商的投标策略和技巧运用是否得当。投标策略是研究在国际复杂的环境下，激烈的竞争中，如何为项目投标制订正确的指导方针，如何采用正确的谋略，用有限的资源取得最大的经济效果。投标目标和报价决策不同，采用的策略也不同。一种投标策略在一个项目上适用，不一定在其他项目上也适用。常用的投标策略有以下几种，但不限于此。

**1. 深入腹地策略**

所谓深入腹地策略是指外国投标企业利用各种手段，进入招标国或地区，使自己尽可能地接近或演化成当地企业，以谋取国际投标的有利条件。作为一个外国企业，在参加国际投标时可能遇到各种各样的阻力：招标国对本国投标企业给予优惠，对外国投标人加以限制；当地法律条文、规章繁多,外国投标人稍有疏忽便成为不合格的投标人;外国投标人由于不知晓当地商业习惯、人际关系而难以进入竞争角色等。深入招标国内即可减少或消除以上困难,在招标中争取主动。深入腹地主要通过在招标国注册登记和聘请招标国代理两种方法。

在国际工程投标中,公司注册尤为重要。承包工程所涉及的进口设备、物资在港口提货时,通常被要求出示经在当地登记注册的公司经理签字的证明;公司只有在登记注册后才可在当地雇佣劳动力;企业中标后的一切经营活动受当地法律的管辖等。

在招标国注册登记可以享受招标国优惠政策。各国的国际招标都有偏向,只不过有些采用公开手段,而有些实施隐蔽的政策罢了。外国投标人若要保持自己的竞争优势,应在条件许可的情况下,把自己演化成当地企业,以享受招标国的优惠待遇。一些发展中国家在招标文件中明文规定,本地投标企业享受一定百分比的优惠。例如,利用洛美协定对非洲、加勒比和太平洋地区贷款的国际招标条款规定,投标公司若属于非洲、加勒比和太平洋地区的企业,在承包工程投标中可享受10%的优惠;商品供应投标中可享受15%的优惠。在发达国家,虽然从其招标法律或条文中找不到对投标人差别待遇的规定,但在实际做法上,以各式各样条例限制外国投标人与本国企业的竞争。

### 2. 联合体投标

联合体是指合营体(JV-Joint Venture)或合包集团(Consortium)。合营体和合包集团在具体运作上,尤其是在各成员的责权利上是有区别的。合营体侧重共同承担履约责任,各成员相互之间的关系更密切。合包集团强调各负其责,各成员相互之间首先承担各自责任,然后才是连带责任。

与项目所在地区企业组成联合体,有如下优势:

(1)可以享受当地优惠,通常当地公司参加投标时,享受7.5%的价格优惠,有些国家更高,甚至能达到15%。

(2)弥补单个投标人自身资源的限制。

(3)可以降低投标或实施项目的风险。

(4)可以减少工程所在地竞争对手。

(5)强强联合、优势互补,提高投标人的竞争能力。

投标人在组成联合体时,必须符合招标文件中规定的要求,签订相应的协议。一般地,在资格审查阶段,应签订联合体备忘录(MOU);在投标阶段,要签订联合体协议(Agreement);在项目中标后,要确定联合体章程。联合体可以以一个新的名称对外,也可以以牵头方的名称对外,有时以联合体当地合作伙伴的名义对外,以增强联合体的亲和力。

### 3. 多个标段项目的投标策略

多个标段的大型项目有两种情况:一种是若干标段同时招标,例如一个大型水电站项目中按专业不同分为大坝土建、电力设备安装、输变电、道路等多个标段;另一种是由于业主资金筹措的原因和各标段设计完成时间原因,若干标段要在不同时间分别招标,例如一条国家级公路项目,在数年之内分段招标实施。

在前一种情况下,投标人要对工程项目的情况进行分析,尤其是对其他投标人的情况作出仔细分析,避免和真正的对手面对面竞争,找到一个或数个最有利的标段投标。业主和咨询工程师把数个标段授给同一个承包商的可能性极小。

对于后一种情况,中标第一段的承包商是最有利的,后面各段的标价往往会越来越低,这时投标人要有清醒的认识，对后续标段要么接受低价，要么不投标。因为这时投出高价是很难被业主接受的，而且会面临已在现场的承包商的竞争。当然，如果中标第一个标段的承包商实施失利，则对后来的投标人来说是绝好的机会，因为这时业主和咨询工程师可能会意识到是第一个标段的标价过低才导致承包商实施失利，业主可能会在下个标段接受较高的价格。

### 4. 比选方案

对于 EPC（总承包）项目或 GES（技术服务）类项目，国际工程项目招标时，经常会在"技术规范"中规定或推荐一种施工方案，称为正选方案，这是业主或咨询工程师在面临多个投标人投标的情况下，为了在同一基础上评价投标人的投标价格。因此，投标人必须按招标文件中规定的施工方案进行施工组织设计和标价计算。

许多情况下，由于一个工程的实施有多种施工方案可以选择，招标文件中规定或推荐的方案不一定是投标人认为的最佳方案，业主或咨询工程师有时也会建议投标人提出他自己认为的最佳的施工方案，作为比选方案。而投标人在研究了标书、对现场进行了调查后，也可以主动提出比选方案，展示自己的实力。比选方案的提出，一定要基于：①比正选方案能缩短工期；②比正选方案能降低造价；③比正选方案既缩短工期又降低造价。

### 5. 有条件投标

一般来说，招标文件中合同条件等文件是不能改动的。如果在招标文件中存在投标人不能接受的合同条件时，投标人除了放弃投标这一极端行为外，还可采用有条件投标的策略。

例如合同中通常会有"甲方在招标文件中提供的详细初步设计图，不能减少承包商的责任，承包商不能凭借图纸中的某些错误或遗漏来追究业主的责任"。投标人读到类似文字时，自然会想到业主或咨询工程师企图利用这样不公正的合同条件，将本应由业主或咨询工程师负责并承担费用的责任强加到承包商头上。

面对类似的情况，投标人采取的应对措施就是提出一个有条件的报价：一是按正常情况作价，用文字说明附带一些条件，免除或降低中标后项目实施的风险。二是在正常报价的情况下，外加 15% ~20% 的成本和费用，用这笔费用来应付可能出现的不测事件带来的损失，并说明，如果业主或咨询工程师同意修改合同条款或删除一些承包商不愿意接受的条件的话，投标人可以考虑降价。

在评标阶段，投标人如能获得优先中标人（prefered bidder/prefered candidate）资格，就有机会和业主及咨询工程师就合同签约进行谈判来讨价还价。譬如，如能对合同条件进行一些修改，标价可降低。

### 6. 高价竞标

很难说高价竞标是一个投标策略，但投标人在下列情况下使用高价竞标，能使投标人保持自己的声誉，保持和业主工程师的关系，或许会有意外收获。

（1）项目是本地区很重要的项目，投标人具备承担项目的特长和良好的声誉。

（2）业主极力邀请投标人参加，投标人不参加时，将不利于双方关系发展，不利于以后得标。

（3）投标人在当地已获得类似项目，资源一时调配不开，不愿意再中标新的工程，而又不能不参加投标时。

### 7. 不平衡报价

对于大型项目，尤其是 EPC 项目或设计施工项目等总价合同，涉及大量的设备材料的订货采购，承包商在工程预付款之外往往还需垫付大量的资金，垫付的资金的利息成为一笔很可观的财务费用。这时，可以采用不平衡报价的策略。

所谓不平衡报价，就是投标人在业主和咨询工程师许可的范围内，在保持总价不变的情况下，提高早期施工项目的单价，而对后期施工项目降低单价。

采用这种投标策略需要注意潜在的风险，加价或减价均要考虑一定的限度，不能超出合理范围。业主和咨询工程师为了防止承包商过分的不平衡报价，往往在合同中规定"如果工程量表（BQ）中所估算的工程量超过或不足20%，考虑到这种变化在费用上的影响，就需另定新的单价"。这一条款在抑制承包商采用不平衡报价的投机行为时也保护了承包商。因为，如果某项工程大量减少，单价不变，将会使承包商丧失施工机械和管理费用中的大部分。反之，工程量大量增加，还会影响工期，为了加速进度，承包商需增加施工机械和管理费用。

另外，对有些国家政府预算的项目，出于对该国政府预算的不确定性的担忧，这时可采用这样的策略，即工程量确定的项目价格高，工程量不能确定的项目即工程量有可能被取消的项目价格低，这也是不平衡报价的一种。

**8. 用降价系数调整最后总价**

在填写工程量报价单的每一分项工程单价时，都增加一定的降价系数，而在最后编写投标致函中，根据最终决策，提出某一降价指标。先按原方案报价，到递交投标文件前数小时，才最终做出降价决定，并在投标致函内声明："出于友好目的，本投标商决定将投标价降低×%，即本投标价的总价降为×××（美元）。"这种通过降价系数来调整最后总价的方法被大多数成功的投标商所采纳。

# 本课程职业活动训练

## 工作任务二　工程项目施工投标文件的编制

**1. 活动目的**

熟悉工程项目资格预审文件、施工投标文件的组成内容，明确其编写的格式和基本要求，按招标文件的要求进行签章、密封和标记。

**2. 实训环境要求**

（1）学生分成不同小组，各自完成本组所代表的企业的资格预审文件、施工投标文件的编制。

（2）指导教师须准备若干不同类型的施工企业的基础资料（也可由学生通过实习调查获得），便于学生根据有关资料编写相关文件。

（3）有条件时，可以直接将学生分散到各施工企业的经营处室或投标办公室实训。

（4）本实训安排在施工组织设计实训、建筑工程计价实训后进行，前期实训的成果可以作为本实训中投标文件商务部分和技术部分的主要组成内容。

**3. 实训内容**

（1）根据不同企业的基础资料以及本课程学习单元二中所提供的资格预审文件的基本格式，编写资格预审文件，按要求进行打印装订，作为实训活动三的重要资料。

（2）根据编写好的施工组织设计和详细的工程报价书编写投标文件的其他部分内容，

进行投标报价决策，并按招标文件的要求进行签章、密封、标记，并按要求在投标截止时间之前递交到指定地点。

## 工作任务三　工程项目施工招标资格预审

**1. 活动目的**

熟悉工程项目资格预审程序，明确资格预审阶段的基本工作和组织方法，学习资格预审审查方法，学习合格制和有限数量制下确定合格申请人的不同方法，熟悉资格预审文件、资格预审申请文件格式及编制方法。

**2. 实训环境要求**

（1）本实训需要专业教室或多媒体教室一间作为工作场所。

（2）学生分成若干小组，其中的一组定位为招标人，其他组定位为申请人。

（3）指导教师须准备若干不同类型的施工企业的基础资料（也可由学生通过实习调查获得），便于学生根据有关资料编写相关文件。

（4）有条件时，可以直接将学生分散到各施工企业的经营处办公室或投标办公室实训。

**3. 实训内容**

（1）资格预审文件编制。根据所收集的招标项目的特点和背景资料编制施工招标资格预审文件。

（2）资格预审申请文件编制。根据不同类型企业的背景资料，按照资格预审文件的要求填报资格预审文件，并按要求签章、密封、标志，按规定程序递交文件。

（3）资格审查。按照法定程序对各申请文件进行审查，并按要求记录审查结果，确定合格投标人，并发出资格预审合格通知书。

## 工作任务四　工程项目施工招标开标、评标过程

**1. 活动目的**

熟悉工程项目施工招标程序，明确资格预审、开标、评标、决标等阶段的基本工作和组织，学习资格预审审查方法，学习评标标准和评标方法的应用，熟悉中标通知书、评标报告等文件格式。

**2. 实训环境要求**

（1）本实训需要专业教室或多媒体教室一间作为开标场所。

（2）学生分成若干小组，其中的一组定位为招标人。

（2）本实训活动与"招标文件编制""投标文件编制"两个实训活动结合起来，依次进行。

**3. 实训内容**

（1）资格预审模拟：根据实训活动二各小组提供的资格预审文件资料，按照招标文件的要求进行资格预审，并为合格者发放资格预审合格通知书。

（2）作为招标人的小组负责模拟进行招标文件发售、组织现场踏勘、召开投标预备会等工作。

（3）开标过程模拟：根据实训活动一中所编制的招标文件要求，在规定的时间和地点接受投标文件，在截止的时点同时进行开标，完成与正式开标相同的程序和工作，并做好开

标记录。

（4）评标：分成若干小组，组成不同评标委员会，对通过开标进入评审阶段的投标文件进行评审，各小组根据招标文件规定的评标标准和方法进行评标训练，并写出评标报告。

（5）决标：根据评标报告选定中标人，发出中标通知书。

# 本单元小结

建设工程投标是建筑企业在建筑市场中获得工程项目的主要方式。本章主要讲述了建筑工程施工投标方面的知识。

建筑工程施工投标从获取招标信息开始到投标文件的编制和报送，应按照一定的程序进行，投标人应熟悉各个阶段的工作内容，才有机会获得项目。

每个企业进行投标时都应该从主客观情况出发，明智地选择投标项目，做出投标决策和报价策略。决策的方法主要有定性方法和定量方法，其中定量方法包括评分法、决策树法、线性规划法等。投标策略按照投标目标分为高盈利、保本、低价三种策略，从这三种策略出发，为了赢得项目又有一定利润，经常使用的报价技巧有：不平衡报价法、突然降价法、先亏后赢法、多方案报价法、增加建议方案法等。

资格预审申请文件和施工投标文件的内容每一部分都需要遵守招标文件的格式和要求。

国际工程投标与国内工程投标有所不同，主要表现在投标程序上和投标策略上。

## 案例分析

某承包商通过资格预审后，对招标文件进行了仔细分析，发现业主所提出的工期要求过于苛刻，且合同条款中规定每拖延 1 天工期罚合同价的 1‰，若要保证实现该工期要求，必须采取特殊措施，从而增加成本；还发现原设计结构方案采用框架剪力墙体系过于保守。因此，该承包商在投标文件中说明业主的工期要求难以实现，因而在工期方面按自己认为的合理工期（比业主要求的工期增加 6 个月）编制施工进度计划并据此报价；还建议将框架剪力墙体系改为框架体系，并对这两种体系进行了技术经济分析和比较，证明框架体系不仅能保证工程结构的可靠性和安全性、增加使用面积、提高空间利用灵活性，而且可以降低造价约 3%。

该承包商将技术标和商务标分别封装，在封口处加盖本单位公章和法定代表人签字后，在投标截止日前 1 天上午将投标文件报送业主。次日（即投标截止日当天）下午，在规定的开标时间前 1 小时，该承包商又递交了一份补充材料，其中声明将原报价降低 4%。

问题：该承包商运用了哪几种报价技巧？运用是否得当？逐一加以说明。

案例分析要点：

该承包商运用了三种报价技巧：多方案报价法、增加建议方案法、突然降价法。

其中，多方案报价法运用不当，因为运用该报价技巧时，必须对原方案报价，而该承包商在投标时仅说明了该工期要求难以实现，却未报出相应的投标价。

增加建议方案法运用得当，通过对两个结构体系方案的技术经济分析和比较，也就意味着对两个方案都报了价，论证了建议方案的技术可行性和经济合理性，对业主有很强的说服力。

突然降价法也运用得当，原投标文件的递交时间比规定的投标截止时间仅提前了 1 天多，符合常理，为竞争对手调整、确定最终报价保留了一定的时间，起到了迷惑竞争对手的作用。若提前时间太多，会引起竞争对手的怀疑，而在开标前 1 小时突然递交一份补充降价文件，这时竞争对手已经没有时间和可能再更新报价了。

## 复习思考与训练题

1. 建设工程施工投标的主要工作有哪些？
2. 联合体投标要注意哪些问题？
3. 简述资格预审申请文件的组成。
4. 影响投标决策的因素有哪些？
5. 如何来选择投标目标？
6. 什么叫做不平衡报价法，如何应用？
7. 简述投标文件的主要内容。
8. 国际工程投标在程序上和策略上应注意哪些问题？
9. "围标"行为是工程招标投标中出现的不应有的一种情况，其典型表现形式包括：①一家投标单位为增大中标概率，邀请其他施工企业"陪标"以增大自己的中标概率，邀请的"陪标"单位越多，中标概率越大。②几家投标单位互相联合，形成较为稳定的"同盟"，轮流坐庄，以达到排挤其他投标人，控制中标价格和中标结果的目的，然后按照事先约定分利。在具体活动中往往是投标者或轮流中标，或由一家公司中标后大家分包。③个别项目经理和社会闲散人员同时挂靠若干家投标单位投标，表面上是几家施工单位在参加投标，实际上是一人在背后操纵。试分析上述行为属于投标人的哪种不正当竞争行为。
10. 利用决策树法进行投标决策。

某承包商拥有的资源有限，只能在 A 和 B 两个项目中选一，或者两项都不参加。每一个项目投标中都有两种策略，投高标、投低标。这样共有 A 高、A 低、B 高、B 低、不投五种方案，中标概率 A 高为 20%，A 低为 50%，B 高为 30%，B 低为 60%。在以往的承包工程中也有同 A、B 相似的工程，即使中标，在合同的履行过程中，由于项目管理水平有差异和对风险因素的可控程度等不同原因，根据经验，每种方案的利润和概率见下表。投标不中时，投标资源耗费的损失，A 方案为 20 万元，B 方案为 10 万元。

| 方案 | 中标概率 | 履约控制效果 | 可能的利润/万元 | 概率 |
|---|---|---|---|---|
| A 高 | 0.2 | 优<br>一般<br>较差 | 3000<br>1500<br>500 | 0.2<br>0.5<br>0.3 |
| A 低 | 0.5 | 优<br>一般<br>较差 | 2000<br>1000<br>300 | 0.3<br>0.5<br>0.2 |
| B 高 | 0.3 | 优<br>一般<br>较差 | 1500<br>800<br>300 | 0.3<br>0.5<br>0.2 |
| B 低 | 0.6 | 优<br>一般<br>较差 | 1000<br>500<br>-100 | 0.3<br>0.6<br>0.1 |

试画出决策树，并选择投标方案。

# 学习单元四 建设工程合同

## 本单元概述

合同与合同法基本内容；建设工程合同体系；建设工程标准施工合同条件；建设工程施工合同担保；建设工程施工合同管理；建设工程其他合同；国际工程合同条件。

## 学 习 目 标

掌握合同及合同法基本原理，掌握合同的订立、效力、履行、变更、违约责任及争议的解决方式；熟悉建设工程合同体系；掌握建设工程施工合同的概念；熟悉建设工程施工合同示范文本的组成及通用条款的主要内容；熟悉建设工程专业分包合同及劳务分包合同的主要内容；明确建设工程施工合同担保的形式；掌握建设工程施工合同的签订和管理。了解其他建设工程合同，了解常见国际工程合同条件的有关内容。

## 4.1 合同与合同法

### 4.1.1 合同的概念与分类

**1. 合同的概念**

合同，也就是协议，是作为平等主体的自然人、法人、其他组织之间设立、变更、终止民事权利义务的约定、合意。合同作为一种民事法律行为，是当事人协商一致的产物，是两个以上的意思表示相一致的协议。只有当事人所作出的意思表示合法，合同才具有法律约束力。依法成立的合同从成立之日起生效，具有法律约束力。

《中华人民共和国合同法》（以下简称《合同法》）第二条规定："合同是平等主体的自然人、法人、其他组织之间设立、变更、终止民事权利义务关系的协议。婚姻、收养、监护等有关身份关系的协议，适用其他法律规定。"

**2. 合同的分类**

合同的分类是指依一定标准对合同所作的划分。对合同进行分类，可以使人们更清楚地了解各类合同的特征、成立要件、生效条件和法律意义等，进而有助于合同当事人依法订立和履行合同，也有助于合同立法的科学化、合同法的正确实施以及合同理论的完善等。下面列举几种常见的分类：

（1）有名合同与无名合同。根据法律上是否为某一合同确定一个特定的名称并设有相应规范，将合同分为有名合同与无名合同。《合同法》分则规定的15种基本合同类型都是有名合同。

（2）双务合同与单务合同。根据当事人双方权利义务的分担方式划分为双务合同与单务合同。双务合同是指双方当事人互负对待给付义务的合同，如建设工程合同、买卖合同、租赁合同、借款合同等。单务合同指只有一方当事人负给付义务的合同，如赠与合同。

（3）有偿合同与无偿合同。根据当事人取得权利是否偿付代价，可把合同分为有偿合同与无偿合同。有偿合同指当事人因取得权利须偿付一定代价的合同，如保险合同等。无偿合同是指当事人一方只取得权利，不偿付任何代价的合同。建设工程合同属于有偿合同。

（4）诺成合同与实践合同。根据合同的成立或生效是否以交付标的物标准，可将合同分为诺成合同与实践合同。诺成合同是指当事人意思表示一致即成立的合同。实践合同，又称要物合同，是指除双方当事人的意思表示一致以外，尚须交付标的物才能成立或生效的合同。诺成合同是一般的合同形式，实践合同是特殊的合同形式。在现代经济活动中，大部分合同都是诺成合同。这种合同分类的目的在于确立合同的生效时间。

（5）要式合同与不要式合同。根据合同的成立或生效是否应有特定的形式将合同分为要式合同与不要式合同。要式合同是指必须根据法律规定的方式成立的合同。不要式合同是指法律不要求必须具备一定形式和手续的合同。除法律特别规定以外，一般均为不要式合同。

（6）主合同与从合同。根据合同相互间的主从关系将合同划分为主合同与从合同。主合同是指不需要其他合同存在即可独立存在的合同。例如，主债务合同与保证合同、抵押合同、定金合同之间，前者为主合同，后者为从合同。

## 4.1.2 合同法律关系

### 1. 法律关系的概念

所谓法律关系是指由法律规范产生和调整的、以主体之间的权利和义务关系的形式表现出来的特殊的社会关系。社会关系的不同方面由不同方面的法律规范调整，因而形成了内容和性质各不相同的法律关系，如行政法律关系、民事法律关系、经济法律关系等。法律关系由法律关系主体（简称主体）、法律关系客体（简称客体）及法律关系内容（简称内容）三要素构成。主体是法律关系的参与者或当事人，客体是主体享有的权利和承担的义务所指向的对象，而内容即是主体依法享有的权利和承担的义务。

### 2. 合同法律关系

合同是法律关系体系中的一个重要部分，它既是民事法律关系体系中的一部分，同时也属于经济法律关系的范畴，在人们的社会生活中广泛存在。合同法律关系是由合同法律规范调整的，主体法律关系也是由主体、客体和内容三个要素构成的。

（1）合同法律关系的主体。即订立合同的当事人。《合同法》规定，可以充当合同法律关系主体的有自然人、法人和其他社会组织，包括政府机关、非法人企业。

1）自然人。是指基于出生而成为民事法律关系主体的有生命的人。自然人既包括公民，也包括外国人和无国籍人，他们都可以作为合同法律关系的主体。

2）法人。是指具有民事权利能力和民事行为能力，依法独立享有民事权利和承担民事义务的组织。法人是与自然人相对应的概念，是法律赋予社会组织具有人格的一项制度。

法人应当具备以下条件：①依法成立，法人不能自然产生，它的产生必须经过法定的程序，必须经过政府主管机关的批准或者核准登记；②有必要的财产或者经费；③有自己的名称、组织机构和场所；④能够独立承担民事责任。法人可以分为企业法人和非企业法人两大类，非企业法人包括行政法人、事业法人和社团法人。企业依法经工商行政管理机关核准登记后取得法人资格。具有法人条件的事业单位、社会团体，依法不需要办理法人登记的，从按规定程序批准成立之日起，具有法人资格；依法需要办理法人登记的，经核准登记，取得法人资格。

3）其他组织。法人以外的其他组织也可以成为合同法律关系主体，主要包括：法人的分支机构，不具备法人资格的联营体、合伙企业等。这些组织应当是合法成立、有一定的组织机构和财产但又不具备法人资格的组织。其他组织与法人相比，其复杂性在于民事责任的承担较为复杂。

（2）合同法律关系的客体。即合同的标的，是主体的权利和义务所指向的对象。可以作为合同法律关系客体的有物、财产、行为、智力成果等。

1）物，是指可为人们控制、并具有经济价值的生产资料和消费资料，可以分为动产和不动产、流通物与限制流通物、特定物与种类物等。如建筑材料、建筑设备、建筑物等。

2）行为，是指人的有意识的活动。在合同法律关系中，行为多表现为完成一定的工作。如勘察设计、施工安装等。

3）智力成果，是通过人的智力活动所创造出来的精神成果。如专利权、工程设计技术或咨询成果等。

（3）合同法律关系的内容。即合同中规定的合同当事人的权利和义务。权利是指当事人一方以法律规定有权按照自己的意志做出某种行为，或要求承担义务一方做出或不作出某种行为，以实现其合法的权益。义务是指承担义务的当事人根据合同规定或依享有权利一方当事人的要求，必须做出某种行为，以保证享有权利一方实现其权益，否则要承担相应的法律责任。

**3. 合同法律关系的产生、变更与终止**

（1）法律事实。合同法律关系的产生、变更与终止要依据一定的客观事实，即法律事实。法律事实总体上可以分为两类，即事件和行为。

事件是指不以合同法律关系主体的主观意志为转移的、能够引起合同法律关系产生、变更及终止的一种客观事实。行为是指合同法律关系主体意识的活动，是以人们的意志为转移的法律事实，包括作为和不作为两种形式。行为有合法行为和违法行为之分，能影响合同法律关系的仅是合法行为，不包括违法行为。

（2）合同法律关系的产生。合同法律关系的产生是指由于一定的法律事实出现，引起主体之间形成一定的权利义务关系。如承包商中标与业主签订建设工程合同，就产生了合同法律关系。

（3）合同法律关系的变更。合同法律关系的变更是指由于一定的法律事实出现，已形成的合同法律关系发生主体、客体或内容的变化。这种变化不应是主体、客体和内容全部发生变化，而仅是其中某些部分发生变化。如果全部变化则意味着原有的合同法律关系的终止，新的合同关系产生。

（4）合同法律关系的终止。合同法律关系的终止是指由于一定的法律事实出现而引起主体之间权利义务关系的解除。引起合同法律关系终止的事实可能是合同义务履行完毕，也可能是主体的某些行为，或发生了不可抗拒的自然灾害。如发生地震或特大洪水使原定工程不能兴建，使得合同无法履行而终止。

### 4.1.3　合同法的基本原则

**1. 平等原则**

《合同法》第三条规定："合同当事人的法律地位平等，一方不得将自己的意志强加给另一方。"这就确立了合同双方当事人之间法律地位平等的关系，意味着双方是在权利义务对等的基础上，经过充分协商达成一致的意思表示，共同实现经济利益。

**2. 自愿原则**

《合同法》第四条规定："当事人依法享有自愿订立合同的权利，任何单位和个人不得非法干预。"从本质上讲，合同就是市场主体经过自由协商，决定相互间的权利义务关系，并根据其自由意志变更或者解除相互间的关系。如前文所述，赋予市场主体进行交易的自由，是提高经济效益、发展生产力的重要因素。当今各国的合同法以及国际间有关合同的公约、协定等，都明确表示合同自愿是合同法中的重要原则。

**3. 公平原则**

《合同法》第五条规定："当事人应当遵循公平原则确定各方的权利和义务。"这里的公平，不是一般道德理念中的"均等"，而是指确定合同权利义务时应追求的正确性与合理性。在合同的订立和履行中，合同当事人应当正当行使合同权利和履行合同义务，兼顾他人利益，使当事人的利益能够均衡。在双务合同中，一方当事人在享有权利的同时，也要承担相应义务，取得的利益要与付出的代价相适应。

**4. 诚实信用原则**

《合同法》第六条规定："当事人行使权利、履行义务应当遵循诚实信用原则。"合同是在双方诚实信用基础上签订的，合同目标的实现必须依靠合同双方真诚地合作。如果双方缺乏诚实信用，则合同不可能顺利实施。诚实信用原则具体体现在合同签订、履行以及终止的全过程。

**5. 合法原则**

《合同法》要求当事人在订立及履行合同时，应当遵守法律、法规，不得扰乱社会经济秩序。只有合法合同才受国家法律的保护，违反法律的合同不受国家法律的保护。合法原则的具体内容包括以下几个方面：合同标的不得违法；合同主体不得违法；合同的形式不得违法。

**6. 公序良俗原则**

公序良俗是公共秩序与善良风俗的简称。我国《民法通则》第七条和《合同法》第七条都作出规定："当事人订立履行合同，应当遵守法律、行政法规，尊重社会公德，不得扰乱社会经济秩序、损害社会公共利益。"遵守公序良俗原则，是指当事人在订立合同、履行合同的过程中，除应遵守的法律、行政法规的规定外，还应遵守社会公共秩序，符合社会的公共道德标准，不得危害社会公共利益。

### 4.1.4　合同的订立

**1. 合同订立的概念**

合同的订立是指当事人通过一定程序、协商一致在其相互之间建立合同关系的一种法律行为。它描述的是缔约各方自接触、洽商直至达成合意的过程，是动态行为与静态协议的统一体。缔约各方的接触和洽商，达成协议前的整个讨价还价过程均属动态行为阶段。静态协议是指缔约达成的合意。

**2. 合同订立的构成**

（1）订约主体必须存在双方或多方当事人。

（2）订立合同的当事人应当具有相应的民事权利能力和民事行为能力。

（3）订立合同应当经过一定程序或者方式，当事人订立合同，要经过要约和承诺两个阶段。缺少任何一个阶段，就不可能订立合同。

（4）订立合同必须经过当事人协商一致是指当事人双方订立合同时必须协商并取得一致意见。如果当事人对合同的基本内容未达成一致意见，即合同不成立。

（5）合同订立的结果是在合同当事人之间建立合同关系，通过订立合同这种行为，就在合同当事人之间确立了合同权利、义务关系，即设立、变更或者终止债权债务的关系。

**3. 合同订立的程序**

合同订立的程序，指当事人双方通过对合同条款进行协商达成协议的过程。合同订立采取要约、承诺方式。

（1）要约。要约是一方当事人希望和他人订立合同的意思表示，该意思表示应当符合下列规定：内容具体确定，表明经受要约人承诺，要约人即受该意思表示约束。

要约到达受要约人时生效。

要约可以撤回，也可以撤销。撤回要约的通知应当在要约到达受要约人之前或与要约同时到达受要约人；撤销要约的通知应当在受要约人发出承诺通知前到达受要约人。有下列情形之一的，要约不得撤销：要约人确定了承诺期限或者以其他形式明示要约不可撤销；受要约人有理由认为要约是不可撤销的，并已经为履行合同做了准备工作。

有下列情形之一的要约失效：

1）拒绝要约的通知到达要约人。

2）要约人依法撤销要约。

3）承诺期限届满，受要约人未作出承诺。

4）受要约人对要约的内容作出实质性变更。

在建设工程合同订立过程中，投标人的投标文件、工程报价单等属于要约。

希望别人向自己发出要约的意思表示称之为要约邀请。如招标公告、拍卖公告、投标邀请书、招标文件等均属于要约邀请。

（2）承诺。承诺是受要约人同意要约的意思表示。承诺具有以下条件：

1）承诺必须由受要约人作出。

2）承诺只能向要约人作出。

3）承诺的内容应当与要约的内容一致。

4）承诺必须在承诺期限内发出。

在建设工程合同订立过程中，招标人发出中标通知书的行为是承诺。

承诺应当以通知的方式作出，但根据交易习惯或者要约表明可以通过行为作出承诺的除外。承诺应当在要约确定的承诺期限内到达要约人。

要约没有确定承诺期限的，承诺应当依照下列规定到达：要约以对话方式作出的，应当即时作出承诺，但当事人另有约定的除外；要约以非对话方式作出的，承诺应当在合理期限内到达。要约以信件或者电报作出的，承诺期限自信件载明的日期或者电报交发之日开始计算。信件未载明日期的，自投寄该信件的邮戳日期开始计算。要约以电话、传真等快速通信方式作出的，承诺期限自要约到达受要约人时开始计算。

超过承诺期限到达要约人的承诺，按迟到原因不同对承诺的有效性进行如下区分：受要约人超过承诺期限发出承诺的，除要约人及时通知受要约人该承诺有效的以外，为新要约；受要约人在承诺期限内发出承诺，按照通常情形能够及时到达要约人，但因其他原因承诺到达要约人时超过承诺期限的，除要约人及时通知受要约人因承诺超过期限不接受该承诺的以外，该承诺有效。

承诺的内容应当与要约的内容一致。受要约人对要约的内容作出实质性变更的，为新要约。有关合同标的、数量、质量、价款或者报酬、履行期限、履行地点和方式、违约责任和解决争议方法等的变更，是对要约内容的实质性变更。承诺对要约的内容作出非实质性变更的，除要约人及时表示反对或者要约表明承诺不得对要约的内容作出任何变更的以外，该承诺有效，合同的内容以承诺的内容为准。

承诺可以撤回。撤回承诺的通知应当在承诺通知到达要约人之前或者与承诺通知同时到达要约人。

（3）要约和承诺的生效。

1）要约到达受要约人时生效。采用数据电文形式订立合同，收件人指定特定系统接收数据电文的，该数据电文进入该特定系统的时间，视为到达时间；未指定特定系统的，该数据电文进入收件人的任何系统的首次时间，视为到达时间。

2）承诺通知到达要约人时生效。承诺不需要通知的，根据交易习惯或者要约的要求作出承诺的行为时生效。

**4. 合同的成立**

（1）不要式合同的成立。合同成立是指合同当事人对合同的标的、数量等内容协商一致。如果法律法规、当事人对合同的形式、程序无特殊要求，则承诺生效时合同成立。

承诺生效的地点为合同成立的地点。采用数据电文形式订立合同的，收件人的主营业地为合同成立的地点；没有主营业地的，其经常居住地为合同成立的地点。当事人另有约定的，按照其约定。

（2）要式合同的成立。当事人采用合同书形式订立合同的，自双方当事人签字或者盖章时合同成立。法律、行政法规规定或者当事人约定采用书面形式订立合同，当事人未采用书面形式但一方已经履行主要义务，对方接受的，该合同成立。采用合同书形式订立合同，在签字或者盖章之前，当事人一方已经履行主要义务，对方接受的，该合同成立。

**5. 合同的内容**

合同的内容是指当事人享有的权利和承担的义务，主要以各项条款确定。合同内容由当事人约定，一般包括以下条款：

（1）当事人的名称或姓名、住所。这是每个合同必须具备的条款，当事人是合同的主体，要把名称或姓名、住所规定准确、清楚。

（2）标的。标的是当事人权利义务所共同指向的对象。没有标的或标的不明确，权利义务就没有客体，合同关系就不能成立，合同就无法履行。不同的合同其标的也有所不同，标的可以是物、行为、智力成果、项目或某种权利。

（3）数量。数量是衡量合同标的多少的尺度，以数字和计量单位表示。没有数量或数量的规定不明确，当事人双方权利义务的多少，合同是否完全履行就无法确定。数量必须严格按照国家规定的法定计量单位填写，以免当事人产生不同的理解。施工合同中的数量主要体现的是工程量的多少。

（4）质量。指标准、技术要求，表明标的的内在素质和外观形态的综合，包括产品的性能、效用、工艺等，一般以品种、型号、规格、等级等体现出来。当事人约定质量条款时，必须符合国家有关规定和要求。

（5）价款或报酬。是一方当事人向对方当事人所付代价的货币支付，凡是有偿合同都有价款或报酬条款。当事人在约定价款或报酬时，应遵守国家有关价格方面的法律和规定，并接受工商行政管理机关和物价管理部门的监督。

（6）履行期限、地点和方式。履行期限是合同中规定当事人履行自己的义务的时间界限，是确定当事人是否按时履行或延期履行的客观标准，也是当事人主张合同权利的时间依据。履行地点是指当事人履行合同义务和对方当事人接受履行的地点。履行方式是当事人履行合同义务的具体做法。合同标的不同，履行方式也有所不同，即使合同标的相同，也有不同的履行方式，当事人只有在合同中明确约定合同的履行方式，才便于合同的履行。

（7）违约责任。指当事人一方或双方不履行合同义务或履行合同义务不符合约定的，依照法律的规定或按照当事人的约定应当承担的法律责任。合同中约定违约责任条款，不仅可以维护合同的严肃性，督促当事人切实履行合同，而且一旦出现当事人违反合同的情况，便于当事人及时按照合同承担责任，减少纠纷。

（8）解决争议的方法。在合同履行过程中不可避免地会产生争议，为使争议发生后能够有一个双方都能接受的解决办法，应当在合同条款中对此作出规定。如果当事人希望通过仲裁作为解决争议的最终方式，则必须在合同中约定仲裁条款，因为仲裁是以自愿为原则的。

**6. 合同的形式**

合同形式指协议内容借以表现的形式。合同的形式由合同的内容决定并为内容服务。合同的形式有书面形式、口头形式和其他形式。

（1）书面形式。指合同书、信件和数据电文（包括电报、电传、传真、电子数据交换和电子邮件）等可以有形地表现所载内容的形式。法律、行政法规规定采用书面形式的，应当采用书面形式。当事人约定采用书面形式的，应当采用书面形式。建设工程合同应当采用书面形式。

（2）口头形式。指当事人以对话的方式达成的协议。一般用于数额较小或现款交易。

（3）其他形式。指推定形式和默示形式。

**7. 缔约过失**

缔约过失责任是指在合同订立过程中，一方当事人因违背其应依据诚实信用原则所尽的义务，而导致另一方的信赖利益的损失，应承担的民事责任。缔约过失责任既不同于违约责任，也有别于侵权责任，是一种独立的责任。

构成缔约过失责任应具备下列条件：

（1）该责任发生在订立合同的过程中。这是违约责任与缔约过失责任的根本区别。只有合同尚未生效，或者虽然应生效但被确认无效或被撤销时，才可能发生缔约过失责任。

（2）当事人违反了诚实信用原则所要求的义务。在订约阶段，当事人负有协助、通知、告知、保护、照管、保密、忠实等法定义务，若当事人因过错违反这些义务，则可能产生缔约过失责任。

（3）受害方的信赖利益遭受损失。信赖利益损失，是指相对人因信赖合同会有效成立却由于合同最终不成立或无效而受到的利益损失，这种信赖利益必须是基于合理的信赖而产生的利益，即在缔约阶段因为一方的行为已使另一方足以相信合同能成立或生效。

缔约过失责任适用于下列情形：

（1）假借订立合同，恶意进行磋商。恶意磋商是在缺乏订立合同真实意愿情况下，以订立合同为名与他人磋商，其目的可能是破坏对方与第三人订立合同或促使对方贻误商机。

（2）故意隐瞒与订立合同有关的重要事实或者提供虚假情况。

（3）有其他违背诚实信用原则的行为。

当事人在订立合同过程中知悉的商业秘密，无论合同是否成立，不得泄露或者不正当地使用。泄露或者不正当地使用该商业秘密给对方造成损失的，应当承担损害赔偿责任。

## 4.1.5 合同的效力

### 1. 合同的生效

合同生效，是指合同发生法律效力，即对合同当事人乃至第三人发生强制性的拘束力。合同之所以具有法律拘束力，并非来源于当事人的意志，而是来源于法律的赋予。

合同成立后，必须具备相应的法律条件才能生效，否则合同是无效的。合同生效应当具备下列条件：

（1）当事人具有相应的民事权利能力和民事行为能力。订立合同的人必须具备一定的独立表达自己的意思和理解自己行为的性质和后果的能力。完全民事行为能力人可以订立一切法律允许自然人作为合同主体的合同。法人和其他组织的权利能力就是它们的经营、活动范围，民事行为能力则与它们的权利能力相一致。在建设工程合同中，合同当事人一般应当具有法人资格，并且承包人还应当具备相应的资质等级。

（2）意思表示真实。当事人的意思表示必须真实。含有意思表示不真实的合同不能取得法律效力。如建设工程合同的订立，一方采用欺诈、胁迫的手段订立的合同，就是意思表示不真实的合同，这样的合同就欠缺生效的条件。

（3）不违反法律或者社会公共利益。这是合同有效的重要条件，是就合同的目的和内容而言的，是对合同自由的限制。

### 2. 合同的生效时间

对于合同的生效时间，主要规定有：

（1）合同成立生效。依法成立的合同，自成立时合同生效。

（2）批准登记生效。《合同法》规定，法律、行政法规规定应当办理批准、登记等手续生效的，依照其规定。按照我国现有的法律和行政法规的规定，有的将批准登记作为合同成立的条件，有的将批准登记作为合同生效的条件。

（3）约定生效。当事人对合同的效力可以约定附条件。附生效条件的合同，自条件成就时生效。附解除条件的合同，自条件成就时失效。当事人为自己的利益不正当地阻止条件成就的，视为条件已成就；不正当地促成条件成就的，视为条件不成就。当事人对合同的效力可以约定附期限。附生效期限的合同，自期限届至时生效。附终止期限的合同，自期限届满时失效。但是当事人为自己的利益不正当地阻止条件成就的，视为条件已成就；不正当地促成条件成就的，视为条件不成就。

### 3. 效力待定合同

效力待定合同一般是指行为人未经权利人同意而订立的合同。合同或合同某些方面不符合合同生效要件，但又不属于无效合同或可撤销合同，应当采取补救措施，有条件的尽量促使其生效。合同效力待定主要有以下几种情况：

（1）限制民事行为能力人订立的合同。此种合同经法定代理人追认后，该合同有效。但纯获利益的合同或者与其年龄、智力、精神健康状况相适应而订立的合同，不必经法定代理人追认。

（2）无权代理合同。这种合同具体又分为三种情况：

1）行为人没有代理权。即行为人事先没有取得代理权却以代理人自居而代理他人订立的合同。

2）无权代理人超越代理权，即代理人虽然获得了被代理人的代理权，但他在代订合同时超越了代理权限的范围。

3）代理权终止后以被代理人的名义订立合同，即行为人曾经是被代理人的代理人，但在以被代理人的名义订立合同时，代理权已终止。

对于无权代理合同，《合同法》规定："未经被代理人追认，对被代理人不发生效力，由行为人承担责任。"但是，"相对人有理由相信行为人有代理权的，该代理行为有效。"

法人或者其他组织的法定代表人、负责人超越权限订立的合同，除相对人知道或者应当知道其超越权限的以外，该代表行为有效。

（3）无处分权的人处分他人财产的合同。这类合同是指无处分权的人以自己的名义对他人的财产进行处分而订立的合同。根据法律规定，财产处分权只能由享有处分权的人行使。《合同法》规定："无处分权的人处分他人财产，经权利人追认或者无处分权的人订立合同后取得处分权的，该合同有效。"

### 4. 无效合同

合同无效是相对于合同有效而言的，它是指当事人违反了法律规定的条件而订立的合同，国家不承认其效力，自始、确定、当然不发生法律效力，这样的合同，称为无效合同。无效合同从订立时就不具有法律效力。不论合同履行到什么阶段，合同被确认无效后，这种无效的确认要溯及到合同订立时。

（1）无效合同。《合同法》规定，有下列情形之一的，合同无效：

1）一方以欺诈、胁迫的手段订立合同，损害国家利益。

2）恶意串通，损害国家、集体或者第三人利益。

3）以合法形式掩盖非法目的。

4）损害社会公众利益。

5）违反法律、行政法规的强制性规定。

（2）无效的免责条款。免责条款，是当事人在合同中确立的排除或限制其未来责任的条款。合同中的下列免责条款无效：

1）造成对方人身伤害的。生命健康权是不可转让、不可放弃的权利，不允许当事人以免责条款的方式事先约定免除这种责任。

2）因故意或者重大过失造成对方财产损失的。财产权属于重要的民事权利，若预先约定免除一方故意或重大过失而给对方造成损失，就会给一方当事人提供滥用权力的机会。

（3）无效合同的处理。无效合同的确认权归附人民法院和仲裁机构。具体规定有：

1）无效合同自合同签订时就没有法律约束力。

2）合同无效分为整个合同无效和部分无效，如果合同为部分无效的，不影响其他部分的法律效力。

3）合同无效，不影响合同中独立存在的有关解决争议条款的效力。

4）合同无效，因该合同取得的财产，应当予以返还；不能返还或者没有必要返还的，应当折价补偿。有过错的一方应当赔偿对方因此所受到的损失，双方都有过错的，应当各自承担相应的责任。

5）当事人恶意串通，损害国家、集体或者第三人利益的，因此取得的财产收归国家所有或者返还集体、第三人。

（4）建设工程施工合同无效的情形。

1）承包人未取得建筑施工企业资质或者超越资质等级所签订的施工合同无效。

2）没有资质的实际施工人借用有资质的建筑施工企业名义所签订的施工合同无效。

3）建设工程必须进行招标而未招标或者中标无效所签订的施工合同无效。

4）基于承包人非法转包、违法分包所签订的施工合同无效。

5）招标人与中标人所签订的中标合同中与中标通知书内容不相符的合同条款无效。

6）当事人就同一建设工程另行订立的施工合同中与备案的中标合同实质性内容不一致的，以备案合同作为结算工程款的依据。

**5. 可变更或可撤销合同**

可变更合同是指合同部分内容违背当事人的真实意思表示，当事人可以要求对该部分内容的效力予以撤销的合同。可撤销合同是指虽经当事人协商一致，但因非对方的过错而导致一方当事人意思表示不真实，允许当事人依照自己的意思，使合同效力归于消灭的合同。《合同法》规定下列合同当事人一方有权请求人民法院或者仲裁机构变更或撤销：

（1）因重大误解订立的。

（2）在订立合同时显失公平的。

此外，一方以欺诈、胁迫的手段或者乘人之危，使对方在违背真实意思的情况下订立的合同，受损害方有权请求人民法院或者仲裁机构变更或者撤销。

合同经人民法院或仲裁机构变更，被变更的部分无效，而变更后的合同则为有效合同，对当事人具有法律约束力。合同经人民法院或仲裁机构撤销，被撤销的合同即为无效合同，自始不具有约束力。因此，对于以上合同，当事人请求变更的，人民法院或者仲裁机构不得撤销。

可撤销合同与无效合同有明显的区别。主要表现在以下方面：

（1）无效合同中受损害的是国家、集体、第三人或社会公共利益，是违法的合同；可撤销合同中受损害的则是合同当事人一方的利益。

（2）可撤销合同的一方当事人有撤销权，如果其行使撤销权，则合同自始无效；如果不行使撤销权，则合同的效力正常继续。无效合同内容违法，自始不发生法律效力。

（3）可撤销合同中具有撤销权的当事人自知道撤销事由之日起一年内没有行使撤销权或者知道撤销事由后明确表示，或者以自己的行为表示放弃撤销权，则撤销权消灭。无效合同从订立之日起就无效，不存在期限。

由于可撤销的合同只是涉及当事人意思表示不真实的问题，因此法律对撤销权的行使有一定的限制。有下列情形之一的，撤销权消灭：具有撤销权的当事人自知道或者应当知道撤销事由之日起一年内没有行使撤销权；具有撤销权的当事人知道撤销事由后明确表示或者以自己的行为放弃撤销权。

合同被撤销后的法律后果与合同无效的法律后果相同。

**6. 当事人名称或者法定代表人变更不对合同效力产生影响**

合同生效后，当事人不得因姓名、名称的变更或者法定代表人、负责人、承办人的变动而不履行合同义务。

**7. 当事人合并或分立后对合同效力的影响**

《合同法》规定，订立合同后当事人与其他法人或组织合并，合同的权利和义务由合并后的新法人或组织承担，合同仍然有效。

订立合同后分立的，分立的当事人应及时通知对方，并告知合同权利和义务的承担人，双方可以重新协商合同的履行方式。如果分立方没有告知或分立方的该合同责任归属通过协商对方当事人仍不同意，则合同的权利义务由分立后的法人或组织连带负责，即享有连带债权，承担连带债务。

## 4.1.6 合同的履行

合同的履行，是指合同生效以后，合同当事人依照合同的约定，全面、适当地完成合同义务的行为。当事人订立合同的目的，必须通过合同的履行方能得以实现。履行行为，从合同债务人的角度而言，即是实施属于合同标的行为，这里的行为，根据合同性质的不同，表现为交付某种货物、完成某项工作、提供某种劳务或者支付价款等。合同的履行，事关合同当事人合法权益的实现，《合同法》第四章对此专门作了规定。

**1. 合同履行的原则**

（1）全面履行原则。当事人订立合同不是目的，只有全面履行合同，才能实现当事人所追求的法律后果，使其预期目的得以实现。如果当事人所订立的合同，有关内容约定不明确或者没有约定，《合同法》允许当事人协议补充。如果当事人不能达成协议的，按照合同有关条款或交易习惯确定。如果按此规定仍不能确定的，则按《合同法》规定处理。

1）质量要求不明确的，按照国家标准、行业标准履行；没有国家标准、行业标准的，按照通常标准或者符合合同目的的特定标准履行。

2）价款或者报酬不明确的，按照订立合同时履行地的市场价格履行；依法应当执行政府定价或者指导价的，按照规定履行。

3）履行地点不明确，给付货币的，在接受货币一方所在地履行；交付不动产的，在不动产所在地履行；其他标的，在履行义务一方所在地履行。

4）履行期限不明确的，债务人可以随时履行，债权人也可以随时要求履行，但应当给对方必要的准备时间。

5）履行方式不明确的，按照有利于实现合同目的的方式履行。

6）履行费用的负担不明确的，由履行义务一方负担。

执行政府定价或者政府指导价的，在合同约定的交付期限内政府价格调整时，按照交付时的价格计价。逾期交付标的物的，遇价格上涨时，按照原价格执行；价格下降时，按照新价格执行。逾期提取标的物或者逾期付款的，遇价格上涨时，按照新价格执行；价格下降时，按照原价格执行。

（2）诚实信用原则。《合同法》规定，当事人应当遵循诚实信用原则，根据合同的性质、目的和交易习惯，履行通知、协助、保密等义务。

（3）实际履行原则。合同当事人应严格按照合同规定的标的完成合同义务，而不能用其他标的代替。鉴于客观经济活动的复杂性和多变性，在具体执行该原则时，还应根据实际情况灵活掌握。

**2. 合同履行中的抗辩权**

所谓抗辩权，就是一方当事人有依法对抗对方要求或否认对方权力主张的权力。合同规定了同时履行抗辩权和后履行抗辩权及先履行抗辩权。

（1）同时履行抗辩权。当事人互负债务，没有先后履行顺序的，应当同时履行。同时履行抗辩权包括：一方在对方履行之前有权拒绝其履行要求；一方在对方履行债务不符合约定时，有权拒绝其相应的履行要求。如施工合同中期付款时，对承包人施工质量不合格部分，发包人有权拒付该部分的工程款；如果发包人拖欠工程款，则承包人可以放慢施工进度，甚至停止施工。产生的后果，由违约方承担。

同时履行抗辩权的适用条件是：

1）由同一双务合同产生互负债务。

2）合同中未约定履行的顺序，即当事人应当同时履行债务。

3）对方当事人没有履行债务或者履行债务不符合合同约定。

4）对方当事人有全面履行合同债务的能力。

（2）后履行抗辩权。后履行抗辩权也包括两种情况：当事人互负债务，有先后履行顺序的，应当先履行的一方未履行时，后履行的一方有权拒绝其对本方的履行要求；应当先履行的一方履行债务不符合规定的，后履行的一方也有权拒绝其相应的履行要求。如材料供应合同按照约定应由供货方先行交付订购的材料后，采购方再行付款结算，若合同履行过程中供货方交付的材料质量不符合约定的标准，采购方有权拒付货款。

后履行抗辩权应满足的条件为：

1）由同一双务合同产生互负债务。

2）合同中约定了履行的顺序。

3）应当先履行的合同当事人没有履行债务或者没有正确履行债务。

4）应当先履行一方当事人有全面履行合同债务的能力。

（3）不安抗辩权。不安抗辩权也称终止履行，是指合同中约定了履行的顺序，合同成立后发生了应当后履行合同一方财务状况恶化的情况，应当先履行合同一方在对方未履行或者提供担保前有权拒绝先为履行。

《合同法》规定，应当先履行合同的一方有确切证据证明对方有下列情形之一的，可以中止履行：

1）经营状况严重恶化。

2）转移财产、抽逃资金，以逃避债务的。

3）丧失商业信誉。

4）有丧失或者可能丧失履行债务能力的其他情形。

因此，不安履行抗辩权应满足的条件为：

1）由同一双务合同产生互负债务，且合同中约定了履行的顺序。

2）先履行一方当事人的债务履行期限已届，而后履行一方当事人履行期限未届。

3）后履行一方当事人丧失或者可能丧失履行债务能力，证据确切。

4）合同中未约定担保。

**3. 合同不当履行的处理**

（1）因债权人致使债务人履行困难的处理。合同生效后，当事人不得因姓名、名称的变更或因法定代表人、负责人、承办人的变动而不履行合同义务。债权人分立、合并或者变更住所应当通知债务人。如果没有通知债务人，会使债务人不知向谁履行债务或者不知在何地履行债务，致使履行债务发生困难。出现这些情况，债务人可以中止履行或者将标的物提存。

中止履行是指债务人暂时停止合同的履行或者延期履行合同。提存是指由于债权人的原因致使债务人无法向其交付标的物，债务人可以将标的物交给有关机关保存以此消灭合同的制度。

（2）提前或者部分履行的处理。提前履行是指债务人在合同规定的履行期限到来之前就开始履行自己的义务。部分履行是指债务人没有按照合同约定履行全部义务而只履行了自己的一部分义务。提前或者部分履行会给债权人行使权力带来困难或者增加费用。

债权人可以拒绝债务人提前或部分履行债务，由此增加的费用由债务人承担。但不损害债权人利益且债权人同意的情况除外。

（3）合同不当履行中的保全措施。为了防止债务人的财产不适当减少而给债权人带来危害，合同法允许债权人为保全其债权的实现采取保全措施。保全措施包括代位权和撤销权。

1）代位权。是指因债务人怠于行使其到期债权，对债权人造成损害，债权人可以向人民法院请求以自己的名义代位行使债务人的债权。债权人依照《合同法》规定提起代位权诉讼，应当符合下列条件：①债权人对债务人的债权合法；②债务人怠于行使其到期债权，会对债权人造成损害；③债务人的债权已到期；④债务人的债权不是专属于债务人自身的债权；⑤代位权的行使范围以债权人的债权为限；⑥债权人行使代位权的必要费用，由债务人负担。

2）撤销权。因债务人放弃其到期债权或者无偿转让财产，对债权人造成损害的，债权人可以请求人民法院撤销债务人的行为。债务人以明显不合理的低价转让财产，对债权人造成损害，并且受让人知道该情形的，债权人也可以请求人民法院撤销债务人的行为。当债权人行使撤销权，人民法院依法撤销债务人行为的，导致债务人的行为自始无效，第三人因此取得的财产，应当返还给债务人。

撤销权的行使范围以债权人的债权为限。债权人行使撤销权的必要费用，由债务人负担。撤销权自债权人知道或者应当知道撤销事由之日起一年内行使。自债务人的行为发生之日起五年内没有行使撤销权的，该撤销权消灭。

### 4.1.7 合同的变更、转让和终止

**1. 合同的变更**

此处的合同变更仅指狭义的合同变更，是指有效成立的合同在尚未履行或未履行完毕之前，由于一定法律事实的出现而使合同内容发生改变。如增加或减少标的物的数量、推迟原定履行期限、变更交付地点或方式等。

按照《合同法》的基本原理，合同已经有效成立即具有法律效力，当事人不得擅自对合同内容加以改变。但是，这并不意味着在任何情况下法律都一概不允许变更合同。根据合同自由的原则，当事人如果协商一致自愿变更合同内容，法律一般不对此作硬性禁止。合同尚未履行或尚未履行完毕之前，如果由于客观情况的变化，使得继续按照原合同约定履行会造成不公平的后果，因此变更原合同条款，调整债权债务内容是十分有必要的。

《合同法》规定，当事人协商一致，可以变更合同。因此，当事人变更合同的方式类似于订立合同的方式，要经过提议和接受两个步骤。要求变更合同的一方首先提出建议，明确变更的内容，以及变更合同引起的后果处理；另一当事人对变更表示接受。这样，双方当事人对合同的变更达成协议。一般来说，书面形式的合同，变更协议也应采用书面形式。

**2. 合同的转让**

合同转让，是指在合同当事人一方依法将其合同的权利和义务全部地或部分地转让给第三人。合同的转让是广义的合同的变更。从广义上讲，只要债的三要素中有任何一个要素发生变更，都被认为是债的变更。而狭义债的变更仅指债的内容变更，而债的主体变更称为债的转移或合同的转让。合同转让，按照其转让的权利义务的不同，可分为合同权利的转让、合同义务的转让及合同权利义务一并转让三种形态。

（1）合同权利的转让。合同权利的转让也称债权让与，是合同当事人将合同中的权利全部或部分转让给第三方的行为。转让合同权利的当事人称为让与人，接受转让的第三人称为受让人。

1）债权人转让权利的条件。债权人转让权利的，应当通知债务人。未经通知，该转让对债务人不发生效力。除非受让人同意，债权人转让权利的通知不得撤销。

2）不得转让的情形。《合同法》规定不得转让的情形包括：根据合同性质不得转让；按照当事人约定不得转让；依照法律规定不得转让。

（2）合同义务的转让。合同义务的转让也称债务转让，是债务人将合同的义务全部或部分地转移给第三人的行为。《合同法》规定了债务人转让合同义务的条件：债务人将合同的义务全部或部分转让给第三人，应当经债权人同意。

（3）合同权利和义务一并转让。指当事人一方将债权债务一并转让给第三人，由第三人接受这些债权债务的行为。《合同法》规定：当事人一方经对方同意，可以将自己在合同中的权利和义务一并转让给第三人。

建设工程项目总承包人或勘察、设计、施工承包人经发包人同意，可以将自己承包的部分工作交由第三人完成。第三人就其完成的工作成果与总承包人或勘察、设计、施工承包人向发包人承担连带责任。

### 3. 合同的终止

合同权利义务的终止，简称合同终止，是指因一定事由的产生或出现而使合同权利义务归于消灭，合同关系在客观上不复存在。合同关系反映财产流转关系，其本身性质决定它不能永久存续，是一种动态关系，有着从发生到消灭的过程。如果合同债权永续存在，债务人就将无限期的承担积极给付责任，是债务人长期蒙受不利和负担的约束，对债务人来讲是不公平的，因此合同的终止是必然要发生的。

（1）合同终止的情形。《合同法》第九十一条规定，合同的权利义务由于下列情形终止：债务已经按照约定履行；合同解除；债务相互抵消；债务人依法将标的物提存；债权人免除债务；债权债务同归于一人；法律规定或者当事人约定终止的其他情形。

（2）合同解除。合同生效后，当事人一方不得擅自解除合同。但在履行过程中，有时会产生某些特定情况，应当允许解除合同。《合同法》规定合同解除有两种情况：

1）协议解除。当事人双方通过协议可以解除原合同规定的权利和义务关系。当事人协商一致，可以解除合同。当事人可以约定一方解除合同的条件。解除合同的条件成就时，解除权人可以解除合同。

2）法定解除。合同成立后，没有履行或者没有完全履行以前，当事人一方可以行使法定解除权使合同终止。《合同法》规定了下列情形之一的，当事人可以解除合同：①因不可抗力致使不能实现合同目的；②在履行期限届满之前，当事人一方明确表示或者以自己的行为表示不履行主要债务；③当事人一方迟延履行主要债务，经催告后在合理期限内仍未履行；④当事人一方迟延履行债务或者有其他违约行为致使不能实现合同目的；⑤法律规定的其他情形。当事人依法主张解除合同的，应当通知对方。合同自通知到达对方时解除。对方有异议的，可以请求人民法院或者仲裁机构确认解除合同的效力。

关于合同解除的法律后果，《合同法》规定："合同解除后，尚未履行的，终止履行；已经履行的根据履行情况和合同性质，当事人可以要求恢复原状，采取其他补救措施，并有权要求赔偿损失。"

（3）合同后义务。合同终止后，虽然合同当事人的合同权利义务关系不复存在了，但合同责任并不一定消灭，因此，合同中结算和清理条款不因合同的终止而终止，仍然有效。

## 4.1.8 违约责任

违约责任是指合同当事人违反合同约定，不履行义务或者履行义务不符合约定所承担的责任。违约责任实行严格责任原则，不论主观上是否有过错，只要造成违约事实就要承担违约责任。

### 1. 违约责任的承担方式

（1）继续履行合同。继续履行合同要求违约人按照合同的约定，切实履行所承担的合同义务。包括两种情况：一是债权人要求债务人按合同的约定履行合同；二是债权人向法院提出起诉，由法院判决强迫违约方具体履行其合同义务。当事人违反金钱债务，一般不能免除其继续履行的义务。当事人违反非金钱债务的，除法律规定不适用继续履行的情形外，也不能免除其继续履行的义务。当事人一方不履行金钱债务或者履行非金钱债务不符合规定的，对方可以要求履行。但有下列规定之一的情形除外：

1）法律上或者事实上不能履行。

2）债务的标的不适合强制履行或者履行费用过高。

3）债权人在合理期限内未要求履行。

（2）采取补救措施。采取补救措施是指在当事人违反合同后，为防止损失发生或者扩大，由其依照法律或者合同约定而采取的修理、更换、退货、减少价款或者报酬等措施。采用这一违约责任的方式，主要是在发生质量不符合约定的时候。"合同法"规定，质量不符合约定的，应当按照当事人的约定承担违约责任。对违约责任没有约定或者约定不明确，依照《合同法》的规定。仍不能确定的，受损害方根据标的的性质以及损失的大小，可以合理选择要求对方承担修理、更换、退货、减少价款或报酬等违约责任。

（3）赔偿损失。当事人一方不履行合同义务或者履行合同义务不符合约定的，给对方造成损失的，应当赔偿对方的损失。损失赔偿额应当相当于因违约所造成的损失，包括合同履行后可以获得的利益，但不得超过违反合同一方订立合同时预见或应当预见的因违反合同可能造成的损失。这种方式是承担违约责任的主要方式。因为违约一般都会给当事人造成损失，赔偿损失是守约者避免损失的有效方式。

当事人一方不履行合同义务或履行合同义务不符合约定的，在履行义务或采取补救措施后，对方还有其他损失的，应承担赔偿责任。当事人一方违约后，对方应当采取适当措施防止损失的扩大，没有采取措施致使损失扩大的，不得就扩大的损失请求赔偿，当事人因防止损失扩大而支出的合理费用，由违约方承担。

（4）支付违约金。违约金是指按照当事人的约定或者法律直接规定，一方当事人违约时，应向另一方支付的金钱。违约金的标的物是金钱，也可约定为其他财产。

1）当事人可以约定一方违约时应当根据违约情况向对方支付一定数额的违约金，也可以约定因违约产生的损失赔偿额的计算方法。在合同实施中，只要一方有不履行合同的行为，就得按合同规定向另一方支付违约金，而不管违约行为是否造成对方损失。

2）违约金同时具有补偿性和惩罚性。《合同法》规定，约定的违约金低于违反合同所造成的损失的，当事人可以请求人民法院或者仲裁机构予以增加；若约定的违约金过分高于所造成的损失，当事人可以请求人民法院或者仲裁机构予以减少。

（5）定金。当事人可以约定一方向对方给付定金作为债权的担保。债务人履行债务后定金应当抵作价款或收回。给付定金的一方不履行约定债务的，无权要求返还定金；收受定金的一方不履行约定债务的，应当双倍返还定金。

当事人既约定违约金，又约定定金的，一方违约时，对方可以选择适用违约金或定金条款。但是，这两种违约责任不能合并使用。

**2. 承担违约责任的特殊情形**

（1）先期违约。是指当事人一方在合同约定的期限届满之前，明示或默示其将来不能履行合同。《合同法》规定，当事人一方明确表示或以自己的行为表明不履行合同义务的，对方可以在履行期限届满之前要求其承担违约责任。

（2）双方违约。当事人双方都违反合同的，应当由违约方各自独立地承担自己相应的违约责任。

（3）因第三人原因违约。当事人一方因第三人原因造成违约的，应当向对方承担违约责任，当事人一方和第三人之间的纠纷，依照法律规定或者按照约定解决。

（4）违约与侵权竞合的情形。因当事人一方的违约行为，侵害对方人身、财产权益的，受损害方有权选择要求其承担违约责任或侵权责任。

**3. 不可抗力及违约责任的免除**

（1）不可抗力。是指合同签订后，发生了合同当事人无法预见、无法避免、无法控制、无法克服的客观状况，以致合同当事人不能依约履行职责或不能如期履行职责。

不可抗力包括以下两种情况：

1）自然原因引起的自然现象，例如：地震、洪水、飓风、山崩、海啸等。

2）社会原因引起的社会现象，例如：战争、动乱、特定政府行为、罢工、瘟疫等。

当事人一方因不可抗力不能履行合同的，应当及时通知对方，以减轻可能给对方造成的损失，并应当在合理期限内提供证明。

当事人一方违约后，对方应当采取适当措施防止损失的扩大；没有采取适当措施致使损失扩大的，不得就扩大的损失要求赔偿。当事人因防止损失扩大而支出的合理费用，由违约方承担。

（2）违约责任的免除。是指在合同履行过程中，因出现法定的免责条件或者合同约定的免责事由导致合同不履行的，合同债务人将被免除合同履行义务。

1）约定的免责。合同中可以约定在一方违约的情况下免除其责任的条件即免责条款，但该条款不得违反法律的强制性规定。

2）法定的免责。出现了法律规定的特殊情形（不可抗力），即使当事人违约也可以免除违约责任。因不可抗力不能履行合同的，根据不可抗力的影响，部分或者全部免除责任，但法律另有规定的除外。当事人迟延履行后发生不可抗力的，不能免除责任。

## 4.1.9 合同争议处理方式

合同争议，是指当事人双方对合同订立和履行情况以及不履行合同的后果所产生的纠纷。对合同订立产生的争议，一般是对合同是否成立及合同的效力产生分歧；对合同履行情况产生的争议，往往是对合同是否履行或者是否已按合同约定履行产生的异议；而对并不履行合同的后果产生的争议，则是对没有履行合同或者没有完全履行合同的责任，应由哪方承担责任和如何承担责任而产生的纠纷。选择适当的解决方式，及时解决合同争议，不仅关系到维护当事人的合同利益和避免损失的扩大，而且对维护社会经济秩序也有重要作用。

合同争议的解决通常有如下几种处理方式。

**1. 和解**

和解是指争议的合同当事人，依据有关的法律规定和合同约定，在互谅互让的基础上，经过谈判和磋商，自愿对争议事项达成协议，从而解决合同争议的一种方法。和解的特点在于无须第三者介入，简便易行，能及时解决争议，并有利于双方的协作和合同的继续履行。但由于和解必须以双方自愿为前提，因此，当双方分歧严重，及一方或双方不愿协商解决争议时，和解方式往往受到局限。

**2. 调解**

调解是争议当事人在第三方的主持下，通过其劝说引导，在互谅互让的基础上自愿达成协议以解决合同争议的一种方式。调解也是以公平合理、自愿等为原则。调解解决合同争议，可以不伤和气，使双方当事人互相谅解，有利于促进合作。但这种方式受当事人自愿的局限，如果当事人不愿调解，或调解不成时，则应及时采取仲裁或诉讼以最终解决合同争议。

**3. 仲裁**

仲裁是指发生争议的双方当事人，根据其在争议发生前或争议发生后所达成的协议，自愿将该争议提交中立的第三者进行裁判的争议解决制度和方式。仲裁具有自愿性、专业性、灵活性、保密性、快捷性、经济性和独立性等特点。

当事人采用仲裁方式解决纠纷，应当双方自愿，达成仲裁协议。仲裁协议应采用书面形式。没有仲裁协议，一方申请仲裁的，仲裁委员会不予受理。当事人达成仲裁协议，一方向人民法院起诉的，人民法院不予受理，但仲裁协议无效的除外。仲裁委员会应当由当事人协议选定。仲裁不实行级别管辖和地域管辖。

仲裁协议的内容包括：

（1）请求仲裁必须是双方当事人共同的意思表示，必须是双方协商一致的基础上真实意思的表示，必须是有利害关系的双方当事人的意思表示。

（2）仲裁事项，提交仲裁的争议范围。

（3）选定的仲裁委员会。

仲裁实行一裁终局制度。裁决做出后，当事人应当履行裁决。一方当事人不履行的，另一方当事人可以依照民事诉讼法的有关规定向人民法院申请执行。

**4. 诉讼**

诉讼作为一种合同争议的解决方法，是指人民法院在当事人和其他诉讼参与人参加下，审理和解决民事案件的活动。当事人双方产生合同争议，又未达成有效仲裁协议的，任何一方都可以向有管辖权的人民法院起诉。与其他解决合同争议的方式相比，诉讼是最有效的一种方式，之所以如此，首先是因为诉讼由国家审判机关依法进行审理裁判，最具权威性；其次，判决发生法律效力后，以国家强制力保证判决的执行。

需要指出的是，仲裁和诉讼这两种争议解决的方式只能选择其中一种，当事人可以根据实际情况选择仲裁或诉讼。

## 4.1.10 合同的担保形式

合同担保是指合同当事人依据法律规定或双方约定，由债务人或第三人向债权人提供的以确保债权实现和债务履行为目的的措施。合同担保分为保证、抵押、质押、留置、定金等方式。

**1. 保证**

（1）保证是指保证人和债权人约定，当债务人不履行债务时，保证人按照约定履行债务或者承担责任的行为。

保证担保的当事人包括：债权人、债务人、保证人。

保证人与债权人应当以书面形式订立保证合同。保证合同应当包括以下内容：①被保证的主债权种类、数额；②债务人履行债务的期限；③保证的方式；④保证担保的范围；⑤保证的期间；⑥双方认为需要约定的其他事项。

当事人对保证担保的范围没有约定或约定不明确的，保证人应当对全部债务承担保证责任。保证人承担保证责任后，有权向债务人追偿。

保证合同属于从合同。

（2）保证人。具有代为清偿债务能力的法人、其他组织或者公民，可以作保证人。

下列单位不得作为保证人：

1）国家机关不得作为保证人，但经国务院批准为使用外国政府或者国际经济组织贷款进行转贷的除外。

2）学校、幼儿园、医院等以公益为目的的事业单位、社会团体不得作为保证人。

3）企业法人的分支机构、职能部门不得作为保证人。企业法人的分支机构有法人书面授权的，可以在授权范围内提供保证。

同一债务有两个以上保证人的，保证人应当按照保证合同约定的保证份额，承担保证责任。没有约定保证份额的，保证人承担连带责任。

（3）保证方式。保证的方式分为：一般保证和连带责任保证。当事人对保证方式没有约定或者约定不明确的，按照连带责任保证承担保证责任。

1）一般保证。当事人在保证合同中约定，债务人不能履行债务时，由保证人承担保证责任的，为一般保证。一般保证的保证人在主合同纠纷未经审判或者仲裁，并就债务人财产依法强制执行仍不能履行债务前，对债权人可以拒绝承担保证责任。

2）当事人在保证合同中约定保证人与债务人对债务承担连带责任的，为连带责任保证。连带责任保证的债务人在主合同规定的债务履行期届满没有履行债务的，债权人可以要求债务人履行债务，也可以要求保证人在其保证范围内承担保证责任。

**2. 抵押**

抵押是指债务人或者第三人不转移对财产的占有，将该财产作为债权的担保。债务人不履行债务时，债权人有权依照我国《担保法》规定以该财产折价或者以拍卖、变卖该财产的价款优先受偿。

债务人或者第三人为抵押人，债权人为抵押权人，提供担保的财产为抵押物。

（1）可以抵押的财产。

下列财产可以抵押：①抵押人所有的房屋和其他地上定着物；②抵押人所有的机器、交通运输工具和其他财产；③抵押人依法有权处分的国有的土地使用权、房屋和其他地上定着物；④抵押人依法有权处分的国有的机器、交通运输工具和其他财产；⑤抵押人依法承包并经发包方同意抵押的荒山、荒沟、荒丘、荒滩等荒地的土地使用权；⑥依法可以抵押的其他财产。

下列财产不得抵押：①土地所有权；②耕地、宅基地、自留地、自留山等集体所有的土地使用权；③学校、幼儿园、医院等以公益为目的的事业单位、社会团体的教育设施、医疗卫生设施和其他社会公益设施；④所有权、使用权不明或者有争议的财产；⑤依法被查封、扣押、监管的财产；⑥依法不得抵押的其他财产。

抵押人所担保的债权不得超出其抵押物的价值。

（2）抵押合同。抵押人和抵押权人应当以书面形式订立抵押合同。

抵押合同应当包括以下内容：①被担保的主债权种类、数额；②债务人履行债务的期限；③抵押物的名称、数量、质量、状况、所在地、所有权权属或者使用权权属；④抵押担保的范围；⑤当事人认为需要约定的其他事项。

（3）抵押物登记。当事人以下列财产抵押的，应当办理抵押物登记，抵押合同自登记之日起生效。

办理抵押物登记的部门如下：①以无地上定着物的土地使用权抵押的，为核发土地使用权证书的土地管理部门；②以城市房地产或者乡（镇）、村企业的厂房等建筑物抵押的，为县级以上地方人民政府规定的部门；③以林木抵押的，为县级以上林木主管部门；④以航空器、船舶、车辆抵押的，为运输工具的登记部门；⑤以企业的设备和其他动产抵押的，为财产所在地的工商行政管理部门。

当事人以其他财产抵押的，可以自愿到当地公证部门办理抵押物登记，抵押合同自签订之日起生效。

（4）抵押的效力。抵押人将已出租的财产抵押的，应当书面告知承租人，原租赁合同继续有效。

抵押期间，抵押人转让已办理登记的抵押物的，应当通知抵押权人并告知受让人转让物已经抵押的情况；抵押人未通知抵押权人或者未告知受让人的，转让行为无效。转让抵押物的价款明显低于其价值的，抵押权人可以要求抵押人提供相应的担保；抵押人不提供的，不得转让抵押物。

抵押人转让抵押物所得的价款，应当向抵押权人提前清偿所担保的债权或者向与抵押权人约定的第三人提存。超过债权数额的部分，归抵押人所有，不足部分由债务人清偿。

**3. 质押**

质押是指债务人或第三人将其特定财产移交给债权人占有，作为债权的担保，在债务人不履行债务时，债权人有权依法以该财产折价或拍卖、变卖该财产的价金优先受偿的权利。

该财产称之为质物，提供财产的人称之为出质人，享有质权的人称之为质权人。质押担保应当签订书面合同，质押合同自质物或质权移交于质权人占有时生效。质押分为动产质押和权利质押。

（1）动产质押。动产质押是指债务人或者第三人将其动产移交债权人占有，将该动产作为债权的担保。债务人不履行债务时，债权人有权依照我国《担保法》规定以该动产折价或者以拍卖、变卖该动产的价款优先受偿。

质押合同应当包括以下内容：①被担保的主债权种类、数额；②债务人履行债务的期限；③质物的名称、数量、质量、状况；④质押担保的范围；⑤质物移交的时间；⑥当事人认为需要约定的其他事项。

质权人负有妥善保管质物的义务。因保管不善致使质物灭失或者毁损的，质权人应当承担民事责任。

（2）权利质押。下列权利可以质押：①汇票、支票、本票、债券、存款单、仓单、提单；②依法可以转让的股份、股票；③依法可以转让的商标专用权，专利权、著作权中的财产权；④依法可以质押的其他权利。

以汇票、支票、本票、债券、存款单、仓单、提单出质的，应当在合同约定的期限内将权利凭证交付质权人。质押合同自权利凭证交付之日起生效。以依法可以转让的股票出质的，出质人与质权人应当订立书面合同，并向证券登记机构办理出质登记。质押合同自登记之日起生效。以依法可以转让的商标专用权，专利权、著作权中的财产权出质的，出质人与质权人应当订立书面合同，并向其管理部门办理出质登记。质押合同自登记之日起生效。

### 4. 留置

留置是指债权人按照合同约定占有债务人的动产，债务人不按照合同约定的期限履行债务的，债权人有权依照我国《担保法》规定留置该财产，以该财产折价或者以拍卖、变卖该财产的价款优先受偿。

因保管合同、运输合同、加工承揽合同发生的债权，债务人不履行债务的，债权人有留置权。

留置权人负有妥善保管留置物的义务。因保管不善致使留置物灭失或者毁损的，留置权人应当承担民事责任。

债务人逾期不履行的，债权人可以与债务人协议以留置物折价，也可以依法拍卖、变卖留置物。留置物折价或者拍卖、变卖后，其价款超过债权数额的部分归债务人所有，不足部分由债务人清偿。

### 5. 定金

定金是在合同订立或在履行之前支付的一定数额的金钱作为合同担保的担保方式。给付定金的一方称为定金给付方，接受定金的一方称为定金接受方。

债务人履行债务后，定金应当抵作价款或者收回。给付定金的一方不履行约定的债务的，无权要求返还定金；收受定金的一方不履行约定的债务的，应当双倍返还定金。

定金应当以书面形式约定。当事人在定金合同中应当约定交付定金的期限。定金合同从实际交付定金之日起生效。

定金的数额由当事人约定，但不得超过主合同标的额的百分之二十。

## 4.2 建设工程合同体系

建设工程合同是建设工程的发包人为完成工程建设任务，与承包人签订的关于承包人按照发包人的要求完成工作，交付建设工程，并由发包人支付价款的合同。其中，发包人主要是指建设单位，有时也称为委托方；承包人一般包括勘察单位、设计单位和施工单位等。

### 4.2.1 建设工程合同的特征

传统的民法理论一般将建设工程合同归入承揽合同的范畴，而现代合同制度则将建设工程合同作为一种独立的合同脱离于承揽合同。因为建设工程合同的标的虽然也是完成一定量的工作成果，具有与承揽合同相同的一般属性，但是建设工程合同与承揽合同相比较，还是具有不同的特征，具体表现在以下几方面：

（1）建设工程合同具有较强的国家管理性。由于建设工程的标的物为不动产，且工程建设对国家和社会生活的方方面面影响较大，因此在建设工程合同的订立和履行上，就具有强烈的国家干预的色彩。除《合同法》外，国家还专门制定了《建筑法》、《招标投标法》和《建设工程质量管理条例》等一系列的法律、法规对建设工程合同进行监管。而国家对建设工程合同实行监管主要表现在建设工程合同的计划性和程序性两个方面。计划性是指国家对基本建设项目需要实行计划控制和有效管理，基本建设工程合同要受到国家计划的制约；程序性要求从事建设工程必须严格按照国家规定的审批权限和程序确定建设项目，工程施工需要申请开工报告，重大建设项目需要按照规定实行招标投标，而合同的签订、履行和终止都要按照法律规定的程序进行。

（2）建设工程合同为要式合同。《合同法》第二百七十条明确规定："建设工程合同应当采用书面形式"。建设工程合同必须采用书面形式，这是由建设工程合同的特点决定的，也体现了国家对基本建设工程实行监管的要求。由于建设工程周期长、内容复杂、涉及面广，一般短期内都不能即时清结，所以必须对双方当事人的权利和义务作出具体明确的约定，这样才能保证合同内容的确定性和顺利履行，才能保证建设工程的质量，也才能保证国家对基本建设的规划及投资规模的控制。

（3）建设工程合同的承包人具有国家许可性。由于建设工程投资大、周期长、质量要求高，因此，国家对建设工程合同的承包商实行严格的从业许可制度，要求从事工程建设的主体必须具备经国家有关部门核定的相应的资质等级条件。即从事建筑活动的施工企业、勘察单位、设计单位、工程监理单位以及工程咨询单位有符合国家规定的注册资本，有具备与从事建筑活动相适应的法定执业资格的专业技术人员，有从事相关建筑活动所必需的技术装备，以及应符合法律、行政法规规定的其他条件。建设工程的承包人不具备上述条件的，其所签订的建设工程合同就是无效的。而对于发包人是否必须具备法人资格，法律没有明确规定，即只要建设单位与具备相应资质条件的承包人所签订的建设工程合同不存在其他无效情形，就应当认定为有效。

### 4.2.2 建设工程合同的种类

根据不同的标准，可对建设工程合同进行不同的分类，具体如下。

**1. 根据工程建设阶段分类**

建设工程的建设大体上分为勘察、设计、施工三个阶段，围绕不同阶段订立相应的合同。

（1）建设工程勘察合同。建设工程勘察是指根据建设工程的要求，查明、分析、评价建设场地的地质地理环境特征和岩土工程条件，编制建设工程勘察文件的活动。建设工程勘察合同即发包人与勘察人就完成商定的勘察任务明确双方权利义务的协议。

（2）建设工程设计合同。建设工程设计，是指根据建设工程的要求，对建设工程所需的技术、经济、资源、环境等条件进行综合分析、论证，编制建设工程设计文件的活动。建设工程设计合同是指设计人按发包人的要求向发包人提供工程设计方案和施工图纸，并在施工过程中对有关设计的问题进行现场指导、督导和验收所签订的合同。

（3）建设工程施工合同。建设工程施工，是指根据建设工程设计文件的要求，对建设工程进行新建、扩建、改建的活动。建筑工程施工合同即发包人与承包人为完成商定的建设工程项目的施工任务明确双方权利义务的协议。

**2. 按照承发包形式分类**

（1）勘察、设计或施工总承包合同。勘察、设计或施工总承包，是指发包人将全部勘察、设计或施工的任务分别发包给一个勘察、设计单位或一个施工单位作为总承包人，经发包人同意，总承包人可以将勘察、设计或施工任务的一部分分包给其他符合资质的分包人。据此明确各方权利义务的协议即为勘察、设计或施工总承包合同。在这种模式中，发包人与总承包人订立总承包合同，总承包人与分包人订立分包合同，总承包人与分包人就工作成果对发包人承担连带责任。

（2）单位工程施工承包合同。单位工程施工承包，是指在一些大型、复杂的建设工程中，发包人可以将专业性很强的单位工程发包给不同的承包人，与承包人分别签订土木工程施工合同、电气与机械工程承包合同等，这些承包人之间为平行关系。单位工程施工承包合同常见于大型工业建筑安装工程。据此明确各方权利义务的协议即为单位工程施工承包合同。

（3）工程项目总承包合同。工程项目总承包，是指建设单位将包括工程设计、施工、材料和设备采购等一系列工作全部发包给一家承包单位，由其进行实质性设计、施工和采购工作，最后向建设单位交付具有使用功能的工程项目（"交钥匙工程"）。工程项目总承包实施过程中可依法将部分工程分包。据此明确各方权利义务的协议即为工程项目总承包合同。

（4）BOT合同。BOT承包模式，是指由政府或政府授权的机构授予承包人在一定的期限内，以自筹资金建设项目并自费经营和维护，向东道国出售项目产品和服务，收取价款和酬金，期满后将项目全部无偿移交东道国政府的工程承包模式。据此明确各方权利义务的协议即为BOT合同。

**3. 按照承包工程计价方式分类**

（1）总价合同。总价合同一般要求投标人按照招标文件要求报一个总价，在这个价格下完成合同规定的全部项目。合同中支付给承包方的工程款项是一个规定的金额，即总价，它是以设计图纸和工程说明书为依据，由承包方向发包方经过协商确定的。总价合同的主要特征：一是根据招标文件的要求由承包方实施全部工程任务，按承包方在投标报价中提出的总价确定；二是拟实施项目的工程性质和工程量应在事先基本确定。显然，总价合同对承包方具有一定的风险，通常采用这种合同时，必须明确工程承包合同标的物的详细内容及其各种技术经济指标，一方面承包方在投标报价时要仔细分析风险因素，需在报价中考虑一定的风险费；另一方面发包方也应考虑到使承包方承担的风险是可以承受的，以获得合格而又有竞争力的投标人。总价合同还可以分为固定总价合同、调价总价合同等。

（2）单价合同。这种合同指根据发包人提供的资料，双方在合同中确定每一单项工程单价，结算则按实际完成工程量乘以每项工程单价计算。单价合同中，承包方按发包方提供的工程量清单内的分部分项工程内容填报单价，并据此签订承包合同。单价合同的执行原则是：工程量清单中的分部分项工程量在合同实施过程中允许有上下的浮动变化，但分部分项工程的合同单价不变，结算支付时以实际完成工程量为依据。因此，采用单价合同时按招标文件工程量清单中的预计工程量乘以所报单价计算得到的合同价格，并不一定就是承包方圆满实施合同规定的任务后所获得的全部工程款项，实际工程价格可能大于原合同价格，也可能小于它。单价合同的工程量清单内所列出的分部分项工程的工程量为估计工程量，而非准确工程量。单价合同还可以分为估计工程量单价合同、纯单价合同和单价与包干混合式合同等。

（3）成本加酬金合同。这种合同是指成本费按承包人的实际支出由发包人支付，发包人同时另外向承包人支付一定数额或百分比的管理费和商定的利润。这种合同计价方式主要适用于工程内容及技术经济指标尚未全面确定，投标报价的依据尚不充分的情况下，发包方因工期要求紧迫，必须发包的工程；或者发包方与承包人之间有着高度的信任，承包方在某些方面具有独特的技术、特长或经验。由于在签订合同时，发包方提供不出可供承包方准确报价所必需的资料，报价缺乏依据，因此，在合同内只能商定酬金的计算方法。成本加酬金合同广泛地适用于工作范围很难确定的工程和在设计完成之前就开始施工的工程。

以这种计价方式签订的工程承包合同，有两个明显缺点：一是发包方对工程总价不能实施有效的控制；二是承包方对降低成本也不太感兴趣。因此，采用这种合同计价方式，其条款必须非常严格。按酬金的计算方式不同，成本加酬金合同可分为成本加固定百分比酬金、成本加固定金额酬金、成本加奖罚、最高限额成本加固定最大酬金等不同形式。

**4. 与建设工程有关的其他合同**

（1）建设工程监理合同。建设工程监理合同是指委托人与监理人签订，为了委托监理人承担监理业务而明确双方权利义务关系的协议。

（2）建设工程物资采购合同。建设工程物资采购合同是指出卖人转移建设工程物资所有权于买受人，买受人支付价款的明确双方权利义务关系的协议。

（3）建设工程保险合同。建设工程保险合同是指发包人或承包人为防范特定风险而与保险公司签订的明确权利义务关系的协议。

（4）建设工程担保合同。建设工程担保合同是指义务人（发包人或承包人）或第三人与权利人（承包人或发包人）签订为保证建设工程合同全面、正确履行而明确双方权利义务关系的协议。

## 4.2.3 建设工程合同关系

建设工程项目是一个极为复杂的社会生产过程，它分别经历项目建议书、可行性研究、勘察设计、工程施工和运行等阶段；有建筑、土建、水电、机械设备、通信等专业设计和施工活动；需要各种材料、设备、资金和劳动力的供应。由于现代的社会化大生产和专业化分工，一个稍大一点的工程其参加单位就有十几个、几十个，甚至成百上千个。它们之间形成各式各样的经济关系。由于工程中维系这种关系的纽带是合同，所以就形成各式各样的合同关系。工程项目的建设过程实质上就是一系列经济合同的签订和履行过程。

**1. 业主的主要合同关系**

业主作为工程（或服务）的买方，是工程的所有者，可能是政府、企业、其他投资者，也可能是几个企业或政府与企业的组合（例如合资项目、BOT项目的业主）。

业主根据对工程的需求，确定工程项目的整体目标。这个目标是所有相关工程合同的核心。要实现工程总目标，业主必须将建筑工程的勘察、设计、各专业工程施工、设备和材料供应、建设过程的咨询与管理等工作委托出去，必须与有关单位签订如下各种合同：

（1）咨询（监理）合同，即业主与咨询（监理）公司签订的合同。咨询（监理）公司可以负责工程的可行性研究、设计监理、招标和施工阶段监理等某一项或几项工作。

（2）勘察设计合同，即业主与勘察设计单位签订的合同。勘察设计单位负责工程的地质勘察和技术设计工作。

（3）供应合同。对由业主负责提供的材料和设备，业主必须与有关的材料和设备供应单位签订供应（采购）合同。

（4）工程施工合同，即业主与工程承包商签订的工程施工合同。一个或几个承包商承包或分别承包土建、机械安装、电器安装、装饰、通信等工程施工。

（5）贷款合同，即业主与金融机构签订的合同。后者向业主提供资金保证。按照资金来源的不同，可能有贷款合同、合资合同或 BOT 合同等。

除此之外，涉及业主的合同还有保险合同、担保合同等。

按照工程承包方式和范围的不同，业主可能订立几十份合同。例如将工程分专业、分阶段委托，将材料和设备供应分别委托，也可能将上述委托以各种形式合并，如把土建和安装委托给一个承包商，把整个设备供应委托给一个成套设备供应企业。当然业主还可以与一个承包商订立一总承包合同（一揽子承包合同），由该承包商负责整个工程的设计、采购、施工，甚至管理等工作。因此一份合同的工程（工作）范围和内容会有很大区别。

**2. 承包商的主要合同关系**

承包商通过投标接受业主的委托，签订工程施工总承包合同。总承包商要完成承包合同的责任，包括由工程量表所确定的工程范围的施工、竣工和保修，为完成这些工程提供劳动力、施工设备、材料，有时也包括技术设计。任何承包商都不可能，也不必具备所有的专业工程的施工能力、材料和设备的生产和供应能力，他同样必须将许多专业工作委托出去。所以承包商除与业主之间的合同关系外，还存在复杂的合同关系：

（1）分包合同。对于一些大的工程，总承包商常常必须与其他分包商合作才能完成总承包合同责任。经合同约定或发包人同意，总承包商可以将其所承包工程中的专业工程发包给具有相应资质的承包人去完成，总承包商与分包商之间所签订的明确各方权利和义务的协议就是分包合同。

总承包商在总承包合同下可能订立许多分包合同，而分包商仅完成总承包商的工程，向总承包商负责，与业主无合同关系。总承包商仍向业主担负全部工程责任，负责工程的管理和所属各分包商工作之间的协调，以及各分包商之间合同责任界面的划分，同时承担协调失误造成损失的责任，向业主承担工程风险。

（2）供应合同。承包商为工程所进行的必要的材料和设备的采购和供应，必须与供应商签订供应合同。

（3）运输合同。这是承包商为解决材料和设备的运输问题而与运输单位签订的合同。

（4）加工合同，即承包商将建筑构配件、特殊构件加工任务委托给加工承揽单位而签订的合同。

（5）租赁合同。在建筑工程中承包商需要许多施工设备、运输设备、周转材料。当有些设备、周转材料在现场使用率较低，或自己购置需要大量资金投入而自己又不具备这个经济实力时，可以采用租赁方式，与租赁单位签订租赁合同。

（6）劳务合同。即承包商与劳务分包商之间签订的合同，由劳务分包企业向工程提供劳务。

（7）保险合同。承包商按施工合同要求对工程进行保险，与保险公司签订保险合同。

除此之外，涉及承包商的合同关系还包括贷款合同、担保合同等。

在有些大工程中，尤其是在业主要求项目总承包的工程中，承包商经常是几个企业的联营体，即联营承包。若干家承包商（最常见的是设备供应商、土建承包商、安装承包商、勘察设计单位）之间订立联营合同，联合投标，共同承接工程。联营承包已成为许多承包商经营战略之一，国内外工程中都很常见。

在专业工程分包过程中，分包商同样需要材料和设备的供应，也可能租赁设备，委托加工，需要材料和设备的运输，需要劳务。所以分包商也有自己复杂的合同关系。

例如在某工程中，由中外三个投资方签订合资合同共同构成业主，总承包方又是中外三个承包商签订联营合同组成联营体，在总承包合同下又有十几个分包商和供应商，结果构成一个极为复杂的工程合同关系。

### 4.2.4 建设工程合同体系

**1. 建设工程合同体系**

按照上述的分析和项目任务的结构分解，就得到不同层次、不同种类的合同，它们共同构成该工程的合同体系（图4-1）。

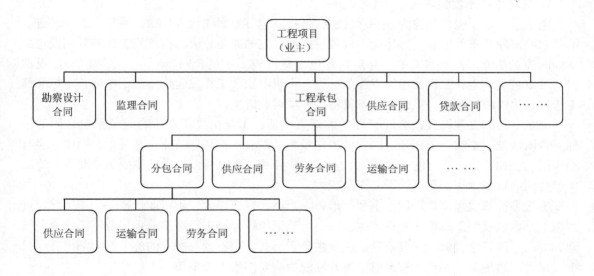

图4-1 建设工程合同体系

在一个工程中，这些合同都是为了完成业主的工程项目目标，都必须围绕这个目标签订和实施。由于这些合同之间存在着复杂的内部联系，构成了该工程的合同网络。其中，工程承包合同是最有代表性、最普遍，也是最复杂的合同类型，在工程项目的合同体系中处于主导地位，是整个工程项目合同管理的重点。无论是业主、监理工程师或承包商都将它作为合同管理的主要对象。深刻了解承包合同将有助于对整个项目合同体系以及对其他合同的理解。本书即以业主与承包商之间签订的工程承包合同作为主要研究对象。

**2. 合同体系对项目的影响**

工程项目的合同体系在项目管理中也是一个非常重要的概念。它从一个重要角度反映了项目的形象，对整个项目管理的运作有很大的影响：

（1）它反映了项目任务的范围和划分方式。

（2）它反映了项目所采用的管理模式。例如监理组织形式，总承包方式或平行承包方式下的监理制度及组织形式是不相同的。

（3）它在很大程度上决定了项目的组织形式。因为不同层次的合同，常常又决定了合同实施者在项目组织结构中的地位。

## 4.3　建设工程施工合同

### 4.3.1　建设工程施工承发包模式

施工承发包模式即建设工程施工任务委托的模式反映了建设工程项目发包方和施工任务承包方之间、总承包方与分包方等相互之间的合同关系，它在一定程度上影响项目合同管理的成功与否，因此应该慎重考虑和选择。

**1. 施工平行承发包模式**

施工平行承发包，又称为分别承发包，是指发包方根据建设工程项目的特点、项目进展情况和控制的要求等因素，将建设工程项目按照一定的原则分解，将其施工任务分别发包给不同的施工单位，各个施工单位分别与发包方签订施工承包合同。例如，某酒店的建设项目，可以将主体土建工程发包给甲施工单位，将机电安装工程发包给乙施工单位，将精装修工程发包给丙施工单位。但是业主不得将工程项目肢解发包。

施工平行承发包模式在合同管理中的特点包括：①业主要负责所有施工承包合同的招标、合同谈判、签约，招标及合同管理工作量大，对业主不利；②业主在每个合同中才会有相应的责任和义务，签订的合同越多，业主的责任和义务就越多；③业主要负责对多个施工承包合同的跟踪管理，合同管理工作量较大。

施工平行承发包模式适用于下列情形：①当项目规模很大，不可能选择一个施工单位进行施工总承包或施工总承包管理，也没有一个施工单位能够进行施工总承包或施工总承包管理；②由于项目建设的时间要求紧迫，业主急于形式，来不及等所有的施工图全部出齐，只有边设计、边施工；③业主有足够的经验和能力应对多家施工单位。

对施工任务的平行发包，发包方可以根据建设项目的结构进行分解发包，也可以根据建设项目施工的不同专业系统进行分解发包。

**2. 施工总承包模式**

施工总承包模式是目前我国广泛采用的施工承发包模式。施工总承包是指发包人将全部施工任务发包给一个施工单位或由多个施工单位组成的施工联合体，施工总承包单位主要依靠自己的力量完成施工任务。经发包人同意，施工总承包单位可以将施工任务的一部分分包给其他符合资质的分包人。

在施工总承包模式下，业主只需要进行一次招标，与一个施工总承包单位签约，招标及合同管理工作量大大减小。施工总承包单位除了要对总承包合同进行行之有效的管理外，还需要对分包合同进行管理，合同管理工作量较大。

**3. 施工总承包管理模式**

施工总承包管理模式（Managing Contractor），是指业主方委托一个施工单位或由多个施工单位组成的施工联合体或施工合作体作为施工总承包管理单位，业主方另委托其他施工单位作为分包单位进行施工。一般情况下，施工总承包管理单位不参与具体工程的施工，但如施工总承包管理单位也想承担部分工程的施工，它也可以参加该部分工程的投标，通过竞争取得施工任务。

在该模式下，一般情况下，所有分包合同的招标投标、合同谈判以及签约工作均由业主方负责，业主方的招标及合同管理工作量较大。对于分包人的工程款可由施工总承包管理单位支付或由业主直接支付，前者有利于施工总承包管理单位对分包人的管理。

施工总承包管理模式与施工总承包模式的区别如下：

（1）工程开展程序不同。施工总承包模式的工作程序是：先进行建设项目的设计，待施工图设计结束后再进行施工总承包投标，然后再进行施工。而如果采用施工总承包管理模式，施工总承包管理单位的招标可以不依赖完整的施工图，当完成一部分施工图就可以对其进行招标，施工总承包管理模式可以在一定程度上缩短建设周期。

（2）合同关系不同。施工总承包管理模式的合同关系有两种，即业主与分包单位直接签订合同，或者由施工总承包管理单位与分包单位签订合同。而采用施工总承包模式时，由施工总承包单位与分包单位直接签订合同。

（3）对分包单位的选择和认可不同。一般情况下，当采用施工总承包管理模式时，分包合同由业主与分包单位直接签订，但每一个分包单位的选择和每一个分包合同的签订都要经过施工总承包管理单位的认可，因为施工总承包管理单位要承担施工总体管理和目标控制的任务和责任。而当采用施工总承包模式时，分包单位由施工总承包单位选择，由业主认可。

（4）对分包单位的付款方式不同。当采用施工总承包管理模式时，对各个分包单位的工程款项可以通过施工总承包管理单位支付，也可以由业主直接支付。如果由业主直接支付，需要经过施工总承包管理单位的认可。而当采用施工总承包模式时，对各个分包单位的工程款项，一般由施工总承包单位负责支付。

（5）施工总承包管理的合同价格不同。施工总承包管理合同中一般只确定施工总承包管理费用（通常是按工程建设安装工程造价的一定百分比计取），而不需要确定建筑安装工程造价，这也是施工总承包管理模式的招标可以不依赖于施工图纸出齐的原因之一。分包合同一般采用单价合同或总价合同。

但二者也存在一些相同的方面，比如对分包单位的管理和服务。施工总承包管理单位和施工总承包单位一样，既要负责对现场施工的总体管理和协调，也要负责向分包单位提供相应的配合施工服务。对于施工总承包管理单位或施工总承包单位提供的某些设施和条件，例如搭设脚手架、临时用房等；如果分包单位需要使用，则应由双方协商所支付的费用。

## 4.3.2　建设工程施工合同的概念和特点

### 1. 建设工程施工合同的概念

建设工程施工合同是发包人和承包人为完成商定的建设工程项目，明确双方相互权利、义务关系的协议。

建设工程施工合同是建设工程合同的一种。它与其他建设工程合同一样是一种双务合同，在订立时也应遵守自愿、公平、诚实信用等原则。建设工程施工合同是工程建设的主要合同，是工程建设质量控制、进度控制、费用控制、安全控制的主要依据。在市场经济条件下，发包人和承包人作为建筑市场的主体，相互的权利义务关系主要是通过施工合同而确立，因此，加强对施工合同的管理具有十分重要的意义。

施工合同的当事人是发包人和承包人，双方是平等的民事主体。承发包双方签订施工合同，必须具备相应条件和履行施工合同的能力。依照施工合同，承包方完成一定的建筑、安装工程任务，发包人应提供必要的施工条件并支付工程款。

在施工合同中，实行的是以工程师为核心的管理体系。施工合同中的工程师是指监理单位委派的总监理工程师或发包人派驻工地的履行合同的负责人，其具体身份与职责由双方在合同中约定。

**2. 建设工程施工合同的特点**

（1）合同标的物的特殊性。施工合同的标的是各类建筑产品，建筑产品是不动产，其基础部分与大地相连，不能移动。因此，每一个施工合同的标的物都是特殊的，相互之间不可替代。这还决定了承包方的工作的流动性，即施工队伍、施工机械必须围绕建筑产品不断移动。另外，建筑产品各自功能要求不同，类别庞杂，其外观、结构、使用目的、使用人各不相同，这就要求每一个建筑产品都需要单独设计和施工，造成建筑产品的多样性和生产的单件性。再次，建筑产品体积庞大，消耗的人力、物力、财力多，一次性投资额大。所有这些特点，决定了施工合同标的物的特殊性。

（2）合同履行期限的长期性。建筑工程结构复杂、体积大、材料类型多、工作量大，所以施工期都比较长。而合同的履行期限要长于施工周期。因为合同的履行期除施工期外，还包括合同签订后到正式开工前的施工准备时间和工程全部竣工验收后，办理竣工验收的时间以及工程保修期。在工程的施工过程中，还可能因为不可抗力、工程变更、材料供应不及时、一方违约等原因导致工期拖延。所有这些情况，导致了施工合同的履行期限具有长期性。

（3）合同内容的多样性和复杂性。施工合同履行期限长、标的额大，实施过程中涉及的主体多。除承包人和发包人的合同关系外，还涉及与劳务人员的劳动关系、与保险企业的保险关系、与材料设备供应商的买卖关系、与运输商的运输关系、与设备租赁企业的租赁关系等，还涉及到监理单位、分包单位、担保单位等，具有多样性和复杂性。这就要求合同内容和条款必须具体和完整。

（4）合同监督的严格性。施工合同的履行对国家经济发展、公民的工作与生活都有重大影响，因此，国家对施工合同的监督是十分严格的。具体体现在以下几个方面：

1）合同主体监督的严格性。

2）对合同订立监督的严格性。

3）对合同履行监督的严格性。

（5）合同形式的特殊要求。根据《合同法》要求，建设工程施工合同应当采用书面形式。

**3. 建设工程施工合同的作用**

（1）施工合同是工程施工过程中承发包双方的行为准则，施工中的一切活动都必须按合同办事，受合同约束，以合同为核心。

（2）施工合同明确了合同当事人双方在施工阶段各自的权利和义务。

（3）施工合同是监理工程师实施施工阶段监理的依据。

（4）施工合同是承发包双方解决争议的依据，是保护各自权益的依据。

### 4.3.3 建设工程施工合同的订立

**1. 订立施工合同应具备的条件**

（1）初步设计已经批准。

（2）工程项目已经列入年度建设计划。

（3）有能够满足施工需要的设计文件和有关技术资料。

（4）建设资金和主要建筑材料设备来源已经落实。

（5）实行招标投标的工程，中标通知书已经下达。

**2. 订立施工合同应当遵守的原则**

（1）遵守国家法律、法规和国家计划原则。订立施工合同，必须遵守国家法律、法规，也应遵守国家的投资计划和其他计划（如贷款计划等）。建设工程施工对经济发展、社会生活有多方面的影响，国家有许多强制性的管理规定，施工合同当事人都必须遵守。具体订立合同时，合同的内容、形式、订立程序都不得违法。

（2）平等、自愿、公平的原则。签订施工合同当事人双方，都具有平等的法律地位，任何一方都不得强迫对方接受不平等的合同条件。合同内容应当是双方当事人真实意思的体现。合同的内容应当是公平的，不能单纯损害一方的利益。对于显失公平的施工合同，当事人一方有权申请人民法院或者仲裁机构予以变更或者撤销。

（3）诚实信用原则。诚实信用原则要求在订立施工合同时要诚实，不得有欺诈行为，合同当事人应当如实将自身和工程的情况介绍给对方。如果当事人违背诚实信用原则，故意隐瞒与订立合同有关的重要事实或者提供虚假情况，应承担相应的法律责任。

（4）等价有偿原则。合同双方当事人在订立合同时，应该遵循市场经济规律，等价有偿地进行交易。

（5）不损害社会公共利益和扰乱社会经济秩序原则。合同双方当事人在订立合同时，不仅要合法，也要尊重社会公德，不得扰乱社会经济秩序，损害社会公共利益。损害社会公共利益的合同，属于无效合同。

**3. 订立施工合同的程序**

施工合同作为合同的一种，其订立同样经过要约和承诺两个阶段。其订立方式有两种：直接发包和招标发包。如果没有特殊情况，工程建设的施工都应通过招标投标确定施工企业。在招标投标过程中，投标人根据招标人的要求在约定的时间内报送的投标文件即为要约，招标人通过评标定标，向招标人发出的中标通知书为承诺。

中标通知书发出30天内，中标单位应与建设单位依据招标文件、投标书等签订工程承发包合同（施工合同）。双方在合同上签字盖章后合同即告成立。签订合同的必须是中标的施工企业，投标书中已确定的合同条款在签订时不得更改，合同价应与中标价相一致。如果中标施工企业拒绝与建设单位签订合同，则建设单位将不再返还其投标保证金。

### 4.3.4 建设工程施工合同的计价方式

建设工程施工合同的计价方式分为三种，总价合同、单价合同和成本加酬金合同。

**1. 总价合同**

是指根据合同规定的工程施工内容和有关条件，业主应付给承包商的款额是一个规定的金额，即明确的总价。总价合同也称作总价包干合同，即根据施工招标时的要求和条件，当施工内容和有关条件不发生变化时，业主付给承包商的价款总额就不发生变化。

总价合同又分为固定总价合同和变动总价合同两种。

（1）固定总价合同。俗称"闭口合同"、"包死合同"。所谓"固定"，是指这种价款一经约定，除业主增减工程量和设计变更外，一律不调整。所谓"总价"，是指完成合同约定范围内工程量以及为完成该工程量而实施的全部工作的总价款。在合同执行过程中，承发包双方均不能因为工程量、设备、材料价格、工资等变动和地质条件恶劣、气候恶劣等理由，提出对合同总价调值的要求，因此承包方要在投标时对一切费用的上升因素做出估计并包含在投标报价之中。

1）固定总价合同有如下特点：

①工程造价易于结算。由于总价固定，因此只要业主（发包方）不改变合同施工内容，合同约定的价款就是承发包双方最终的结算价款。对于业主来说，这样的价款确定形式可以节省大量的计量、核价工作，从而能集中精力抓好工程进度和施工质量。

②量与价的风险全部由承包商承担。对承包商而言，固定总价合同一经签订，承包商首先要承担的是价格风险。这里投标时的询价失误、合同履行过程中的价格上涨风险均由自己承担，业主不会给予补偿。

其次，承包商还要承担工程量风险。在固定总价合同中，业主往往只提供施工图纸和说明，承包商在报价时要自己计算工程量，再根据申报的综合单价，得出合同总价。即便业主提供工程量清单，也仅仅是承包商投标报价的参考，业主往往声明不对工程量的计算错误负责。这样，承包商还要承担工程量漏算、错算的风险。

③承包商索赔机会少。固定总价合同，业主往往在合同中明确只有业主变更设计和增减工程量可以调整合同价款，这样一来承包商索赔的机会大大减少，而业主对工程造价的控制就能做到基本不突破预算。

2）固定总价合同适用于以下情况：

①工程量小、工期短、估计在施工过程中环境因素变化小，工程条件稳定并合理。

②工程设计详细，图纸完整、清楚，工程任务和范围明确。

③工程结构和技术简单，风险小。

④投标期相对宽裕，承包商可以有充足的时间详细考察现场、复核工程量，分析招标文件，拟定施工计划。

（2）变动总价合同。又称为可调总价合同，合同价格是以图纸及规定、规范为基础，按照时价进行计算，得到包括全部工程任务和内容的暂定合同价格。它是一种相对固定的价格，在合同执行过程中，由于通货膨胀等原因而使所使用的工、料成本增加时，可以按照合同约定对合同总价进行相应的调整。当然，一般由于设计变更、工程量变化和其他工程条件变化所引起的费用变化也可以进行调整。

变动总价合同总价虽然同固定总价合同一样也是以图纸及规定、规范为计算基础，但它是按"时价"·进行计算，这是一种相对固定的价格。在合同执行过程中，由于通货膨胀而使所用的工料成本增加，因而对合同总价进行相应的调值，即合同总价依然不变，只是增加调值条款。因此变动总价合同均在专用条款中明确列出有关调值的特定条款。调值工作必须按照这些特定的调值条款进行。这种合同与固定总价合同不同在于，它对合同实施中出现的风险做了分摊，发包方承担了通货膨胀这一不可预测费用因素的风险，而承包方只承担了实施中实物工程量成本和工期等因素的风险。

在工程施工承包招标时，施工期限一年左右的项目一般实行固定总价合同，通常不考虑价格调整问题，以签订合同时的单价和总价为准，物价上涨的风险全部由承包商承担。

但是对建设周期一年半以上的工程项目，则应考虑下列因素引起的价格变化问题：

1）劳务工资以及材料费用的上涨。

2）其他影响工程造价的因素，如运输费、燃料费、电力等价格的变化。

3）外汇汇率的不稳定。

4）国家或者省、市立法的改变引起的工程费用的上涨。

**2. 单价合同**

单价合同是承包人在投标时，按招投标文件就分部（分项）工程所列出的工程清单确定各分部（分项）工程费用的合同类型。这类合同的适用范围比较宽，其风险可以得到合理的分摊，业主和承包商都不存在工程量方面的风险，并且能鼓励承包商通过提高工效等手段节约成本，提高利润。这类合同能够成立的关键在于双方对单价和工程量技术方法的确认。在合同履行中需要注意的问题则是双方对实际工程量计量的确认。单价合同也可以分为固定单价合同和可调单价合同。

（1）固定单价合同。这也是经常采用的合同形式，特别是在设计或其他建设条件（如地质条件）还不太落实的情况下（计算条件应明确），而以后又需增加工程内容或工程量时，可以按单价适当追加合同内容。在每月（或每阶段）工程结算时，根据实际完成的工程量结算，在工程全部完成时以竣工图的工程量最终结算工程总价款。固定单价合同适用于工期较短、工程量变化不大的合同。

（2）可调单价合同。合同单价可调，一般是在工程招标文件中规定。在合同中签订的单价，根据合同约定的条款，如在工程实施过程中物价发生变化等，可作调整。有的工程在招标或签约时，因某些不确定因素而在合同中暂定某些分部（分项）工程的单价，在工程结算时，再根据实际情况和合同约定合同单价进行调整，确定实际结算单价。

**3. 成本加酬金合同**

成本加酬金合同也称为成本补偿合同，这是与固定总价合同正好相反的合同，工程施工的最终合同价格将按照工程实际成本再加上一定的酬金进行计算。在合同签定时，工程实际成本往往不能确定，只能确定酬金的取值比例或者计算原则，由业主向承包单位支付工程项目的实际成本，并按事先约定的某一种方式支付酬金。

这类合同中，业主承担项目实际发生的一切费用，因此也就承担了项目的全部风险。但是承包单位由于无风险，其报酬也就较低了。这类合同的缺点是业主对工程造价不易控制，承包商也就往往不注意降低项目的成本。

（1）成本加酬金合同的优点：

1）可以通过分段施工缩短工期，而不必等待所有施工图完成才开始投标和施工。

2）可以减少承包商的对立情绪，承包商对工程变更和不可预见条件的反应会比较积极和快捷。

3）可以利用承包商的施工技术专家，帮助改进或弥补设计中的不足。

4）业主可以根据自身力量和需要，较深入地介入和控制工程施工和管理。

5）业主也可以通过确定最大保证价格约束工程成本不超过某一限值，从而转移一部分风险。

（2）成本加酬金合同的应用：

1）需要立即开展的项目（紧急工程）。时间特别紧迫，如抢险、救灾工程，来不及进行详细的计划和商谈。

2）新型的工程项目。

3）风险很大的项目（保密工程）。

（3）成本加酬金合同的形式：

1）成本加固定费用合同。

2）成本加固定比例费用合同。

3）成本加奖金合同。

4）最大成本加费用合同。

### 4.3.5 《标准施工招标文件》中的施工合同条款及格式

由国家发改委、原建设部等部委联合编制的《中华人民共和国标准施工招标文件》，于2008年5月1日起在全国试行。其中的第四章"合同条款及格式"列出了施工合同"通用合同条款"，2010年，住建部又发布了配套的《房屋建筑和市政工程标准施工招标文件》，重点结合本行业施工特点和管理需要对"专用合同条款"进行了细化，并对合同附件进行了进一步完善。

**1. 通用合同条款**

通用合同条款是根据法律、行政法规规定及建设工程施工的需要订立，通用于建设工程施工的条款。通用合同条款由24个部分组成：一般约定；发包人义务；监理人；承包人；材料和工程设备；施工设备和临时设施；交通运输；测量放线；施工安全、治安保卫和环境保护；进度计划；开工和竣工；暂停施工；工程质量；试验和检验；变更；价格调整；计量与支付；竣工验收；缺陷责任与保修责任；保险；不可抗力；违约；索赔；争议的解决。

**2. 专用合同条款**

专用合同条款是发包人与承包人根据法律、行政法规规定，结合具体实际工程，经协商达成一致意见的条款，是对通用条款的具体化、补充或修改。

专用合同条款与通用合同条款编号一致，相互对应。

**3. 合同附件**

《中华人民共和国标准施工招标文件》第四章"合同条款及格式"共附有合同协议书、承包人提供的材料和工程设备一览表、发包人提供的材料和工程设备一览表、预付款担保格式、履约担保格式、支付担保格式、质量保修书格式、廉政责任书格式等8个附件。

### 4.3.6 《建设工程施工合同（示范文本）》简介

原建设部和国家工商行政管理总局于1999年发布了《建设工程施工合同（示范文本）》

（GF—1999—0201）（简称《示范文本》），在我国建设工程施工合同管理过程中发挥了重要作用。2013 年，住建部和国家工商行政管理总局对该文本重新进行修订，发布了《建设工程施工合同（示范文本）》（GF—2013—0201）。《示范文本》为非强制性使用文本，它适用于房屋建筑工程、土木工程、线路管道和设备安装工程、装修工程等建设工程的施工承发包活动，合同当事人可结合建设工程具体情况，根据《示范文本》订立合同，并按照法律法规规定和合同约定承担相应的法律责任及合同权利义务。

**1. 《建设工程施工合同（示范文本）》的组成**

《示范文本》由合同协议书、通用合同条款、专用合同条款三部分组成，并附有 11 个附件。

（1）合同协议书。合同协议书是《示范文本》的总纲性文件，规定了合同当事人双方最主要的权利义务，规定了组成合同的文件及合同当事人对履行合同义务的承诺，并由合同当事人在这份文件上签字盖章，具有很高的法律效力，具有最优先的解释权。合同协议书共计 13 条，主要包括：工程概况、合同工期、质量标准、签约合同价和合同价格形式、项目经理、合同文件构成、承诺以及合同生效条件等重要内容，集中约定了合同当事人基本的合同权利义务。

**附：合同协议书格式**

合同协议书

发包人（全称）：_____

承包人（全称）：_____

根据《中华人民共和国合同法》《中华人民共和国建筑法》及有关法律规定，遵循平等、自愿、公平和诚实信用的原则，双方就_____工程施工及有关事项协商一致，共同达成如下协议：

一、工程概况

1. 工程名称：_____。

2. 工程地点：_____。

3. 工程立项批准文号：_____。

4. 资金来源：_____。

5. 工程内容：_____。

群体工程应附《承包人承揽工程项目一览表》（附件1）。

6. 工程承包范围：_____。

二、合同工期

计划开工日期：_____年_____月_____日。

计划竣工日期：_____年_____月_____日。

工期总日历天数：_____天。工期总日历天数与根据前述计划开竣工日期计算的工期天数不一致的，以工期总日历天数为准。

三、质量标准

工程质量符合_____标准。

四、签约合同价与合同价格形式

1. 签约合同价为：

人民币（大写）_____（￥_____元）；

其中：

（1）安全文明施工费：

人民币（大写）_____（￥_____元）；

（2）材料和工程设备暂估价金额：

人民币（大写）_____（￥_____元）；

（3）专业工程暂估价金额：

人民币（大写）_____（￥_____元）；

（4）暂列金额：

人民币（大写）_____（￥_____元）；

2. 合同价格形式：_____。

五、项目经理

承包人项目经理：_____。

六、合同文件构成

本协议书与下列文件一起构成合同文件：

（1）中标通知书（如果有）；

（2）投标函及其附录（如果有）；

（3）专用合同条款及其附件；

（4）通用合同条款；

（5）技术标准和要求；

（6）图纸；

（7）已标价工程量清单或预算书；

（8）其他合同文件。

在合同订立及履行过程中形成的与合同有关的文件均构成合同文件组成部分。

上述各项合同文件包括合同当事人就该项合同文件所作出的补充和修改，属于同一类内容的文件，应以最新签署的为准。专用合同条款及其附件须经合同当事人签字或盖章。

七、承诺

1. 发包人承诺按照法律规定履行项目审批手续、筹集工程建设资金并按照合同约定的期限和方式支付合同价款。

2. 承包人承诺按照法律规定及合同约定组织完成工程施工，确保工程质量和安全，不进行转包及违法分包，并在缺陷责任期及保修期内承担相应的工程维修责任。

3. 发包人和承包人通过招投标形式签订合同的，双方理解并承诺不再就同一工程另行签订与合同实质性内容相背离的协议。

八、词语含义

本协议书中词语含义与第二部分通用合同条款中赋予的含义相同。

九、签订时间

本合同于_____年____月____日签订。

十、签订地点

本合同在_____签订。

十一、补充协议

合同未尽事宜，合同当事人另行签订补充协议，补充协议是合同的组成部分。

十二、合同生效

本合同自_____生效。

十三、合同份数

本合同一式____份，均具有同等法律效力，发包人执____份，承包人执____份。

发包人：　（公章）　　　　　　承包人：　（公章）

法定代表人或其委托代理人：　法定代表人或其委托代理人：
（签字）　　　　　　　　　　（签字）

组织机构代码：＿＿＿＿＿＿　　组织机构代码：＿＿＿＿＿＿
地　　址：＿＿＿＿＿＿＿　　地　　址：＿＿＿＿＿＿＿
邮政编码：＿＿＿＿＿＿＿　　邮政编码：＿＿＿＿＿＿＿
法定代表人：＿＿＿＿＿＿＿　法定代表人：＿＿＿＿＿＿＿
委托代理人：＿＿＿＿＿＿＿　委托代理人：＿＿＿＿＿＿＿
电　　话：＿＿＿＿＿＿＿　　电　　话：＿＿＿＿＿＿＿
传　　真：＿＿＿＿＿＿＿　　传　　真：＿＿＿＿＿＿＿
电子信箱：＿＿＿＿＿＿＿　　电子信箱：＿＿＿＿＿＿＿
开户银行：＿＿＿＿＿＿＿　　开户银行：＿＿＿＿＿＿＿
账　　号：＿＿＿＿＿＿＿　　账　　号：＿＿＿＿＿＿＿

（2）通用合同条款。通用合同条款是合同当事人根据《中华人民共和国建筑法》《中华人民共和国合同法》等法律法规的规定，就工程建设的实施及相关事项，对合同当事人的权利义务作出的原则性约定。它是将建设工程施工合同中共性的一些内容抽象出来编写的一份完整的合同文件。通用合同条款具有很强的通用性，基本适用于各类建设工程。

通用合同条款共计20条，具体条款分别为：一般约定、发包人、承包人、监理人、工程质量、安全文明施工与环境保护、工期和进度、材料与设备、试验与检验、变更、价格调整、合同价格、计量与支付、验收和工程试车、竣工结算、缺陷责任与保修、违约、不可抗力、保险、索赔和争议解决。条款安排既考虑了现行法律法规对工程建设的有关要求，也考虑了建设工程施工管理的特殊需要。

（3）专用合同条款。考虑到建设工程的内容各不相同，工期、造价也随之变动，承包人、发包人各自的能力、施工现场的环境和条件也不相同，通用合同条款不能完全适用于各个具体工程，因此配之于专用合同条款，使二者共同成为双方统一意愿的体现。专用合同条款是对通用合同条款原则性约定的细化、完善、补充、修改或另行约定的条款。合同当事人可以根据不同建设工程的特点及具体情况，通过双方的谈判、协商对相应的专用合同条款进行修改补充。在使用专用合同条款时，应注意以下事项：

1）专用合同条款的编号应与相应的通用合同条款的编号一致。

2）合同当事人可以通过对专用合同条款的修改，满足具体建设工程的特殊要求，避免直接修改通用合同条款。

3）在专用合同条款中有横道线的地方，合同当事人可针对相应的通用合同条款进行细化、完善、补充、修改或另行约定；如无细化、完善、补充、修改或另行约定，则填写"无"或画"／"。

（4）附件。《示范文本》附件是对施工合同当事人的权利义务的进一步明确，并且使得施工合同当事人的有关工作一目了然，便于执行和管理。其中附件1属于合同协议书附件，适用于群体工程；附件2～附件11属于专用合同条款附件。

**附件1：承包人承揽工程项目一览表**

### 承包人承揽工程项目一览表

| 单位工程名称 | 建设规模 | 建筑面积/m² | 结构形式 | 层数 | 生产能力 | 设备安装内容 | 合同价格/元 | 开工日期 | 竣工日期 |
|---|---|---|---|---|---|---|---|---|---|
|  |  |  |  |  |  |  |  |  |  |
|  |  |  |  |  |  |  |  |  |  |
|  |  |  |  |  |  |  |  |  |  |
|  |  |  |  |  |  |  |  |  |  |
|  |  |  |  |  |  |  |  |  |  |
|  |  |  |  |  |  |  |  |  |  |
|  |  |  |  |  |  |  |  |  |  |

**附件2：发包人提供的材料和工程设备一览表**

### 发包人提供的材料和工程设备一览表

| 序号 | 材料、设备品种 | 规格型号 | 单位 | 数量 | 单价/元 | 质量等级 | 供应时间 | 送达地点 | 备注 |
|---|---|---|---|---|---|---|---|---|---|
|  |  |  |  |  |  |  |  |  |  |
|  |  |  |  |  |  |  |  |  |  |
|  |  |  |  |  |  |  |  |  |  |
|  |  |  |  |  |  |  |  |  |  |
|  |  |  |  |  |  |  |  |  |  |
|  |  |  |  |  |  |  |  |  |  |
|  |  |  |  |  |  |  |  |  |  |
|  |  |  |  |  |  |  |  |  |  |

**附件3：工程质量保修书**

### 工程质量保修书

发包人（全称）：_____

承包人（全称）：_____

发包人和承包人根据《中华人民共和国建筑法》和《建设工程质量管理条例》，经协商一致就_____（工程全称）签订工程质量保修书。

一、工程质量保修范围和内容

承包人在质量保修期内，按照有关法律规定和合同约定，承担工程质量保修责任。

质量保修范围包括地基基础工程、主体结构工程，屋面防水工程、有防水要求的卫生间、房间和外墙面的防渗漏，供热与供冷系统，电气管线、给水排水管道、设备安装和装修工程，以及双方约定的其他项目。具体保修的内容，双方约定如下：

_____。

二、质量保修期

根据《建设工程质量管理条例》及有关规定，工程的质量保修期如下：

1. 地基基础工程和主体结构工程为设计文件规定的工程合理使用年限；

2. 屋面防水工程、有防水要求的卫生间、房间和外墙面的防渗漏为_____年；

3. 装修工程为_____年；

4. 电气管线、给水排水管道、设备安装工程为_____年；

5. 供热与供冷系统为_____个采暖期、供冷期；

6. 住宅小区内的给水排水设施、道路等配套工程为_____年；

7. 其他项目保修期限约定如下：_____。

质量保修期自工程竣工验收合格之日起计算。

三、缺陷责任期

工程缺陷责任期为_____个月，缺陷责任期自工程竣工验收合格之日起计算。单位工程先于全部工程进行验收，单位工程缺陷责任期自单位工程验收合格之日起算。

缺陷责任期终止后，发包人应退还剩余的质量保证金。

四、质量保修责任

1. 属于保修范围、内容的项目，承包人应当在接到保修通知之日起7天内派人保修。承包人不在约定期限内派人保修的，发包人可以委托他人修理。

2. 发生紧急事故需抢修的，承包人在接到事故通知后，应当立即到达事故现场抢修。

3. 对于涉及结构安全的质量问题，应当按照《建设工程质量管理条例》的规定，立即向当地建设行政主管部门和有关部门报告，采取安全防范措施，并由原设计人或者具有相应资质等级的设计人提出保修方案，承包人实施保修。

4. 质量保修完成后，由发包人组织验收。

五、保修费用

保修费用由造成质量缺陷的责任方承担。

六、双方约定的其他工程质量保修事项：_____。

工程质量保修书由发包人、承包人在工程竣工验收前共同签署，作为施工合同附件，其有效期限至保修期满。

发包人（公章）：_____　　　承包人（公章）：_____

地　　址：_____　　　　　地　　址：_____

法定代表人（签字）：_____　　法定代表人（签字）：_____

委托代理人（签字）：_____　　委托代理人（签字）：_____

电　　话：_____　　　　　电　　话：_____

传　　真：_____　　　　　传　　真：_____

开户银行：_____　　　　　开户银行：_____

账　　号：_____　　　　　账　　号：_____

邮政编码：_____　　　　　邮政编码：_____

**附件4：主要建设工程文件目录**

### 主要建设工程文件目录

| 文件名称 | 套数 | 费用/元 | 质量 | 移交时间 | 责任人 |
|---|---|---|---|---|---|
|  |  |  |  |  |  |
|  |  |  |  |  |  |
|  |  |  |  |  |  |
|  |  |  |  |  |  |
|  |  |  |  |  |  |
|  |  |  |  |  |  |

**附件5：承包人用于本工程施工的机械设备表**

### 承包人用于本工程施工的机械设备表

| 序号 | 机械或设备名称 | 规格型号 | 数量 | 产地 | 制造年份 | 额定功率/kW | 生产能力 | 备注 |
|---|---|---|---|---|---|---|---|---|
|  |  |  |  |  |  |  |  |  |
|  |  |  |  |  |  |  |  |  |
|  |  |  |  |  |  |  |  |  |
|  |  |  |  |  |  |  |  |  |
|  |  |  |  |  |  |  |  |  |
|  |  |  |  |  |  |  |  |  |

**附件6：承包人主要施工管理人员表**

### 承包人主要施工管理人员表

| 名 称 | 姓名 | 职务 | 职称 | 主要资历、经验及承担过的项目 |
|---|---|---|---|---|
| 一、总部人员 |  |  |  |  |
| 项目主管 |  |  |  |  |
| 其他人员 |  |  |  |  |
| 二、现场人员 |  |  |  |  |
| 项目经理 |  |  |  |  |
| 项目副经理 |  |  |  |  |
| 技术负责人 |  |  |  |  |
| 造价管理 |  |  |  |  |
| 质量管理 |  |  |  |  |
| 材料管理 |  |  |  |  |
| 计划管理 |  |  |  |  |
| 安全管理 |  |  |  |  |
| 其他人员 |  |  |  |  |

**附件7：分包人主要施工管理人员表**（同上表）

**附件8：履约担保**

_____（发包人名称）：

　　鉴于_____（发包人名称，以下简称"发包人"）与_____（承包人名称）（以下称"承包人"）于___年__月__日就_____（工程名称）施工及有关事项协商一致共同签订《建设工程施工合同》。我方愿意无条件地、不可撤销地就承包人履行与你方签订的合同，向你方提供连带责任担保。

　　1. 担保金额人民币（大写）_____元（￥_____）。

　　2. 担保有效期自你方与承包人签订的合同生效之日起至你方签发或应签发工程接收证书之日止。

　　3. 在本担保有效期内，因承包人违反合同约定的义务给你方造成经济损失时，我方在收到你方以书面形式提出的在担保金额内的赔偿要求后，在 7 天内无条件支付。

4. 你方和承包人按合同约定变更合同时，我方承担本担保规定的义务不变。

5. 因本保函发生的纠纷，可由双方协商解决，协商不成的，任何一方均可提请_____仲裁委员会仲裁。

6. 本保函自我方法定代表人（或其授权代理人）签字并加盖公章之日起生效。

担 保 人：_____（盖单位章）

法定代表人或其委托代理人：_____（签字）

地　　址：_____

邮政编码：_____

电　　话：_____

传　　真：_____

_____年_____月_____日

### 附件 9：预付款担保

_____（发包人名称）：

根据_____（承包人名称）（以下称"承包人"）与_____（发包人名称）（以下简称"发包人"）于___年___月___日签订的_____（工程名称）《建设工程施工合同》，承包人按约定的金额向你方提交一份预付款担保，即有权得到你方支付相等金额的预付款。我方愿意就你方提供给承包人的预付款为承包人提供连带责任担保。

1. 担保金额人民币（大写）_____元（￥_____）。

2. 担保有效期自预付款支付给承包人起生效，至你方签发的进度款支付证书说明已完全扣清止。

3. 在本保函有效期内，因承包人违反合同约定的义务而要求收回预付款时，我方在收到你方的书面通知后，在 7 天内无条件支付。但本保函的担保金额，在任何时候不应超过预付款金额减去你方按合同约定在向承包人签发的进度款支付证书中扣除的金额。

4. 你方和承包人按合同约定变更合同时，我方承担本保函规定的义务不变。

5. 因本保函发生的纠纷，可由双方协商解决，协商不成的，任何一方均可提请_____仲裁委员会仲裁。

6. 本保函自我方法定代表人（或其授权代理人）签字并加盖公章之日起生效。

担 保 人：_____（盖单位章）

法定代表人或其委托代理人：_____（签字）

地　　址：_____

邮政编码：_____

电　　话：_____

传　　真：_____

_____年_____月_____日

### 附件 10：支付担保

_____（承包人）：

鉴于你方作为承包人已经与_____（发包人名称）（以下称"发包人"）于__年__月___日签订了_____（工程名称）《建设工程施工合同》（以下称"主合同"），应发包人的申请，我方愿就发包人履行主合同约定的工程款支付义务以保证的方式向你方提供如下担保：

一、保证的范围及保证金额

1. 我方的保证范围是主合同约定的工程款。

2. 本保函所称主合同约定的工程款是指主合同约定的除工程质量保证金以外的合同价款。

3. 我方保证的金额是主合同约定的工程款的_____%，数额最高不超过人民币元（大写：_____）。

二、保证的方式及保证期间

1. 我方保证的方式为：连带责任保证。

2. 我方保证的期间为：自本合同生效之日起至主合同约定的工程款支付完毕之日后____日内。

3. 你方与发包人协议变更工程款支付日期的，经我方书面同意后，保证期间按照变更后的支付日期做相应调整。

三、承担保证责任的形式

我方承担保证责任的形式是代为支付。发包人未按主合同约定向你方支付工程款的，由我方在保证金额内代为支付。

四、代偿的安排

1. 你方要求我方承担保证责任的，应向我方发出书面索赔通知及发包人未支付主合同约定工程款的证明材料。索赔通知应写明要求索赔的金额，支付款项应到达的账号。

2. 在出现你方与发包人因工程质量发生争议，发包人拒绝向你方支付工程款的情形时，你方要求我方履行保证责任代为支付的，需提供符合相应条件要求的工程质量检测机构出具的质量说明材料。

3. 我方收到你方的书面索赔通知及相应的证明材料后 7 天内无条件支付。

五、保证责任的解除

1. 在本保函承诺的保证期间内，你方未书面向我方主张保证责任的，自保证期间届满次日起，我方保证责任解除。

2. 发包人按主合同约定履行了工程款的全部支付义务的，自本保函承诺的保证期间届满次日起，我方保证责任解除。

3. 我方按照本保函向你方履行保证责任所支付金额达到本保函保证金额时，自我方向你方支付（支付款项从我方账户划出）之日起，保证责任即解除。

4. 按照法律法规的规定或出现应解除我方保证责任的其他情形的，我方在本保函项下的保证责任亦解除。

5. 我方解除保证责任后，你方应自我方保证责任解除之日起__个工作日内，将本保函原件返还我方。

六、免责条款

1. 因你方违约致使发包人不能履行义务的，我方不承担保证责任。

2. 依照法律法规的规定或你方与发包人的另行约定，免除发包人部分或全部义务的，我方亦免除其相应的保证责任。

3. 你方与发包人协议变更主合同的，如加重发包人责任致使我方保证责任加重的，需征得我方书面同意，否则我方不再承担因此而加重部分的保证责任，但主合同第 10 条〔变更〕约定的变更不受本款限制。

4. 因不可抗力造成发包人不能履行义务的，我方不承担保证责任。

七、争议解决

因本保函或本保函相关事项发生的纠纷，可由双方协商解决，协商不成的，按下列第____ 种方式解决：

（1）向_____ 仲裁委员会申请仲裁；

（2）向_____ 人民法院起诉。

八、保函的生效

本保函自我方法定代表人（或其授权代理人）签字并加盖公章之日起生效。

担 保 人：_____ （盖章）

法定代表人或其委托代理人：_____ （签字）

地　　址：＿＿＿＿＿＿＿＿＿＿＿＿＿＿＿

邮政编码：＿＿＿＿＿＿＿＿＿＿＿＿＿＿＿

电　　话：＿＿＿＿＿＿＿＿＿＿＿＿＿＿＿

传　　真：＿＿＿＿＿＿＿＿＿＿＿＿＿＿＿

＿＿＿＿年＿＿＿＿月＿＿＿＿日

**附件 11**：暂估价表。包括材料暂估价表、工程设备暂估价表、专业工程暂估价表。（略）

**2. 组成合同文件及其解释顺序**

《示范文本》规定了施工合同文件的组成和解释顺序。组成合同的各项文件应互相解释，互为说明。除专用合同条款另有约定外，解释合同文件的优先顺序如下：

1）合同协议书；

2）中标通知书（如果有）；

3）投标书及其附件（如果有）；

4）合同专用条款及其附件；

5）合同通用条款；

6）技术标准和要求；

7）图纸；

8）已标价工程量清单或预算书；

9）其他合同文件。

上述各项合同文件包括合同当事人就该项合同文件所作出的补充和修改，属于同一类内容的文件，应以最新签署的为准。

在合同订立及履行过程中形成的与合同有关的文件均构成合同文件组成部分，并根据其性质确定优先解释顺序。

合同协议书中约定采用总价合同形式的，已标价工程量清单中的各项工程量对合同双方不具合同约束力。

图纸与技术标准和要求之间有矛盾或者不一致的，以其中要求较严格的标准为准。

施工合同文件使用汉语语言文字书写、解释和说明。如专用条款约定使用两种以上（含两种）语言文字时，汉语应为解释和说明施工合同的标准语言文字。在少数民族地区，双方可以约定使用少数民族语言文字书写和解释、说明施工合同。

承包人按中标通知书规定的时间与发包人签订合同协议书。除法律另有规定或专用条款另有约定生效条件外，发包人和承包人的法定代表人或其委托代理人在合同协议书上签字并盖单位章后，合同生效。

# 4.4　施工总承包合同条款主要内容

本节介绍《建设工程施工合同（示范文本）》（GF—2013—0201）中"通用合同条款"以及"专用合同条款"的主要内容。

## 4.4.1　发包人的责任和义务

**1. 发包人责任**

（1）除专用合同条款另有约定外，发包人应根据施工需要，负责取得出入施工现场所需的批准手续和全部权利，以及取得因施工所需修建道路、桥梁以及其他基础设施的权利，并承担相关手续费用和建设费用。发包人应提供场外交通设施的技术参数和具体条件，场外交通设施无法满足工程施工需要的，由发包人负责完善并承担相关费用。发包人应提供场内交通设施的技术参数和具体条件，并应按照专用合同条款的约定向承包人免费提供满足工程施工所需的场内道路和交通设施。

（2）发包人应根据专用合同条款的约定并且至迟不得晚于开工通知载明的开工日期前7天通过监理人向承包人提供测量基准点、基准线和水准点及其书面资料。发包人应对其提供的测量基准点、基准线和水准点及其书面资料的真实性、准确性和完整性负责。

发包人提供上述基准资料错误导致承包人测量放线工作的返工或造成工程损失的，发包人应当承担由此增加的费用和（或）工期延误，并向承包人支付合理利润。

（3）发包人的安全文明施工责任。发包人应按合同约定履行职责，授权监理人按合同约定的安全文明施工工作内容监督、检查承包人安全文明施工工作的实施，组织承包人和有关单位进行安全文明施工检查。

发包人应负责赔偿以下各种情况造成的损失：

1）工程或工程的任何部分对土地的占用所造成的第三者财产损失。

2）由于发包人原因在施工场地及其毗邻地带造成的第三者人身伤亡和财产损失。

3）由于发包人原因对承包人、监理人造成的人员人身伤亡和财产损失。

4）由于发包人原因造成的发包人自身人员的人身伤害以及财产损失。

（4）治安保卫责任。除专用合同条款另有约定外，发包人应与当地公安部门协商，在现场建立治安管理机构或联防组织，统一管理施工场地的治安保卫事项，履行合同工程的治安保卫职责。

发包人和承包人除应协助现场治安管理机构或联防组织维护施工场地的社会治安外，还应做好包括生活区在内的各自管辖区的治安保卫工作。

除专用合同条款另有约定外，发包人和承包人应在工程开工后7天内共同编制施工场地治安管理计划，并制定应对突发治安事件的紧急预案。在工程施工过程中，发生暴乱、爆炸等恐怖事件，以及群殴、械斗等群体性突发治安事件的，发包人和承包人应立即向当地政府报告。发包人和承包人应积极协助当地有关部门采取措施平息事态，防止事态扩大，尽量避免人员伤亡和财产损失。

（5）工程事故处理责任。工程施工过程中发生事故的，承包人应立即通知监理人，监理人应立即通知发包人。发包人和承包人应立即组织人员和设备进行紧急抢救和抢修，减少人员伤亡和财产损失，防止事故扩大，并保护事故现场。需要移动现场物品时，应作出标记和书面记录，妥善保管有关证据。发包人和承包人应按国家有关规定，及时如实地向有关部门报告事故发生的情况，以及正在采取的紧急措施等。

（6）发包人应将其持有的现场地质勘探资料、水文气象资料提供给承包人，并对其准确性负责。但承包人应对其阅读上述有关资料后所作出的解释和推断负责。

发包人应按照专用合同条款约定的期限、数量和内容向承包人免费提供图纸，并组织承包人、监理人和设计人进行图纸会审和设计交底。发包人最迟不得晚于开工通知载明的开工日期前14天向承包人提供图纸。

因发包人未按合同约定提供图纸导致承包人费用增加和（或）工期延误的，按照合同中因发包人原因导致工期延误的约定办理。

（7）按要求编制并提供工程量清单。除专用合同条款另有约定外，发包人提供的工程量清单，应被认为是准确的和完整的。出现下列情形之一时，发包人应予以修正，并相应调整合同价格：

1）工程量清单存在缺项、漏项的。

2）工程量清单偏差超出专用合同条款约定的工程量偏差范围的。

3）未按照国家现行计量规范强制性规定计量的。

（8）委派发包人代表。发包人代表是指由发包人任命并派驻施工现场在发包人授权范围内行使发包人权利的人。发包人应在专用合同条款中明确其派驻施工现场的发包人代表的姓名、职务、联系方式及授权范围等事项。发包人代表在发包人的授权范围内，负责处理合同履行过程中与发包人有关的具体事宜。发包人代表在授权范围内的行为由发包人承担法律责任。发包人更换发包人代表的，应提前7天书面通知承包人。

不属于法定必须监理的工程，监理人的职权可以由发包人代表或发包人指定的其他人员行使。

### 2. 发包人义务

（1）遵守法律。发包人应要求在施工现场的发包人人员遵守法律及有关安全、质量、环境保护、文明施工等规定，并保障承包人免于承受因发包人人员未遵守上述要求给承包人造成的损失和责任。

（2）发出开工通知。发包人应委托监理人按合同约定向承包人发出开工通知。

（3）提供施工场地、施工条件和基础资料。除专用合同条款另有约定外，发包人应最迟于开工日期7天前向承包人移交施工现场。

发包人应当在移交施工现场前向承包人提供施工现场及工程施工所必需的毗邻区域内供水、排水、供电、供气、供热、通信、广播电视等地下管线资料，气象和水文观测资料，地质勘察资料，相邻建筑物、构筑物和地下工程等有关基础资料，并对所提供资料的真实性、准确性和完整性负责。

按照法律规定确需在开工后方能提供的基础资料，发包人应尽其努力及时地在相应工程施工前的合理期限内提供，合理期限应以不影响承包人的正常施工为限。

发包人应负责提供施工所需要的条件，包括：

1）将施工用水、电力、通信线路等施工所必需的条件接至施工现场内。

2）保证向承包人提供正常施工所需要的进入施工现场的交通条件。

3）协调处理施工现场周围地下管线和邻近建筑物、构筑物、古树名木的保护工作，并承担相关费用。

4）专用合同条款约定应提供的其他设施和条件。

（4）办理许可或批准。发包人应遵守法律，并办理法律规定由其办理的许可、批准或备案，包括建设用地规划许可证、建设工程规划许可证、建设工程施工许可证，以及施工所需临时用水、临时用电、中断道路交通、临时占用土地等许可和批准。发包人应协助承包人办理法律规定的有关施工证件和批件。

（5）组织设计交底。发包人应当在合同约定的开工日期前组织设计人向承包人进行合同工程总体设计交底（包括图纸会审）。发包人还应按照合同进度计划中载明的阶段性设计交底时间组织和安排阶段工程设计交底（包括图纸会审）。承包人可以书面方式通过监理人向发包人申请增加紧急的设计交底，发包人在认为确有必要且条件许可时，应当尽快组织这类设计交底。

（6）支付合同价款。发包人应按合同约定向承包人及时支付合同价款。

（7）组织竣工验收。发包人应按合同约定及时组织竣工验收。

（8）其他义务。

1）向承包人提交资金来源证明及支付担保。除专用合同条款另有约定外，承包人要求提供资金来源证明的，发包人应在收到书面通知后 28 天内，向承包人提供能够按照合同约定支付合同价款的相应资金来源证明。

发包人要求承包人提供履约担保的，发包人应当向承包人提供支付担保。支付担保可以采用银行保函或担保公司担保等形式，具体由合同当事人在专用合同条款中约定。

2）根据建设行政主管部门和（或）城市建设档案管理机构的规定，收集、整理、立卷、归档工程资料，并按规定时间向建设行政主管部门或者城市建设档案管理机构移交规定的工程档案。

3）批准和确认。按合同约定应当由监理人或者发包人回复、批复、批准、确认或提出修改意见的承包人的要求、请求、申请和报批等，自监理人或者发包人指定的接收人收到承包人发出的相应要求、请求、申请和报批之日起，如果监理人或者发包人在合同约定的期限内未予回复、批复、批准、确认或提出修改意见的，视为监理人和发包人已经同意、确认或者批准。

4）现场统一管理协议。发包人应与承包人、由发包人直接发包的专业工程的承包人签订施工现场统一管理协议，明确各方的权利义务。施工现场统一管理协议作为专用合同条款的附件。

5）专用合同条款约定的其他义务。

## 4.4.2 承包人的责任和义务

### 1. 承包人的一般义务

承包人在履行合同过程中应遵守法律和工程建设标准规范，并履行以下义务：

（1）办理法律规定应由承包人办理的许可和批准，并将办理结果书面报送发包人留存。

（2）按法律规定和合同约定完成工程，并在保修期内承担保修义务。

（3）按法律规定和合同约定采取施工安全和环境保护措施，办理工伤保险，确保工程及人员、材料、设备和设施的安全。

（4）按合同约定的工作内容和施工进度要求，编制施工组织设计和施工措施计划，并对所有施工作业和施工方法的完备性和安全可靠性负责。

（5）在进行合同约定的各项工作时，不得侵害发包人与他人使用公用道路、水源、市政管网等公共设施的权利，避免对邻近的公共设施产生干扰。承包人占用或使用他人的施工场地，影响他人作业或生活的，应承担相应责任。

（6）按照合同约定负责施工场地及其周边环境与生态的保护工作。

（7）按合同约定采取施工安全措施，确保工程及其人员、材料、设备和设施的安全，防止因工程施工造成的人身伤害和财产损失。

（8）将发包人按合同约定支付的各项价款专用于合同工程，且应及时支付其雇用人员工资，并及时向分包人支付合同价款。

（9）按照法律规定和合同约定编制竣工资料，完成竣工资料立卷及归档，并按专用合同条款约定的竣工资料的套数、内容、时间等要求移交发包人。

（10）应履行的其他义务。

**2. 承包人的其他责任和义务**

（1）有关工程分包的责任与义务。承包人不得将其承包的全部工程转包给第三人，或将其承包的全部工程肢解后以分包的名义转包给第三人。承包人不得将工程主体结构、关键性工作及专用合同条款中禁止分包的专业工程分包给第三人，主体结构、关键性工作的范围由合同当事人按照法律规定在专用合同条款中予以明确。

承包人不得以劳务分包的名义转包或违法分包工程。

承包人应按专用合同条款的约定进行分包，确定分包人。已标价工程量清单或预算书中给定暂估价的专业工程，按照暂估价确定分包人。按照合同约定进行分包的，承包人应确保分包人具有相应的资质和能力。工程分包不减轻或免除承包人的责任和义务，承包人和分包人就分包工程向发包人承担连带责任。除合同另有约定外，承包人应在分包合同签订后7天内向发包人和监理人提交分包合同副本。

承包人应向监理人提交分包人的主要施工管理人员表，并对分包人的施工人员进行实名制管理，包括进出场管理、登记造册以及各种证照的办理。

除专用合同条款另有约定或另有生效法律文书要求外，分包合同价款由承包人与分包人结算，未经承包人同意，发包人不得向分包人支付分包工程价款。

（2）承包人委派项目经理。承包人应按合同约定委派项目经理，并在约定的期限内到职。承包人需要更换项目经理的，应提前14天书面通知发包人和监理人，并征得发包人书面同意。项目经理应常驻施工现场，且每月在施工现场时间不得少于专用合同条款约定的天数。项目经理不得同时担任其他项目的项目经理。项目经理确需离开施工现场时，应事先通知监理人，并取得发包人的书面同意。项目经理的通知中应当载明临时代行其职责的人员的注册执业资格、管理经验等资料，该人员应具备履行相应职责的能力。

项目经理应为合同当事人所确认的人选，并在专用合同条款中明确项目经理的姓名、职称、注册执业证书编号、联系方式及授权范围等事项，项目经理经承包人授权后代表承包人负责履行合同。项目经理应是承包人正式聘用的员工，承包人应向发包人提交项目经理与承包人之间的劳动合同，以及承包人为项目经理缴纳社会保险的有效证明。

（3）除专用合同条款另有约定外，承包人应在接到开工通知后7天内，向监理人提交承包人项目管理机构及施工现场人员安排的报告，其内容应包括合同管理、施工、技术、材料、质量、安全、财务等主要施工管理人员名单及其岗位、注册执业资格等，以及各工种技术工人的安排情况，并同时提交主要施工管理人员与承包人之间的劳动关系证明和缴纳社会保险的有效证明。

承包人派驻到施工现场的主要施工管理人员应相对稳定。施工过程中如有变动，承包人应及时向监理人提交施工现场人员变动情况的报告。承包人更换主要施工管理人员时，应提前7天书面通知监理人，并征得发包人书面同意。

特殊工种作业人员均应持有相应的资格证明，监理人可以随时检查。

专用合同条款另有约定外，承包人的主要施工管理人员离开施工现场每月累计不超过5天的，应报监理人同意；离开施工现场每月累计超过5天的，应通知监理人，并征得发包人书面同意。

（4）承包人应对发包人提交的基础资料所做出的解释和推断负责，但因基础资料存在错误、遗漏导致承包人解释或推断失实的，由发包人承担责任。

承包人应对施工现场和施工条件进行查勘，并充分了解工程所在地的气象条件、交通条件、风俗习惯以及其他与完成合同工作有关的其他资料。因承包人未能充分查勘、了解前述情况或未能充分估计前述情况所可能产生后果的，承包人承担由此增加的费用和（或）延误的工期。

（5）除专用合同条款另有约定外，自发包人向承包人移交施工现场之日起，承包人应负责照管工程及工程相关的材料、工程设备，直到颁发工程接收证书之日止。

在承包人负责照管期间，因承包人原因造成工程、材料、工程设备损坏的，由承包人负责修复或更换，并承担由此增加的费用和（或）延误的工期。

对合同内分期完成的成品和半成品，在工程接收证书颁发前，由承包人承担保护责任。因承包人原因造成成品或半成品损坏的，由承包人负责修复或更换，并承担由此增加的费用和（或）延误的工期。

（6）承包人应按照专用合同条款的约定提供应当由其编制的与工程施工有关的文件，并按照专用合同条款约定的期限、数量和形式提交监理人，并由监理人报送发包人。

除专用合同条款另有约定外，监理人应在收到承包人文件后7天内审查完毕，监理人对承包人文件有异议的，承包人应予以修改，并重新报送监理人。监理人的审查并不减轻或免除承包人根据合同约定应当承担的责任。

除专用合同条款另有约定外，承包人应在施工现场另外保存一套完整的图纸和承包人文件，供发包人、监理人及有关人员进行工程检查时使用。

（7）承包人发现发包人提供的测量基准点、基准线和水准点及其书面资料存在错误或疏漏的，应及时通知监理人。监理人应及时报告发包人，并会同发包人和承包人予以核实。发包人应就如何处理和是否继续施工作出决定，并通知监理人和承包人。

承包人负责施工过程中的全部施工测量放线工作，并配置具有相应资质的人员、合格的仪器、设备和其他物品。承包人应矫正工程的位置、标高、尺寸或基准线中出现的任何差错，并对工程各部分的定位负责。

施工过程中对施工现场内水准点等测量标志物的保护工作由承包人负责。

（8）承包人的施工安全责任。合同履行期间，合同当事人均应当遵守国家和工程所在地有关安全生产的要求，合同当事人有特别要求的，应在专用合同条款中明确施工项目安全生产标准化达标目标及相应事项。承包人有权拒绝发包人及监理人强令承包人违章作业、冒险施工的任何指示。

承包人应当按照有关规定编制安全技术措施或者专项施工方案，建立安全生产责任制度、治安保卫制度及安全生产教育培训制度，并按安全生产法律规定及合同约定履行安全职责，如实编制工程安全生产的有关记录，接受发包人、监理人及政府安全监督部门的检查与监督。

承包人应按照法律规定进行施工，开工前做好安全技术交底工作，施工过程中做好各项安全防护措施。承包人为实施合同而雇用的特殊工种的人员应受过专门的培训并已取得政府有关管理机构颁发的上岗证书。

承包人在动力设备、输电线路、地下管道、密封防震车间、易燃易爆地段以及临街交通要道附近施工时,施工开始前应向发包人和监理人提出安全防护措施,经发包人认可后实施。

实施爆破作业,在放射性、毒害性环境中施工(含储存、运输、使用)及使用毒害性、腐蚀性物品施工时,承包人应在施工前7天以书面通知发包人和监理人,并报送相应的安全防护措施,经发包人认可后实施。

需单独编制危险性较大分部(分项)专项工程施工方案的,及要求进行专家论证的超过一定规模的危险性较大的分部(分项)工程,承包人应及时编制和组织论证。

(9)文明施工责任。承包人在工程施工期间,应当采取措施保持施工现场平整,物料堆放整齐。工程所在地有关政府行政管理部门有特殊要求的,按照其要求执行。合同当事人对文明施工有其他要求的,可以在专用合同条款中明确。

在工程移交之前,承包人应当从施工现场清除承包人的全部工程设备、多余材料、垃圾和各种临时工程,并保持施工现场清洁整齐。经发包人书面同意,承包人可在发包人指定的地点保留承包人履行保修期内的各项义务所需要的材料、施工设备和临时工程。

(10)劳动保护和环境保护。承包人应按照法律规定安排现场施工人员的劳动和休息时间,保障劳动者的休息时间,并支付合理的报酬和费用。承包人应依法为其履行合同所雇用的人员办理必要的证件、许可、保险和注册等。

承包人应按照法律规定保障现场施工人员的劳动安全,提供劳动保护,并应按国家有关劳动保护的规定,采取有效的防止粉尘、降低噪声、控制有害气体和保障高温、高寒、高处作业安全等劳动保护措施。承包人雇佣人员在施工中受到伤害的,承包人应立即采取有效措施进行抢救和治疗。

承包人应按法律规定安排工作时间,保证其雇佣人员享有休息和休假的权利。因工程施工的特殊需要占用休假日或延长工作时间的,应不超过法律规定的限度,并按法律规定给予补休或付酬。

承包人应为其履行合同所雇用的人员提供必要的膳宿条件和生活环境;承包人应采取有效措施预防传染病,保证施工人员的健康,并定期对施工现场、施工人员生活基地和工程进行防疫和卫生的专业检查和处理,在远离城镇的施工场地,还应配备必要的伤病防治和急救的医务人员与医疗设施。

承包人应在施工组织设计中列明环境保护的具体措施。在合同履行期间,承包人应采取合理措施保护施工现场环境。对施工作业过程中可能引起的大气、水、噪声以及固体废物污染采取具体可行的防范措施。

承包人应当承担因其原因引起的环境污染侵权损害赔偿责任,因上述环境污染引起纠纷而导致暂停施工的,由此增加的费用和(或)延误的工期由承包人承担。

(11)在施工现场发掘的所有文物、古迹以及具有地质研究或考古价值的其他遗迹、化石、钱币或物品属于国家所有。一旦发现上述文物,承包人应采取合理有效的保护措施,防止任何人员移动或损坏上述物品,并立即报告有关政府行政管理部门,同时通知监理人。

发包人、监理人和承包人应按有关政府行政管理部门要求采取妥善的保护措施,由此增加的费用和(或)延误的工期由发包人承担。

承包人发现文物后不及时报告或隐瞒不报，致使文物丢失或损坏的，应赔偿损失，并承担相应的法律责任。

（12）除专用合同条款另有约定外，发包人提供给承包人的图纸、发包人为实施工程自行编制或委托编制的技术规范以及反映发包人要求的或其他类似性质的文件的著作权属于发包人，承包人为实施工程所编制的文件，除署名权以外的著作权属于发包人，承包人可以为实现合同目的而复制、使用此类文件，但不能用于与合同无关的其他事项。未经发包人书面同意，承包人不得为了合同以外的目的而复制、使用上述文件或将之提供给任何第三方。

承包人在使用材料、施工设备、工程设备或采用施工工艺时，因侵犯他人的专利权或其他知识产权所引起的责任，由承包人承担。

### 4.4.3　监理人

#### 1. 监理人的职责和权力

工程实行监理的，发包人和承包人应在专用合同条款中明确监理人的监理内容及监理权限等事项。监理人应当根据发包人授权及法律规定，代表发包人对工程施工相关事项进行检查、查验、审核、验收，并签发相关指示，但监理人无权修改合同，且无权减轻或免除合同约定的承包人的任何责任与义务。

除专用合同条款另有约定外，监理人在施工现场的办公场所、生活场所由承包人提供，所发生的费用由发包人承担。

#### 2. 监理人员

发包人授予监理人对工程实施监理的权利由监理人派驻施工现场的监理人员行使，监理人员包括总监理工程师及监理工程师。监理人应将授权的总监理工程师和监理工程师的姓名及授权范围以书面形式提前通知承包人。更换总监理工程师的，监理人应提前7天书面通知承包人；更换其他监理人员，监理人应提前48小时书面通知承包人。

#### 3. 监理人的指示

监理人应按照发包人的授权发出监理指示。监理人的指示应采用书面形式，并经其授权的监理人员签字。紧急情况下，为了保证施工人员的安全或避免工程受损，监理人员可以口头形式发出指示，该指示与书面形式的指示具有同等法律效力，但必须在发出口头指示后24小时内补发书面监理指示，补发的书面监理指示应与口头指示一致。

监理人发出的指示应送达承包人项目经理或经项目经理授权接收的人员。因监理人未能按合同约定发出指示、指示延误或发出了错误指示而导致承包人费用增加和（或）工期延误的，由发包人承担相应责任。除专用合同条款另有约定外，总监理工程师不应将约定应由总监理工程师作出确定的权力授权或委托给其他监理人员。

承包人对监理人发出的指示有疑问的，应向监理人提出书面异议，监理人应在48小时内对该指示予以确认、更改或撤销，监理人逾期未回复的，承包人有权拒绝执行上述指示。

监理人对承包人的任何工作、工程或其采用的材料和工程设备未在约定的或合理期限内提出意见的，视为批准，但不免除或减轻承包人对该工作、工程、材料、工程设备等应承担的责任和义务。

**4. 商定或确定**

合同当事人进行商定或确定时，总监理工程师应当会同合同当事人尽量通过协商达成一致，不能达成一致的，由总监理工程师按照合同约定审慎做出公正的确定。

总监理工程师应将确定以书面形式通知发包人和承包人，并附详细依据。合同当事人对总监理工程师的确定没有异议的，按照总监理工程师的确定执行。任何一方合同当事人有异议，按照合同争议解决约定处理。争议解决前，合同当事人暂按总监理工程师的确定执行；争议解决后，争议解决的结果与总监理工程师的确定不一致的，按照争议解决的结果执行，由此造成的损失由责任人承担。

## 4.4.4 进度控制的主要条款内容

**1. 施工组织设计**

除专用合同条款另有约定外，承包人应在合同签订后 14 天内，但至迟不得晚于开工通知载明的开工日期前 7 天，向监理人提交详细的施工组织设计，并由监理人报送发包人。除专用合同条款另有约定外，发包人和监理人应在监理人收到施工组织设计后 7 天内确认或提出修改意见。对发包人和监理人提出的合理意见和要求，承包人应自费修改完善。根据工程实际情况需要修改施工组织设计的，承包人应向发包人和监理人提交修改后的施工组织设计。

**2. 施工进度计划**

（1）施工进度计划的编制。承包人应按照合同约定提交详细的施工进度计划，施工进度计划的编制应当符合国家法律规定和一般工程实践惯例，施工进度计划经发包人批准后实施。施工进度计划是控制工程进度的依据，发包人和监理人有权按照施工进度计划检查工程进度情况。

（2）施工进度计划的修订。施工进度计划不符合合同要求或与工程的实际进度不一致的，承包人应向监理人提交修订的施工进度计划，并附具有关措施和相关资料，由监理人报送发包人。除专用合同条款另有约定外，发包人和监理人应在收到修订的施工进度计划后 7 天内完成审核和批准或提出修改意见。发包人和监理人对承包人提交的施工进度计划的确认，不能减轻或免除承包人根据法律规定和合同约定应承担的任何责任或义务。

**3. 开工和竣工**

（1）开工。除专用合同条款另有约定外，承包人应按照施工组织设计约定的期限，向监理人提交工程开工报审表，经监理人报发包人批准后执行。开工报审表应详细说明按施工进度计划正常施工所需的施工道路、临时设施、材料、工程设备、施工设备、施工人员等落实情况以及工程的进度安排。

发包人应按照法律规定获得工程施工所需的许可。经发包人同意后，监理人发出的开工通知应符合法律规定。监理人应在计划开工日期 7 天前向承包人发出开工通知，工期自开工通知中载明的开工日期起算。

除专用合同条款另有约定外，因发包人原因造成监理人未能在计划开工日期之日起 90 天内发出开工通知的，承包人有权提出价格调整要求，或者解除合同。发包人应当承担由此增加的费用和（或）延误的工期，并向承包人支付合理利润。

（2）竣工。承包人应在合同约定的期限内完成合同工程。实际竣工日期在接收证书中写明。

发包人要求承包人提前竣工的，发包人应通过监理人向承包人下达提前竣工指示，承包人应向发包人和监理人提交提前竣工建议书，提前竣工建议书应包括实施的方案、缩短的时间、增加的合同价格等内容。发包人接受该提前竣工建议书的，监理人应与发包人和承包人协商采取加快工程进度的措施，并修订施工进度计划，由此增加的费用由发包人承担。承包人认为提前竣工指示无法执行的，应向监理人和发包人提出书面异议，发包人和监理人应在收到异议后7天内予以答复。任何情况下，发包人不得压缩合理工期。

发包人要求承包人提前竣工，或承包人提出提前竣工的建议能够给发包人带来效益的，合同当事人可以在专用合同条款中约定提前竣工的奖励。

**4. 工期延误**

（1）发包人原因导致工期延误。在合同履行过程中，因下列情况导致工期延误和（或）费用增加的，由发包人承担由此延误的工期和（或）增加的费用，且发包人应支付承包人合理的利润：

1）发包人未能按合同约定提供图纸或所提供图纸不符合合同约定的。

2）发包人未能按合同约定提供施工现场、施工条件、基础资料、许可、批准等开工条件的。

3）发包人提供的测量基准点、基准线和水准点及其书面资料存在错误或疏漏的。

4）发包人未能在计划开工日期之日起7天内同意下达开工通知的。

5）发包人未能按合同约定日期支付工程预付款、进度款或竣工结算款的。

6）监理人未按合同约定发出指示、批准等文件的。

7）专用合同条款中约定的其他情形。

因发包人原因未按计划开工日期开工的，发包人应按实际开工日期顺延竣工日期，确保实际工期不低于合同约定的工期总日历天数。

（2）异常恶劣的气候条件。异常恶劣的气候条件是指在施工过程中遇到的，有经验的承包人在签订合同时不可预见的，对合同履行造成实质性影响的，但尚未构成不可抗力事件的恶劣气候条件。

由于出现专用合同条款规定的异常恶劣气候的条件导致工期延误的，承包人有权要求发包人延长工期，因采取合理措施而增加的费用由发包人承担。

（3）不利物质条件。不利物质条件是指有经验的承包人在施工现场遇到的不可预见的自然物质条件、非自然的物质障碍和污染物，包括地表以下物质条件和水文条件以及专用合同条款约定的其他情形，但不包括气候条件。

由于出现不利物质条件导致工期延误的，承包人有权要求发包人延长工期，因采取合理措施而增加的费用由发包人承担。

（4）承包人的工期延误。因承包人原因造成工期延误的，可以在专用合同条款中约定逾期竣工违约金的计算方法和逾期竣工违约金的上限。承包人支付逾期竣工违约金后，不免除承包人继续完成工程及修补缺陷的义务。

**5. 暂停施工**

（1）暂停施工指示。因发包人原因引起暂停施工的，监理人经发包人同意后，应及时下达暂停施工指示。因发包人原因引起的暂停施工，发包人应承担由此增加的费用和（或）

延误的工期，并支付承包人合理的利润。

监理人认为有必要时，并经发包人批准后，可向承包人作出暂停施工的指示，承包人应按监理人指示暂停施工。

因紧急情况需暂停施工，且监理人未及时下达暂停施工指示的，承包人可先暂停施工，并及时通知监理人。监理人应在接到通知后24小时内发出指示，逾期未发出指示，视为同意承包人暂停施工。监理人不同意承包人暂停施工的，应说明理由，承包人对监理人的答复有异议，按照合同争议解决约定处理。

因承包人原因引起的暂停施工，承包人应承担由此增加的费用和（或）延误的工期，且承包人在收到监理人复工指示后84天内仍未复工的，视为承包人违约的情形中约定的承包人无法继续履行合同的情形。

（2）暂停施工后的复工。暂停施工后，发包人和承包人应采取有效措施积极消除暂停施工的影响。在工程复工前，监理人会同发包人和承包人确定因暂停施工造成的损失，并确定工程复工条件。当工程具备复工条件时，监理人应经发包人批准后向承包人发出复工通知，承包人应按照复工通知要求复工。

承包人无故拖延和拒绝复工的，承包人承担由此增加的费用和（或）延误的工期；因发包人原因无法按时复工的，按照因发包人原因导致工期延误的约定办理。

（3）暂停施工持续56天以上。监理人发出暂停施工指示后56天内未向承包人发出复工通知，除该项停工属于不可抗力原因外，承包人可向发包人提交书面通知，要求发包人在收到书面通知后28天内准许已暂停施工的部分或全部工程继续施工。发包人逾期不予批准的，则承包人可以通知发包人，将工程受影响的部分视为工程变更认定的可取消工作。

暂停施工持续84天以上不复工的，且不属于承包人原因引起的暂停施工以及不可抗力导致的暂停施工，并影响到整个工程以及合同目的实现的，承包人有权提出价格调整要求，或者解除合同。解除合同的，按照合同约定的因发包人违约解除合同执行。

（4）暂停施工期间的工程管理措施。暂停施工期间，承包人应负责妥善照管工程并提供安全保障，由此增加的费用由责任方承担。发包人和承包人均应采取必要的措施确保工程质量及安全，防止因暂停施工扩大损失。

## 4.4.5 质量控制的主要条款

### 1. 工程质量控制

（1）工程质量要求。工程质量标准必须符合现行国家有关工程施工质量验收规范和标准的要求。有关工程质量的特殊标准或要求由合同当事人在专用合同条款中约定。

因发包人原因造成工程质量未达到合同约定标准的，由发包人承担由此增加的费用和延误的工期，并支付承包人合理的利润。

因承包人原因造成工程质量未达到合同约定标准的，发包人有权要求承包人返工直至工程质量达到合同约定的标准为止，并由承包人承担由此增加的费用和延误的工期。

（2）质量保证措施。

1）发包人的质量管理。发包人应按照法律规定及合同约定完成与工程质量有关的各项工作。

2）承包人的质量管理。承包人按照施工组织设计约定向发包人和监理人提交工程质量保证体系及措施文件，建立完善的质量检查制度，并提交相应的工程质量文件。对于发包人和监理人违反法律规定和合同约定的错误指示，承包人有权拒绝实施。

承包人应对施工人员进行质量教育和技术培训，定期考核施工人员的劳动技能，严格执行施工规范和操作规程。

承包人应按照法律规定和发包人的要求，对材料、工程设备以及工程的所有部位及其施工工艺进行全过程的质量检查和检验，并作详细记录，编制工程质量报表，报送监理人审查。此外，承包人还应按照法律规定和发包人的要求，进行施工现场取样试验、工程复核测量和设备性能检测，提供试验样品、提交试验报告和测量成果以及其他工作。

3）监理人的质量检查和检验。监理人按照法律规定和发包人授权对工程的所有部位及其施工工艺、材料和工程设备进行检查和检验。承包人应为监理人的检查和检验提供方便，包括监理人到施工现场，或制造、加工地点，或合同约定的其他地方进行察看和查阅施工原始记录。监理人为此进行的检查和检验，不免除或减轻承包人按照合同约定应当承担的责任。

监理人的检查和检验不应影响施工正常进行。监理人的检查和检验影响施工正常进行的，且经检查检验不合格的，影响正常施工的费用由承包人承担，工期不予顺延；经检查检验合格的，由此增加的费用和（或）延误的工期由发包人承担。

（3）隐蔽工程检查。

1）检查程序。承包人应当对工程隐蔽部位进行自检，并经自检确认是否具备覆盖条件。除专用合同条款另有约定外，工程隐蔽部位经承包人自检确认具备覆盖条件的，承包人应在共同检查前48小时书面通知监理人检查，通知中应载明隐蔽检查的内容、时间和地点，并应附有自检记录和必要的检查资料。

监理人应按时到场检查。经监理人检查确认质量符合隐蔽要求，并在验收记录上签字后，承包人才能进行覆盖。经监理人检查质量不合格的，承包人应在监理人指示的时间内完成修复，并由监理人重新检查，由此增加的费用和（或）延误的工期由承包人承担。

除专用合同条款另有约定外，监理人不能按时进行检查的，应在检查前24小时向承包人提交书面延期要求，但延期不能超过48小时，由此导致工期延误的，工期应予以顺延。监理人未按时进行检查，也未提出延期要求的，视为隐蔽工程检查合格，承包人可自行完成覆盖工作，并作相应记录报送监理人，监理人应签字确认。监理人事后对检查记录有疑问的，可进行重新检查。

2）重新检查。承包人覆盖工程隐蔽部位后，发包人或监理人对质量有疑问的，可要求承包人对已覆盖的部位进行钻孔探测或揭开重新检查，承包人应遵照执行，并在检查后重新覆盖恢复原状。经检查证明工程质量符合合同要求的，由发包人承担由此增加的费用和（或）延误的工期，并支付承包人合理的利润；经检查证明工程质量不符合合同要求的，由此增加的费用和（或）延误的工期由承包人承担。

3）承包人私自覆盖。承包人未通知监理人到场检查，私自将工程隐蔽部位覆盖的，监理人有权指示承包人钻孔探测或揭开检查，无论工程隐蔽部位质量是否合格，由此增加的费用和（或）延误的工期均由承包人承担。

（4）清除不合格工程。因承包人原因造成工程不合格的，发包人有权随时要求承包人采取补救措施，直至达到合同要求的质量标准，由此增加的费用和（或）延误的工期由承包人承担。无法补救的，发包人可以拒绝接收全部或部分工程。

因发包人原因造成工程不合格的，由此增加的费用和（或）延误的工期由发包人承担，并支付承包人合理的利润。

（5）质量争议检测。合同当事人对工程质量有争议的，由双方协商确定的工程质量检测机构鉴定，由此产生的费用及因此造成的损失，由责任方承担。合同当事人均有责任的，由双方根据其责任分别承担。合同当事人无法达成一致的，按照合同约定进行商定或确定。

**2. 材料与设备**

（1）发包人供应材料与工程设备。发包人自行供应材料、工程设备的，应在签订合同时在专用合同条款的附件"发包人供应材料设备一览表"中明确材料、工程设备的品种、规格、型号、数量、单价、质量等级和送达地点。

承包人应提前30天通过监理人以书面形式通知发包人供应材料与工程设备进场。承包人修订施工进度计划时，需同时修订发包人供应材料与工程设备的进场计划。

发包人提供的材料或工程设备不符合合同要求的，承包人有权拒绝，并可要求发包人更换，由此增加的费用和（或）延误的工期由发包人承担，并支付承包人合理的利润。

（2）承包人采购材料与工程设备。承包人负责采购材料、工程设备的，应按照设计和有关标准要求采购，并提供产品合格证明及出厂证明，对材料、工程设备质量负责。合同约定由承包人采购的材料、工程设备，发包人不得指定生产厂家或供应商，发包人违反本款约定指定生产厂家或供应商的，承包人有权拒绝，并由发包人承担相应责任。

监理人有权拒绝承包人提供的不合格材料或工程设备，并要求承包人立即进行更换。监理人应在更换后再次进行检查和检验，由此增加的费用和（或）延误的工期由承包人承担。

（3）材料与工程设备的接收与拒收。发包人提供材料和工程设备，应向承包人提供产品合格证明及出厂证明，对其质量负责。发包人应提前24小时以书面形式通知承包人、监理人材料和工程设备到货时间，承包人负责材料和工程设备的清点、检验和接收。

发包人提供的材料和工程设备的规格、数量或质量不符合合同约定的，或因发包人原因导致交货日期延误或交货地点变更等情况的，视为发包人违约。

承包人采购的材料和工程设备，应保证产品质量合格，承包人应在材料和工程设备到货前24小时通知监理人检验。

承包人采购的材料和工程设备不符合设计或有关标准要求时，承包人应在监理人要求的合理期限内将不符合设计或有关标准要求的材料、工程设备运出施工现场，并重新采购符合要求的材料、工程设备，由此增加的费用和（或）延误的工期，由承包人承担。

（4）材料与工程设备的保管与使用。

1）发包人供应材料与工程设备的保管与使用。发包人供应的材料和工程设备，承包人清点后由承包人妥善保管，保管费用由发包人承担，但已标价工程量清单或预算书已经列支或专用合同条款另有约定除外。因承包人原因发生丢失毁损的，由承包人负责赔偿；监理人未通知承包人清点的，承包人不负责材料和工程设备的保管，由此导致丢失毁损的由发包人负责。

发包人供应的材料和工程设备使用前，由承包人负责检验，检验费用由发包人承担，不合格的不得使用。

2）承包人采购材料与工程设备的保管与使用。承包人采购的材料和工程设备由承包人妥善保管，保管费用由承包人承担。法律规定材料和工程设备使用前必须进行检验或试验的，承包人应按监理人的要求进行检验或试验，检验或试验费用由承包人承担，不合格的不得使用。

发包人或监理人发现承包人使用不符合设计或有关标准要求的材料和工程设备时，有权要求承包人进行修复、拆除或重新采购，由此增加的费用和（或）延误的工期，由承包人承担。

（5）施工设备和临时设施。承包人应按合同进度计划的要求，及时配置施工设备和修建临时设施。进入施工场地的承包人设备需经监理人核查后才能投入使用。承包人更换合同约定的承包人设备的，应报监理人批准。

除专用合同条款另有约定外，承包人应自行承担修建临时设施的费用，需要临时占地的，应由发包人办理申请手续并承担相应费用。

承包人使用的施工设备不能满足合同进度计划和（或）质量要求时，监理人有权要求承包人增加或更换施工设备，承包人应及时增加或更换，由此增加的费用和（或）延误的工期由承包人承担。

（6）材料与设备的专用。承包人运入施工现场的材料、工程设备、施工设备以及在施工场地建设的临时设施，包括备品备件、安装工具与资料，必须专用于工程。未经发包人批准，承包人不得运出施工现场或挪作他用；经发包人批准，承包人可以根据施工进度计划撤走闲置的施工设备和其他物品。

**3. 试验与检验**

（1）试验设备与试验人员。承包人根据合同约定或监理人指示进行的现场材料试验，应由承包人提供试验场所、试验人员、试验设备以及其他必要的试验条件，并向监理人提交相应进场计划表。

承包人配置的试验设备要符合相应试验规程的要求并经过具有资质的检测单位检测，且在正式使用该试验设备前，需要经过监理人与承包人共同校定。

承包人应向监理人提交试验人员的名单及其岗位、资格等证明资料，试验人员必须能够熟练进行相应的检测试验，承包人对试验人员的试验程序和试验结果的正确性负责。

（2）取样。试验属于自检性质的，承包人可以单独取样。试验属于监理人抽检性质的，可由监理人取样，也可由承包人的试验人员在监理人的监督下取样。

（3）材料、工程设备和工程的试验和检验。承包人应按合同约定进行材料、工程设备和工程的试验和检验，并为监理人对上述材料、工程设备和工程的质量检查提供必要的试验资料和原始记录。按合同约定应由监理人与承包人共同进行试验和检验的，由承包人负责提供必要的试验资料和原始记录。

试验属于自检性质的，承包人可以单独进行试验。试验属于监理人抽检性质的，监理人可以单独进行试验，也可由承包人与监理人共同进行。

监理人对承包人的试验和检验结果有异议的，或为查清承包人试验和检验成果的可靠性要求承包人重新试验和检验的，由监理人与承包人共同进行。重新试验和检验的结果证明该项材料、工程设备或工程的质量不符合合同要求的，由此增加的费用和（或）延误的工期由承包人承担；重新试验和检验结果证明该项材料、工程设备和工程符合合同要求的，由此增加的费用和（或）延误的工期由发包人承担。

（4）现场工艺试验。承包人应按合同约定或监理人指示进行现场工艺试验。对大型的现场工艺试验，监理人认为必要时，承包人应根据监理人提出的工艺试验要求，编制工艺试验措施计划，报送监理人审查。

### 4. 工程质量保修

（1）工程保修的原则。在工程移交发包人后，因承包人原因产生的质量缺陷，承包人应承担质量缺陷责任和保修义务。缺陷责任期届满，承包人仍应按合同约定的工程各部位保修年限承担保修义务。

（2）缺陷责任期。缺陷责任期是指承包人按照合同约定承担缺陷修复义务，且发包人预留质量保证金的期限。缺陷责任期自实际竣工日期起计算，合同当事人应在专用合同条款约定缺陷责任期的具体期限，但该期限最长不超过 24 个月。

单位工程先于全部工程进行验收，经验收合格并交付使用的，该单位工程缺陷责任期自单位工程验收合格之日起算。因发包人原因导致工程无法按合同约定期限进行竣工验收的，缺陷责任期自承包人提交竣工验收申请报告之日起开始计算；发包人未经竣工验收擅自使用工程的，缺陷责任期自工程转移占有之日起开始计算。

除专用合同条款另有约定外，承包人应于缺陷责任期届满后 7 天内向发包人发出缺陷责任期届满通知，发包人应在收到缺陷责任期满通知后 14 天内核实承包人是否履行缺陷修复义务，承包人未能履行缺陷修复义务的，发包人有权扣除相应金额的维修费用。发包人应在收到缺陷责任期届满通知后 14 天内，向承包人颁发缺陷责任期终止证书。

（3）质量保证金。质量保证金是指按照合同约定承包人用于保证其在缺陷责任期内履行缺陷修补义务的担保。合同当事人应在专用合同条款中予以明确扣留质量保证金的方式。

承包人提供质量保证金有以下三种方式：①质量保证金保函；②相应比例的工程款；③双方约定的其他方式。除专用合同条款另有约定外，质量保证金原则上采用上述第①种方式。

质量保证金的扣留有以下三种方式：①在支付工程进度款时逐次扣留，在此情形下，质量保证金的计算基数不包括预付款的支付、扣回以及价格调整的金额；②工程竣工结算时一次性扣留质量保证金；③双方约定的其他扣留方式。除专用合同条款另有约定外，质量保证金的扣留原则上采用上述第①种方式。

发包人累计扣留的质量保证金不得超过结算合同价格的 5%，如果承包人在发包人签发竣工付款证书后 28 天内提交质量保证金保函，发包人应同时退还扣留的作为质量保证金的工程价款。

（4）保修。

1）保修期。保修期是指承包人按照合同约定对工程承担保修责任的期限，工程保修期从工程竣工验收合格之日起算，具体分部（分项）工程的保修期由合同当事人在专用合同条款中约定，但不得低于法定最低保修年限。在工程保修期内，承包人应当根据有关法律规定以及合同约定承担保修责任。发包人未经竣工验收擅自使用工程的，保修期自转移占有之日起计算。

2）修复费用的承担。保修期内，修复的费用按照以下约定处理：

①保修期内，因承包人原因造成工程的缺陷、损坏，承包人应负责修复，并承担修复的

费用以及因工程的缺陷、损坏造成的人身伤害和财产损失。

②保修期内，因发包人使用不当造成工程的缺陷、损坏，可以委托承包人修复，但发包人应承担修复的费用，并支付承包人合理利润。

③因其他原因造成工程的缺陷、损坏，可以委托承包人修复，发包人应承担修复的费用，并支付承包人合理的利润，因工程的缺陷、损坏造成的人身伤害和财产损失由责任方承担。

3）修复通知。在保修期内，发包人在使用过程中，发现已接收的工程存在缺陷或损坏的，应书面通知承包人予以修复，但情况紧急必须立即修复缺陷或损坏的，发包人可以口头通知承包人并在口头通知后 48 小时内书面确认，承包人应在专用合同条款约定的合理期限内到达工程现场并修复缺陷或损坏。

4）未能修复。因承包人原因造成工程的缺陷或损坏，承包人拒绝维修或未能在合理期限内修复缺陷或损坏，且经发包人书面催告后仍未修复的，发包人有权自行修复或委托第三方修复，所需费用由承包人承担。但修复范围超出缺陷或损坏范围的，超出范围部分的修复费用由发包人承担。

## 4.4.6 费用控制的主要条款内容

### 1. 工程预付款

（1）预付款的支付。预付款的支付按照专用合同条款约定执行，但至迟应在开工通知载明的开工日期 7 天前支付。预付款应当用于材料、工程设备、施工设备的采购及修建临时工程、组织施工队伍进场等。

除专用合同条款另有约定外，预付款在进度付款中同比例扣回。在颁发工程接收证书前，提前解除合同的，尚未扣完的预付款应与合同价款一并结算。

发包人逾期支付预付款超过 7 天的，承包人有权向发包人发出要求预付的催告通知，发包人收到通知后 7 天内仍未支付的，承包人有权暂停施工，发包人承担违约责任。

（2）预付款担保。发包人要求承包人提供预付款担保的，承包人应在发包人支付预付款 7 天前提供预付款担保，专用合同条款另有约定除外。预付款担保可采用银行保函、担保公司担保等形式，具体由合同当事人在专用合同条款中约定。在预付款完全扣回之前，承包人应保证预付款担保持续有效。

发包人在工程款中逐期扣回预付款后，预付款担保额度应相应减少，但剩余的预付款担保金额不得低于未被扣回的预付款金额。

### 2. 工程量计量

（1）计量原则。工程量计量按照合同约定的工程量计算规则、图纸及变更指示等进行计量。工程量计算规则应以相关的国家标准、行业标准等为依据，由合同当事人在专用合同条款中约定。

（2）计量周期。除专用合同条款另有约定外，工程量的计量按月进行。

（3）计量程序。除专用合同条款另有约定外，工程量的计量按照本项约定执行：

1）承包人应于每月 25 日向监理人报送上月 20 日至当月 19 日已完成的工程量报告，并附具进度付款申请单、已完成工程量报表和有关资料。

2）监理人应在收到承包人提交的工程量报告后 7 天内完成对承包人提交的工程量报表

的审核并报送发包人，以确定当月实际完成的工程量。监理人对工程量有异议的，有权要求承包人进行共同复核或抽样复测。承包人应协助监理人进行复核或抽样复测，并按监理人要求提供补充计量资料。承包人未按监理人要求参加复核或抽样复测的，监理人复核或修正的工程量视为承包人实际完成的工程量。

3）监理人未在收到承包人提交的工程量报表后的 7 天内完成审核的，承包人报送的工程量报告中的工程量视为承包人实际完成的工程量，据此计算工程价款。

**3. 工程进度付款**

（1）付款周期。除专用合同条款另有约定外，付款周期应与计量周期保持一致。

（2）进度付款申请单的编制。除专用合同条款另有约定外，进度付款申请单应包括下列内容：

1）截至本次付款周期已完成工作对应的金额。

2）由于工程变更导致增加和扣减的变更金额。

3）应支付的预付款和扣减的返还预付款。

4）根据约定应扣减的质量保证金。

5）应增加和扣减的索赔金额。

6）对已签发的进度款支付证书中出现错误的修正，应在本次进度付款中支付或扣除的金额。

7）根据合同约定应增加和扣减的其他金额。

（3）进度付款申请单的提交。

1）单价合同进度付款申请单的提交。单价合同的进度付款申请单，按照合同约定的时间按月向监理人提交，并附上已完成工程量报表和有关资料。单价合同中的总价项目按月进行支付分解，并汇总列入当期进度付款申请单。

2）总价合同进度付款申请单的提交。总价合同按月计量支付的，承包人按照约定的时间按月向监理人提交进度付款申请单，并附上已完成工程量报表和有关资料。总价合同按支付分解表支付的，应按要求编制支付分解表，按照支付分解表的约定提交进度付款申请单。

3）其他价格形式合同的进度付款申请单的提交。合同当事人可在专用合同条款中约定其他价格形式合同的进度付款申请单的编制和提交程序。

（4）进度款审核和支付。除专用合同条款另有约定外，监理人应在收到承包人进度付款申请单以及相关资料后 7 天内完成审查并报送发包人，发包人应在收到后 7 天内完成审批并签发进度款支付证书。发包人逾期未完成审批且未提出异议的，视为已签发进度款支付证书。

发包人和监理人对承包人的进度付款申请单有异议的，有权要求承包人修正和提供补充资料，承包人应提交修正后的进度付款申请单。监理人应在收到承包人修正后的进度付款申请单及相关资料后 7 天内完成审查并报送发包人，发包人应在收到监理人报送的进度付款申请单及相关资料后 7 天内，向承包人签发无异议部分的临时进度款支付证书。存在争议的部分，按照合同争议处理。

除专用合同条款另有约定外，发包人应在进度款支付证书或临时进度款支付证书签发后 14 天内完成支付，发包人逾期支付进度款的，应按照中国人民银行发布的同期同类贷款基准利率支付违约金。

发包人签发进度款支付证书或临时进度款支付证书，不表明发包人已同意、批准或接受了承包人完成的相应部分的工作。

（5）进度付款的修正。在对已签发的进度款支付证书进行阶段汇总和复核中发现错误、遗漏或重复的，发包人和承包人均有权提出修正申请。经发包人和承包人同意的修正，应在下期进度付款中支付或扣除。

### 4. 竣工结算

（1）竣工结算申请。除专用合同条款另有约定外，承包人应在工程竣工验收合格后 28 天内向发包人和监理人提交竣工结算申请单，并提交完整的结算资料，有关竣工结算申请单的资料清单和份数等要求由合同当事人在专用合同条款中约定。

除专用合同条款另有约定外，竣工结算申请单应包括以下内容：

1）竣工结算合同价格。

2）发包人已支付承包人的款项。

3）应扣留的质量保证金。

4）发包人应支付承包人的合同价款。

（2）竣工结算审核。

1）除专用合同条款另有约定外，监理人应在收到竣工结算申请单后 14 天内完成核查并报送发包人。发包人应在收到监理人提交经审核的竣工结算申请单后 14 天内完成审批，并由监理人向承包人签发经发包人签认的竣工付款证书。监理人或发包人对竣工结算申请单有异议的，有权要求承包人进行修正和提供补充资料，承包人应提交修正后的竣工结算申请单。

发包人在收到承包人提交竣工结算申请书后 28 天内未完成审批且未提出异议的，视为发包人认可承包人提交的竣工结算申请单，并自发包人收到承包人提交的竣工结算申请单后第 29 天起视为已签发竣工付款证书。

2）除专用合同条款另有约定外，发包人应在签发竣工付款证书后的 14 天内，完成对承包人的竣工付款。发包人逾期支付的，按照中国人民银行发布的同期同类贷款基准利率支付违约金；逾期支付超过 56 天的，按照中国人民银行发布的同期同类贷款基准利率的两倍支付违约金。

3）承包人对发包人签认的竣工付款证书有异议的，对于有异议部分应在收到发包人签认的竣工付款证书后 7 天内提出异议，并由合同当事人按照专用合同条款约定的方式和程序进行复核，或按照合同争议处理。对于无异议部分，发包人应签发临时竣工付款证书，并按约定完成付款。承包人逾期未提出异议的，视为认可发包人的审批结果。

（3）甩项竣工协议。发包人要求甩项竣工的，合同当事人应签订甩项竣工协议。在甩项竣工协议中应明确，合同当事人按照合同约定，对已完合格工程进行结算，并支付相应合同价款。

（4）最终结清。

1）最终结清申请单。除专用合同条款另有约定外，承包人应在缺陷责任期终止证书颁发后 7 天内，按专用合同条款约定的份数向发包人提交最终结清申请单，并提供相关证明材料。

除专用合同条款另有约定外，最终结清申请单应列明质量保证金、应扣除的质量保证金、缺陷责任期内发生的增减费用。

发包人对最终结清申请单内容有异议的，有权要求承包人进行修正和提供补充资料，承包人应向发包人提交修正后的最终结清申请单。

2）最终结清证书和支付。除专用合同条款另有约定外，发包人应在收到承包人提交的最终结清申请单后 14 天内完成审批并向承包人颁发最终结清证书。发包人逾期未完成审批，又未提出修改意见的，视为发包人同意，且自发包人收到承包人提交的最终结清申请单后 15 天起视为已颁发最终结清证书。

除专用合同条款另有约定外，发包人应在颁发最终结清证书后 7 天内完成支付。发包人逾期支付的，按照中国人民银行发布的同期同类贷款基准利率支付违约金；逾期支付超过 56 天的，按照中国人民银行发布的同期同类贷款基准利率的两倍支付违约金。

承包人对发包人颁发的最终结清证书有异议的，按合同争议的约定办理。

## 4.4.7　验收与工程试车

### 1. 分部（分项）工程验收

除专用合同条款另有约定外，分部（分项）工程经承包人自检合格并具备验收条件的，承包人应提前 48 小时通知监理人进行验收。监理人不能按时进行验收的，应在验收前 24 小时向承包人提交书面延期要求，但延期不能超过 48 小时。监理人未按时进行验收，也未提出延期要求的，承包人有权自行验收，监理人应认可验收结果。分部（分项）工程未经验收的，不得进入下一道工序施工。

分部（分项）工程的验收资料应当作为竣工资料的组成部分。

### 2. 竣工验收

（1）竣工验收条件。工程具备以下条件的，承包人可以申请竣工验收：

1）除发包人同意的甩项工作和缺陷修补工作外，合同范围内的全部工程以及有关工作，包括合同要求的试验、试运行以及检验均已完成，并符合合同要求。

2）已按合同约定编制了甩项工作和缺陷修补工作清单以及相应的施工计划。

3）已按合同约定的内容和份数备齐竣工资料。

（2）竣工验收程序。除专用合同条款另有约定外，承包人申请竣工验收的，应当按照以下程序进行：

1）承包人向监理人报送竣工验收申请报告，监理人应在收到竣工验收申请报告后 14 天内完成审查并报送发包人。监理人审查后认为尚不具备验收条件的，应通知承包人在竣工验收前承包人还需完成的工作内容，承包人应在完成监理人通知的全部工作内容后，再次提交竣工验收申请报告。

2）监理人审查后认为已具备竣工验收条件的，应将竣工验收申请报告提交发包人，发包人应在收到经监理人审核的竣工验收申请报告后 28 天内审批完毕并组织监理人、承包人、设计人等相关单位完成竣工验收。

3）竣工验收合格的，发包人应在验收合格后 14 天内向承包人签发工程接收证书。发包人无正当理由逾期不颁发工程接收证书的，自验收合格后第 15 天起视为已颁发工程接收证书。

4）竣工验收不合格的，监理人应按照验收意见发出指示，要求承包人对不合格工程返工、修复或采取其他补救措施，由此增加的费用和（或）延误的工期由承包人承担。承包人在完成不合格工程的返工、修复或采取其他补救措施后，应重新提交竣工验收申请报告，并按程序重新进行验收。

对于竣工验收不合格的工程，承包人完成整改后，应当重新进行竣工验收，经重新组织验收仍不合格的且无法采取措施补救的，则发包人可以拒绝接收不合格工程，因不合格工程导致其他工程不能正常使用的，承包人应采取措施确保相关工程的正常使用，由此增加的费用和（或）延误的工期由承包人承担。

5）工程未经验收或验收不合格，发包人擅自使用的，应在转移占有工程后7天内向承包人颁发工程接收证书；发包人无正当理由逾期不颁发工程接收证书的，自转移占有后第15天起视为已颁发工程接收证书。

除专用合同条款另有约定外，发包人不按照本项约定组织竣工验收、颁发工程接收证书的，每逾期一天，应以签约合同价为基数，按照中国人民银行发布的同期同类贷款基准利率支付违约金。

（3）竣工日期。工程经竣工验收合格的，以承包人提交竣工验收申请报告之日为实际竣工日期，并在工程接收证书中载明；因发包人原因，未在监理人收到承包人提交的竣工验收申请报告42天内完成竣工验收，或完成竣工验收不予签发工程接收证书的，以提交竣工验收申请报告的日期为实际竣工日期；工程未经竣工验收，发包人擅自使用的，以转移占有工程之日为实际竣工日期。

（4）工程移交与接收。除专用合同条款另有约定外，合同当事人应当在颁发工程接收证书后7天内完成工程的移交。发包人无正当理由不接收工程的，发包人自应当接收工程之日起，承担工程照管、成品保护、保管等与工程有关的各项费用，合同当事人可以在专用合同条款中另行约定发包人逾期接收工程的违约责任。

承包人无正当理由不移交工程的，承包人应承担工程照管、成品保护、保管等与工程有关的各项费用，合同当事人可以在专用合同条款中另行约定承包人无正当理由不移交工程的违约责任。

### 3. 工程试车

（1）工程试车组织。工程需要试车的，除专用合同条款另有约定外，试车内容应与承包人承包范围相一致，试车费用由承包人承担。工程试车应按如下程序进行：

1）单机无负荷试车条件，承包人组织试车，并在试车前48小时书面通知监理人。试车合格的，监理人在试车记录上签字。监理人在试车合格后不在试车记录上签字，自试车结束满24小时后视为监理人已经认可试车记录，承包人可继续施工或办理竣工验收手续。

监理人不能按时参加试车，应在试车前24小时以书面形式向承包人提出延期要求，但延期不能超过48小时，由此导致工期延误的，工期应予以顺延。监理人未能在前述期限内提出延期要求，又不参加试车的，视为认可试车记录。

2）无负荷联动试车，发包人组织试车，并在试车前48小时以书面形式通知承包人。试车合格，合同当事人在试车记录上签字。承包人无正当理由不参加试车的，视为认可试车记录。

（2）试车中的责任。因设计原因导致试车达不到验收要求，发包人应要求设计人修改设计，承包人按修改后的设计重新安装。发包人承担修改设计、拆除及重新安装的全部费用，工期相应顺延。因承包人原因导致试车达不到验收要求，承包人按监理人要求重新安装和试车，并承担重新安装和试车的费用，工期不予顺延。

因工程设备制造原因导致试车达不到验收要求的，由采购该工程设备的合同当事人负责重新购置或修理，承包人负责拆除和重新安装，由此增加的修理、重新购置、拆除及重新安装的费用及延误的工期由采购该工程设备的合同当事人承担。

（3）投料试车。如需进行投料试车的，发包人应在工程竣工验收后组织投料试车。发包人要求在工程竣工验收前进行或需要承包人配合时，应征得承包人同意，并在专用合同条款中约定有关事项。

投料试车合格的，费用由发包人承担；因承包人原因造成投料试车不合格的，承包人应按照发包人要求进行整改，由此产生的整改费用由承包人承担；非因承包人原因导致投料试车不合格的，如发包人要求承包人进行整改的，由此产生的费用由发包人承担。

**4. 施工期运行**

（1）提前交付单位工程的验收。发包人需要在工程竣工前使用单位工程的，或承包人提出提前交付已经竣工的单位工程且经发包人同意的，可进行单位工程验收，验收的程序按照合同约定进行。

验收合格后，由监理人向承包人出具经发包人签认的单位工程接收证书。已签发单位工程接收证书的单位工程由发包人负责照管。单位工程的验收成果和结论作为整体工程竣工验收申请报告的附件。

（2）施工期运行。施工期运行是指合同工程尚未全部竣工，其中某项或某几项单位工程或工程设备安装已竣工，根据专用合同条款约定，需要投入施工期运行的，经发包人按提前交付单位工程的验收合格，证明能确保安全后，才能在施工期投入运行。

在施工期运行中发现工程或工程设备损坏或存在缺陷的，由承包人按缺陷责任期约定进行修复。

**5. 竣工退场**

（1）竣工退场。颁发工程接收证书后，承包人应按以下要求对施工现场进行清理：

1）施工现场内残留的垃圾已全部清除出场。

2）临时工程已拆除，场地已进行清理、平整或复原。

3）按合同约定应撤离的人员、承包人施工设备和剩余的材料，包括废弃的施工设备和材料，已按计划撤离施工现场。

4）施工现场周边及其附近道路、河道的施工堆积物，已全部清理。

5）施工现场其他场地清理工作已全部完成。

施工现场的竣工退场费用由承包人承担。承包人应在专用合同条款约定的期限内完成竣工退场，逾期未完成的，发包人有权出售或另行处理承包人遗留的物品，由此支出的费用由承包人承担，发包人出售承包人遗留物品所得款项在扣除必要费用后应返还承包人。

（2）地表还原。承包人应按发包人要求恢复临时占地及清理场地，承包人未按发包人的要求恢复临时占地，或者场地清理未达到合同约定要求的，发包人有权委托其他人恢复或清理，所发生的费用由承包人承担。

### 4.4.8 违约

#### 1. 承包人违约

（1）承包人违约的情形。在合同履行过程中发生的下列情形，属于承包人违约：

1）承包人违反合同约定进行转包或违法分包的。

2）承包人违反合同约定采购和使用不合格的材料和工程设备的。

3）因承包人原因导致工程质量不符合合同要求的。

4）承包人违反材料与设备专用要求的约定，未经批准，私自将已按照合同约定进入施工现场的材料或设备撤离施工现场的。

5）承包人未能按施工进度计划及时完成合同约定的工作，造成工期延误的。

6）承包人在缺陷责任期及保修期内，未能在合理期限对工程缺陷进行修复，或拒绝按发包人要求进行修复的。

7）承包人明确表示或者以其行为表明不履行合同主要义务的。

8）承包人未能按照合同约定履行其他义务的。

承包人发生除第7）目约定以外的其他违约情况时，监理人可向承包人发出整改通知，要求其在指定的期限内改正。

（2）承包人违约的责任。承包人应承担因其违约行为而增加的费用和（或）延误的工期。此外，合同当事人可在专用合同条款中另行约定承包人违约责任的承担方式和计算方法。

（3）因承包人违约解除合同。除专用合同条款另有约定外，承包人明确表示或者以其行为表明不履行合同主要义务的，或监理人发出整改通知后，承包人在指定的合理期限内仍不纠正违约行为并致使合同目的不能实现的，发包人有权解除合同。合同解除后，因继续完成工程的需要，发包人有权使用承包人在施工现场的材料、设备、临时工程、承包人文件和由承包人或以其名义编制的其他文件，合同当事人应在专用合同条款约定相应费用的承担方式。发包人继续使用的行为不免除或减轻承包人应承担的违约责任。

（4）因承包人违约解除合同后的处理。因承包人原因导致合同解除的，则合同当事人应在合同解除后28天内完成估价、付款和清算，并按以下约定执行：

1）合同解除后，按合同约定商定或确定承包人实际完成工作对应的合同价款，以及承包人已提供的材料、工程设备、施工设备和临时工程等的价值。

2）合同解除后，承包人应支付的违约金。

3）合同解除后，因解除合同给发包人造成的损失。

4）合同解除后，承包人应按照发包人要求和监理人的指示完成现场的清理和撤离。

5）发包人和承包人应在合同解除后进行清算，出具最终结清付款证书，结清全部款项。

因承包人违约解除合同的，发包人有权暂停对承包人的付款，查清各项付款和已扣款项。发包人和承包人未能就合同解除后的清算和款项支付达成一致的，按照合同争议处理。

#### 2. 发包人违约

（1）发包人违约的情形。在履行合同过程中发生的下列情形，属发包人违约：

1）因发包人原因未能在计划开工日期前7天内下达开工通知的。

2）因发包人原因未能按合同约定支付合同价款的。

3）发包人违反变更约定，自行实施被取消的工作或转由他人实施的。

4）发包人提供的材料、工程设备的规格、数量或质量不符合合同约定，或因发包人原因导致交货日期延误或交货地点变更等情况的。

5）因发包人违反合同约定造成暂停施工的。

6）发包人无正当理由没有在约定期限内发出复工指示，导致承包人无法复工的。

7）发包人明确表示或者以其行为表明不履行合同主要义务的。

8）发包人未能按照合同约定履行其他义务的。

发包人发生除本项第7）目以外的违约情况时，承包人可向发包人发出通知，要求发包人采取有效措施纠正违约行为。发包人收到承包人通知后28天内仍不纠正违约行为的，承包人有权暂停相应部位工程施工，并通知监理人。

（2）发包人违约的责任。发包人应承担因其违约给承包人增加的费用和（或）延误的工期，并支付承包人合理的利润。此外，合同当事人可在专用合同条款中另行约定发包人违约责任的承担方式和计算方法。

（3）发包人违约解除合同。除专用合同条款另有约定外，由于发包人违约造成暂停施工满28天后，发包人仍不纠正其违约行为并致使合同目的不能实现的，或发包人明确表示或者以其行为表明不履行合同主要义务的，承包人有权解除合同，发包人应承担由此增加的费用，并支付承包人合理的利润。

（4）解除合同后的付款。承包人按照约定解除合同的，发包人应在解除合同后28天内支付下列款项，并解除履约担保：

1）合同解除前所完成工作的价款。

2）承包人为工程施工订购并已付款的材料、工程设备和其他物品的价款。

3）承包人撤离施工现场以及遣散承包人人员的款项。

4）按照合同约定在合同解除前应支付的违约金。

5）按照合同约定应当支付给承包人的其他款项。

6）按照合同约定应退还的质量保证金。

7）因解除合同给承包人造成的损失。

合同当事人未能就解除合同后的结清达成一致的，按照合同争议处理。

承包人应妥善做好已完工程和与工程有关的已购材料、工程设备的保护和移交工作，并将施工设备和人员撤出施工现场，发包人应为承包人撤出提供必要条件。

**3. 不可抗力**

（1）不可抗力的确认。不可抗力是指合同当事人在签订合同时不可预见，在合同履行过程中不可避免且不能克服的自然灾害和社会性突发事件，例如地震、海啸、瘟疫、骚乱、戒严、暴动、战争和专用合同条款中约定的其他情形。不可抗力发生后，发包人和承包人应收集证明不可抗力发生及不可抗力造成损失的证据，并及时认真统计所造成的损失。合同当事人对是否属于不可抗力或其损失的意见不一致的，由监理人按商定或确定的约定处理。发生争议时，按合同约定的解决争议方式处理。

（2）不可抗力的通知。合同一方当事人遇到不可抗力事件，使其履行合同义务受到阻碍时，应立即通知合同另一方当事人和监理人，书面说明不可抗力和受阻碍的详细情况，并提供必要的证明。不可抗力持续发生的，合同一方当事人应及时向合同另一方当事人和监理人提交中间报告，说明不可抗力和履行合同受阻的情况，并于不可抗力事件结束后28天内提交最终报告及有关资料。

（3）不可抗力后果及其处理。不可抗力引起的后果及造成的损失由合同当事人按照法律规定及合同约定各自承担。不可抗力发生前已完成的工程应当按照合同约定进行计量支付。

不可抗力导致的人员伤亡、财产损失、费用增加和（或）工期延误等后果，由合同当事人按以下原则承担：

1）永久工程、已运至施工现场的材料和工程设备的损坏，以及因工程损坏造成的第三人人员伤亡和财产损失由发包人承担。

2）承包人施工设备的损坏由承包人承担。

3）发包人和承包人承担各自人员伤亡和财产的损失。

4）因不可抗力影响承包人履行合同约定的义务，已经引起或将引起工期延误的，应当顺延工期，由此导致承包人停工的费用损失由发包人和承包人合理分担，停工期间必须支付的工人工资由发包人承担。

5）因不可抗力引起或将引起工期延误，发包人要求赶工的，由此增加的赶工费用由发包人承担。

6）承包人在停工期间按照发包人要求照管、清理和修复工程的费用由发包人承担。

不可抗力发生后，合同当事人均应采取措施尽量避免和减少损失的扩大，任何一方当事人没有采取有效措施导致损失扩大的，应对扩大的损失承担责任。

因合同一方迟延履行合同义务，在迟延履行期间遭遇不可抗力的，不免除其违约责任。

（4）因不可抗力解除合同。因不可抗力导致合同无法履行连续超过84天或累计超过140天的，发包人和承包人均有权解除合同。合同解除后，由双方当事人按照合同商定或确定发包人应支付的款项，该款项包括：

①合同解除前承包人已完成工作的价款；②承包人为工程订购的并已交付给承包人，或承包人有责任接受交付的材料、工程设备和其他物品的价款；③发包人要求承包人退货或解除订货合同而产生的费用，或因不能退货或解除合同而产生的损失；④承包人撤离施工现场以及遣散承包人人员的费用；⑤按照合同约定在合同解除前应支付给承包人的其他款项；⑥扣减承包人按照合同约定应向发包人支付的款项；⑦双方商定或确定的其他款项。

除专用合同条款另有约定外，合同解除后，发包人应在商定或确定上述款项后28天内完成上述款项的支付。

## 4.4.9 保险

### 1. 工程保险

除专用合同条款另有约定外，发包人应投保建筑工程一切险或安装工程一切险；发包人委托承包人投保的，因投保产生的保险费和其他相关费用由发包人承担。

### 2. 工伤保险

发包人应依照法律规定参加工伤保险，并为在施工现场的全部员工办理工伤保险，缴纳工伤保险费，并要求监理人及由发包人为履行合同聘请的第三方依法参加工伤保险。承包人应依照法律规定参加工伤保险，并为其履行合同的全部员工办理工伤保险，缴纳工伤保险费，并要求分包人及由承包人为履行合同聘请的第三方依法参加工伤保险。

### 3. 其他保险

发包人和承包人可以为其施工现场的全部人员办理意外伤害保险并支付保险费，包括其员工及为履行合同聘请的第三方的人员，具体事项由合同当事人在专用合同条款约定。除专用合同条款另有约定外，承包人应为其施工设备等办理财产保险。

## 4.4.10 合同争议的解决

### 1. 和解

合同当事人可以就争议自行和解，自行和解达成协议的经双方签字并盖章后作为合同补充文件，双方均应遵照执行。

### 2. 调解

合同当事人可以就争议请求建设行政主管部门、行业协会或其他第三方进行调解，调解达成协议的，经双方签字并盖章后作为合同补充文件，双方均应遵照执行。

### 3. 争议评审

合同当事人在专用合同条款中约定采取争议评审方式解决争议以及评审规则，并按下列约定执行：

（1）争议评审小组的确定。合同当事人可以共同选择一名或三名争议评审员，组成争议评审小组。除专用合同条款另有约定外，合同当事人应当自合同签订后28天内，或者争议发生后14天内，选定争议评审员。

选择一名争议评审员的，由合同当事人共同确定；选择三名争议评审员的，各自选定一名，第三名成员为首席争议评审员，由合同当事人共同确定或由合同当事人委托已选定的争议评审员共同确定，或由专用合同条款约定的评审机构指定第三名首席争议评审员。除专用合同条款另有约定外，评审员报酬由发包人和承包人各承担一半。

（2）争议评审小组的决定。合同当事人可在任何时间将与合同有关的任何争议共同提请争议评审小组进行评审。争议评审小组应秉持客观、公正原则，充分听取合同当事人的意见，依据相关法律、规范、标准、案例经验及商业惯例等，自收到争议评审申请报告后14天内作出书面决定，并说明理由。合同当事人可以在专用合同条款中对本项事项另行约定。

（3）争议评审小组决定的效力。争议评审小组作出的书面决定经合同当事人签字确认后，对双方具有约束力，双方应遵照执行。

任何一方当事人不接受争议评审小组决定或不履行争议评审小组决定的，双方可选择采用其他争议解决方式。

### 4. 仲裁或诉讼

因合同及合同有关事项产生的争议，合同当事人可以在专用合同条款中约定以下一种方式解决争议：

（1）向约定的仲裁委员会申请仲裁。

（2）向有管辖权的人民法院起诉。

### 5. 争议解决条款效力

合同有关争议解决的条款独立存在，合同的变更、解除、终止、无效或者被撤销均不影响其效力。

# 4.5 建设工程施工分包合同

## 4.5.1 建设工程施工分包

所谓建设工程施工分包，是指建筑业企业将其所承包的建设工程中的专业工程或者劳务作业发包给其他建筑业企业完成的活动。

施工分包分为专业工程分包和劳务作业分包。专业工程分包，是指施工总承包企业将其所承包工程中的专业工程发包给具有相应资质的其他建筑业企业完成的活动。劳务作业分包，是指施工总承包企业或者专业承包企业将其承包工程中的劳务作业发包给劳务分包企业完成的活动。

《建筑法》、《合同法》、《建设工程质量管理条例》等相关法规中，对工程分包活动都有明确的规定。为了规范建设工程施工分包活动，维护建筑市场秩序，保证工程质量和施工安全，实施对工程施工分包活动的监督管理，建设部颁布了《房屋建筑和市政基础设施工程施工分包管理办法》，并于 2004 年 4 月 1 日起实施。

**1. 分包资质管理**

分包工程承包人必须具有相应的资质，并在其资质等级许可的范围内承揽业务。禁止承包人将工程分包给不具备相应资质条件的单位，这是维护建筑市场秩序和保证建设工程质量的需要。

（1）专业承包资质。专业承包序列企业资质设 2 ~ 3 个等级，60 个资质类别。

（2）劳务分包资质。劳务分包序列企业资质设 1 ~ 2 个等级，13 个资质类别。

国家鼓励发展专业承包企业和劳务分包企业，提倡分包活动进入有形建筑市场公开交易，完善有形建筑市场的分包工程交易功能。

**2. 总、分包的责任**

专业工程分包除在施工总承包合同中有约定外，必须经建设单位认可。专业分包工程承包人必须自行完成所承包的工程。劳务作业分包由劳务作业发包人与劳务作业承包人通过劳务合同约定。劳务作业承包人必须自行完成所承包的任务。

建设单位不得直接指定分包工程承包人。任何单位和个人不得对依法实施的分包活动进行干预。法律规定严禁个人承揽分包工程业务。

建筑工程总承包单位按照总承包合同的约定对建设单位负责；分包单位按照分包合同的约定对总承包单位负责。总承包单位和分包单位就分包工程对建设单位承担连带责任。

**3. 关于分包的法律禁止性规定**

施工分包活动必须依法进行。施工单位不得转包或违法分包工程。

（1）违法分包。根据《建设工程质量管理条例》的规定，违法分包指下列行为：

1）分包工程发包人将专业工程或者劳务作业分包给不具备相应资质条件的分包工程承包人的，包括不具备资质条件和超越自身资质等级承揽业务两类情况。

2）施工总承包合同中未有约定，又未经建设单位认可，分包工程发包人将承包工程中的部分专业工程分包给他人的。

3）施工总承包单位将建设工程主体结构的施工分包给其他单位的。

4）分包单位将其承包的建设工程再分包的。

（2）转包。不履行合同约定，将其承包的全部工程发包给他人，或者将其承包的全部工程肢解后以分包的名义分别发包给他人的，属于转包行为。

分包工程发包人将工程分包后，未在施工现场设立项目管理机构和派驻相应人员，并未对该工程的施工活动进行组织管理的，视同转包行为。

（3）挂靠。挂靠是与违法分包和转包密切相关的另一种违法行为。

1）转让、出借企业资质证书或者以其他方式允许他人以本企业名义承揽工程的。

2）项目管理机构的项目经理、技术负责人、项目核算负责人、质量管理人员、安全管理人员等不是本单位人员，与本单位无合法的人事或者劳动合同、工资福利以及社会保险关系的。

3）建设单位的工程款直接进入项目管理机构财务的。

## 4.5.2 建设工程施工专业分包合同

**1. 组成合同的文件及解释顺序**

（1）双方签署的分包合同协议书。

（2）承包人发出的分包中标书。

（3）分包人的报价书。

（4）除总包合同工程价款之外的总包合同文件。

（5）本分包合同专用条款。

（6）分包合同通用条款。

（7）标准规范，图纸，列有标价的工程量清单。

（8）报价单或施工图预算书。

当合同文件出现不一致时，上面的顺序就是合同的优先解释顺序。合同履行过程中，承包人和分包人协商一致的其他书面文件也是分包合同的组成部分。这些变更的协议或文件的效力高于其他合同文件，且签署在后的协议或文件的效力高于签署在先的协议或文件。

**2. 建设工程施工专业分包合同的主要内容**

建设部和国家工商行政管理总局于 2003 年发布了《建设工程施工专业分包合同（示范文本）》（GF—2003—0213），其规范了专业分包合同的主要内容。该示范文本由《协议书》、《通用条款》、《专用条款》三部分组成。

（1）工程承包人的主要责任和义务。

承包人应提供总承包合同（有关承包工程的价格内容除外）供分包人查阅。当分包人要求时，承包人应向分包人提供一份总承包合同（有关承包工程的价格内容除外）的副本或复印件。分包人应全面了解总承包合同的各项规定（有关承包工程的价格内容除外）。

承包人项目经理应按分包合同的约定，及时向分包人提供所需的指令、批准、图纸并履行其他约定的义务，否则分包人应在约定时间后 24h 内将具体要求、需要的理由及延误的后果通知承包人，项目经理在收到通知后 48h 内不予答复，应承担因延误造成的损失。

承包人应按本合同专用条款约定的内容和时间，一次或分阶段完成下列工作：

1）向分包人提供根据总承包合同由发包人办理的与分包工程相关的各种证件、批件、各种相关资料，向分包人提供具备施工条件的施工场地。

2）按本合同专用条款约定的时间，组织分包人参加发包人组织的图纸会审，向分包人进行设计图纸交底。

3）提供本合同专用条款中约定的设备和设施，并承担因此发生的费用。

4）随时为分包人提供确保分包工程的施工所要求的施工场地和通道等，满足施工运输的需要，保证施工期间的畅通。

5）负责整个施工场地的管理工作，协调分包人与同一施工场地的其他分包人之间的交叉配合，确保分包人按照经批准的施工组织设计进行施工。

6）双方在本合同专用条款内约定的承包人应做的其他工作。

（2）专业工程分包人的主要责任和义务。

1）分包人对有关分包工程的责任。除本合同条款另有约定，分包人应履行并承担总承包合同中与分包工程有关的承包人的所有义务与责任，同时应避免因分包人自身行为或疏漏造成承包人违反总承包合同中约定的承包人义务的情况发生。

2）分包人与发包人的关系。分包人须服从承包人转发的发包人或工程师与分包工程有关的指令。未经承包人允许，分包人不得以任何理由与发包人或工程师发生直接工作联系，分包人不得直接致函发包人或工程师，也不得直接接受发包人或工程师的指令。如分包人与发包人或工程师发生直接工作联系，将被视为违约，并承担违约责任。

3）承包人指令。就分包工程范围内的有关工作，承包人随时可以向分包人发出指令，分包人应执行承包人根据分包合同所发出的所有指令。分包人拒不执行指令，承包人可委托其他施工单位完成该指令事项，发生的费用从应付给分包人的相应款项中扣除。

4）分包人的工作。分包人应按本合同专用条款约定的内容和时间，完成下列工作：

①分包人应按照分包合同的约定，对分包工程进行设计（分包合同有约定时）、施工、竣工和保修。分包人在审阅分包合同和（或）总承包合同时，或在分包合同的施工中，如发现分包工程的设计或工程建设标准、技术要求存在错误、遗漏、失误或其他缺陷，应立即通知承包人。

②按照分包合同专用条款约定的时间，完成规定的设计内容，报承包人确认后在分包工程中使用；承包人承担由此发生的费用。

③在分包合同专用条款约定的时间内，向承包人提供年、季、月度工程进度计划及相应进度统计报表。分包人不能按承包人批准的进度计划施工时，应根据承包人的要求提交一份修订的进度计划，以保证分包工程如期竣工。

④分包人应在分包合同专用条款约定的时间内，向承包人提交一份详细施工组织设计，承包人应在专用条款约定的时间内批准，分包人方可执行。

⑤遵守政府有关主管部门对施工场地交通、施工噪声以及环境保护和安全文明生产等的管理规定，按规定办理有关手续，并以书面形式通知承包人，承包人承担由此发生的费用，因分包人责任造成的罚款除外。

⑥分包人应允许承包人、发包人、工程师及其三方中任何一方授权的人员在工作时间内，合理进入分包工程施工场地或材料存放的地点，以及施工场地以外与分包合同有关的分包人的任何工作或准备的地点，分包人应提供方便。

⑦已竣工工程未交付承包人之前，分包人应负责已完分包工程的成品保护工作，保护期

间发生损坏，分包人自费予以修复；承包人要求分包人采取特殊措施保护的工程部位和相应的追加合同价款，双方在本合同专用条款内约定。

⑧双方在分包合同专用条款内约定分包人应做的其他工作。

（3）合同价款及支付。

1）合同计价方式。分包工程合同价款可在分包合同专用条款内约定采用其中一种（应与总承包合同约定的方式一致）：

①固定价格。双方在本合同专用条款内约定合同价款包含的风险范围和风险费用的计算方法，在约定的风险范围内合同价款不再调整。风险范围以外的合同价款调整方法，应当在专用条款内约定。

②可调价格。合同价款可根据双方的约定而调整，双方在本合同专用条款内约定合同价款调整方法。

③成本加酬金。合同价款包括成本和酬金两部分，双方在本合同专用条款内约定成本构成和酬金的计算方法。

分包合同价款与总承包合同相应部分价款无任何连带关系。

2）合同价款的支付。实行工程预付款的，双方应在本合同专用条款内约定承包人向分包人预付工程款的时间和数额，开工后按约定的时间和比例逐次扣回。

承包人应按专用条款约定的时间和方式，向分包人支付工程款（进度款）。按约定时间承包人应扣回的预付款，与工程款（进度款）同期结算。

分包合同约定的工程变更调整的合同价款、合同价款的调整、索赔的价款或费用以及其他约定的追加合同价款，应与工程进度款同期调整支付。

承包人超过约定的支付时间不支付工程款（预付款、进度款），分包人可向承包人发出要求付款的通知。承包人不按分包合同约定支付工程款（预付款、进度款），导致施工无法进行，分包人可停止施工，由承包人承担违约责任。

## 4.5.3 建设工程施工劳务分包合同的主要内容

原建设部和国家工商行政管理总局于 2003 年发布了《建设工程施工劳务分包合同（示范文本）》（GF—2003—0214），规范了劳务分包合同的主要内容。

**1. 劳务分包合同主要条款**

劳务分包合同主要包括：劳务分包人资质情况；劳务分包工作对象及提供劳务内容；分包工作期限；质量标准；合同文件及解释顺序；标准规范；总（分）包合同；图纸；项目经理；工程承包人义务；劳务分包人义务；安全施工与检查；安全防护；事故处理；保险；材料、设备供应；劳务报酬；工量及工程量的确认；劳务报酬的中间支付；施工机具、周转材料供应；施工变更；施工验收；施工配合；劳务报酬最终支付；违约责任；索赔；争议；禁止转包或再分包；不可抗力；文物和地下障碍物；合同解除；合同终止；合同份数；补充条款；合同生效。

**2. 工程承包人与劳务分包人的义务**

（1）工程承包人的义务：

1）组建与工程相适应的项目管理班子，全面履行总（分）包合同组织实施施工管理的各项工作，对工程的工期和质量向发包人负责。

2）除非本合同另有约定，工程承包人完成劳务分包人施工前期的下列工作并承担相应费用：向劳务分包人交付具备本合同项下劳务作业开工条件的施工场地；完成水、电、热、通信等施工管线和施工道路，并满足完成本合同劳务作业所需的能源供应、通信及施工道路畅通的时间和质量要求；向劳务分包人提供相应的工程地质和地下管网线路资料；办理各种证件、批件、规费，但涉及劳务分包人自身的手续除外；向劳务分包人提供相应的水准点与坐标控制点位置；向劳务分包人提供生产、生活临时设施。

3）负责编制施工组织设计，统一制定各项管理目标，组织编制年、季、月施工计划、物资需用量计划表，实施对工程质量、工期、安全生产、文明施工、计量分析、试验化验的控制、监督、检查和验收。

4）负责工程测量定位、沉降观测、技术交底，组织图纸会审，统一安排技术档案资料的收集整理及交工验收。

5）统筹安排、协调解决非劳务分包人独立使用的生产、生活临时设施、工作用水、用电及施工场地。

6）按时提供图纸，及时交付应供材料、设备，提供施工机械设备、周转材料、安全设施以保证施工需要。

7）按本合同约定，向劳务分包人支付劳动报酬。

8）负责与发包人、监理、设计及有关部门联系，协调现场工作关系。

（2）劳务分包人的义务：

1）对本合同劳务分包范围内的工程质量向工程承包人负责，组织具有相应资格证书的熟练工人投入工作；未经工程承包人授权或允许，不得擅自与发包人及有关部门建立工作联系；自觉遵守法律法规及有关规章制度。

2）劳务分包人根据施工组织设计总进度计划的要求按约定的日期（一般为每月底前若干天）提交下月施工计划，有阶段工期要求的提交阶段施工计划，必要时按工程承包人要求提交旬、周施工计划，以及与完成上述阶段、时段施工计划相应的劳动力安排计划，经工程承包人批准后严格实施。

3）严格按照设计图纸、施工验收规范、有关技术要求及施工组织设计精心组织施工，确保工程质量达到约定的标准；科学安排作业计划，投入足够的人力、物力，保证工期；加强安全教育，认真执行安全技术规范，严格遵守安全制度，落实安全措施，确保施工安全；加强现场管理，严格执行建设主管部门及环保、消防、环卫等有关部门对施工现场的管理规定，做到文明施工；承担由于自身责任造成的质量修改、返工、工期拖延、安全事故、现场脏乱造成的损失及各种罚款。

4）自觉接受工程承包人及有关部门的管理、监督和检查；接受工程承包人随时检查其设备、材料的保管、使用情况，及其操作人员的有效证件、持证上岗情况；与现场其他单位协调配合，照顾全局。

5）按工程承包人统一规划堆放材料、机具，按工程承包人标准化工地要求设置标牌，搞好生活区的管理，做好自身责任区的治安保卫工作。

6）按时提交报表、完整的原始技术经济资料，配合工程承包人办理交工验收。

7）做好施工场地周围建筑物、构筑物和地下管线及已完工程部分的成品保护工作，因劳务分包人责任发生损坏，劳务分包人自行承担由此引起的一切经济损失及各种罚款。

8）妥善保管、合理使用工程承包人提供或租赁给劳务分包人使用的机具、周转材料及其他设施。

9）劳务分包人须服从工程承包人转发的发包人及工程师的指令。

10）除非本合同另有约定，劳务分包人应对其作业内容的实施、完工负责，劳务分包人应承担并履行总（分）包合同约定的、与劳务作业有关的所有义务及工作程序。

**3. 安全防护及保险**

（1）安全防护：

1）劳务分包人在动力设备、输电线路、地下管道、密封防震车间、易燃易爆地段以及临街交通要道附近施工时，施工开始前应向工程承包人提出安全防护措施，经工程承包人认可后实施，防护措施费用由工程承包人承担。

2）实施爆破作业，在放射、毒害性环境中工作（含储存、运输、使用）及使用毒害性、腐蚀性物品施工时，劳务分包人应在施工前 10 天以书面形式通知工程承包人，并提出相应的安全防护措施，经工程承包人认可后实施，由工程承包人承担安全防护施工费用。

3）劳务分包人在施工现场内使用的安全保护用品（如安全帽、安全带及其他保护用品），由劳务分包人提供使用计划，经工程承包人批准后，由工程承包人负责供应。

（2）保险：

1）劳务分包人施工开始前，工程承包人应获得发包人为施工场地内的自有人员及第三方人员生命财产办理的保险，且不需劳务分包人支付保险费用。

2）运至施工场地用于劳务施工的材料和待安装设备，由工程承包人办理或获得保险，且不需劳务分包人支付保险费用。

3）工程承包人必须为租赁或提供给劳务分包人使用的施工机械设备办理保险，并支付保险费用。

4）劳务分包人必须为从事危险作业的职工办理意外伤害保险，并为施工场地内自有人员生命财产和施工机械设备办理保险，支付保险费用。

5）保险事故发生时，劳务分包人和工程承包人有责任采取必要的措施防止或减少损失。

**4. 劳务报酬**

（1）劳务报酬的方式：

1）固定劳务报酬（含管理费）。

2）约定不同工种劳务的计时单价（含管理费），按确认的工时计算。

3）约定不同工作成果的计件单价（含管理费），按确认的工程量计算。

（2）劳务报酬，除本合同约定或法律政策变化，导致劳务价格变化的，均为一次包死，不再调整。

（3）劳务报酬最终支付：

1）全部工作完成，经工程承包人认可后 14 天内，劳务分包人向工程承包人递交完整的结算资料，双方按照本合同约定的计价方式，进行劳务报酬的最终支付。

2）工程承包人收到劳务分包人递交的结算资料后 14 天内进行核实，给予确认或者提出修改意见。工程承包人确认结算资料后 14 天内向劳务分包人支付劳务报酬尾款。

3）劳务分包人和工程承包人对劳务报酬结算价款发生争议时按本合同关于争议的约定处理。

**5. 违约责任**

（1）当发生下列情况之一时，工程承包人应承担违约责任：

1）工程承包人违反合同的约定，不按时向劳务分包人支付劳务报酬。

2）工程承包人不履行或不按约定履行合同义务的其他情况。

（2）工程承包人不按约定核实劳务分包人完成的工程量或不按约定支付劳务报酬或劳务报酬尾款时，应按劳务分包人同期向银行贷款利率向劳务分包人支付拖欠劳务报酬的利息，并按拖欠金额向劳务分包人支付违约金。

（3）工程承包人不履行或不按约定履行合同的其他义务时，应向劳务分包人支付违约金，工程承包人尚应赔偿因其违约给劳务分包人造成的经济损失，顺延延误的劳务分包人工作时间。

（4）当发生下列情况之一时，劳务分包人应承担违约责任：

1）劳务分包人因自身原因延期交工的。

2）劳务分包人施工质量不符合本合同约定的质量标准，但能够达到国家规定的最低标准时。

3）劳务分包人不履行或不按约定履行合同的其他义务时，劳务分包人尚应赔偿因其违约给工程承包人造成的经济损失，延误的劳务分包人工作时间不予顺延。

（5）一方违约后，另一方要求违约方继续履行合同时，违约方承担上述违约责任后仍应继续履行合同。

# 4.6 建设工程合同担保

市场经济秩序的建立需要建设工程合同履约双方提供相应的担保，以规范、约束双方的合同行为。我国《担保法》规定的担保方式为保证、抵押、质押、留置和定金。

发包人和承包人为了全面履行合同，应互相提供担保：发包人向承包人提供履约担保，按合同约定支付工程价款及履行合同约定的其他义务；承包人向发包人提供履约担保，按合同约定履行自己的各项义务。

## 4.6.1 履约担保

**1. 履约担保的概念**

所谓履约担保，是指发包人在招标文件中规定的要求承包人提交的保证履行合同义务和责任的担保。

履约担保的有效期始于工程开工之日，终止日期则可以约定为工程竣工交付之日或者保修期满之日。由于合同履行期限应包括保修期，履约担保的时间范围也应该覆盖保修期，如果确定履约担保的终止日期为工程竣工交付之日，则需要另外提供工程保修担保。

**2. 履约担保的形式**

履约担保一般有三种形式：银行保函、履约担保书和保留金。前两种形式用于履约担保，后一种形式适用于工程保修担保。

（1）银行履约保函。银行保函是由商业银行开具的担保证明，通常为合同金额的10%左右。保函分为有条件的银行保函和无条件的银行保函。

有条件的保函是指下述情形：在承包人没有实施合同或者未履行合同义务时，由发包人或监理工程师出具证明说明情况，并由担保人对已执行合同部分和未执行部分加以鉴定，确认后才能收兑银行保函，由招标人得到保函中的款项。建筑行业通常倾向于采用这种形式的保函。

无条件的保函是指下述情形：在承包人没有实施合同或者未履行合同义务时，发包人不需要出具任何证明和理由。只要看到承包人违约，就可对银行保函进行收兑。

（2）履约担保书。履约担保书的担保方式是：由担保公司或保险公司开具履约保证书，当承包人在履行合同中违约时，开出担保书的担保公司或者保险公司用该项担保金去完成施工任务或者向发包人支付完成该项目实际花费的金额，但该金额必须在保证金的担保金额之内。

（3）保留金。保留金也称为质量保证金，是指在发包人根据合同的约定，每次支付工程进度款时扣除一定数目的款项，用于保证在缺陷责任期内履行缺陷修复义务的金额。保留金由监理人从第一个付款周期开始按进度付款证书确认的已实施工程的价款、根据合同约定增加或扣减的变更金额、根据合同增加或扣减的索赔金额以及根据合同应增加或扣减的其他金额（不包括预付款的支付、返还、合同约定的价格调整金额、此前已经按合同约定支付给承包人的进度款以及已经扣留的保留金）的总额的5%扣留，直至保留金累计扣留金额达到签约合同价的5%为止。

一般在工程移交时，发包人将保留金的一半支付给承包人；缺陷责任期满（一般最高不超过2年）后14天内，将剩下的一半支付给承包人。

履约保证金额的大小取决于招标项目的类型与规模，但必须保证承包人违约时，发包人不受损失。在投标须知中，发包人要规定使用哪一种形式的履约担保，并在合同附件中附有履约担保的格式，承包人应当按照招标文件中的规定提交履约担保。

## 4.6.2 工程预付款担保

### 1. 预付款担保的概念

工程预付款是建设工程施工合同订立后由发包人按照合同约定，在正式开工前预先支付给承包人的工程款。它是施工准备和所需要材料、构件等流动资金的主要来源，国内习惯上又称为预付备料款。

预付款的性质是预支。随着工程进度的推进，拨付的工程进度款数额不断增加，工程所需的主要材料、构件的用量逐渐减少，原已支付的预付款应以抵扣的方式予以陆续扣回。扣回方法由发包人和承包人通过洽商用合同的形式予以确定，一般采用等比率或等额扣款的方式，工期较短、造价较低的工程则无需分期扣还。

预付款担保是指承包人与发包人签订合同后，承包人正确、合理使用发包人支付的预付款的担保。建设工程合同签订以后，发包人应按专用条款中规定的时间和数额向承包人支付工程预付款，同时应由承包人按照招标文件规定的格式向发包人出具预付款担保。

### 2. 预付款担保的作用

预付款担保的主要作用在于保证承包人能够按合同规定进行施工，偿还发包人已支付的全部预付金额。如果承包人中途毁约，中止工程，使发包人不能在规定期限内从应付工程款中扣除全部预付款，则发包人作为保函的受益人有权凭预付款担保向银行索赔该保函的担保金额作为补偿。

**3. 预付款担保的形式**

（1）银行保函。

银行保函是预付款担保的主要形式。担保金额通常与发包人的预付款等值。付款保函的担保金额应当根据预付款扣回的金额递减，保函条款中可以设立担保金额递减的条款。发包人在签认每一期进度付款证书后 14 天内，应当以书面方式通知出具预付款保函的担保人并附上一份经其签认的进度付款证书副本，担保人根据发包人的通知和经发包人签认的进度付款证书中累计扣回的预付款金额等额调减预付款保函的担保金额。自担保人收到发包人通知之日起，该经过递减的担保金额为预付款保函担保金额。预付款保函的有效期应当自预付款支付给承包人之日起至发包人签认的进度付款证书说明预付款已完全扣清之日止。预付款保函应在发包人签认的进度付款证书说明预付款已完全扣清之日后 14 天内退还给承包人。

（2）其他形式。经发包人与承包人约定，预付款担保可由保证担保公司担保，也可采取抵押等担保形式。

### 4.6.3　工程款支付担保

**1. 工程款支付担保的概念**

工程款支付担保是指应承包人的要求，发包人提交的保证履行合同中约定的工程款支付义务的担保。

**2. 工程款支付担保的作用**

工程款支付担保的作用在于，通过对业主资信状况进行严格审查并落实各项担保措施，确保工程费用及时支付到位，一旦业主违约，付款担保人将代为履约。

发包人要求承包人提供保证向分包人付款的付款担保，可以保证工程款真正支付给实施工程的单位或个人，如果承包人不能及时、足额地将分包工程款支付给分包人，业主可以向担保人索赔，并可以直接向分包人付款。

**3. 工程款支付担保的形式**

（1）银行保函。

（2）履约保证金。

（3）担保公司担保。

发包人支付担保应是全额担保。实行履约金分段滚动担保。担保额度为工程合同总额的 20%～25%。本段清算后进入下段。已完成担保额度，发包人未能按时支付，承包人可依据担保合同暂停施工，并要求担保人承担支付责任和相应的经济损失。

## 4.7　建设工程施工合同管理

### 4.7.1　建设工程施工合同管理概述

**1. 建设工程施工合同管理的概念**

建设工程施工合同管理是指各级工商行政管理机关、建设行政主管机关，以及发包单位、监理单位、承包单位依据法律法规，采取法律的、行政的手段，对施工合同关系进行组织、指导、协调及监督，保护施工合同当事人的合法权益，处理施工合同纠纷，防止和制裁违法行为，保证施工合同贯彻实施的一系列活动。

施工合同管理划分为两个层次：第一个层次是国家行政机关对施工合同的监督管理；第二个层次则是建设工程施工合同当事人及监理单位对施工合同的管理。各级工商行政管理机关、建设行政主管机关对施工合同属于宏观管理，建设单位（业主或监理单位）、承包单位对施工合同进行具体的微观管理。

**2. 建设工程施工合同管理的特点**

（1）施工合同管理周期长。这是由工程项目本身的特点决定的。现代工程体积大、结构复杂、技术和质量标准高、周期长，施工合同管理不仅包括施工阶段，而且包括招标投标阶段和保修期。所以，合同管理是一项长期的、循序渐进的工作。

（2）施工合同管理与效益、风险密切相关。在工程实际中，由于工程价值量大，合同价格高，合同实施时间长、涉及面广，受政治、经济、社会、法律和自然条件等的影响较大，合同管理水平的高低直接影响双方当事人的经济效益。同时，合同本身常常隐藏着许多难以预测的风险。

（3）施工合同的管理变量多。在工程实施过程中内外干扰事件多，且具有不可预见性，使合同变更非常频繁。

（4）施工合同管理是综合性的、全面的、高层次的管理工作。施工合同管理是业主（监理工程师）、承包商项目管理的核心，在建设工程项目管理中成为与项目的进度控制、质量控制、投资控制和信息管理并列的一大管理职能，并有总控制和协调作用，是一项综合性的、全面的、高层次的管理活动。

目前我国建设工程合同管理的现状是：

1）合同意识薄弱。大多数项目管理机构都未设立合同管理部门，缺乏行之有效的合同管理体系和具体的操作流程，不能对工程进行及时的跟踪和有效的动态合同管理。难以适应工程建设的需要。

2）专业的合同管理人才匮乏。合同管理是高智力型的、涉及全局的，又是专业性和技术性强、极为复杂的管理工作，对合同管理人员的素质要求很高。管理人才的匮乏，极大地影响了施工合同管理水平的提高。

3）法制不很健全。有法不依，市场不规范，合同约束力不强。

4）不重视合同文本分析。包括总包合同和分包合同，在合同订立时缺乏预见性，缺少对合同文本的分析。在工程实施过程中常常因为缺少某些重要的条款、缺陷和漏洞多、双方对条款的理解有差异以及合同风险预估不足等问题而发生争执。

这些问题严重影响了我国工程项目管理水平的提高，更对工程经济效益和工程质量产生严重的损害。

**3. 施工合同管理的工作内容**

（1）施工合同的行政监管工作内容。行政主管部门要宣传贯彻国家有关经济合同方面的法律、法规和方针政策；组织培训合同管理人员，指导合同管理工作，总结交流工作经验；对建设工程施工合同签订进行审查，监督检查施工合同的签订、履行，依法处理存在的问题，查处违法行为。主要做好下列几个方面的监管工作：

1）加强合同主体资格认证工作。

2）加强招标投标的监督管理工作。

3）规范合同当事人签约行为。

4）做好合同的登记、备案和鉴证工作。

5）加强合同履行的跟踪检查。

6）加强合同履行后的审查。

（2）业主（监理工程师）施工合同管理的主要工作内容。业主的主要工作是对合同进行总体策划和总体控制，对授标及合同的签订进行决策，为承包商的合同实施提供必要的条件，委托监理工程师负责监督承包商履行合同。

对实行监理的工程项目，监理工程师的主要工作由建设单位（业主）与监理单位通过《监理合同》约定，监理工程师必须站在公正的第三者的立场上对施工合同进行管理。其工作内容包括建筑工程施工合同实施全过程的进度管理、质量管理、投资管理和组织协调的全部或部分。

1）协助业主起草合同文件和各种相关文件，参加合同谈判。

2）解释合同，监督合同的执行，协调业主、承包商、供应商之间的合同关系。

3）站在公正的立场上正确处理索赔与合同争议。

4）在业主的授权范围内，处理工程变更，对工程项目进行进度控制、质量控制和费用控制。

（3）承包商施工合同管理的主要工作内容：

1）合同订立前的管理：投标方向的选择、合同风险的总评价、合作方式的选择等。

2）合同订立中的管理：合同审查、合同文本分析、合同谈判等。

3）合同履行中的管理：合同分析、合同交底、合同实施控制、合同档案资料管理等。

4）合同发生纠纷时的管理。

### 4.7.2 建设工程合同的签约管理

#### 1. 建设工程施工合同签订前的审查分析

建设工程施工合同签订的目的，是为了履行，签订合同是履行合同的前提和基础，签订一个有效、条款完备的合同，将有利于合同的履行和目的的实现。因此，无论是发包人还是承包人都极为重视合同的措辞和最终合同条款的制定，力争在合同条款上通过谈判全力维护自己的合法利益。

承包人在合同签订前对合同的审查分析主要目标有：澄清标书中某些含糊不清的条款，充分解释自己在投标文件中的某些建议或保留意见；争取改善合同条件，谋求公正和合理的权益，使承包人的权利与义务达到平衡；利用发包人的某些修改变更进行讨价还价，争取更为有利的合同价格。

承包商建设工程施工合同审查的内容包括：

（1）审查发包方有无签订合同的主体资格及资信状况。审查发包方有无法人资格、资质，是否为该工程项目的合法主体，是否具备工程项目建设所需要的各种批准文件、工程项目是否已经列入年度建设计划以及建设资金与主要建筑材料和设备来源是否已经落实。审查发包方是否有足够的履约能力，资金来源是如何组成的，是自有资金还是银行贷款或其他来源，是否会出现垫资和拖欠工程款的严重情形，风险到底有多大。

（2）审查合同的效力。合同必须在合同依据的法律基础的范围内签订和实施，否则会导致合同全部或部分无效，从而给合同当事人带来不必要的损失。对建设工程施工合同的效力进行审查，包括合同主体的合法性审查、工程项目合法性审查、订立过程的合法性审查以及合同内容的合法性审查，无效合同不受法律的保护，权利难以实现。除我国《合同法》第五十二条规定的合同无效的五种情形外，无效的建设工程施工合同还包括以下几种类型：超越资质等级订立的施工合同；违法招标投标订立的施工合同；未订立书面形式的施工合同；违反国家计划、法律法规的施工合同；违法分包、转包的施工合同。

（3）审查合同的组成文件及主要条款是否完备。由于建设工程的工程活动多，涉及面广，合同履行中不确定性因素多，从而给合同履行带来很大风险。如果合同不够完备，就可能会给当事人造成重大损失。因此，必须对合同的完备性进行审查。

1）合同文件的完备性审查。即审查属于该合同的各种文件是否齐全。

2）合同条款完备性审查。这是合同完备性审查的重点，即审查合同条款是否齐全，对工程涉及的各方面问题是否都有规定，合同条款是否存在漏项等。如果合同采用的是标准示范文本，应重点审查专用合同条款是否与通用合同条款相符，是否有遗漏等；如果采用非标准合同文本，应尽可能多地收集实际工程中的同类合同文本，并进行对比分析，以确定该类合同的范围和合同文本结构形式。再将被审查的合同按结构拆分开，并结合工程的实际情况，从中寻找合同漏洞；如果未采用合同示范文本，在审查时应当以标准示范文本为样板，将拟签订的合同与示范文本的对应条款一一对照，从中寻找合同漏洞。

3）合同条款的公正性审查。在建设工程施工合同实际订立过程中，合同的起草权威往往掌握在发包人手中，承包人只能处于被动应付的地位，因此业主所提供的合同条款实际很难达到公平公正的程度。所以，承包人应逐条审查合同条款是否公平公正，对明显缺乏公平公正的条款，在合同谈判时，通过寻找合同漏洞、向发包人提出自己合理化建议、利用发包人澄清合同条款的机会，力争使发包人对合同条款作出有利于自己的修改。

此外，在合同审查时，还必须注意合同中关于保险、担保、工程保修、变更、索赔、争议的解决及合同的解除等条款的约定是否完备、公平合理。

**2. 建设工程施工合同的谈判**

施工合同的标的物特殊、履行周期长、条款内容多、涉及面广、风险大，合同双方都希望签订一个有利的、风险较少的合同，合同的谈判就成为影响工程项目成败的重要因素。谈判成功，可以为合同的实施创造有利的条件，给工程项目带来可观的经济效益；谈判失误或失败，可能失去合同，或给合同的实施带来无穷的隐患，导致工程项目的严重亏损或失败。

（1）施工合同谈判的准备工作。合同谈判是业主与承包商面对面的直接较量，谈判的结果直接关系到合同条款的订立是否与己有利。谈判的成功与否，通常取决于谈判准备工作的充分程度和谈判过程中策略与技巧的使用。

1）谈判资料准备。谈判准备工作的首要任务就是要收集整理有关合同双方及工程项目的各种基础资料和背景资料。这些资料包括对方的资信状况、履约能力、发展阶段、项目由来及资金来源，土地获得情况、项目目前进展情况等，以及在前期接触过程中已经达成的意向书、会议纪要、备忘录等。

2）谈判背景分析。承包人在接到中标函后，应当详细分析项目的合法性与有效性，项目的自然条件和施工条件，己方在承包该项目有哪些优势，存在哪些不足，以确立己方在谈判中的地位。同时，必须熟悉合同审查表中的内容，以确立己方的谈判原则和立场。对业主的基本情况的分析，首先要分析对方主体的合法性，资信情况如何，必须确认对方是履约能力强、资信情况好的合法主体，否则，就要慎重考虑是否与对方签订合同；其次，要摸清谈判对手的真实意图。只有在充分了解对手的谈判诚意和谈判动机后，并对此做好充分的思想准备，才能在谈判中始终掌握主动权；再者，要分析对方谈判人员的基本情况。包括对方谈判人员的组成，谈判人员的身份、年龄、健康状况、性格、资历、专业水平、谈判风格等，以便己方有针对性地安排谈判人员并做好思想上和技术上的准备；另外，必须了解对方各谈判人员对谈判所持的态度、意见，从而尽量分析并确定谈判的关键问题和关键人物的意见和倾向。

3）谈判目标分析。分析自身设置的谈判目标是否正确合理、是否切合实际、是否能为对方所接受，以及对方设置的谈判目标是否正确合理。如果自身设置的目标错误，或者盲目接受对方的不合理目标，同样会造成合同实施过程中的无穷后患。如接受业主带资垫资、工期极短等不合理要求，将会造成回收资金、获取工程款、工期索赔等方面的困难。

4）谈判方案拟订。在上述在确立己方的谈判目标及认真分析己方和对手情况的基础上，拟定谈判提纲。根据谈判目标，准备几个不同的谈判方案，还要研究和考虑其中哪个方案较好以及对方可能倾向于哪个方案。这样，当对方不易接受某一方案时，就可以改换另一种方案，通过协商就可以选择一个为双方都能够接受的最佳方案。谈判中切忌只有一个方案，当对方拒不接受时，易使谈判陷入僵局。

（2）合同谈判的策略与技巧。合同谈判是一门综合的艺术，需要经验，讲求技巧。在合同谈判中投标人往往处于防守的下风位，因此除了做好谈判的准备外，更需要在谈判过程中确定和掌握自己一方的谈判策略和技巧，抓住重点问题，适时地控制谈判气氛，掌握谈判局势，以便最终实现谈判目标。

1）掌握谈判议程，合理分配议题。工程合同谈判涉及诸多需要讨论的事项，各事项的重要性不同，谈判的各方对同一事项的关注程度也不相同。成功的谈判者善于掌控谈判的进程，在充满合作气氛的阶段，展开自己所关注的议题的商讨，从而抓住时机，达成有利于己方的协议；而在气氛紧张时，则引导谈判进入双方具有共识的议题，一方面缓和气氛，另一方面缩小双方差距，推进谈判进程。同时，谈判者应懂得合理分配谈判时间。对于各议题的商讨时间应该得当，不要过多拘泥于细节问题，以达到缩短交易时间，降低交易成本的目的。

2）创造良好的谈判氛围。承包商承包工程是将承包工程作为盈利手段，他的目标是为了获取利润；而业主则恰好相反，是期望支付最少的工程价款，获得所希望的工程。因此，谈判双方的立场、观点和方法必然存在较大的差异，要想轻易取得谈判的成功并不容易。但有经验的谈判者在会谈各方分歧严重，谈判气氛激烈的时候采取润滑措施，舒缓压力，进而在和谐的氛围中重新回到议题。

3）高起点战略。谈判的过程是各方妥协的过程，通过谈判，各方都或多或少会放弃部分利益以求得项目的进展。有经验的谈判者则会在谈判之初有意识的向对方提出苛求的谈判条件。使得对方高估本方的谈判底线，从而在谈判中过多让步。

4）避实就虚。谈判各方都有自己的优势和弱点。谈判者应在充分分析形势的情况下，做出正确判断，利用对方的弱点，迫其就范，作出妥协。而对于己方的弱点，则要尽量注意回避。

5）调和折中。这是最终确定价格时常用到的一种方法。谈判中，当双方就价格问题谈到一定程度以后，虽然各方都作了让步，但并没有达成一致的协议，这时只要各方再作一点让步，就很有可能拍板成交，在这种情况下往往要采用折中的办法，即在双方所提的价格之间，取一大约的平均数。

6）先成交后抬价。这是某些有经验的谈判者常采用的手法，即先做出某种许诺，或采取让对方能够接受的合作行动。一旦对方接受并作出相应的行动而无退路时，此时再以种种理由抬价，迫使对方接受自己更高的条件。因此，在谈判中，不要轻易接受对方的许诺，要看到许诺背后的真实意图，以防被诱进其圈套而上当。

7）拖延和休会。当谈判遇到障碍、陷入僵局时，拖延和休会可以使明智的谈判方有时间冷静思考，在客观分析形势后提出替代性方案。在一段时间冷处理后，各方都可以进一步考虑整个项目的意义，进而弥合分歧，将谈判引出低谷。

8）充分利用专家作用。现代科技发展使个人不可能成为各方面的专家。而工程项目谈判又涉及广泛的学科领域。充分发挥各领域专家的作用，既可以在专业问题上获得技术支持，又可以利用专家的权威性给对方以心理压力。

（3）施工合同谈判程序

1）一般讨论。谈判开始阶段通常都是先广泛交换意见，各方提出自己的设想方案，探讨各种可能性，经过商讨逐步将双方意见综合并统一起来，形成共同的问题和目标，为下一步详细谈判做好准备。

2）技术谈判。主要对原合同中技术方面的条款进行讨论，包括工程范围、技术规范、标准、施工条件、施工方案、施工进度、质量检查、竣工验收等。

3）商务谈判。主要对原合同中商务方面的条款进行讨论，包括工程合同价款、支付条件、支付方式、预付款、履约保证、保留金、货币风险的防范、合同价格的调整等。需要注意的是，技术条款与商务条款往往是密不可分的，因此，在进行技术谈判和商务谈判时，不能将两者分割开来。

4）合同拟定。谈判进行到一定阶段后，在双方都已表明了观点，对原则问题双方意见基本一致的情况下，相互之间就可以交换书面意见或合同稿。然后以书面意见或合同稿为基础，逐条逐项审查讨论合同条款。先审查一致性问题，后审查讨论不一致的问题，对双方不能确定、达不成一致意见的问题，留待下次谈判继续解决，直至双方对新形成的合同条款一致同意并形成合同草案为止。

**3. 建设工程施工合同的签订**

经过合同谈判，双方对新形成的合同条款一致同意并形成合同草案后，即进入合同签订阶段。这是确立承发包双方权利义务关系的最后一步工作，一个符合法律规定的合同一经签订，即对合同当事人双方产生法律约束力。

由于建筑市场属于买方市场，竞争非常激烈，承包商在合同签订的整个阶段往往处于被动地位。但"利益原则"是合同谈判和签订的基本原则，承包商应从企业的整体经营出发，即使丧失工程承包资格，失去合同，也不能接受责权不平衡、明显导致亏损的合同。

承包商在签订施工承包合同中常常会犯如下这样的错误：

1）由于长期承接不到工程而急于求成，急于工程成交，而盲目签订合同。

2）初到一个地方，急于打开局面、承接工程，而草率签订合同。

3）由于竞争激烈，怕丧失承包资格而接受条件苛刻的合同。

4）由于许多企业盲目追求高的合同额，而忽视对工程利润的考察，所以希望并要求多承接工程，而忽视承接到工程的后果。

若出现上述这些情况，承包商要冒很大的风险，结果常常导致失败。

### 4.7.3　建设工程施工合同履约管理

合同的签订，只是履行合同的前提和基础。合同的最终实现，还需要当事人双方严格按照合同约定，认真全面地履行各自的合同义务。建设工程施工合同的履行是指工程建设项目的发包方和承包方根据合同规定的时间、地点、方式、内容及标准等要求，各自完成合同义务的行为。

**1. 建设工程施工合同的履行原则**

（1）实际履行原则。当事人订立合同的目的是为了满足一定的经济利益，满足特定的生产经营活动的需要。因此当事人一定要按合同约定履行义务，不能用违约金或赔偿金来代替合同的标的。任何一方违约时，不能以支付违约金或赔偿损失的方式来代替合同的履行，守约一方要求继续履行的，应当继续履行。这是建筑工程的特点所决定的。

（2）全面履行原则。当事人应当严格按合同约定的数量、质量、标准、价格、方式、地点、期限等完成合同义务。全面履行原则对合同的履行具有重要意义，它是判断合同各方是否违约以及违约应当承担何种违约责任的根据和尺度。

（3）协作履行原则。即合同当事人各方在履行合同过程中，应当互谅、互助，尽可能为对方履行合同义务提供相应的便利条件。施工合同的履行过程是一个经历时间长、涉及面广、影响因素多的过程，一方履行合同义务的行为往往就是另一方履行合同义务的必要条件，只有贯彻协作履行原则，才能达到双方预期的合同目的。

（4）诚实信用原则。诚实信用原则是《合同法》的基本原则，它是指当事人在签订和执行合同时，应讲究诚实，恪守信用，实事求是，以善意的方式行使权利并履行义务，不得回避法律和合同，以使双方所期待的正当利益得以实现。

（5）情事变更原则。情事变更原则是指在合同订立后，如果发生了订立合同时当事人不能预见并且不能克服的情况，改变了订立合同时的基础，使合同的履行失去意义或者履行合同将使当事人之间的利益发生重大失衡，应当允许受不利影响的当事人变更合同或者解除合同。

**2. 建设工程施工合同条款分析**

建设工程施工合同条款分析是指从执行的角度分析、补充、解释施工合同，将合同目标和合同约定落实到合同实施的具体问题上，用于指导具体工作，使得合同能够符合日常工程管理的需要。

（1）建设工程施工合同条款分析的必要性。进行详细的建设工程施工合同条款分析是基于如下原因：

1）合同条文繁杂，内涵意义深刻，法律语言不容易理解。

2）同在一个工程中，往往几份、十几份甚至几十份合同交织在一起，形成十分复杂的关系。

3）合同文件和工程活动的具体要求（如工期、质量、费用等）的衔接处理。

4）工程小组、项目管理职能人员等所涉及的活动和问题不是合同文件的全部而仅为合同的部分内容，如何全面理解合同对合同的实施将会产生重大影响。

5）合同中存在问题和风险，包括合同审查时已经发现的风险和还可能隐藏着的尚未发现的风险。

6）合同条款尚待具体落实；

7）在合同实施过程中，合同双方将可能产生争议。

（2）建设工程施工合同条款分析具体内容：

1）合同的法律基础。分析订立合同所依据的法律、法规，通过分析，承包人了解适用于合同的法律的基本情况（范围、特点等），用以指导整个合同实施和索赔工作。对合同中明示的法律应重点分析。

2）承包人的主要任务：①明确承包人的总任务，即合同标的。承包人在设计、采购、生产、试验、运输、土建、安装、验收、试生产、缺陷责任期维修等方面的主要责任，施工现场的管理，给发包人的管理人员提供生活和工作条件等责任。②明确合同中的工程量清单、图纸、工程说明、技术规范的定义。工程范围的界限应很清楚，否则会影响工程变更和索赔，特别是对于固定总价合同。在合同实施中，如果工程师指令的工程变更属于合同规定的工程范围，则承包人必须无条件执行；如果工程变更超过承包人应承担的风险范围，则可向发包人提出工程变更的补偿要求。③明确工程变更的补偿范围，通常以合同金额一定的百分比表示。通常这个百分比越大，承包人的风险越大。④明确工程变更的索赔有效期，由合同具体规定，一般为28天，也有14天。时间越短，对承包人管理水平的要求越高，对承包人越不利。

3）发包人责任：①发包人雇用工程师并委托其全权履行发包人的合同责任。②发包人和工程师有责任对平行的各承包人和供应商之间的责任界限做出划分，对这方面的争执做出裁决，对他们的工作进行协调，并承担管理和协调失误造成的损失。③及时做出承包人履行合同所必需的决策，如下达指令、履行各种批准手续可、答复请示，完成各种检查和验收手续等。④提供施工条件，如及时提供设计资料、图纸、施工场地、道路等。⑤按合同规定及时支付工程款，及时接收已完工程等。

4）合同价格分析：①合同所采用的计价方法及合同价格所包括的范围。②工程计量程序，工程款结算（包括进度付款、竣工结算、最终结算）方法和程序。③合同价格的调整，即费用索赔的条件、价格调整方法，计价依据，索赔有效期规定。④拖欠工程款的合同责任。

5）施工工期分析。在实际工程中工期拖延极为常见和频繁，而且对合同实施和索赔的影响很大，所以要特别重视。

6）违约责任。如果合同一方未遵守合同规定，造成对方损失，应受到相应的合同处罚。主要分析：①承包人不能按合同规定工期完成工程的违约金或承担发包人损失的条款；②由于管理上的疏忽造成对方人员和财产损失的赔偿条款；③由于预谋或故意行为造成对方损失的处罚和赔偿条款等；④由于承包人不履行或不能正确地履行合同责任，或出现严重违约时的处理规定；⑤由于发包人不履行或不能正确地履行合同责任，或出现严重违约时的处理规定，特别是对发包人不及时支付工程款的处理规定。

7）验收、移交和保修条款分析。

8）索赔程序和争执的解决。这里要分析：索赔的程序；争执的解决方式和程序；仲裁条款，包括仲裁所依据的法律、仲裁地点、方式和程序、仲裁结果的约束力等。

**3. 建设工程施工合同交底**

合同分析后，由合同管理人员向各层次管理者作"合同交底"，把合同责任具体地落实到各责任人和合同实施的具体工作上。

（1）合同管理人员向项目管理人员和企业各部门相关人员进行合同交底，组织学习合同和合同总体分析结果，对合同的主要内容作出解释和说明。

（2）将各种合同事件的责任分解落实到各工程小组或分包人。

（3）在合同实施前与其他相关的各方面，如发包人、监理工程师、承包人沟通，召开协调会议，落实各种安排。

（4）在合同实施过程中还必须进行经常性的检查、监督，对合同作解释。

（5）合同责任的完成必须通过其他经济手段来保证。

**4. 建设工程施工合同实施控制**

工程项目施工过程即施工承包合同的实施过程。要使合同顺利实施，合同双方必须共同完成各自的合同责任。合同签订后，承包商首先要委派施工项目经理，组建项目管理机构，成立包括合同管理人员在内的项目管理小组，全面负责施工合同履行工作。

（1）建设工程施工合同实施主要工作。项目管理人员在施工阶段的主要工作有如下几个方面：

1）建立合同实施的保证体系，以保证合同实施过程中的一切日常事务性工作有秩序地进行，使工程项目的全部合同事件处于控制中，保证合同目标的实现。

2）监督承包商的工程小组和分包商按合同施工，并做好各分合同的协调和管理工作。承包商应以积极合作的态度完成自己的合同责任，努力做好自我监督。同时也应督促并协助业主和工程师完成他们的合同责任，以保证工程顺利进行。

3）对合同实施情况进行跟踪；收集合同实施的信息，收集各种工程资料，并作出相应的信息处理；将合同实施情况与合同分析资料进行对比分析，找出其中的偏离，对合同履行情况作出诊断；向项目经理及时通报合同实施情况及问题，提出合同实施方面的意见、建议，甚至警告。

4）进行合同变更管理。主要包括参与变更谈判，对合同变更进行事务性处理，落实变更措施，修改与变更相关的资料，检查变更措施落实情况。

5）日常的索赔和反索赔。

（2）建设工程施工合同实施控制。合同控制指承包商的合同管理组织为保证合同所约定的各项义务的全面完成及各项权利的实现，以合同分析的成果为基准，对整个合同实施过程进行全面监督、检查、对比和纠正的管理活动。合同控制的作用就是通过合同实施情况分析，找出偏离，以便及时采取措施，调整合同实施过程，达到合同总目标。

1）合同跟踪。在工程实施过程中，由于实际情况千变万化，导致合同实施与预定目标（计划和设计）的偏离，如果不及时采取措施，这种偏差常常会由小到大。这就需要对合同实施情况进行跟踪，以便及时发现偏差，不断调整合同实施，使之与总目标一致。

合同跟踪包括对具体合同事件的跟踪、对工程小组或分包商的工程和工作的跟踪、对业主和工程师的工作的跟踪、对工程总的实施状况的跟踪等几个方面。通过合同实施情况追踪、收集、整理，能反映工程实施状况的各种工程资料和实际数据，如各种质量报告、各种实际进度报表、各种成本和费用收支报表及其分析报告。将这些信息与工程目标，如合同文件、合同分析的资料、各种计划、设计等进行对比分析，可以发现两者的差异。根据差异的大小确定工程实施偏离目标的程度。如果没有差异或差异较小，则可以按原计划继续实施。

2）合同诊断。合同实施情况偏差表明工程实施偏离了工程目标。应加以分析调整，否则这种差异会逐渐积累，越来越大，最终导致工程实施远离目标，使承包商或合同双方受到很大的损失，甚至可能导致工程的失败。

合同诊断即合同实施情况偏差分析，指在合同实施情况追踪的基础上，评价合同实施情况及其偏差，预测偏差的影响及发展的趋势，并分析偏差产生的原因，以便对该偏差采取调整措施。

合同实施情况偏差分析的内容包括：①合同执行差异的原因分析。通过对不同监督跟踪对象的计划和实际的对比分析，不仅可以得到合同执行的差异，而且要分析引起这个差异的原因。原因分析可以采用因果关系分析图（表）、成本量差、价差、效率差分析等方法定性或定量地进行。②合同差异责任分析。合同差异责任分析即针对上述偏差，分析其原因和责任，这常常是争议的焦点，尤其是合同事件重叠、责任交错时更是这样。一般只要原因分析有根据，则责任分析自然清楚。责任分析必须以合同为依据，按合同规定落实双方的责任。③合同实施趋向预测。分别考虑不采取调控措施和采取调控措施，以及采取不同的调控措施情况下合同的最终执行结果。

3）合同纠偏。根据合同实施情况偏差分析的结果，承包商应采取相应的调整措施。调整措施可分为：组织措施、技术措施、经济措施和合同措施。组织措施有增加人员投入，重新进行计划或调整计划，派遣得力的管理人员；技术措施有变更技术方案，采用新的更高效率的施工方案；经济措施有增加投入、对工作人员进行经济激励等；合同措施有进行合同变更，签订新的附加协议、备忘录，通过索赔解决费用超支问题等。

如果通过合同诊断，承包商已经发现业主有恶意、不支付工程款或自己已经陷入到合同陷阱中，或已经发现合同亏损，而且估计亏损会越来越大，则要及早确定合同执行战略。如及早解除合同，降低损失；采用以守为攻的办法拖延工程进度，消极怠工。因为在这种情况下，承包商投入的资金越多，工程完成得越多，承包商就越被动，损失会越大。等到工程完成交付使用，承包商的主动权就没有了。

## 4.7.4 建设工程施工合同档案管理

### 1. 合同资料种类

在实际工程中与合同相关的资料面广量大，形式多样，主要有：

（1）合同资料，如各种合同文本、招标文件、投标文件、图纸、技术规范等。

（2）合同分析资料，如合同总体分析、网络图、横道图等。

（3）工程实施中产生的各种资料，如发包人的各种工作指令、签证、信函、会谈纪要和其他协议，各种变更指令、申请、变更记录，各种检查验收报告、鉴定报告。

（4）工程实施中的各种记录、施工日记等，官方的各种文件、批件，反映工程实施情况的各种报表、报告、图片等。

**2. 合同资料文档管理的内容**

（1）合同资料的收集。合同包括许多资料，文件；合同分析又产生许多分析文件，在合同实施中每天又产生许多资料，如记工单、领料单、图纸、报告、指令、信件等。

（2）合同资料整理。原始资料必须经过信息加工才能成为可供决策的信息，成为工程报表或报告文件。

（3）资料的归档。所有合同管理中涉及的资料不仅目前使用，而且必须保存，直到合同结束。为了查找和使用方便必须建立资料的文档系统。

（4）资料的使用。合同管理人员有责任向项目经理和发包人作工程实施情况报告；向各职能人员和各工程小组、分包商提供资料；为工程的各种验收以及索赔和反索赔提供资料和证据。

# 4.8 建设工程其他合同简介

## 4.8.1 建设工程勘察设计合同

**1. 建设工程勘察设计合同的概念**

建设工程勘察、设计合同是委托人与承包人为完成一定的勘察、设计任务，明确双方权利义务关系的协议。承包人应当完成委托人委托的勘察、设计任务，委托人则应接受符合约定要求的勘察、设计成果并支付报酬。

建设工程勘察、设计合同的委托人一般是项目业主（建设单位）或建设项目总承包单位；承包人是持有国家认可的勘察、设计证书，具有经过有关部门核准的资质等级的勘察、设计单位。合同的委托人、承包人均应具有法人地位。

**2. 建设工程勘察设计合同的订立**

勘察合同，由建设单位、设计单位或有关单位提出委托，经双方同意即可签订。设计合同，须具有上级机关批准的设计任务书方能签订。小型单项工程的设计合同须具有上级机关批准的文件方能签订。如单独委托施工图设计任务，应同时具有经有关部门批准的初步设计文件方能签订合同。

建设工程的设计任务可由两个以上的设计单位配合设计，如委托其中一个设计单位总包时，可以签订总包合同。总包单位和各分包单位应签订分包合同。总包单位对委托方负责，分包单位对总包单位负责。

建设工程勘察设计合同的主要条款包括：

（1）建设工程名称、规模、投资额、建设地点。

（2）委托方提供资料的内容、技术要求及期限；承包方勘察的范围、进度和质量；设计的阶段、进度、质量和设计文件份数。

（3）勘察、设计取费的依据，取费标准及拨付办法。

（4）其他协作条件。

（5）违约责任。

**3. 建设工程勘察设计合同的履行与管理**

（1）勘察设计合同的定金。勘察设计合同一般规定用定金作为合同担保形式。按规定收取费用的勘察设计合同生效后，委托方应向承包方付给定金。勘察设计合同履行后，定金抵作勘察、设计费。勘察任务的定金为勘察费的 30%，设计任务的定金为估算的设计费的20%。

委托方不履行合同的，无权请求返还定金。承包方不履行合同的，应当双倍返还定金。

（2）勘察设计合同委托人的义务：

1）向承包方提供开展勘察设计工作所需的有关基础资料，并对提供的时间、进度与资料的可靠性负责。

委托勘察工作的，在勘察工作开展前，应提出勘察技术要求及附图。委托初步设计的，在初步设计前，应提供经过批准的设计任务书、选址报告，以及原料（或经过批准的资源报告）、燃料、水、电、运输等方面的协议文件和能满足初步设计要求勘察的资料、需要经过科研取得的技术资料。

委托施工图设计的，在施工图设计前，应提供经过批准的初步设计文件和能满足施工图设计要求的勘察资料、施工条件以及有关设备的技术资料。

2）在勘察设计人员进入现场作业或配合施工时，应负责提供必要的工作和生活条件。

3）委托配合引进项目的设计任务，从询价、对外谈判、国内外技术考察直至建成投产的各阶段，应吸收承担有关设计任务的单位参加。

4）按照国家有关规定付给勘察设计费。

5）维护承包方的勘察成果和设计文件，不得擅自修改，不得转让给第三方重复使用。

（3）勘察设计合同承包人的义务：

1）勘察单位应按照现行的标准、规范、规程和技术条例，进行工程测量、工程地质、水文地质等勘察工作，并按合同规定的进度、质量提交勘察成果。

2）设计单位要根据批准的设计任务书或上一阶段设计的批准文件，以及有关设计技术经济协议文件、设计标准、技术规范、规程、定额等提出勘察技术要求和进行设计，并按合同规定的进度和质量提交设计文件（包括概预算文件、材料设备清单）。

3）勘察、设计单位必须按照工程建设强制性标准进行勘察、设计，并对其勘察、设计的质量负责。注册建筑师、注册结构工程师等注册执业人员应当在设计文件上签字，对设计文件负责。

4）初步设计经上级主管部门审查后，在原定任务书范围内的必要修改，由设计单位负责。原定任务书有重大变更而重作或修改设计时，须具有设计审批机关或设计任务书批准机关的意见书，经双方协商，另订合同。

5）设计单位对所承担设计任务的建设项目应配合施工，进行设计技术交底，解决施工过程中有关设计的问题，负责设计变更和修改预算，按《建筑工程施工质量验收统一标准》的要求参加工程施工质量验收，参加试车考核及工程竣工验收。设计单位应当参与建设工程质量事故分析，并对因设计造成的质量事故，提出相应的技术处理方案。

（4）勘察设计合同的违约责任。委托方或承包方违反合同规定造成损失的，应承担违约的责任：

1）因勘察设计质量低劣引起返工或未按期提交勘察设计文件拖延工期造成损失，由勘察设计单位继续完善勘察、设计任务，并应视造成的损失浪费大小减收或免收勘察设计费。对于因勘察设计错误而造成工程重大质量事故者，勘察设计单位需要承担赔偿责任。

2）由于变更计划，提供的资料不准确，未按期提供勘察、设计必需的资料或工作条件而造成勘察、设计的返工、停工、窝工或修改设计，委托方应按承包方实际消耗的工作量增付费用。因委托方责任而造成重大返工或重作设计，应另行增费。

3）委托方超过合同规定的日期付费时，应偿付逾期的违约金。偿付办法与金额，由双方按照国家有关规定协商，在合同中订明。

### 4.8.2　建设工程监理合同

#### 1. 建设工程监理合同的概念

建设工程监理合同是建设工程的业主与监理单位，为了完成委托的工程监理业务，明确双方权利义务关系的协议。委托监理的内容是依据法律、法规及有关技术标准、设计文件和建设工程合同，对承包单位在工程质量、建设工期和建设资金使用等方面，代表建设单位实施监督。建设监理可以是对工程建设的全过程监理，也可以分阶段进行设计监理、施工监理等。目前建设工程监理主要发生在施工阶段。

建设工程监理合同的主体是工程业主和工程监理企业，权利客体是业主委托监理单位对工程建设实施的监理工作，内容则是在实施工程建设监理过程中双方的权利和义务。

#### 2. 建设工程委托监理合同示范文本

建设部、国家工商行政管理局于2000年2月17日颁发了《建设工程委托监理合同（示范文本）》（GF—2000—0202），该文本由建设工程委托监理合同、标准条件和专用条件组成。

（1）建设工程委托监理合同。建设工程委托监理合同实际上是协议书，其篇幅并不大，但它却是监理合同的总纲。主要内容是当事人双方确认的委托监理工程的概况、价款和酬金、合同签订、完成时间，并表示双方愿意遵守规定的各项义务，以及明确监理合同文件的组成。监理合同的组成文件包括：

1）建设工程委托监理合同。

2）监理委托函或中标函。

3）监理委托合同标准条件。

4）监理委托合同专用条件。

（2）监理委托合同标准条件。标准条件共49条，其内容涵盖了合同中所有词语定义、适用语言和法规、签约双方的责任、权利和义务、合同变更和终止、监理酬金、风险分担以及履行过程中应遵守的程序及其他一些情况作了详细的规定。它是监理合同的通用文本，适用于各个工程项目建设监理委托，各业主方和监理单位都应当遵守。

（3）监理委托合同专用条件。专用条件是各个工程项目根据自己的个性和所处的自然和社会环境，由建设工程的业主和监理单位协商一致后填写的。双方如果认为需要，还可在其中增加约定的补充条款和修正条款。专用条件是与标准条件相对应的。在专用条件中，并非每一条款都必须出现。专用条件不能单独使用，它必须与标准条件结合在一起才能使用。

#### 3. 建设工程委托监理合同双方的权利和义务

（1）建设工程业主方的权利：

1）授予监理单位监理权限的权利。

2）对设计合同、施工合同、采购合同等的承包单位有选定权。

3）对工程规模、设计标准、规划设计、生产工艺设计和设计使用功能要求的认定权，以及对工程设计变更的审批权。

4）对监理单位履行合同的监督控制权，包括：对监理人员的控制监督、对合同履行的监督。

（2）监理单位的权利：

1）选择工程总设计单位和施工总承包单位的建议权。

2）选择工程分包单位的许可权。

3）对工程建设有关事项，包括工程规模、设计标准、规划设计、生产工艺设计和使用功能要求，向业主单位的建议权。

4）对工程设计中的技术问题，按照安全和优化的原则，向设计单位提出建议并向业主提出书面报告。如果拟提出的建议会提高工程造价或延长工期，需事先取得业主的同意。

5）审批工程施工组织设计和技术方案，按照保质量、保工期和降低成本的原则，向承建商提出建议，并向业主提供书面报告。

6）工程建设有关的协作单位的组织协调的主持权，重要协调事项应当事先向业主报告。

7）工程上使用的材料和施工质量的检验权。对于不符合设计要求及国家质量标准的材料设备，有权通知承建商停止使用；不符合规范和质量标准的工序、分部分项工程和不安全的施工作业，有权通知承建商停工整改、返工。发布开工、停工、复工令应当事先向业主报告，如在紧急情况下未能事先报告时，则应在24小时内向业主做出书面报告。

8）工程施工进度的检查、监督权，以及工程实际竣工日期提前或超过工程承包合同规定的竣工期限的签认权。

9）在工程承包合同约定的工程价格范围内，工程款支付的审核和签认权，以及工程结算的复核确认权与否定权。

10）监理单位在业主授权下，可对任何第三方合同规定的义务提出变更。

11）在委托的工程范围内，业主或承包商对对方的任何意见和要求（包括索赔要求）均须首先向监理单位提出，由监理单位研究处置意见，再同双方协商确定。

（3）工程业主的义务：

1）负责工程建设的所有外部关系的协调，为监理工作提供外部条件。

2）在约定的时间内免费向监理单位提供与工程有关的为监理工作所需要的工程资料。

3）在约定的时间内就监理单位书面提交并要求做出决定的一切事宜做出书面决定。

4）授权一名熟悉本工程情况、能迅速做出决定的常驻代表，负责与监理单位联系；更换常驻代表，要提前通知监理单位。

5）将授予监理单位的监理权利，以及该机构主要成员的职能分工、监理权限，及时书面通知已选定的第三方（即承包人），并在与第三方签订的合同中予以明确。

6）为监理单位提供如下协助：获得本工程使用的原材料、构配件、机械设备等生产厂家名录，提供与本工程有关的协作单位、配合单位的名录。

7）免费向监理单位提供合同专用条款约定的设施，对监理单位自备的设施给予合理的经济补偿。

8）如果双方约定由业主免费向监理单位提供职员和服务人员，则应在监理合同专用条件中增加与此相应的条款。

（4）监理单位的义务：

1）向业主报送委派的总监理工程师及其监理机构主要成员名单、监理规划，完成监理合同专用条件中约定的监理工程范围内的监理业务。

2）监理单位在履行合同的义务期间，应为建设单位提供与其监理水平相适应的咨询意见，认真、勤奋地工作，帮助建设单位实现合同预定的目标，公正地维护各方的合法权益。

3）监理单位使用建设单位提供的设施和物品属于建设单位的财产，在监理工作完成或合同终止时，按合同约定的时间和方式移交此类设施和物品，并提交清单。

4）在合同期内或合同终止后，未征得有关方同意，不得泄露与本工程、本合同业务活动有关的保密资料。

**4. 建设工程委托监理合同的履行**

建设监理合同的当事人应当严格按照合同的约定履行各自的义务。监理单位应当完成监理工作，业主应当按照合同约定支付监理酬金。

（1）监理单位完成的监理工作。监理单位完成的监理工作包括正常的监理工作、附加的工作和额外的工作。正常的监理工作是合同约定的投资、质量、工期三大控制，以及合同、信息管理等。附加的工作是指合同内规定的附加服务或合同以外通过双方书面协议附加于正常服务的那类工作。额外工作是指那些由正常工作和附加工作以外的、非监理单位原因而增加的工作，如不可抗力引起的监理工作的增加等。

（2）监理酬金的支付。合同双方当事人在专用条件中约定以下内容：

1）监理酬金的计取方法。

2）支付监理酬金的时间和数额。

3）支付监理酬金所采用的货币币种、汇率。

如建设单位在规定的支付期限内未支付监理酬金，自规定支付之日起，应向监理单位补偿应付的酬金利息或滞纳金，应在合同中约定。

（3）违约责任。任何一方对另一方负有违约责任时的赔偿原则如下：

1）赔偿应限于由违约所造成的、可以合理预见到的损失和损失的数额。

2）在任何情况下，赔偿的累计数额不应超过专用条件中规定的最大赔偿限额；对监理单位一方，其赔偿总额不应超出监理酬金总额（扣去税金）。

3）如果任何一方与第三方共同对另一方负有责任时，则负有责任一方所应付的赔偿比例应限于由其违约所应负责的那部分比例。

监理工作的责任期即监理合同有效期。监理单位在责任期内，如果因过失而造成建设单位经济损失，要负监理失职的责任。在监理过程中，如果因工程进度的推迟或延误而超过合同约定的日期，双方应进一步商定相应延长合同期。监理单位不对责任期以外发生的任何事件所引起的损失或损害负责，也不对第三方违反合同规定的质量要求和交工时限承担责任。

## 4.8.3 建设工程物资采购合同

**1. 建设工程物资采购合同的概念和特征**

（1）建设工程物资采购合同的概念。建设工程物资采购合同，是指具有平等主体的自然人、法人、其他组织之间为实现建设工程物资买卖，设立、变更、终止相互权利义务关系的协议。依照协议，出卖人转移建设工程物资的所有权于买受人，买受人接受该项建设工程物资并支付价款。建设工程物资采购合同，一般分为材料采购合同和设备采购合同。

建设工程物资采购合同属于买卖合同，它具有买卖合同的一般特点：

1）买卖合同以转移财产的所有权为目的。出卖人与买受人之所以订立买卖合同，是为了实现财产所有权的转移。

2）买卖合同中的买受人取得财产所有权，必须支付相应的价款；出卖人转移财产所有权，必须以买受人支付价款为代价。

3）买卖合同是双务、有偿合同。所谓双务、有偿是指买卖双方互负一定义务，卖方必须向买方转移财产所有权，买方必须向卖方支付价款，买方不能无偿取得财产的所有权。

4）买卖合同是诺成合同。除法律有特别规定外，当事人之间意思表示一致买卖合同即可成立，并不以实物的交付为成立要件。

5）买卖合同是不要式合同。当事人对买卖合同的形式享有很大的自由，除法律有特别规定外，买卖合同的成立和生效并不需要具备特别的形式或履行审批手续。

（2）建设工程物资采购合同的特征：

1）建设工程物资采购合同应依据施工合同订立。

2）建设工程物资采购合同以转移财物和支付价款为基本内容。

3）建设工程物资采购合同的标的品种繁多，供货条件复杂。

4）建设工程物资采购合同应实际履行。

5）建设工程物资采购合同采用书面形式。

**2. 材料采购合同**

材料采购合同，是指平等主体的自然人、法人、其他组织之间，以工程项目所需材料为标的、以材料买卖为目的，出卖人（简称卖方）转移材料的所有权于买受人（简称买方），买受人支付材料价款的合同。

（1）材料采购合同的订立。

1）公开招标。即由招标单位通过新闻媒介公开发布招标广告，采用公开招标方式进行材料采购，适用于大宗材料采购合同。

2）邀请招标。由招标单位通过向特定的供应商发送投标邀请书，采用邀请招标方式进行材料采购。

3）询价、报价、签订合同。物资买方向若干建材厂商或建材经营公司发出询价函，要求他们在规定的期限内作出报价，在收到厂商的报价后，经过比较，选定报价合理的厂商与其签订合同。

4）直接定购。由材料买方直接向材料生产厂商或材料经营公司报价，生产厂商或材料经营公司接受报价、签订合同。

（2）材料采购合同的主要条款。依《合同法》规定，材料采购合同的主要条款如下：

1）双方当事人的名称、地址，法定代表人的姓名，委托代订合同的，应有授权委托书并注明代理人的姓名、职务等。

2）合同标的。材料的名称、品种、型号、规格等应符合施工合同的规定。

3）技术标准和质量要求。质量条款应明确各类材料的技术要求、试验项目、试验方法、试验频率以及国家法律规定的国家强制性标准和行业强制性标准。

4）材料数量及计量方法。材料数量的确定由当事人协商，应以材料清单为依据，并规定交货数量的正负尾差、合理磅差和在途自然减（增）量及计量方法。计量单位采用国家规定的度量衡标准，计量方法按国家的有关规定执行，没有规定的，可由当事人协商执行。

5）材料的包装。材料的包装是保护材料在储运过程中免受损坏不可缺少的环节。包装质量可按国家和有关部门规定的标准签订，当事人有特殊要求的，可由双方商定标准，但应保证材料包装适合材料的运输方式，并根据材料特点采取防潮、防雨、防锈、防震、防腐蚀的保护措施和提供包装物的当事人及包装品回收等。

6）材料交付方式。材料交付可采取送货、自提和代运三种不同方式。由于工程用料数量大、体积大、品种繁杂、时间性较强，当事人应采取合理的交付方式，明确交货地点，以便及时、准确、安全、经济地履行合同。

7）材料的交货期限。

8）材料的价格。材料的价格应在订立合同时明确定价，可以是约定价格，也可以是政府定价或指导价。

9）违约责任。在合同中，当事人应对违反合同所负的经济责任作出明确规定。

10）特殊条款。如果双方当事人对一些特殊条件或要求达成一致意见，也可在合同中明确规定，成为合同的条款。

当事人对以上条款达成一致意见形成书面协议后，经当事人签名盖章即产生法律效力，若当事人要求鉴证或公证的，则经鉴证机关或公证机关盖章后方可生效。

11）争议解决的方式。

（3）材料采购合同的履行。材料采购合同订立后，应依法予以全面地、实际地履行。

1）按约定的标的履行。卖方交付的货物必须与合同规定的名称、品种、规格、型号相一致，除非买方同意，不允许以其他货物代替合同，也不允许以支付违约金或赔偿金的方式代替履行合同。

2）按合同规定的期限、地点交付货物。交付货物的日期应在合同规定的交付期限内，交付的地点应在合同指定的地点。实际交付的日期早于或迟于合同规定的交付期限，即视为提前或逾期交货。提前交付，买方可拒绝接受，逾期交付的，应承担逾期交付的责任。如果逾期交货，买方不再需要，应在接到卖方交货通知后 15 天内通知卖方，逾期不答复的，视为同意延期交货。

3）按合同规定的数量和质量交付货物。对于交付货物的数量应当场检验，清点账目后，由双方当事人签字。对质量的检验，外在质量可当场检验，对内在质量，需作物理或化学试验的，以试验的结果作为验收的依据。卖方在交货时，应将产品合格证随同产品交买方据以验收。

4）按约定的价格及结算条款履行。买方在验收材料后，应按合同规定履行付款义务，否则承担法律责任。

5）违约责任。①卖方的违约责任。卖方不能交货的，应向买方支付违约金；卖方所交货物与合同规定不符的，应根据情况由卖方负责包换、包退、包赔由此造成的买方损失；卖方不能按合同规定期限交货的责任或提前交货的责任。② 买方违约责任。买方中途退货，应向卖方偿付违约金；逾期付款，应按中国人民银行关于延期付款的规定向卖方偿付逾期付款的违约金。

**3. 设备采购合同**

设备采购合同，是指平等主体的自然人、法人、其他组织之间，以工程项目所需设备为标的，以设备买卖为目的，出卖人（简称卖方）转移设备的所有权于买受人（简称买方），买受人支付设备价款的合同。

（1）设备采购合同的内容与条款：

1）设备采购合同的内容。设备采购合同通常采用标准合同格式，其内容可分为三部分：第一部分是约首，即合同开头部分，包括项目名称、合同号、签约日期、签约地点、双方当事人名称或者姓名和住所等条款。第二部分为正文，即合同的主要内容，包括合同文件、合同范围和条件、货物及数量、合同金额、付款条件、交货时间和交货地点及合同生效等条款。其中合同文件包括合同条款、投标格式和投标人提交的投标报价表、要求一览表、技术规范、履约保证金、规格响应表、买方授权通知书等；货物及数量、交货时间和交货地点等均在要求一览表中明确；合同金额指合同的总价，分项价格则在投标报价表中确定；合同生效条款规定本合同经双方授权部分为合同约定，即合同的结尾部分，包括双方的名称、签字盖章及签字时间、地点等。

2）设备采购合同条款。包括词语定义、技术规范、专利权、包装要求、装运条件及装运通知、保险、支付、质量保证、检验、违约责任、不可抗力、履约保证金、争议的解决、破产终止合同、转包或分包、其他。

（2）设备采购合同的履行：

1）交付货物：卖方应按合同规定，按时、按质、按量地履行供货义务，并做好现场服务工作，及时解决有关设备的技术质量、缺损件等问题。

2）验收：买方对卖方交货应及时进行验收，依据合同规定，对设备的质量及数量进行核实检验，如有异议，应及时与卖方协商解决。

3）结算：买方对卖方交付的货物检验没有发现问题，应按合同的规定及时付款；如果发现问题，在卖方及时处理达到合同要求后，也应及时履行付款义务。

4）违约责任：在合同履行过程中，任何一方都不应借故延迟履约或拒绝履行合同义务，否则应追究违约当事人的法律责任。

①由于卖方交货不符合合同规定，如交付的设备不符合合同的标的，或交付设备未达到质量技术要求，或数量、交货日期等与合同规定不符时，卖方应承担违约责任。

②由于卖方中途解除合同，买方可采取合理的补救措施，并要求卖方赔偿损失。

③买方在验收货物后，不能按期付款的，应按中国人民银行有关延期付款的规定交付违约金。

④买方中途退货，卖方可采取合理的补救措施，并要求买方赔偿损失。

## 4.8.4 承揽合同

**1. 承揽合同的概念、类型**

（1）承揽合同的概念。承揽合同，是指承揽人按照定作人的要求完成一定的工作，定作人接受承揽人完成的工作成果并给付约定报酬的合同。在承揽合同中，合同的主体为"承揽人"和"定作人"，即按照他人的要求完成一定工作，并交付工作成果的一方称为

"承揽人"；要求他人完成一定的工作，并接受工作成果的一方称为"定作人"。承揽合同的标的是定作人要求承揽人完成并交付的工作成果。

（2）承揽合同的类型：

1）加工合同。由定作人提供原材料或半成品，承揽人按照具体要求进行加工制作，然后将其交付给定作人，定作人支付加工费用的合同。

2）定作合同。由承揽人按照定作人的具体要求，用自己的物料制成约定的成品或半成品交付给定作人，定作人支付报酬的合同。

3）修理合同。承揽人为定作人修理好损坏的物品、设备、交通工具等收取费用的合同。

4）复制合同。承揽人根据定作人所提供的特定物，运用自己的技术、设备和经验，制出特定物复制品并交付给定作人，定作人支付报酬的合同。

5）测试合同和检验合同。承揽人运用自己的知识、技能，对定作人提供的物品的质量、数量、性能等内容进行测试、检验，并将结果提交定作人，并由定作人支付测试、检验费用的合同。例如建筑材料强度的测试、物品化学成分的检验等。

**2. 承揽合同的主要内容**

根据《合同法》规定，承揽合同的内容包括承揽的标的、数量、质量、报酬、承揽方式、材料的提供、履行期限、验收标准和方法等条款。其中最基本的内容有两项：承揽的标的和报酬。

承揽合同的主要内容表现在下列条款中：

（1）承揽合同的标的。即定作人要求承揽人完成的工作成果。例如加工或定作的房屋铝合金门窗、委托修理的故障施工机具等。

（2）承揽合同的数量和质量。承揽合同标的的数量和质量，依标的物的性质和情况不同可以多种适当方式加以规定，依照《合同法》对标的物数量和质量条款的基本要求，在合同条款中写明，同时，还要考虑到承揽合同自身的特点。

（3）价款与定金。凡是国家或主管部门有规定的，按规定执行；没有规定的，可由当事人双方协商确定。

定作方可向承揽方交付定金，定金数额由双方协商确定。定作方不履行合同，则无权要求返还定金；承揽方不履行合同，应当双倍返还定金。定作方也可向承揽方预付加工价款。承揽方如不履行合同，除承担违约责任外，还必须如数退还预付款；定作方不履行合同，可以将预付款抵作违约金和赔偿金，若抵偿后有余额，定作方可以要求返还。

（4）承揽方式。承揽合同有加工、定作、修理、修缮等多种形式。承揽方式不同，合同内容也有各异，因此，每一类型承揽合同应对承揽方式加以明确，以免发生争议。

（5）材料的提供。原材料是制作定作物所需的原料，它可由定作人自己提供，也可由承揽人提供，因此，材料由谁提供应由双方协商确定，同时对原材料的规格、数量、质量加以明确，以保证定作物的质量水平。

（6）履行期限。承揽合同履行期限是检验合同当事人的承揽人和定作人履行合同义务的时间界限和客观标准，合同当事人的违约责任就是以此来划分的，因此，合同中应根据承揽人和定作人的不同情况具体明确地写明合同履行期限。

（7）验收标准和方法。验收是定作人对承揽人所完成的工作按照一定的标准进行检验而后受领。验收标准一般应按国家对产品的质量、规格及检验方法所作的技术规定执行。承揽合同标的具有特定性，它必须严格按照定作人的要求制作，因此，验收标准和方法是保证合同履行避免发生争议的重要措施。我国现行的产品质量标准，按发布单位适用范围不同，分为国家标准、行业标准、企业标准。有上述标准的，应按上述标准加以规定，没有规定标准的，则由定作人和承揽人商定，但不得违反《中华人民共和国标准化法》的有关规定。

（8）不可抗力因素。在合同履行期间，由于不可抗力致使定作物或原材料毁损、灭失，承揽方在取得合法证明后，可免于承担违约责任。但承揽方应采取积极措施减少损失。如在合同规定的履约期限以外发生不可抗力事件，则不得免责；在定作方迟缓接受或无故拒收期间发生不可抗力事件，定作方应当承担责任，并赔偿承揽方由此造成的损失。

**3. 承揽合同当事人的主要义务**

（1）承揽人的主要义务：

1）按约定完成工作成果并交付的义务。承揽人应按照承揽合同的约定，完成工作并向定作人交付工作成果，同时向定作人提交必要的技术资料和有关质量证明。同时，承揽人须按合同约定，不得擅自更换定作人提供的材料、不得更换不需要修理的零部件。

2）亲自完成工作的义务。承揽人应当以自己的设备、技术和劳力，完成主要工作（另有约定除外）。承揽人将其承揽的主要工作交由第三人完成的，应当就该第三人完成的工作成果向定作人负责；同时，若未经定作人同意，定作人可以解除承揽合同。承揽人可以将其承揽的辅助工作交由第三人完成。承揽人将其承揽的辅助工作交由第三人完成的，应当就第三人完成的工作成果向定作人负责。

3）妥善保管、合理使用定作人提供的原材料或物品的义务。承揽人应当妥善保管定作人提供的材料以及完成的工作成果，因保管不善造成毁损、灭失的，应当承担损害赔偿责任。对于定作人提供原材料的，承揽人应合理规范使用该原材料，避免原材料浪费和不合理使用。

4）接受定作方检验的义务。承揽合同中约定由承揽人提供材料的，承揽人应按照约定选用材料，并接受定作人检验。同时，承揽人在工作期间，应当接受必要的监督检验，但不得因监督检验妨碍承揽人的正常工作。

5）因不可抗力等原因不能完成工作或因定作人技术要求不合理无法完成工作时的通知义务。承揽人在遇不可抗力等原因情况下应及时通知定作人，并把不可抗力的情况报告给定作人，说明无法完成工作的理由和原因。同时承揽人在合同履行中发现定作人提供的图纸或技术要求不合理的，应当及时通知定作人。对定作人提供材料的承揽合同，若承揽人对定作人提供的材料检验时发现不符合约定时，应及时通知定作人更换、补齐或者采取其他补救措施。

6）对工作成果的瑕疵担保的义务。承揽人交付的工作成果不符合质量要求的，定作人可以要求承揽人承担修理、重作、减少报酬、赔偿损失等违约的责任。

7）按照定作人的要求保守秘密的义务。承揽人应按照定作人的要求保守秘密，未经定作人许可，不得留存复制品或技术资料。

8）共同承揽人对定作人承担连带责任，但当事人另有约定的除外。

（2）定作人的主要义务：

1）接受工作成果的义务。定作人对承揽人完成的工作成果，应当及时接受和验收。定作人接受定作物后须在合理期限内进行检验，未在合理期限内检验并通知承揽人的，视为定作物符合要求。

2）按合同规定支付报酬的义务。定作人应按照约定的期限支付报酬，对支付报酬期限没有约定或约定不明的，可依照合同法协议补充或合同有关条款、交易习惯确定。仍不能确定的定作人应当在承揽人交付工作成果时支付；工作成果部分交付的，定作人应相应支付。同时，定作人未向承揽人支付报酬或材料费等价款的，承揽人对完成的工作享有留置权。

3）配合与协助承揽人完成工作的义务。定作人不履行协助义务致使承揽工作不能完成的，承揽人可以催告定作人在管理期限内履行义务，并可以顺延履行期限，定作人逾期不履行的，承揽人可以解除合同。

4）中途变更和解除合同造成损失赔偿的义务。定作人中途变更承揽工作要求或解除合同，对给承揽人造成的损失应当承担赔偿责任。

### 4.8.5 建设工程租赁合同

**1. 租赁合同概述**

租赁合同是出租人将租赁物交付承租人使用、收益，承租人支付租金的合同。租赁分为融资性租赁和经营性租赁，本节指的是经营性租赁。租赁合同是转让财产使用权的合同，合同的履行不会导致财产所有权的转移，在合理有效期后，承租人应当将租赁物交还出租人。

租赁合同的形式没有限制，但租赁期限在 6 个月以上的，应当采用书面形式。

随着市场经济的发展，在工程建设过程中出现了越来越多的租赁合同。特别是建筑施工企业的施工工具、设备、周转材料，如果自备过多，则购买费用、保管费用都很高，如果自备过少，又不能满足施工高峰的使用需要，租赁日益成为重要的一种装备方式。

**2. 租赁合同的内容**

租赁合同的内容包括以下条款：

（1）租赁物的名称。

（2）租赁物的数量。

（3）用途。出租人应当在租赁期间保持租赁物符合约定的用途，承租人应当按照约定的用途使用租赁物。

（4）租赁期限。当事人应当约定租赁期限，租赁期限不得超过 20 年，但无最短租赁期限的限制。租赁期限超过 20 年的，超过部分无效。当事人对租赁期限没有约定或者约定不明确的，可以协议补充；不能达成补充协议的，按照合同有关条款或者交易习惯确定。如果仍不能确定，视为不定期租赁。当事人未采用书面形式的租赁合同也视为不定期租赁。对于不定期租赁，当事人可以随时解除合同，但出租人解除合同应当在合理期限之前通知承租人。

（5）租金及其支付期限和方式。当事人在合同中应当约定租金的数额、支付期限和方式。对于支付期限没有约定或者约定不明确的，可以协议补充；不能达成补充协议的，按照合同有关条款或者交易习惯确定。如果仍不能确定的，租赁期间不满 1 年的，应当在租赁期间届满时支付；租赁期间在 1 年以上的，应当在每届满 1 年时支付，剩余期间不满 1 年的，应当在租赁期间届满时支付。

（6）租赁物的维修。合同当事人应当约定，租赁期间应当由哪一方承担维修责任及维修对租金和租赁期限的影响。在正常情况下，出租人应当履行租赁物的维修义务，但当事人也可约定由承租人承担维修义务。

**3. 租赁合同的履行**

（1）关于租赁物的使用。出租人应当按照约定将租赁物交付承租人。承租人应当按照约定的方法使用租赁物，对租赁物的使用方法没有约定或者约定不明确，可以协议补充；不能达成补充协议的，按照合同有关条款或者交易习惯确定。如果仍不能确定的，应当按照租赁物的性质使用。

承租人按照约定的方法或者租赁物的性质使用租赁物，致使租赁物受到损耗的，不承担损害赔偿责任。承租人未按照约定的方法或者租赁物的性质使用租赁物，致使租赁物受到损失的，出租人可以解除合同并要求赔偿损失。

（2）关于租赁物的维修。如果没有特殊的约定，承租人可以在租赁物需要维修时要求出租人在合理期限内维修。出租人未履行维修义务的，承租人可以自行维修，维修费用由出租人承担。因维修租赁物影响承租人使用的，应当相应减少租金或者延长租期。

（3）关于租赁物的保管和改善。承租人应当妥善保管租赁物，因保管不善造成租赁物毁损、灭失的，应当承担损害赔偿责任。承租人经出租人同意，可以对租赁物进行改善或者增设他物。承租人未经出租人同意，对租赁物进行改善或者增设他物的，出租人可以要求承租人恢复原状或者赔偿损失。

（4）关于转租和续租。承租人经出租人同意，可以将租赁物转租给第三人。承租人转租的，承租人与出租人之间的租赁合同继续有效，第三人对租赁物造成损失的，承租人应当赔偿损失。承租人未经出租人同意转租的，出租人可以解除合同。

租赁期届满，承租人应当返还租赁物。返还的租赁物应当符合按照约定或者租赁物的性质使用后的状态。当事人也可以续订租赁合同，但约定的租赁期限自续订之日起不得超过20年。租赁期届满，承租人继续使用租赁物，出租人没有提出异议的，原租赁合同继续有效，但租赁期限为不定期。

# 4.9　国际工程合同简介

## 4.9.1　FIDIC 合同条件

### 1. "FIDIC" 词义解释

在国际工程中普遍采用的标准文本是 FIDIC 合同条件。FIDIC 合同条件是在长期的国际工程实践中形成并逐渐发展和成熟起来的国际工程惯例。它是国际工程中通用的、规范化的、典型的合同文件。任何要进入国际承包市场，参加国际投标竞争的承包商和监理工程师，以及面向国际招标的工程的业主，都必须精通和掌握 FIDIC 合同条件。

"FIDIC" 是国际咨询工程师联合会的法文缩写。在 1999 年以前，该联合会制定和颁布了在国际工程中广泛使用的《土木工程施工合同条件》，《电气和机械工程施工合同条件》，《业主和咨询工程师协议书国际通用规则》，《设计—建造与交钥匙工程合同条件》，《工程施工分包合同条件》。人们便将这些合同条件称为 FIDIC 合同条件或 FIDIC 条件。在上述几个文件中，《土木工程施工合同条件》最为有名，是唯一在世界范围内发行并推广的施工合同条件。

FIDIC 条件的标准文本由英语写成。它不仅适用于国际工程，对它稍加修改即可适用于国内工程。由于它在国际承包工程中被广泛承认和采用，所以，"FIDIC"一词也被各种语言接受，并赋予统一的、特指的意义。

**2. FIDIC 合同条件的历史演变**

FIDIC 条件经历了漫长的发展过程。FIDIC 合同条件第一版由国际咨询工程师联合会于 1957 年颁布。由于当时国际承包工程迅速发展，需要一个统一的、标准的国际工程施工合同条件。FIDIC 合同第一版是以英国土木工程施工合同条件（ICE）的格式为蓝本，所以它反映出来的传统、法律制度和语言表达都具有英国特色。1963 年，FIDIC 第二版问世。它没有改变第一版所包含的条件，仅对通用条款作了一些具体变动，同时在第一版的基础上增加了疏浚和填筑工程的合同条件作为第三部分。1977 年，FIDIC 合同条件再次作了修改，同时配套出版了一本解释性文件，即《土木工程施工合同条件注释》。

由于国际承包工程的迅速发展和 FIDIC 条件越来越广泛地使用，人们对它的完备性要求和适用性要求越来越高，要求它更能反映国际工程实践，更具有代表性和普遍意义。1984 年 FIDIC 执行委员会要求它所属的土木工程合同委员会（CECC）对 FIDIC 条件第三版作重新修改。直到 1987 年才颁发了 FIDIC 第四版，并于 1989 年出版了《土木工程施工合同条件应用指南》。该应用指南不仅包括对 FIDIC 第四版合同条件每一条款的应用解释和说明，而且介绍了按国际惯例进行招标投标、直到授予合同的程序和各方面的主要工作，介绍了招标文件、投标文件的主要内容，FIDIC 条件中业主、监理工程师和承包商的主要责权利关系。这使得 FIDIC 条件的使用更加方便。

1999 年 FIDIC 又对这些合同条件作了重大修改，颁布了如下 4 个新的合同条件文本：

（1）施工合同条件（红皮书）。推荐用于由雇主设计的、或由其代表——工程师设计的房屋建筑或工程。在这种合同形式下，承包商一般都按照雇主提供的设计施工。但工程中的某些土木、机械、电力和/或建造工程也可能由承包商设计。

（2）永久设备和设计—建造合同条件（黄皮书）。推荐用于电力和/或机械设备的提供，以及房屋建筑或工程的设计和实施。在这种合同形式下，一般都是由承包商按照雇主的要求设计和提供设备和/或其他工程（可能包括由土木、机械、电力和/或建造工程的任何组合形式）。

（3）EPC/交钥匙项目合同条件（银皮书）。适用于在交钥匙的基础上进行的工厂或其他类似设施的加工或能源设备的提供、或基础设施项目和其他类型的开发项目的实施，这种合同条件所适用的项目包括：

1）对最终价格和施工时间的确定性要求较高。

2）承包商完全负责项目的设计和施工，雇主基本不参与工作。

（4）合同的简短格式（绿皮书）。推荐用于价值相对较低的建筑或工程。根据工程的类型和具体条件的不同，此格式也适用于价值较高的工程，特别是较简单的、或重复性的、或工期短的工程。在这种合同形式下，一般都是由承包商按照雇主或其代表——工程师提供的设计实施工程，但对于部分或完全由承包商设计的土木、机械、电力和/或建造工程的合同也同样适用。

### 3. FIDIC 合同条件的特点

FIDIC 合同条件经过 30 多年的使用和几次修改，已逐渐形成了一个非常科学的、严密的体系。它具有如下特点：

（1）科学地反映了国际工程中的一些普遍做法，反映了最新的工程管理方法，如有些永久性工程由承包商负责设计，对时间的定义反映国际工程惯例。它的各项规定以及在应用指南中介绍的国际招标投标程序和方法已十分严密和科学。

（2）条款齐全，内容完整，对工程施工中可能遇到的各种情况都作了描述和规定。对一些问题的处理方法都规定得非常具体和详细，如保函的出具和批准、风险的分配、工程计量程序、工程进度款支付程序、完工结算和最终结算程序、索赔程序、争执解决程序等。

（3）它所确定的工作程序更有条理，更加清楚、详细和实用；语言更加现代化，更容易理解。

（4）适用范围广。FIDIC 作为国际工程惯例，具有普遍的适用性。它不仅适用于国际工程，稍加修改后即可适用于国内工程。许多国家以 FIDIC 作为蓝本，作一些修改后经政府颁布作为本国的土木工程施工合同条件，使它更能反映本国的工程特点、习惯和法律。在许多工程中，业主即使不使用标准的合同条件，自己按需要起草合同文本，但在起草过程中通常都以 FIDIC 作为参照本。

（5）强化了监理的作用。合同条件明确规定了工程师的权力和职责，赋予工程师在工程管理方面的充分权力。工程师是独立的、公正的第三方，工程师受雇主聘用，负责合同管理和工程监督。承包商应严格遵守和执行工程师的指令，简化了工程项目管理中一些不必要的环节，为工程项目的顺利实施创造了条件。

（6）公正性、合理性。比较科学地公正地反映合同双方的经济责权利关系。

### 4. FIDIC 施工合同条件简介

该合同条件的第一部分是工程项目普遍适用的通用条件，内容包括：一般规定；雇主；工程师；承包商；指定分包商；职员和劳工；永久设备、材料和工艺；开工、延误和暂停；竣工检验；雇主的接收；缺陷责任；测量和估价；变更和调整；合同价格和支付；雇主提出终止；承包商提出暂停和终止；风险和责任；保险；不可抗力；索赔、争端和仲裁。第二部分专用条件用以说明与具体工程项目有关的特殊规定。FIDIC 编制的标准化合同文本，除了通用条件和专用条件以外，还提供了标准化的投标书（及附录）和协议书的格式文件。

该合同为雇主与承包商之间签订的施工合同，适用于大型复杂工程，通过竞争性招标确定承包商，属于单价合同，工程必须实行以工程师为核心的管理模式。合同应指定一种或几种语言，如果使用一种以上语言编写，则还应指明，以哪种语言为合同的"主导语言"。当不同语言的合同文本的解释出现不一致时，应以"主导语言"的合同文本的解释为准。

合同文件包括的几个文件之间应能互相解释，当它们之间出现矛盾和不一致时，应由工程师对此做出解释或校正。通常，合同文件解释和执行的优先次序为：①合同协议书；②中标函；③投标书；④FIDIC 条件第二部分，即专用条件；⑤FIDIC 条件第一部分，即通用条件；⑥规范；⑦图纸；⑧资料表以及其他构成合同一部分的文件。如果在合同文件中发现任何含混或矛盾之处，工程师应发布任何必要的澄清或指示。

（1）FIDIC 合同条件中的各方。FIDIC 合同条件中涉及的各方包括雇主（业主）、工程师和承包商。

1）雇主（业主）。指在投标函附录中指定为雇主的当事人或此当事人的合法继承人。雇主（业主）作为合同当事人在合同履行过程中享有大量权利并承担相应义务。

①给予承包商进入现场的权利。雇主应在投标函附录中规定的时间（或各时间段）内给予承包商进入和占用现场所有部分的权利。此类进入和占用权可不为承包商独享。

②许可、执照或批准。雇主应根据承包商的请求，为以下事宜向承包商提供合理的协助，以帮助承包商：获得与合同有关的但不易取得的工程所在国的法律的副本；申请法律所要求的许可、执照或批准。

③雇主的人员。雇主有责任保证现场的雇主的人员和雇主的其他承包商：为承包商的各项工作提供合作；按承包商要求采取必要的安全措施及环境保护措施。

④雇主的资金安排。雇主应在接到承包商的请求后 28 天内提供合理的证据，表明他已作出了资金安排，能够按照合同的规定支付合同价款。如果雇主欲对其资金安排做出任何实质性变更，雇主应向承包商发出通知并提供详细资料。

⑤雇主的索赔。如果按照任何合同条件或其他与合同有关的条款，雇主认为他有权获得任何支付和（或）缺陷通知期的延长，则雇主或工程师应向承包商发出通知并说明细节。雇主意识到某事件或情况可能导致索赔时应尽快地发出通知。涉及任何缺陷通知期延期的通知应在相关缺陷通知期到期前发出。

2）工程师。指雇主为合同履行的目的指定作为工程师工作并在投标函附录中指明的人员。工程师与雇主签订咨询服务委托协议，根据施工合同的规定，对工程的质量、进度、费用进行控制和监督，以保证工程项目的建设能满足合同要求。

①工程师的职责和权力。工程师应履行合同中赋予他的职责。工程师应当包括具有恰当资格的工程师以及有能力履行上述职责的其他专业人员。工程师可行使合同中明确规定的或必然隐含的应属于他的权力。如果要求工程师在行使其规定权力之前需获得雇主的批准，则需要在合同专用条件中注明。但是，如果为合同之目的，工程师行使了某种应当经雇主批准但尚未批准的权力时，应当认为他已从雇主处得到批准。除非与承包商达成一致，雇主不能对工程师的权力加以进一步限制。工程师无权修改合同。除非合同条件中另有说明，否则，当工程师履行或行使合同明确规定或必然隐含的权力时，均认为工程师代表雇主工作；工程师无权解除任何一方依照合同具有的任何职责、义务或责任；工程师的任何批准、审查、证书、同意、审核、检查、指示、通知、建议、请求、检验或类似行为（包括未表示不同意），不能解除承包商依照合同应具有的任何责任，包括对其错误、漏项、误差以及未能遵守合同的责任。

②工程师的授权。工程师可以随时将他的职责和权力委托给助理，并可随时撤回此类委托或授权。这些助理包括现场工程师和被任命的对设备、材料进行检查和检验的独立检查人员。这些委托、授权或撤回应以书面形式进行，合同双方接到副本后生效。助理只能在其被授权范围内对承包商发布指示。由助理按照授权作出的任何批准、审查、证书、同意、审核、检查、指示、通知、建议、请求、检验或类似行为，与工程师作出的具有同等的效力。但是，助理未对某一事项提出否定意见并不构成批准，也不影响工程师拒绝该工作、永久设备或材料的权利；如果承包商对助理的任何决定或指示提出质疑，承包商可将此情况提交工程师，工程师应尽快对此类决定或指示加以确认、否定或更改。

③工程师的指示。工程师可以在任何时间按照合同的规定向承包商发出指示和实施工程

和修补缺陷需要的附加的或修改的图纸，承包商必须遵守这些指示。承包商只能从工程师以及按规定授权的助理处接受指示。如果某一指示构成变更，则按变更和调整的规定实施。工程师发布指示应以书面形式进行。如果工程师或授权助理发出的是口头指示，承包商应在发出指示后的 2 个工作日内，向工程师发出书面确认；如果工程师在接到确认后 2 个工作日内未发出书面拒绝或回复指示，则此确认工程师或授权助理的口头指示为书面指令。

④工程师的替换。如果雇主准备替换工程师，则必须在替换日期前 42 天向承包商发出通知说明拟替换的工程师的姓名、地址及相关经历。如果承包商对替换人选向雇主发出了拒绝通知，并附具体的证明资料，则雇主不能撤换工程师。

⑤工程师的决定。当合同条件要求工程师按照合同规定对某一事项作出商定或决定时，工程师应与合同双方协商并尽力达成一致。如果未能达成一致，工程师应按照合同规定，在适当考虑到所有有关情况后作出公正的决定。工程师应将每一项协议或决定向合同的各方发出通知以及具体的证明资料。如果合同当事人一方对决定持有异议，则按合同的争端解决方式处理。

3）承包商。指在雇主（业主）收到的投标函中指明为承包商的当事人及其合法继承人。承包商是合同的当事人，负责工程的施工。

①承包商的一般义务。承包商应按照合同的规定以及工程师的指示，在合同规定的范围内对工程进行设计、施工和竣工，并修补其任何缺陷。承包商应为工程的设计、施工、竣工以及修补缺陷提供所需的临时性或永久性的永久设备、合同中注明的承包商的文件、所有承包商的人员、货物、消耗品以及其他物品或服务。承包商应对所有现场作业和施工方法的完备性、稳定性和安全性负责。在工程师的要求下，承包商应提交为实施工程拟采用的方法以及所作安排的详细说明。在事先未通知工程师的情况下，不得对此类安排和方法进行重大修改。

②承包商提供履约保证。承包商应在收到中标函后 28 天内向雇主提交履约保证，并向工程师提交一份副本，保证的金额和货币种类应与投标函附录中的规定一致。在承包商完成工程和竣工并修补任何缺陷之前，承包商应保证履约保证将持续有效。雇主应在收到履约证书副本后 21 天内将履约保证退还给承包商。

下列情况下雇主可以按照履约保证提出索赔：在原提供的履约保证有效期满前 28 天还未能解除合同义务，承包商应延长履约保证的有效期而未延长的；按照业主索赔或仲裁的决定，承包商应向雇主支付索赔款额在 42 天内仍未支付的；在接到雇主要求修补缺陷的通知后 42 天内未派人修补的；由于承包商的严重违约雇主终止合同的。

③承包商的代表。承包商应任命承包商的代表，并授予他在按照合同代表承包商工作时所必需的一切权力。承包商的代表的任命应征得工程师同意。没有工程师的事先同意，承包商不得撤销对承包商的代表的任命或对其进行更换。承包商的代表应以其全部时间协助承包商履行合同。如果承包商的代表在工程实施过程中暂离现场，则在工程师的事先同意下可以任命一名合适的替代人员。

④关于分包。承包商不得将整个工程分包出去。承包商对分包商的行为或违约负全部责任。承包商除在选择材料供应商或向合同中已注明的分包商进行分包时无需征得同意外，其他拟雇用的分包商须得到工程师的事先同意。如果分包商的义务超过了缺陷通知期限，并且工程师在缺陷通知期期满之前已指示承包商将此分包合同的利益转让给雇主，则承包商应按

指示行事，承包商在转让生效以后对分包商实施的工程对雇主不负责任。

⑤合作。承包商应按照合同的规定或工程师的指示，为雇主的人员、雇主雇用的任何其他承包商、其他合法公共机构的人员从事其工作提供一切必要的条件。如果指示使承包商增加了不可预见费用，则按变更规定处理。

⑥放线。承包商应根据合同中规定的或工程师通知的原始基准点、基准线和参照标高对工程进行放线。承包商应对工程各部分的正确定位负责，并且矫正工程的位置、标高或尺寸或准线中出现的任何差错。雇主应对给定的或通知的参照项目正确性负责，但承包商在使用这些参照项目前应付出合理的努力去证实其准确性。

⑦安全措施。承包商应该：遵守所有适用的安全规章；负责有权在现场的所有人员的安全；努力清理现场和工程不必要的障碍物，以避免对人员造成伤害；在工程竣工和移交前，提供工程的围栏、照明、防护及看守；因工程实施，为公众和邻近地区的土地所有人和占有者提供便利和保护，提供任何需要的临时工程（包括道路、人行道、防护及围栏）。

⑧质量保证。承包商应按照合同的要求建立一套质量保证体系，以保证符合合同要求。工程师有权审查质量保证体系的任何方面。在每一设计和施工阶段开始之前，承包商均应将所有程序的细节和执行文件提交工程师，供其参考。遵守经工程师审查的质量保证体系不应解除承包商依据合同具有的任何职责、义务和责任。

⑨接受的合同价款的完备性。承包商应被认为完全理解并接受合同价款的合理性、准确性和充分性。除非合同中另有规定，接受的合同价款应包括承包商在合同中应承担的全部义务（包括根据暂定金额应承担的义务）以及为恰当地实施和完成工程并修补任何缺陷必需的全部有关事宜。

4）指定分包商。

①指定分包商的含义。指定分包商是由雇主（工程师）指定、选定，完成某项特定工作内容并与承包商签订分包合同的特殊分包商。合同通用条件规定，雇主有权将部分工程项目的施工任务或涉及材料、设备、服务等的工作内容发包给指定承包商实施。合同内规定有指定承包商，大多因雇主在划分合同标段时，考虑到某部分的施工工作内容有较强的专业技术要求，一般承包单位不具备相应的能力，但如果签订一个单独的合同又限于现场的施工条件和合同管理的复杂性，工程师无法进行合理的协调。为避免各独立承包商之间的干扰，将这一部分工作发包给指定分包商实施，由承包商与指定分包商签订分包合同，因此指定承包商和一般承包商在合同管理关系方面处于同等地位，对其施工过程中的监督、协调工作纳入承包商的管理之中。指定分包商工作内容可能包括部分工程施工、设计，工程货物、材料、设备的供应，提供技术服务等。

②对指定分包商的付款。对指定分包商的付款从暂列金额中开支。承包商应向指定分包商支付依据分包合同应支付的款额。承包商在每个月月末报送工程进度款支付报表时，工程师可以要求承包商提供按以前的支付证书已向指定分包商付款的证明。如果承包商无任何合法理由扣押了指定分包商上个月的应得工程款，雇主有权按工程师出具的证明从本月应得款内扣除这笔金额直接付给指定分包商。

（2）有关进度控制的条款：

1）工程的开工。除非合同中另有约定，工程应在承包商接到中标函后的42天内开工，工程师应至少在开工日期前7天向承包商发出通知。承包商在接到通知后28天内应向工程师提交一份详细的进度计划，除非工程师在接到进度计划后 21 天内通知承包商该计划不符合合同规定，否则承包商应按照此进度计划履行义务。

2）工程师对施工进度的监督。当工程师发现实际进度与进度计划或承包商的义务不符时，随时有权要求承包商提交一份改进的施工进度计划，并再次提交工程师认可后执行，新进度计划代替原来的计划。

3）暂停施工。工程师有权根据工程进展的实际情况，随时指示承包商暂停进行部分或全部工程。施工的中断肯定会影响承包商按计划组织的施工过程，但并非所有由工程师发布的工程暂停令都可以作为承包商索赔的合理依据，而要根据指令发布的原因划分合同责任。在下列情况下，工程暂停令不作为索赔依据：①在合同中有规定；②因承包商的违约行为或应由其承担的风险事件影响的必要停工；③由于现场不利气候条件而导致的必要停工；④为了使工程和合理施工以及为了整体工程或部分工程安全所必要的停工。

如果出现非承包人原因引起的工程暂停已持续 84 天以上，承包商可要求工程师同意继续施工。若在接到上述请求后 28 天内工程师未给予许可，则承包商可以通知工程师将暂停影响到的工程视为合同中规定的删减工段，不再承担施工义务。如果此类暂停影响到整个工程，承包商可根据合同规定发出通知，提出终止合同。

暂停期间，承包商应保护、保管以及保障该部分或全部工程免遭任何损蚀、损失或损害。在接到复工指示后，承包商应和工程师一起检查受到暂停影响的工程，并应修复在暂停期间发生在工程、永久设备或材料中的任何损蚀、缺陷或损失。

4）追赶施工进度。如果任何时候工程实际施工进度过于缓慢以致无法按竣工时间完工或者施工进度已经落后于现行进度计划，工程师有权下达赶工指示。承包商应按照规定提交一份修改的进度计划以及加快施工并在竣工时间内完工拟采取的相应措施。承包商如果没有合理理由滞后工程进度，则不但要负责自己采取赶工措施的全部费用和风险，还包括雇主产生的附加费用。

5）竣工验收。承包商完成工程并准备好竣工报告所需要的资料，应提前 21 天将某一确定日期通知工程师，说明在该日期后将准备好进行竣工检验。工程师应指示在该日期后14 天内的某日或数日内进行。如果由于雇主负责的原因妨碍承包商进行竣工检验已达 14 天以上，则应认为雇主已在本应完成竣工检验之日接收了工程。如果承包商无故延误竣工检验，工程师可通知承包商要求他在收到该通知后 21 天内进行此类检验。若承包商未能在 21天的期限内进行竣工检验，雇主的人员可着手进行，其风险和费用均由承包商承担。

如果工程或某区段未能通过竣工检验，承包商应立即对缺陷修复改正，按相同条款或条件，重复进行此类未通过的检验以及对任何相关工作的竣工检验。当工程或某区段未能通过重复竣工检验时，工程师应有权：①指示再进行一次重复竣工检验；②如果由于该工程缺陷致使雇主基本上无法享用该工程或区段所带来的全部利益，可以拒收整个工程或区段（视情况而定），在此情况下，雇主要求承包商的赔偿；③颁发一份接收证书（如果雇主同意），折价接受部分工程，合同价格应按照可以适当弥补由于工程缺陷而给雇主造成的价值减少数额予以扣减。

6）颁发工程接收证书。承包商在工程通过竣工检验达到了合同规定的基本竣工条件后，承包商可在他认为工程准备移交前 14 天内，向工程师发出申请颁发接收证书的通知。如果工程按合同约定分为不同区段，不同区段有不同的竣工日期，则承包商应同样按要求为每一区段申请颁发接收证书。在雇主的决定下，工程师可以为部分永久工程颁发接收证书。

工程师在收到承包商的申请后 28 天内，如果认为已满足竣工条件，应向承包商颁发接收证书；如果认为未满足竣工条件，则驳回申请，提出理由并说明承包商尚需完成的工作。若在 28 天期限内工程师既未颁发接收证书也未驳回承包商的申请，而当工程或区段（视情况而定）基本符合合同要求时，应视为在上述期限内的最后一天已经颁发了接收证书。

在工程师颁发工程的接收证书前，雇主不得使用工程的任何部分（合同规定或双方协议的临时措施除外）。但是，如果在接收证书颁发前雇主确实使用了工程的任何部分，则：①该被使用的部分自被使用之日，应视为已被雇主接收；②承包商应从使用之日起停止对该部分的照管责任，责任应转给雇主；③当承包商要求时，工程师应为该部分颁发接收证书。工程师为该部分工程颁发接收证书后，如果竣工检验尚未完成，承包商应在缺陷通知期期满前尽快进行竣工检验。

7）缺陷通知期。缺陷通知期就是国内施工合同文本所指的工程保修期，自工程接收证书中写明的竣工日期开始，至工程师颁发履约证书为止的日历天数。设置缺陷通知期的目的是检验已竣工的工程在运行条件下施工质量是否达到合同规定的要求。在缺陷通知期内，承包商的义务主要表现在两个方面：一是按工程师颁发接收证书时的要求完成承包范围内的全部工作；二是对工程运行过程中发现的任何缺陷，按工程师的要求进行修复工作，以便缺陷通知期期满时将符合合同要求的工程进行最终移交。如果在一定程度上工程在接收后由于缺陷或损害而不能按照预定的目的进行使用，则雇主有权要求延长工程或区段的缺陷通知期。但缺陷通知期的延长不得超过 2 年。

缺陷通知期内工程圆满地通过运行考验，工程师应在最后一个缺陷通知期期满后 28 天内颁发履约证书，或在承包商已提供了全部承包商的文件并完成和检验了所有工程，包括修补了所有缺陷的日期之后尽快颁发，并向雇主提交一份履约证书的副本。只有在工程师向承包商颁发了履约证书，说明承包商已依据合同履行其义务的日期之后，承包商的义务的履行才被认为已完成。但是此时合同尚未终止，剩余的双方合同义务只限于财务和管理方面的内容。雇主应在收到履约证书副本后 21 天内将履约保证退还给承包商。

（3）合同价款与支付：

1）工程预付款。预付款是雇主为帮助承包商解决施工前期工作时的资金短缺，从未来的工程款中提前支付的一笔款项。预付款总额、分期预付的次数与时间（一次以上时），以及适用的货币与比例一般在投标函附录中列明。承包商需要首先向雇主提交银行出具的预付款保函并通知工程师，雇主应向承包商支付合同约定的预付款。首次分期预付款额，应在中标函颁发之日起 42 天内支付，或在雇主收到预付款保函之日起 21 天内支付，二者中取较晚者。

在预付款完全还清之前，承包商应保证银行预付款保函一直有效，但保函金额可随承包商偿还预付款的数额逐步降低。如果该银行保函的条款中规定了截止日期，并且在此截止日期前 28 天预付款还未完全偿还，则承包商应该相应的延长银行保函的期限，直到预付款完全偿还。

预付款应在工程进度款中按百分比扣减的方式偿还。自承包商获得工程进度款累计总额（不包括预付款及保留金的扣减与偿还）达到合同总价（减去暂定金额）的 10% 的那个月开始，按照预付款的货币的种类及其比例，分期从工程进度款（不包括预付款及保留金的扣减与偿还）中扣除 25%，直至还清全部预付款。

2）工程进度款的支付程序：

①承包商提供报表。承包商应按工程师批准的格式在每个月末之后向工程师提交一式六份报表，提交各证明文件，提交当月进度情况的详细报告。内容包括本月已完成合格工程的应付款要求和对应付款的确认。

②工程师计量。工程量清单或其他报表中列出的任何工程量仅为估算的工程量，不得将其视为承包商实施的工程的实际或正确的工程量，不能作为支付依据。每次支付工程进度款之前，均需通过测量来核实实际完成的工程量。当工程师要求对工程的任何部分进行测量时，应通知承包商的代表，承包商的代表应派人参加并提供相关资料。如果承包商未派人参加，则视为工程师进行的测量结果已被接受。承包人应参加计量结果审查并在记录文件上签字认可。如果承包商不同意计量结果，承包商应书面通知工程师并说明记录中被认为不准确的各个方面。在接到通知后，工程师应进行复查，予以确认或予以修改。如果承包商在被要求对记录进行审查后 14 天内未向工程师发出通知，则视为已经接受。

③费率和价格。对每一项工作，其费率或价格为合同中此项工作规定的费率或价格；如果合同中没有该项，则采用类似工作的费率或价格。只有在下列情况下才可以调整工作的费率或价格：此项工作实际测量的工程量比工程量表或其他报表中规定的工程量的变动大于10%；工程量的变更与对该项工作规定的具体费率的乘积超过了合同总价的 0.01%；由此工程量的变更直接造成该项工作每单位工程量费用的变动超过 1%；该项工作不是合同中规定的"固定费率项目"。

④工程师签证。工程师在收到承包商的报表和证明文件后 28 天内，应向雇主签发工程进度款支付证书，列出他认为应支付承包商的金额，并提交详细证明资料。工程师可以不签发证书或扣减承包商报表中部分金额的情况包括：合同内约定有工程师签证的最小金额时，本月应签发的净金额小于签证的最小金额，工程师不出具月进度款的支付证书，本月工程款结转下月，超过签证最小金额后一起支付；承包商所提供的物品或已完成的工作不符合合同要求，则可扣发修正或重置的费用，直至修正或重置工作完成后再支付；承包商未能按照合同规定进行工作或履行义务，并且工程师已经通知承包商，则可扣留该工作或义务的价值，直至该工作或义务被履行为止。

工程进度款支付证书属于临时支付文件，工程师可在任何支付证书中对任何以前的证书给予恰当的改正或修正。承包商也有权提出更改和修正，经工程师复核同意后，将增加或扣除的金额纳入本次签证中。

⑤雇主的支付。雇主应在接到工程师签发的工程进度款支付证书后，及时向承包商支付工程进度款。时间不超过工程师收到报表及证明文件后的 56 天。如果雇主延误支付，承包商有权就应付工程款数额按投标书附录规定的利率加收延误期的利息。在规定的支付时间期满后 42 天内，承包商仍没有收到应付工程款，承包商有权终止合同。

3）竣工结算。在收到工程的接收证书后 84 天内，承包商应向工程师提交按其批准的格式编制的竣工报表一式六份，并附相应证明文件。工程师接到报表后，应对照竣工图进行工程量核算，对其他支付要求进行审查，根据检查结果签发竣工结算支付证书。该项工作同样应在工程师收到承包商的报表和证明文件后 28 天内完成。雇主根据工程师签发的支付证书予以支付。

4）保留金。保留金是按合同约定从承包商应得工程款中相应扣减得一笔金额保留在雇主手中，作为约束承包商行为的措施之一。当承包商由于一般违约行为使雇主受到损失时，可从保留金中直接扣除损害赔偿费。

①保留金的约定和扣除。在投标函附录中，应标明每次扣留保留金的百分比和保留金限额。一般来说，每次月进度款支付时扣留的百分比不超过当月进度款的 5%～10%，累计扣留的最高限额不超过合同总价的 2.5%～5%。从首次支付工程进度款开始，保留金按投标函附录中标明的保留金百分率乘以该月承包商完成的合格工程应得款加上由于立法和费用变化应增加和减扣的款额后的总额计算得出，逐月减扣保留金额达到投标函附录中规定的保留金限额为止。

②保留金的返还。保留金分两次返还：当工程师已经颁发了整个工程的接收证书时，工程师应开具证书将保留金的前一半支付给承包商。在缺陷通知期期满时，工程师应立即开具证书将保留金尚未支付的部分支付给承包商。如果颁发的接收证书只是限于一个区段或工程的一部分，则按相应百分比予以支付。

5）暂列金额。暂列金额实际上是雇主方的一笔备用金，虽计入合同价格内，但其使用却由工程师控制。在施工过程中，工程师有权根据工程进度的实际需要，用于施工或提供物资、设备以及技术服务等方面的开支，也可以用于其他意外用途。他有权全部使用、部分使用，也可以完全不用。工程师可以发布指示，要求承包商完成暂列金额项内的工作，也可以要求指定分包商或其他人完成。只有当承包商按工程师指示完成暂列金额项内的工作时才能得到支付。

6）最终结算。在颁发履约证书56天内，承包商应向工程师提交按其批准的格式编制的最终报表草案一式六份，并附证明文件，详细说明根据合同所完成的所有工作价值以及承包商认为根据合同或其他规定应进一步支付给他的任何款项。

工程师审核后与承包商协商，对最终报表草案进行适当的补充和修改，形成最终报表。承包商在提交最终报表时，应提交一份书面结清单，确认最终报表的支付总额为合同最终结算额。在收到最终报表及书面结清单后28天内，工程师应向雇主发出一份最终支付证书，雇主收到该支付证书之日起56天内向承包商支付。

（4）争端的解决。在工程承包中，经常发生各种争端。争端的解决有各种方式，如协商、调解、仲裁、诉讼等。在 FIDIC 施工合同条件下，争端裁决委员会（DAB）的裁决成为解决争端的重要方式。

1）争端裁决委员会的裁决：

①争端裁决委员会的组成。合同双方应在投标函附录规定的日期内，共同任命一争端裁决委员会。如果合同双方对 DAB 的组成没有其他的协议，DAB 应由三人组成。合同每一方应提名一位成员，由对方批准。第三位成员由合同双方与这两名成员协商确定，并作为主席。如果合同中包含了 DAB 意向性成员的名单，则成员应从该名单中选择。DAB 成员的报酬应由合同双方在协商上述任命条件时共同商定。每一方应负责支付此类酬金的一半。

②争端裁决委员会的裁决。如果在合同双方之间产生因为合同或实施过程或与之相关的任何争端，包括对工程师的任何证书的签发、决定、指示、意见或估价的任何争端，任一方都可以将此类争端以书面形式提交争端裁决委员会裁定，并将副本送交另一方和工程师。合同双方应为争端裁决委员会进行裁决提供所需附加资料和其他条件。争端裁决委员会收到上

述争端事宜的提交后 84 天内，或在争端裁决委员会建议并由双方批准的时间内作出合理裁决。该决定对双方都有约束力，合同双方应立即执行争端裁决委员会作出的每项决定。如果合同双方中任一方对争端裁决委员会的裁决不满意，则他可在收到该决定的通知后 28 天内将其不满通知对方，并说明理由，表明准备提请仲裁。如果争端裁决委员会未能在 84 天（或其他批准的时间）内作出裁决，那么合同双方中的任一方均有权在上述期限期满后 28 天之内向对方发出不满通知，并要求仲裁。任何一方若未发出表示不满的通知，均无权就该争端要求开始仲裁。任一方在收到争端裁决委员会的决定的 28 天内未将其不满事宜通知对方，则该决定应被视为最终决定并对合同双方均具有约束力。

2）争端的友好解决。合同任何一方向对方发出表示不满的通知后，合同双方在仲裁开始前应尽力以友好的方式解决争端。除非合同双方另有协议，否则，无论双方有无作过友好解决的努力，仲裁将在表示不满的通知发出 56 天后开始进行。

3）争端的仲裁。除非通过友好解决，否则如果争端裁决委员会有关争端的决定未能成为最终决定并具有约束力，此类争端就应由国际仲裁机构进行最终裁决。

## 4.9.2 国际其他通用工程合同

### 1. JCT 合同

英国皇家建筑师学会（RIBA）1902 年编制出版的《建筑合同标准格式》（香港译为"建筑标准合约"）是世界上第一部房屋工程标准合同，在英联邦地区有很大影响。该合同后来以 1931 年成立的联合合同审理委员会（JCT）名义发行，因此一般称为"JCT 合同"。JCT 由 8 个机构组成，包括皇家建筑师学会、皇家特许测量师学会、咨询工程师协会、物业主联盟、专业承包商协会等。

JCT 合同实行建筑师和测量师的"双监理"，例如，建筑师审批工期索赔，测量师审批经济索赔。JCT 合同有带工程量清单、不带工程量清单、带近似工程量清单、承包商设计、总包、分包、管理承包等版本，最新版本为 2005 年的 JCT05。

### 2. ICE 合同、NEC 合同和 ECC 合同

ICE 合同是由英国土木工程师学会和土木工程承包商联合会颁布的。它主要在英国和其他英联邦国家的土木工程中使用。该文本历史悠久，特别适用于大型的复杂的工程。ICE 合同只设工程师而不设测量师，参与编制的有英国土木工程承包商协会（CECA）和英国咨询工程师协会（ACE）。

ICE 还编制了《新工程合同》（NEC）。NEC 主张从对立转向合作以实现合同目标，不设工程师但增加了争端裁定制度，引入了里程碑付款方式，开创了以简洁语言撰写标准工程合同的先例。这些做法在国际上有很大影响。1991 年 NEC 发行试用版，1993 年发行 NEC1，1995 年发行 NEC2，2005 年发行的 NEC3 合同家族达 23 种。NEC 是组装式合同，有 6 个主选项 A ~ F，次选项有 20 多个，例如 X12——合作伙伴关系，X20——关键履约指标（各方合作缩短工期 10%、节约水电 20%、减少工伤 50% 等）。

ECC 工程合同，由英国土木工程师学会颁布。它是一个形式、内容和结构都很新颖的工程合同。它由核心条款、主要选项条款和次要选项条款、成本组成表及组成简表等组成，可适用于固定总价合同、单价合同、成本加酬金合同，目标合同和管理合同。

### 3. 美国 AIA 系列合同条件

AIA 是美国建筑师学会（The American Institute of Architects）的简称。该学会作为建筑师的专业社团已经有近 140 年的历史，成员总数达 56000 名，遍布美国及全世界。AIA 出版的系列合同文件在美国建筑业界及国际工程承包界，特别在美洲地区具有较高的权威性，应用广泛。

AIA 系列合同文件分为 A、B、C、D、G 等系列，其中 A 系列是用于业主与承包商的标准合同文件，不仅包括合同条件，还包括承包商资格申报表和保证标准格式；B 系列主要用于业主与建筑师之间的标准合同文件，其中包括专门用于建筑设计、室内装修工程等特定情况的标准合同文件；C 系列主要用于建筑师与专业咨询机构之间的标准合同文件；D 系列是建筑师行业内部使用的文件；G 系列是建筑师企业及项目管理中使用的文件。

AIA 合同文件主要用于私营的房屋建筑工程，并专门编制用于小型项目的合同条件。其计价方式主要有固定总价、成本补偿及最高限定价格法。AIA 系列合同文件的核心是"通用条件"（A201）。采用不同的工程项目管理模式及不同的计价方式时，只需选用不同的"协议书格式"与"通用条件"即可。如 AIA 文件 A101 与 A201 一同使用，构成完整的法律性文件，适用于大部分以固定总价方式支付的工程项目。再如 AIA 文件 A111 和 A201 一同使用，构成完整的法律性文件，适用于大部分以成本补偿方式支付的工程项目。

AIA 文件 A201 作为施工合同的实质内容，规定了业主、承包商之间的权利、义务及建筑师的职责和权限，该文件通常与其他 AIA 文件共同使用，因此被称为"基本文件"。1987 年版的 AIA 文件 A201《施工合同通用条件》共计 14 条 68 款，分别是一般条款、发包人、承包人、合同的管理、分包商、发包人或独立承包人负责的施工、工程变更、期限、付款与完工、人员与财产的保护、保险与保函、剥露工程及其返修、混合条款、合同终止或停止。

## 本课程职业活动训练

### 工作任务五　签订建筑工程施工承包合同

1. 活动目的

熟悉建设工程施工合同的签订过程；掌握合同协议书的基本内容和格式；熟悉建设工程施工合同标准文本的组成，明确通用条款的内容，学习专用条款的填写内容和方法。

2. 实训环境要求

（1）本实训需要专业教室或多媒体教室一间。

（2）本实训活动与实训活动一、三两个实训活动结合起来，依次进行。

（3）根据招投标模拟过程中标单位资料、招标文件、投标书相关资料进行。

（4）有条件可结合工程实例，参加合同谈判。

3. 实训内容

（1）仔细分析建设工程施工合同标准文本内容。

（2）分析工程资料即合同环境，分成若干小组进行讨论。

（3）填写建设工程施工合同，重点是专业条款拟定，参考本教材附录格式。

# 本单元小结

本单元论述了合同与合同法的基本概念，建设工程合同的概念、特点以及建设工程合同体系；重点介绍了建设工程施工合同、专业分包合同、劳务分包合同、FIDIC 施工合同的标准文本或合同条件；明确了建设工程施工合同管理的基本工作和要求；并对建设工程中常见的其他合同作了简单介绍。

## 案例分析

### 案例分析一

某施工单位根据领取的某 200m² 两层厂房工程项目招标文件和全套施工图纸，采用低报价策略编制了投标文件，并获得中标。该施工单位（乙方）于某年某月某日与建设单位（甲方）签订了该工程项目的固定价格施工合同。合同工期为 8 个月。甲方在乙方进入施工现场后，因资金紧缺，无法如期支付工程款，口头要求乙方暂停施工一个月。乙方亦口头答应。工程按合同规定期限验收时，甲方发现工程质量有问题，要求返工。两个月后，返工完毕。结算时甲方认为乙方迟延交付工程，应按合同约定偿付逾期违约金。乙方认为临时停工是甲方要求的。乙方为抢工期，加快施工进度才出现了质量问题，因此迟延交付的责任不在乙方。甲方则认为临时停工和不顺延工期是当时乙方答应的。乙方应履行承诺，承担违约责任。

问题：

1. 该工程采用固定价格合同是否合适？

2. 该施工合同的变更形式是否妥当？此合同争议依据合同法律规范应如何处理？

案例分析要点：

问题 1：因为固定价格合同适用于工程量不大且能够较准确计算、工期较短、技术不太复杂、风险不大的项目。该工程基本符合这些条件，故采用固定价格合同是合适的。

问题 2：根据《中华人民共和国合同法》的有关规定，建设工程合同应当采取书面形式，合同变更亦应当采取书面形式。若在应急情况下，可采取口头形式，但事后应予以书面形式确认。否则，在合同双方对合同变更内容有争议时，往往因口头形式协议很难举证，而不得不以书面协议约定的内容为准。本案例中甲方要求临时停工，乙方亦答应，是甲、乙双方的口头协议，且事后并未以书面的形式确认，所以该合同变更形式不妥。在竣工结算时双方发生了争议，对此只能以原书面合同规定为准。

在施工期间，甲方因资金紧缺要求乙方停工一个月，此时乙方应享有索赔权。乙方虽然未按规定程序及时提出索赔，丧失了索赔权，但是根据《民法通则》之规定，在民事权利的诉讼时效期内，仍享有通过诉讼要求甲方承担违约责任的权利。甲方未能及时支付工程款，应对停工承担责任，故应当赔偿乙方停工一个月的实际经济损失，工期顺延一个月。工程因质量问题返工，造成逾期交付，责任在乙方，故乙方应当支付逾期交工一个月的违约金，因质量问题引起的返工费用由乙方承担。

## 案例分析二

某房地产开发工程，业主通过公开招标最终选择了一家总承包单位承包该工程的施工任务。双方通过谈判，最终参照《标准施工招标文件》中的合同条款及格式要求订立了施工总承包合同。合同的部分条款摘要如下：

一、合同中的部分条款

（一）工程概况

工程名称：某商住两用楼；

工程地点：某市；

工程内容：建筑面积为 8000m² 的框架结构商住两用楼。

（二）工程承包范围

承包范围：某建筑设计院设计的施工图所包括的土建、装饰、水暖电工程。

（三）合同工期

开工日期：2010 年 2 月 21 日

竣工日期：2011 年 8 月 31 日

合同工期总日历天数：444d（扣除法定节假日 13d）。

（四）质量标准

工程质量标准：达到甲方规定的质量标准。

（五）合同价款

合同总价为：壹仟叁佰陆拾万肆仟元人民币（￥1360.4 万元）。

……

（八）乙方承诺的质量保修

在该项目设计规定的使用年限（50 年）内，乙方承担全部保修责任。

（九）甲方承诺的合同价款支付期限与方式

1. 工程预付款：于开工前 7 日支付合同总价的 10% 作为预付备料款。预付款不予扣回，直接抵作工程款。

2. 工程进度款：基础工程完工后，支付合同总价的 15%；主体结构 5 层完成后，支付合同总价的 20%；主体结构全部封顶后，支付合同总价的 20%；工程基本竣工时，支付合同总价的 30%。为确保工程如期竣工，乙方不得因甲方资金的暂时不到位而停工和拖延工期。

二、补充协议条款

1. 乙方按总监理工程师批准的施工组织设计（或施工方案）组织施工，乙方不应承担因此引起的工期延误和费用增加的责任。

2. 甲方向乙方提供施工场地的工程地质和地下主要管网线路资料，供乙方参考使用。

3. 乙方不得将工程转包，但允许分包，也允许分包单位将分包的工程再分包给其他专业承包商。

问题：1. 本合同条款中有哪些方面不符合要求？

2. 假如在工程投标文件中，按工期定额计算出来的工程工期为 420d，那么该工程的合同工期应为多少天？

案例分析要点：

问题1：本合同条款中不符合要求之处包括以下几点：

（1）合同工期总日历天数不应扣除法定节假日，应将法定节假日时间加到总日历天数中。

（2）不应以甲方规定的质量标准作为该工程的质量标准，应该以《建筑工程施工质量验收统一标准》中规定的质量标准作为该工程质量标准。

（3）质量保修条款不妥，应按《建设工程质量管理条例》的有关规定进行修改。

（4）工程价款支付条款中的"基本竣工时间"不明确，应修订为明确具体的时间；"乙方不得因甲方资金的暂时不到位而停工和拖延工期"条款显失公平，应说明甲方资金的暂时不到位在什么期限内乙方不得停工和拖延工期，并且应规定逾期支付的利息如何计算。

（5）补充条款第2条中，"供乙方参考使用"提法不当，应改为"保证资料（数据）真实、准确，作为乙方现场施工的依据"。

（6）补充条款第3条不妥，不允许专业分包商再次分包（劳务分包除外）。

问题2：根据组成合同文件的解释顺序，合同协议书条款与投标文件在内容上有矛盾，应以协议书条款为准，应认定合同工期目标为557d（加上法定节假日的天数）。

## 复习思考与训练题

1. 什么是合同？合同法律关系包括哪些内容？

2. 合同一般包括哪些条款？

3. 合同订立一般需经过哪几个程序？什么是要约、承诺、要约邀请？

4. 什么是无效合同？哪些合同属于可撤销合同？

5. 合同履行的原则有哪些？合同履行中的抗辩权包括哪些内容？

6. 合同变更的条件有哪些？试述合同解除和终止的条件。

7. 承担违约责任的形式有哪几种？合同争议如何解决？

8. 建设工程合同如何分类？承包商和业主各涉及哪些主要合同关系？

9. 简述建设工程施工合同示范文本的组成。

10. 简述建设工程施工合同文件组成及其解释顺序。

11. 简述施工合同中承包人和发包人的主要工作。

12. 施工合同中的监理人的主要职责有哪些？

13. 隐蔽工程如何组织验收？工程竣工验收如何进行？

14. 建筑工程保修有哪些具体规定？

15. 按价款计算方式，施工合同如何划分类型？

16. 可调价格合同中所规定的价格调整范围如何？

17. 工程进度款支付程序如何？如何对工程进行计量？

18. 有关工程预付款的规定有哪些？

19. 工程变更程序如何？

20. 工程如何进行竣工结算？

21. 什么情况下工程可以暂停施工？暂停施工后的复工有哪些要求？

22. 工程可以顺延的情况有哪些？

23. 什么是不可抗力？不可抗力产生的损失如何承担？

24. 什么情况下施工合同可以解除？解除程序如何？

25. 施工合同履行过程中发包人、承包人违约各需承担什么责任？

26. 建设工程施工分包的内容包括哪些？分包过程中哪些行为属于违法？

27. 劳务分包合同中，工程承包人和劳务分包人的工作各有哪些？

28. 建设工程施工合同中涉及的担保有哪几种？各采用何种形式？

29. 施工合同管理包含哪些内容？

30. 合同审查的内容有哪些？合同谈判要做好哪些工作？

31. 合同实施控制主要要做好哪几方面的工作？

32. 合同档案资料管理内容有哪些？

33. 建设工程勘察设计合同包含哪些主要内容？

34. 建设工程监理合同的条款有哪些？

35. 简述建设工程物资采购合同、承揽合同、租赁合同的内容。

36. 常见的国际工程承包合同有哪几种类型？

37. 简述 FIDIC 施工合同条件主要内容。

# 学习单元五　建设工程施工索赔管理

**本单元概述**

工程索赔与索赔管理；施工索赔程序；索赔计算和索赔报告编写；索赔处理。

**学 习 目 标**

掌握工程索赔概念及分类；掌握施工索赔程序；熟悉费用、工期索赔的计算方法；具有初步编写索赔报告和正确处理索赔的能力。

## 5.1　建设工程施工索赔概述

### 5.1.1　施工索赔的含义及其分类

#### 1. 施工索赔含义

施工索赔，是指施工合同当事人在合同实施过程中，根据法律、合同规定及惯例，对并非由于自己的过错，而是由于应由合同对方承担责任的情况造成的实际损失向对方提出给予补偿的要求。对施工合同双方来说，施工索赔是维护双方合法权益的权利，承包人可以向发包人提出索赔，发包人也可以向承包人提出索赔。索赔要求可以是费用补偿或时间延长。

土木工程项目由于工期长、规模大、技术含量高且复杂，加上地质水文条件的不确定性和随机性，气候条件影响及市场经济波动影响等，再加上任何工程设计都会有考虑不周以及与实际不符之处，都可能导致追加额外工作项目及工期变化，使承包商实际成本超支，遭受到经济损失。

索赔有较广泛的含义，它是索要、索付的意思，可以概括为如下 3 个方面：

（1）一方违约使另一方蒙受损失，受损方向对方提出赔偿损失的要求。

（2）发生应由业主承担责任的特殊风险或遇到不利自然条件等情况，使承包商蒙受较大损失而向业主提出补偿损失要求。

（3）承包商本人应当获得的正当利益，由于没能及时得到监理工程师的确认和业主应给予的支付，而以正式函件向业主索赔。

索赔是一种正当的权利要求，同守约并不矛盾。恪守合同是业主和承包商的共同义务，只有坚持守约才能保证合同的正常执行。承包商提出索赔要求有它的必然性。因为在每项工程承包过程中采取哪种形式的合同是业主决定，每个合同的具体条文是站在业主立场上编写的，承包商即使在决标前的谈判中也只能是在个别条款上使业主作出某种让步。再加上承包商在激烈的投标竞争中以较低价格得标，实施过程中稍遇条件的变化即要处于亏损的威胁之下，他必然寻找一切可能的索赔机会来减少自己的风险。因此，也可以说索赔是承包商和业主之间承担风险比例的合理再分配。

**2. 施工索赔的分类**

工程索赔依据不同的标准可以进行不同的分类。

（1）按索赔的合同依据分类。按索赔的合同依据可以将工程索赔分为合同中明示的索赔和合同中默示的索赔。

1）合同内索赔。合同内索赔即合同中明示的索赔。指承包人所提出的索赔要求，在该工程项目的合同文件中有文字依据，承包人可以据此提出索赔要求，并取得经济补偿。这些在合同文件中有文字规定的合同条款，称为明示条款。

2）合同外索赔。合同外索赔即合同中默示的索赔。指承包人的该项索赔要求，虽然在工程项目的合同条款中没有专门的文字叙述，但可以根据该合同的某些条款的含义，推论出承包人有索赔权。这种索赔要求，同样有法律效力，有权得到相应的经济补偿。这种有经济补偿含义的条款，在合同管理工作中被称为"默示条款"或称为"隐含条款"。默示条款是一个广泛的合同概念，它包含合同明示条款中没有写入、但符合双方签订合同时设想的愿望和当时环境条件的一切条款。这些默示条款，或者从明示条款所表述的设想、愿望中引申出来，或者从合同双方在法律上的合同关系引申出来，经合同双方协商一致，或被法律和法规所指明，都成为合同文件的有效条款，要求合同双方遵照执行。

3）道义索赔。这种索赔无合同和法律依据，因而没有提出索赔的条件和理由，但承包商认为自己在施工中确实遭到很大损失，因此向业主寻求优惠性质的额外付款。道义索赔的主动权在业主手中。业主一般在下列情形下会同意和接受道义索赔：①业主如更换其他承包人，支付费用会更大；②业主为树立自己的形象；③出于对承包人的同情和信任；④业主谋求和承包人更理解和更长久的合作。

（2）按索赔目的分类。按索赔目的可以将工程索赔分为工期索赔和费用索赔。

1）工期索赔。由于非承包人责任的原因而导致施工进程延误，要求批准顺延合同工期的索赔，称为工期索赔。工期索赔形式上是对权利的要求，以避免在原定合同竣工日不能完工时，被发包人追究拖期违约责任。一旦获得批准合同工期顺延后，承包人不仅免除了承担拖期违约赔偿费的严重风险，而且可能提前工期得到奖励，最终仍反映在经济收益上。

2）费用索赔。费用索赔的目的是要求经济补偿。当施工的客观条件改变导致承包人增加开支，要求对超出计划成本的附加开支给予补偿，以挽回不应由他承担的经济损失。

（3）按索赔事件的性质分类。按索赔事件的性质可以将工程索赔分为工程延误索赔、工程变更索赔、合同被迫终止索赔、工程加速索赔、意外风险和不可预见因素索赔和其他索赔。

1）工程延误索赔。因发包人未按合同要求提供施工条件，如未及时交付设计图纸、施工现场、道路等，或因发包人指令工程暂停或不可抗力事件等原因造成工期拖延的，承包人对此提出索赔。这是工程中常见的一类索赔。

2）工程变更索赔。由于发包人或监理工程师指令增加或减少工程量或增加附加工程、修改设计、变更工程顺序等，造成工期延长和费用增加，承包人对此提出索赔。

3）合同被迫终止索赔。由于发包人或承包人违约以及不可抗力事件等原因造成合同非正常终止，无责任的受害方因其蒙受经济损失而向对方提出索赔。

4）工程加速索赔。由于发包人或工程师指令承包人加快施工速度，缩短工期，引起承包人人力、财力、物力的额外开支而提出的索赔。

5）意外风险和不可预见因素索赔。在工程实施过程中，因人力不可抗拒的自然灾害、特殊风险以及一个有经验的承包人通常不能合理预见的不利施工条件或外界障碍，如地下水、地质断层、溶洞、地下障碍物等引起的索赔。

6）其他索赔。如因货币贬值、汇率变化、物价、工资上涨、政策法令变化等原因引起的索赔。

（4）按索赔的处理方式分类。按索赔的处理方式，工程索赔可分为以下两类。

1）单项索赔。指在工程实施过程中，出现了干扰合同的索赔事件，承包商为此单一事件提出的索赔。如工程师发出变更指令，造成承包商成本增加，工期延长，承包商为该事件提出索赔要求，就可能是单项索赔。单项索赔往往涉及的合同事件比较简单，责任分析和索赔值计算不太复杂，金额也不会太大，双方容易达成协议，获得成功。但要注意的是，单项索赔往往规定必须在索赔有效期内完成，比如我国的《建设工程施工合同（示范文本）》中规定，索赔事件发生 28 天内，要向工程师发出索赔意向通知。超过规定的索赔有效期，则该索赔无效。

2）综合索赔。也称为一揽子索赔，即对整个工程中发生的多起索赔事项，综合在一起进行索赔。一般是在工程竣工或工程移交前，承包人将工程实施过程中因各种原因未能及时解决的单项索赔集中起来进行综合考虑，向业主提出一份综合索赔报告，以求以一揽子方案解决索赔问题。

在处理一揽子索赔时，因许多干扰事件交织在一起，影响因素比较复杂，证据搜集困难，无法正确进行责任分析和索赔值的计算，使得索赔处理和谈判非常艰难，加上一揽子索赔金额一般较大，往往需要承包商做出较大的让步才能解决。

因此，承包商在进行施工索赔时，一定要把握有利时机，力争单项索赔。对于实在不能单项解决，需要一揽子索赔的，也应当在工程建成移交之前完成主要的谈判和付款，这是比较理想的解决索赔的方案。否则拖到工程移交后，失去了合同约束，承包商将在索赔中处于非常不利的地位。

## 5.1.2　索赔成立的条件

### 1. 构成施工项目索赔条件的事件

索赔事件，又称为干扰事件，是指那些使实际情况与合同规定不符合，最终引起工期和费用变化的各类事件。在工程实施过程中，要不断地跟踪、监督索赔事件，就可以不断地发现索赔机会。通常，承包商可以提起索赔的事件有：

（1）发包人违反合同给承包人造成时间、费用的损失。

（2）因工程变更（含设计变更、发包人提出的工程变更、监理工程师提出的工程变更，以及承包人提出并经监理工程师批准的变更）造成的时间、费用损失。

（3）由于监理工程师对合同文件的歧义解释、技术资料不确切，或由于不可抗力导致施工条件的改变，造成了时间、费用的增加。

（4）发包人提出提前完成项目或缩短工期而造成承包人的费用增加。

（5）发包人延误支付期造成承包人的损失。

（6）对合同规定以外的项目进行检验，且检验合格，或非承包人的原因导致项目缺陷的修复所发生的损失或费用。

（7）非承包人的原因导致工程暂时停工。

（8）物价上涨，法规变化及其他。

**2. 索赔成立的前提条件**

索赔的成立，应该同时具备以下三个前提条件：

（1）与合同对照，事件已造成了承包人工程项目成本的额外支出，或直接工期损失。

（2）造成费用增加或工期损失的原因，按合同约定不属于承包人的行为责任或风险责任。

（3）承包人按合同规定的程序和时间提交索赔意向通知和索赔报告。

以上三个条件必须同时具备，缺一不可。

**3. 索赔的依据**

总体而言，索赔的依据主要是三个方面：①合同文件；②法律、法规；③工程建设惯例。

### 5.1.3 索赔管理的特点及索赔管理的原则

索赔管理是指通过一系列计划、组织、协调与控制活动，采取预防、谈判等手段，利用合同条款对已发生的损失按合同条款向对方追索，预防索赔事件的发生及向对方提出索赔的反驳等一系列管理活动的总称。预防索赔，是指为防止对方提出索赔，采取一系列预防措施来预防索赔事件的发生，如严格履行合同中规定的责任和义务，防止自己违约，从而可以避免由于违约而引起对方的索赔，防止和减少索赔损失的发生。反驳索赔，是指通过索赔管理，来反驳对方提出的索赔要求，从而减少或消除对方的索赔。在工程项目的施工过程中，业主和承包人之间不可避免地会发生相互索赔的事件，承包人向业主提出索赔或业主向承包人提出索赔都是属于正常现象。因此，除了抓住索赔机会向对方索赔以维护自己的权益外，如何减少对方索赔的机会或降低对方的索赔要求也是业主或承包人必须重视的索赔管理问题。

**1. 索赔管理的特点**

（1）索赔工作贯穿于工程项目始终。

（2）索赔是一门融工程技术和法律与一体的综合学问和艺术。

（3）影响索赔成功的相关因素多。

**2. 索赔管理的原则**

（1）客观性原则。

（2）合法性原则。

（3）合理性原则。

**3. 索赔管理工作的要点**

做好索赔管理工作应做好以下几点：

1）正确理解索赔的性质，把握索赔的尺度。《中华人民共和国民法通则》第一百一十一条规定，当事人一方不履行合同义务或履行合同义务不符合约定条件的，另一方有权要求履行或者采取补救措施，并有权要求赔偿损失。这就是索赔的法律依据。索赔的性质属于经济补偿行为，而不是惩罚。索赔的损失结果与被索赔人的行为并不一定存在法律上的因果关系。索赔工作应采取承、发包双方合作的方式，而不是对立的方式。索赔工作的健康开展对于培养和发展建设市场，促进建筑业的发展，提高建设效益，起着非常重要的作用。

2）索赔必须以合同为依据。合同是规定承、发包双方享有权利，承担义务的依据。因此遇到索赔事件时，必须对合同条件、协议条款等详细了解，以合同为依据来处理双方的利益纠纷。

3）必须注意资料的积累，及时收集索赔证据。积累一切可能涉及索赔论证的资料，各种有关的会议应当做好文字记录，并争取会议参加者签字，作为正式文档资料。同时应当建立严密的工程日志，对工程师指令的执行情况、抽查试验记录、工序验收记录、计量记录、日进度记录及每天发生的可能影响到合同协议事件的具体情况都要做详细记录，还应建立业务往来的文件编号档案等业务记录制度，做到处理索赔时以事实和数据为依据。

4）遵守程序和时限，及时合理地处理索赔。索赔发生后，必须依据合同的准则及时地对索赔进行处理。我国《建设工程施工合同（示范文本）》有关规定中对索赔的程序和时间要求有明确而严格的限定，不按该程序和时限规定的索赔自动失去法律效力。

5）处理索赔还必须注意索赔计算的合理性。

做好索赔工作需具备三方面的知识。一是熟悉有关法律法规，如《建筑法》、《合同法》及省、市有关文件、政策等，掌握合同管理方面的知识；二是熟练掌握并灵活运用国家有关计价政策，及时收集、掌握省、市有关工程造价方面的政策及文件；三是要有一定的施工经验，熟悉工程施工的实际情况和施工规范。在进行索赔时，必须做到"理由充分，证据确凿"。如果没有有关法律、政策规定作依据，索赔理由就很难成立；如果没有充足的证据，索赔就不能成功。如存在分歧较大，应及时请有关方面进行调解或仲裁，必要时可通过诉讼方式来维护自己的权益。

## 5.1.4　施工索赔的处理程序

**1. 《建设工程施工合同（示范文本）》（GF—2013—0201）规定的施工索赔程序**

（1）承包人的索赔。

1）承包人索赔的提出。根据合同约定，承包人认为有权得到追加付款和（或）延长工期的，应按以下程序向发包人提出索赔：

①承包人应在知道或应当知道索赔事件发生后28天内，向监理人递交索赔意向通知书，并说明发生索赔事件的事由；承包人未在前述28天内发出索赔意向通知书的，丧失要求追加付款和（或）延长工期的权利。

②承包人应在发出索赔意向通知书后28天内，向监理人正式递交索赔报告；索赔报告应详细说明索赔理由以及要求追加的付款金额和（或）延长的工期，并附必要的记录和证明材料。

③索赔事件具有持续影响的，承包人应按合理时间间隔继续递交延续索赔通知，说明持续影响的实际情况和记录，列出累计的追加付款金额和（或）工期延长天数；在索赔事件影响结束后28天内，承包人应向监理人递交最终索赔报告，说明最终要求索赔的追加付款金额和（或）延长的工期，并附必要的记录和证明材料。

2）对承包人索赔的处理。

对承包人索赔的处理程序如下：

①监理人应在收到索赔报告后14天内完成审查并报送发包人。监理人对索赔报告存在

异议的，有权要求承包人提交全部原始记录副本。

②发包人应在监理人收到索赔报告或有关索赔的进一步证明材料后的 28 天内，由监理人向承包人出具经发包人签认的索赔处理结果。发包人逾期答复的，则视为认可承包人的索赔要求。

③承包人接受索赔处理结果的，索赔款项在当期进度款中进行支付；承包人不接受索赔处理结果的，按照合同争议解决约定处理。

（2）发包人的索赔。根据合同约定，发包人认为有权得到赔付金额和（或）延长缺陷责任期的，监理人应向承包人发出通知并附有详细的证明。

发包人应在知道或应当知道索赔事件发生后 28 天内通过监理人向承包人提出索赔意向通知书，发包人未在前述 28 天内发出索赔意向通知书的，丧失要求赔付金额和（或）延长缺陷责任期的权利。发包人应在发出索赔意向通知书后 28 天内，通过监理人向承包人正式递交索赔报告。

对发包人索赔的处理如下：

1）承包人收到发包人提交的索赔报告后，应及时审查索赔报告的内容、查验发包人证明材料。

2）承包人应在收到索赔报告或有关索赔的进一步证明材料后 28 天内，将索赔处理结果答复发包人。如果承包人未在上述期限内作出答复的，则视为对发包人索赔要求的认可。

3）承包人接受索赔处理结果的，发包人可从应支付给承包人的合同价款中扣除赔付的金额或延长缺陷责任期；发包人不接受索赔处理结果的，按合同争议处理。

**2. FIDIC 合同条件规定的工程索赔程序**

FIDIC 合同条件只对承包商的索赔做出了规定。

（1）承包商发出索赔通知。如果承包商认为有权得到竣工时间的任何延长期和（或）任何追加付款，承包商应当向工程师发出通知，说明索赔的事件或情况。该通知应当尽快在承包商察觉或者应当察觉该事件或情况后 28 天内发出。

（2）承包商未及时发出索赔通知的后果。如果承包商未能在上述 28 天期限内发出索赔通知，则竣工时间不得延长，承包商无权获得追加付款，而业主应免除有关该索赔的全部责任。

（3）承包商递交详细的索赔报告。在承包商察觉或者应当察觉该事件或情况后 42 天内，或在承包商可能建议并经工程师认可的其他期限内，承包商应当向工程师递交一份充分详细的索赔报告，包括索赔的依据、要求延长的时间和（或）追加付款的全部详细资料。如果引起索赔的事件或者情况具有连续影响，则：①上述充分详细索赔报告应被视为中间的报告；②承包商应当按月递交进一步的中间索赔报告，说明累计索赔延误时间和（或）金额，以及所有可能的合理要求的详细资料；③承包商应当在索赔的事件或者情况产生影响结束后 28 天内，或在承包商可能建议并经工程师认可的其他期限内，递交一份最终索赔报告。

（4）工程师的答复。工程师应在收到索赔报告或对过去索赔的任何进一步证明资料后 42 天内，或在工程师可能建议并经承包商认可的其他期限内，做出回应，表示批准、或不批准、或不批准并附具体意见。工程师应当商定或者确定应给予竣工时间的延长期及承包商有权得到的追加付款。

## 5.2 施工索赔报告

### 5.2.1 施工索赔报告编写的要求

所有施工索赔都必须以文字形式提出报告,而且经过有关方面核实和审定,最后报业主认可,方能有效。

索赔报告编制的要求如下:

(1) 索赔的计算方法和要求索赔的款项应当实事求是,合情合理。

(2) 索赔的依据和基础资料以及计算数据应当准确无误。

(3) 文字简练、条理清晰,资料齐全,具有说服力。

### 5.2.2 施工索赔报告的格式和内容

索赔报告的具体内容,随该索赔事件的性质和特点而有所不同。但从报告的必要内容与文字结构方面而论,一个完整的索赔报告应包括以下四个部分。

**1. 总论部分**

总论一般包括以下内容:①序言;②索赔事项概述;③具体索赔要求;④索赔报告编写及审核人员名单。

文中首先应概要地论述索赔事件的发生日期与过程;施工单位为该索赔事件所付出的努力和附加开支;施工单位的具体索赔要求。在总论部分最后,附上索赔报告编写组主要人员及审核人员的名单,注明有关人员的职称、职务及施工经验,以表示该索赔报告的严肃性和权威性。总论部分的阐述要简明扼要,说明问题。

**2. 根据部分**

本部分主要是说明自己具有的索赔权利,这是索赔能否成立的关键。根据部分的内容主要来自该工程项目的合同文件,并参照有关法律规定。该部分中施工单位应引用合同中的具体条款,说明自己理应获得经济补偿或工期延长。

根据部分的篇幅可能很大,其具体内容随各个索赔事件的特点而不同。一般地说,根据部分应包括以下内容:

索赔事件的发生情况;

已递交索赔意向书的情况;

索赔事件的处理过程;

索赔要求的合同根据;

所附的证据资料。

在写法结构上,按照索赔事件发生、发展、处理和最终解决的过程编写,并明确全文引用有关的合同条款,使建设单位和监理工程师能历史地、逻辑地了解索赔事件的始末,并充分认识该项索赔的合理性和合法性。

**3. 计算部分**

索赔计算的目的,是以具体的计算方法和计算过程,说明自己应得经济补偿的款额或延长时间。如果说根据部分的任务是解决索赔能否成立,则计算部分的任务就是决定应得到多少索赔款额和工期。前者是定性的，后者是定量的。

在款额计算部分，施工单位必须阐明下列问题：索赔款的要求总额；各项索赔款的计算，如额外开支的人工费、材料费、管理费和所失利润；指明各项开支的计算依据及证据资料，施工单位应注意采用合适的计价方法。至于采用哪一种计价法，首先，应根据索赔事件的特点及自己所掌握的证据资料等因素来确定；其次，应注意每项开支款的合理性，并指出相应的证据资料的名称及编号。切忌采用笼统的计价方法和不实的开支款额。

### 4. 证据部分

索赔证据是当事人用来支持其索赔成立或与索赔有关的证明文件和资料。索赔证据作为索赔文件的组成部分，在很大程度上关系到索赔的成功与否。证据不全、不足或没有证据，索赔很难获得成功。

在工程项目实施过程中，会产生大量的工程信息和资料，这些信息和资料是开展索赔的重要证据。因此，在施工过程中应该自始至终做好资料积累工作，建立完善的资料记录和科学管理制度，认真系统地积累和管理合同、质量、进度以及财务收支等方面的资料。

常见的工程索赔证据有以下多种类型：

（1）各种合同文件，包括施工合同协议书及其附件，中标通知书、投标书、标准和技术规范、图纸、工程量清单、工程报价单或者预算书、有关技术资料和要求、施工过程中的补充协议等。

（2）工程各种往来函件、通知、答复等。

（3）各种会谈纪要。

（4）经过发包人或者监理工程师批准的承包人的施工：进度计划和现场实施情况记录。

（5）工程各项会议纪要。

（6）气象报告和资料，例如有关温度、风力、雨雪的资料。

（7）施工现场记录，包括有关设计交底、设计变更、施工变更指令，工程材料和机械设备的采购、验收与使用等方面的凭证及材料供应清单、合格证书，工程现场水、电、道路等开通、封闭的记录，停水、停电等各种干扰事件的时间和影响汇录等。

（8）工程有关照片和录像等。

（9）施工日志、备忘录等。

（10）发包人代表或者监理工程师签认的签证。

（11）发包人或者工程师发布的各种书面指令和确认书，以及承包人的要求、请求、通知书等。

（12）工程中的各种检查验收报告和各种技术鉴定报告。

（13）工地的交接记录（应注明交接日期，场地平整情况，水、电、路情况等），图纸和各种资料交接记录。

（14）建筑材料和设备的采购、订货、运输、进场、使用方面的记录、凭证和报表等。

（15）市场行情资料，包括市场价格、官方的物价指数、工资指数、中央银行的外汇比率等公布材料。

（16）投标前发包人提供的参考资料和现场资料。

（17）工程结算资料、财务报告、财务凭证等。

（18）各种会计核算资料。

（19）国家法律，法令、政策文件。

## 5.3 索赔的计算

### 5.3.1 工期索赔的计算

#### 1. 工期延误

（1）工期延误的含义。工期延误，又称为工程延误或进度延误，是指工程实施过程中任何一项或多项工作的实际完成日期迟于计划规定的完成日期，从而可能导致整个合同工期的延长。工期延误对合同双方一般都会造成损失。工期延误的后果是形式上的时间损失，实质上会造成经济损失。

（2）工期延误的分类。

1）按照工期延误的原因划分。

①因业主和工程师原因引起的延误。由于业主和工程师的原因所引起的工期延误包括：业主未能及时交付合格的施工现场；业主未能及时交付施工图纸；业主或工程师未能及时审批图纸、施工方案、施工计划等；业主未能及时支付预付款或工程款；业主未能及时提供合同规定的材料或设备；业主自行发包的工程未能及时完工或其他承包商违约导致的工程延误；业主或工程师拖延关键线路上工序的验收时间导致下道工序施工延误；业主或工程师发布暂停施工指令导致延误；业主或工程师设计变更导致工程延误或工程量增加；业主或工程师提供的数据错误导致的延误。

②因承包商原因引起的延误。由于承包商原因引起的延误一般是由于其管理不善所引起，包括：施工组织不当，出现窝工或停工待料等现象；质量不符合合同要求而造成返工；资源配置不足；开工延误；劳动生产率低；分包商或供货商延误等。

③不可控制因素引起的延误。指不可抗力原因造成的延误。

2）按照索赔要求和结果划分。工程延误按照承包商可能得到的要求和索赔结果，分为可索赔延误和不可索赔延误。

①可索赔延误，是指非承包商原因引起的工程延误，包括业主或工程师的原因和双方不可控制的因素引起的索赔。根据补偿的内容不同，可以划分为只可索赔工期的延误；只可索赔费用的延误；可索赔工期和费用的延误。

②不可索赔延误，是指因承包商原因引起的延误，承包商不应向业主提出索赔，而且应该采取措施赶工，否则应向业主支付误期损害赔偿。

3）按延误工作在工程网络计划的线路划分。按照延误工作所在的工程网络计划的线路性质，工程延误划分为关键线路延误和非关键线路延误。由于关键线路上任何工作（或工序）的延误都会造成总工期的推迟，因此，非承包商原因造成关键线路延误都是可索赔延误。而非关键线路上的工作一般都存在机动时间，其延误是否会影响到总工期的推迟取决于其总时差的大小和延误时间的长短。如果延误时间少于该工作的总时差，业主一般不会给予工期顺延，但可能给予费用补偿；如果延误时间大于该工作的总时差，非关键线路的工作就会转化为关键工作，从而成为可索赔延误。

4）按照延误事件之间的关联性划分。

①单一延误。是指在某一延误事件从发生到终止的时间间隔内，没有其他延误事件的发生，该延误事件引起的延误称为单一延误。

②共同延误。当两个或两个以上的延误事件从发生到终止的时间完全相同，这些事件引起的延误称为共同延误。当业主引起的延误或双方不可控制因素引起的延误与承包商引起的延误共同发生时，即可索赔延误与不可索赔延误同时发生时，可索赔延误就将变成不可索赔延误，这是工程索赔的惯例之一。

③交叉延误。当两个或两个以上的延误事件从发生到终止只有部分时间重合时，称为交叉延误。由于工程项目是一个较为复杂的系统工程，影响因素众多，常常会出现多种原因引起的延误交织在一起的情况，分析较为复杂。

**2. 工期索赔的依据**

承包商向业主提出工期索赔的具体依据主要有：

（1）合同约定或双方认可的施工总进度规划。

（2）合同双方认可的详细进度计划。

（3）合同双方认可的对工期的修改文件。

（4）施工日志、气象资料。

（5）发包人代表或监理人的变更指令。

（6）影响工期的干扰事件。

（7）受干扰后的实际工程进度等。

**3. 工程索赔的计算**

工期索赔的计算主要有网络图分析法和比例计算法两种。

（1）网络图分析法

利用进度计划的网络图，分析其关键线路。如果延误的工作为关键工作，则总延误的时间为批准顺延的工期；如果延误的工作为非关键工作，当该工作由于延误超过时差限制而成为关键工作时，可以批准延误时间与时差的差值；若该工作延误后仍为非关键工作，则不存在工期索赔问题。

1）由于非承包商自身的原因造成关键线路上的工序暂停施工：

工期索赔天数 = 关键线路上的工序暂停施工的日历天数

2）由于非承包商自身的原因造成非关键线路上的工序暂停施工：

工期索赔天数 = 工序暂停施工的日历天数 - 该工序的总时差天数

（2）比例计算法

公式为：

对于已知部分工程的延期的时间：

工期索赔值 = 受干扰部分工程的合同价/原合同总价 × 该受干扰部分工期拖延时间

对于已知额外增加工程量的价格：

工期索赔值 = 额外增加的工程量的价格/原合同总价 × 原合同总工期

## 5.3.2　费用索赔的计算

### 1. 索赔费用的组成

计算施工索赔是挽回因发生索赔事件造成经济损失的重要步骤。由于工程项目建设施工的复杂性和长期性，使索赔内容复杂多样，如人为障碍、不利的自然条件、不可预见因素、设计遗漏、工程价款支付、人工、材料、机械、银行利息等方面的索赔，计算较为复杂。其主要费用包括：

1）人工费：可索赔的人工费包括完成合同之外的额外工作所花费的人工费用；由于非承包商责任的工效降低所增加的人工费用；超过法定工作时间加班劳动；法定人工费增长以及非承包商责任工程延期导致的人员窝工费和工资上涨费等。

2）材料费：由于索赔事项材料实际用量超过计划用量而增加的材料费；由于客观原因材料价格大幅度上涨；由于非承包商责任工程延期导致的材料价格上涨和超期储存费用。

3）施工机械使用费：由于完成额外工作增加的机械使用费；非承包商责任工效降低增加的机械使用费；由于业主或监理工程师原因导致机械停工的窝工费。窝工费的计算，如系租赁设备，一般按实际租金和调进调出费的分摊计算；如系承包商自有设备，一般按台班折旧费计算。

4）管理费：因索赔事件发生，额外增加的现场管理和公司（总部）管理费。

5）利息：因索赔事件而发生的延期付款利息、错误扣款的利息。利率可采用当时的银行贷款利率、当时的银行透支利率、合同双方协议的利率或按中央银行贴现率加三个百分点计算。

6）分包费：指分包商的索赔费，一般也包括人工、材料、机械使用费的索赔。分包商的索赔应如数列入总承包商的索赔款总额内。

7）利润：一般来说，由于工程范围的变更、文件有缺陷或技术性错误、业主未能提供现场等引起的索赔，承包商可以列入利润。但对于工程暂停的索赔，由于利润通常是包括在每项实施的工程内容的价格之内的，而延误工期并未削减某些项目的实施而导致利润减少，因此不应将利润列入索赔额。索赔利润的款额计算通常与原报价单中的利润百分率保持一致。

**2. 索赔费用计算**

（1）总费用法。计算出索赔工程的总费用，减去原合同报价，即得索赔金额。

索赔费用＝工程结算造价－工程预算造价（或合同价）

这种计算方法简单但不尽合理，一方面，因为实际完成工程的总费用中，可能包括由于施工单位的原因（如管理不善、材料浪费、效率太低等）所增加的费用，而这些费用是属于不该索赔的；另一方面，原合同价也可能因工程变更或单价合同中的工程量变化等原因而不能代表真正的工程成本。凡此种种原因，使得采用此法往往会引起争议，遇到障碍，故一般不常用。

但是在某些特定条件下，当需要具体计算索赔金额很困难，甚至不可能时，则也有采用此法的，这种情况下应具体核实已开支的实际费用，取消其不合理部分，以求接近实际情况。

（2）修正的总费用法。原则上与总费用法相同，计算对某些方面作出相应的修正，以使结果更趋合理，修正的内容主要有：

1）计算索赔金额的时期仅限于受事件影响的时段，而不是整个工期。

2）只计算在该时期内受影响项目的费用，而不是全部工作项目的费用。

3）不采用原合同报价，而是采用在该时期内如未受事件影响而完成该项目的合理费用。

根据上述修正，可比较合理地计算出索赔事件影响而实际增加的费用。

（3）实际费用法。实际费用法即根据索赔事件所造成的损失或成本增加，按费用项目逐项进行分析、计算索赔金额的方法。

索赔费用 = 每个或每类索赔事件的索赔费用之和 = ∑索赔费用 a、b、c…

这种方法比较复杂，但能客观地反映施工单位的实际损失，比较合理，易于被当事人接受，在国际工程中被广泛采用。实际费用法是按每个索赔事件所引起损失的费用项目分别分析计算索赔值的一种方法，通常分三步：

1）分析每个或每类索赔事件所影响的费用项目，不得有遗漏。这些费用项目通常应与合同报价中的费用项目一致。

2）计算每个费用项目受索赔事件影响的数值，通过与合同价中的费用价值进行比较即可得到该项费用的索赔值。

3）将各费用项目的索赔值汇总，得到总费用索赔值。

**实例**：某建筑工程项目由于业主修改局部设计，监理人下令承包商暂停45天。试分析在这种情况下，承包商可以索赔哪些费用？

**分析**：

1）人工费：对于不可辞退的工人，索赔人工窝工费，按照人工工日成本计算；对于可以辞退的工人，可索赔人工上涨费。

2）材料费：可索赔超期储存费用或材料价格上涨费。

3）施工机械使用费：可索赔机械窝工费或机械台班上涨费。自有机械窝工费一般按台班折旧费索赔；租赁机械一般按实际租金和调进调出的分摊费计算。

4）分包费用：是指由于工程暂停分包商向总承包索赔的费用，总承包向业主索赔应包括分包商向总承包索赔的费用。

5）现场管理费：由于全面停工，可索赔增加的工地管理费，可按日计算，也可按直接成本的百分比计算。

6）保险费：可索赔延期一个月的保险费，按保险公司保险费率计算。

7）保函手续费：可索赔延期一个月的保函手续费，按银行规定的保函手续费率计算。

8）利息：可索赔延期一个月增加的利息支出，按合同约定的利率计算。

9）总部管理费：由于全面停工，可索赔延期增加的总部管理费，可按总部规定的百分比计算。如果工程只是部分停工，监理工程师可能不同意总部管理费的索赔。

## 5.4　工程师在处理索赔中的职责

在工程建设项目承包合同中，工程师既不是承包合同签约的一方，也不是业主的雇员，而是承包合同签约双方以外的第三方，他是以自己高超的专业技术智能和特定的法律地位工作，并在业主与承包商签订的承包合同中及在与业主签订的监理委托合同中被授予特殊的权力，受业主的委托和授权代表业主决定工程技术方面的重大问题，提供高质量的服务，控制监督施工的质量、工期和造价，以保证工程建成后符合业主的建设目的。在实施监理过程中，要由业主发一份全面的授权委托书，把工程管理中的决定权交给工程师，并把此份授权书作为一份施工合同的附件，让承包商共同遵守，这将是工程师处理好与承包关系的基本条件。工程师与承包商之间虽无合同关系，但授权书发出后，就从法律上确定了他们之间是监理与被监理的关系，从此工程师就具备了工程质量的确认权与否认权，申请工程进度款支付的审核权等一系列约束承包商行为的权力。认真地利用这些权力，使承包商对工程师产生一定的敬畏心理，将有利于监理工作的顺利进行。

工程师在处理索赔事件时，不能只是单方面地偏袒业主利益；而要站在独立、公正、科学的立场上，要考虑所做出的决定是否会对承包商利益造成损害。如对承包商利益会造成损害，那么要果断地调整决定，使承包商的合法和正当利益得到保护。

## 5.4.1 工程师对索赔的管理

### 1. 工程师对施工索赔的影响

目前使用的主要施工合同文本，都实行以工程师为核心的管理模式，使工程师对整个合同的形成和履行过程，包括索赔的处理和解决过程，有着十分重要的影响。

（1）工程师受业主委托进行工程项目管理，对施工索赔将产生以下两方面的影响：

1）工程师的某些指令可能导致承包商提出索赔。工程师在工程项目管理中的失误，或在行使施工合同管理权力中使承包人发生额外损失时，承包人可以向业主索赔，业主应当承担合同规定的损害赔偿责任。

2）工程师对合同管理有助于减少索赔事件的发生。工程师通过对合同履行过程的监督与跟踪，及早发现干扰事件，采取措施降低干扰事件的不利影响，减少损失，避免索赔。

（2）工程师有权处理合同当事人提出的索赔要求。工程师处理索赔事项的权限主要有：

1）接到索赔意向通知后，工程师有权检查索赔人的原始记录。

2）对索赔报告进行审查分析。如前所述，索赔报告由工程师评审。工程师有权反驳不合理索赔要求，指令索赔人作进一步的解释或补充资料，提出索赔处理意见。

3）与索赔人不能协商一致时，工程师有权单方面作出处理决定。

4）对于合理索赔要求，工程师有权将索赔款纳入工程进度款中，出具付款证书，业主应在合同规定的期限内支付。

（3）工程师是索赔争议的调解人和见证人。

1）承发包双方发生索赔争议，通常首先提请工程师调解。

2）工程师可以作为索赔争议仲裁或诉讼中的见证人。

承发包双方的索赔争议提请仲裁或诉讼解决时，工程师有义务作为索赔事件的见证人，提供证据，并在仲裁机构或人民法院要求时作出答辩。

### 2. 工程师对索赔管理的任务

索赔管理是工程师进行工程项目管理的主要任务之一。其基本目标是：尽可能减少索赔事件的发生，公平合同地解决索赔问题。具体任务是：

（1）预测与分析导致索赔的原因和可能性，防止发生工作疏漏引起的索赔。承包人的合同管理人员是通过寻找工程师在技术、组织和管理工作中的疏漏，获得索赔机会的。工程师在工作中应能预测到自己行为的后果，预防发生疏漏，在起草文件、下达命令、作出决定、答复请求时，都应注意到完备性和严密性；颁发图纸、编制计划和实施方案等都要考虑到正确性和周密性。

（2）通过有效的合同管理减少索赔事件发生。

1）工程师可以促进合同顺利履行。工程师认真负责地进行工程项目管理，为承发包双方提供良好的服务，做好协调工作，缓和双方矛盾，建立良好的合作氛围，促使合同顺利履行。合同履行越顺利，索赔事件就越少，即使有索赔事件发生，也越容易解决。

2）工程师可以预测索赔事件的发生。工程师通过质量控制、进度控制、费用控制和信息管理、合同管理，消化合同履行中的风险，可以将索赔事件的发生减少到最低限度。

（3）公正地处理和解决索赔事项。工程师作为索赔争议的调解人和见证人，必须以公正的第三方的立场，处理和解决索赔事项，维护当事人双方的合法权益，促使合同顺利履行，实现当事人双方的合同目标。

**3. 工程师对索赔的管理原则**

工程师公正合理地处理索赔事项，必须遵循以下基本原则。

（1）公正原则：

1）公正原则要求工程师从整体效益、工程总目标出发作出判断和索赔处理意见。

2）公正原则要求工程师必须按法律规定及合同约定处理索赔事项。

3）从实际出发，实事求是。即根据合同的实际履行过程、索赔事件的客观情况、索赔人的实际损失和证据资料的力度等，公正处理索赔事项。

（2）及时原则。及时原则要求工程师在合同管理和索赔处理中及时行使权力，作出决定，下达通知或指令，及时明确表态等。工程师及时履行职责的作用如下：

1）可以减少索赔机会。

2）防止索赔事件影响的扩大。

3）及时采取措施降低损失，掌握第一手资料。

4）不及时处理索赔会加深双方矛盾，拖延影响合同的履行。

5）不及时处理索赔会加大索赔解决的难度。

（3）其他原则。除了上述原则外，工程师在索赔处理中还需遵守《民法》、《合同法》等法律的基本原则，举例如下：

1）协商一致原则。即在索赔处理过程中，工程师应和当事人双方充分协商，促使达成一致，取得共识，作出双方都满意的索赔处理意见。

2）诚实信用原则。在合同管理和索赔处理中，工程师的权力很大，但承担的经济责任较小，并且缺少制约机制。因此，遵循诚实信用原则，是业主委托监理、承包商配合工程师工作的前提条件。

**4. 工程师预防与减少索赔的措施**

合同履行中的索赔虽然不可能避免，但是可以减少。工程师预防与减少索赔的措施主要有：

（1）正确理解合同规定。合同理解的分歧，是发生索赔的重要原因。

（2）做好日常监理工作，随时与承包人保持协调。

1）做好日常监理工作是减少索赔的重要手段，现场检查是监理工作的第一环节，要发挥应有的作用。

2）工程师应善于预见、发现和解决问题，对那些可能产生额外工程成本或其他不良影响的事件，争取事前纠正，避免发生索赔。

3）在工程质量、完成工作量等方面，工程师应尽可能随时与承包人协调，争取每天或每周对相关情况进行会签，取得一致意见，可避免不必要的分歧。

（3）尽量为承包人提供力所能及的帮助。尽量使承包人避免或减少损失，能使承包人基于友好考虑而放弃某些索赔机会。

（4）建立和维护工程师处理合同事务的威信。只要工程师处理合同事务立场公正，并有丰富的经验和知识，特别是有较高的威信，能促使当事人只提出充足依据的索赔，从而减少索赔的数量。工程师建立威信的途径主要有：

1）工程师必须有公正的立场、良好的合作精神和处理问题的能力。

2）业主应支持工程师独立、公正地处理合同事务，不进行无理干涉。

## 5.4.2 工程师对索赔的审查

### 1. 审查索赔的依据和证据

通过审查索赔的依据和证据，分清索赔事件的责任，明确索赔事件造成的损失的大小及对继续履行合同的影响，确定索赔赔偿额的计算方法等。

（1）合同文件中的责任条款、业主的免责条件、承包商以前表示过放弃等。

（2）工程技术资料。合同规定的技术标准和技术规范、工程图纸、经工程师批准的施工进度计划等。

（3）合同履行过程中工程师自己的原始记录。来往函件、施工现场记录、施工会议记录、工程照片、发布的各种书面指令、中期支付工程进度款的单证、检查和试验记录、汇率变化表、各类财务凭证、承包商是否遵守索赔意向通知书的规定等。

### 2. 审查工期延误要求

（1）分清施工进度延误的责任：

1）不可原谅的延期：承包人原因造成的工期延误，这种延误不能批准延展合同工期。

2）可原谅的延期：非承包人原因造成的工期延误，承包人可以进行工期索赔。

（2）被延误的工作应是影响施工总进度的施工内容。

（3）业主和工程师都无权要求承包人缩短合同工期。工程师在业主授权范围内有权批示承包人删减某些合同规定的工作内容，但不能要求相应缩短合同工期。业主要求提前竣工时，属于合同变更，承发包双方应另外签订提前竣工的协议。

### 3. 审查费用索赔要求

对于承包人的费用索赔，工程师应审核承包人索赔额计算的合理性和正确性。

（1）审核承包人索赔取费的合理性。工程师应公正地审核索赔报告，根据事件影响的实际情况正确判断索赔取费的合理性，查出不合理的取费项目。

（2）审核索赔值计算的正确性。要点如下：

1）索赔计算中不应有重复取费。例如综合单价已经包括了直接费、风险费、公司管理费、利润等费用项目，就不应按计再单独计取这些项目的费用。

2）停工损失中，不应按计日工费计算人工闲置费而应乘上一个折算系数。

3）在业主原因的停工期间，机械和人工凡可以做其他工作的，不应按停工损失计算，但可适当补偿工效降低的损失等。

**4. 工程师对索赔的反驳**

索赔反驳是指否决不合理索赔或索赔中的不合理部分，并不是偏袒被索赔人。能否反驳索赔，是衡量工程师工作成效的重要尺度。

（1）反驳施工索赔的措施。反驳施工索赔的措施是指工程师针对可能发生索赔的领域，为掌握充分的索赔反驳证据而采取的监督管理措施。主要的措施有：

1）对施工活动进行日常现场检查。现场检查员由工程师授权，必须始终留在现场，随时进行独立的情况记录（绝不能照抄承包人的记录）；必要时应对某些施工情况拍摄照片作为资料。

工程师或其委派人员应在每天下班前写出工程检查日志，日志应特别指出承包人在哪些方面没有达到合同或计划的要求。通过对工程检查日志的汇总分析，找出施工中存在的问题及其处理建议，由工程师代表书面通知承包人，为今后的索赔反驳提供依据。

2）工程师事先编制承包人应提交的资料清单，以便随时核对承包人提交的资料。承包人没有提交或虽然提交了资料但格式不符的，及时记录在案，并通知承包人。这是索赔反驳时说明事件应由承包人自己负责的重要证据。

3）工程师应了解材料、设备的到货情况。对于不符合合同要求的到货，应及时记录在案，并通知承包人。

4）做好资料档案管理工作。必须保存与工程有关的全部资料，特别是独立采集的工程监理资料。

（2）工程师通过审核索赔报告，可以从以下方面反驳施工索赔：

1）索赔事项不属于业主或工程师的责任，是与承包商有关的第三方的责任。

2）业主和承包人共同负有责任，承包人必须划分和证明双方责任大小。

3）事实证据不足或合同依据不足。

4）承包人未遵守意向通知的规定。

5）合同中有对业主的免责条款。

6）承包商以前表示过放弃索赔。

7）承包人没有采取措施避免或减少损失。

8）承包人必须提供进一步的证据。

9）损失计算夸大等。

## 5. 4. 3　反索赔

反索赔就是反驳、反击或者防止对方提出的索赔，不让对方索赔成功或者全部成功。

一般认为，索赔是双向的，业主和承包商都可以向对方提出索赔要求，任何一方也都可以对对方提出的索赔要求进行反驳和反击，这种反击和反驳就是反索赔。

在工程实践过程中，当合同一方向对方提出索赔要求，合同另一方对对方的索赔要求和索赔文件可能会有三种选择：全部认可对方的索赔，包括索赔之数额；全部否定对方的索赔；部分否定对方的索赔。后两种情形均属于反索赔。

**1. 反索赔的基本内容**

反索赔的工作内容可以包括两个方面：一是防止对方提出索赔，二是反击或反驳对方的索赔要求。

要成功地防止对方提出索赔，应采取积极防御的策略。首先是自己严格履行合同规定的各项义务，防止自己违约，并通过加强合同管理，使对方找不到索赔的理由和根据，使自己处于不能被索赔的地位。其次，如果在工程实施过程中发生了干扰事件，则应立即着手研究和分析合同依据，搜集证据，为提出索赔和反索赔做好两手准备。

如果对方提出了索赔要求或索赔报告，则自己一方应采取各种措施来反击或反驳对方的索赔要求。常用的措施有：

（1）抓对方的失误，直接向对方提出索赔，以对抗或平衡对方的索赔要求，以求在最终解决索赔时互相让步或者互不支付。

（2）针对对方的索赔报告，进行仔细、认真研究和分析，找出理由和证据，证明对方索赔要求或索赔报告不符合实际情况和合同规定，没有合同依据或事实证据，索赔值计算不合理或不准确等问题，反击对方的不合理索赔要求，推卸或减轻自己的责任，使自己不受或少受损失。

**2. 业主反索赔的内容及特点**

（1）对承包商履约中的违约责任进行索赔。它包括以下内容：

1）工期延误反索赔。由于承包商的原因造成工期延误的，业主可要求支付延期竣工违约金，确定违约金的费率时可考虑的因素有：业主盈利损失；由于工程延误引起的贷款利息的增加；工程延期带来的附加监理费用及租用其他建筑物时的租赁费。

2）施工缺陷反索赔。如工程存在缺陷，承包商在保修期满前（或规定的时限内）未完成应负责的修补工程，业主可据此向承包商索赔，并有权雇用他人来完成工作，发生的费用由承包商承担。

3）对超额利润的索赔。如工程量增加很多（超过有效合同价的15%），使承包商在不增加任何固定成本的情况下预期收入增大，或由于法规的变化导致实际施工成本降低，业主可向承包商索赔，收回部分超额利润。

4）业主合理终止合同或承包商不正当放弃合同的索赔。此时业主有权从承包商手中收回由新承包商完成工程所需的工程款与原合同未付部分的差额。

5）由于工伤事故给业主方人员和第三方人员造成的人身或财产损失的索赔，及承包商运送建材、施工机械设备时损坏公路、桥梁或隧道时，道桥管理部门提出的索赔等。

6）对指定分包商的付款索赔。在承包商未能提供已向指定分包商付款的合理证明时，业主可据监理工程师的证明书将承包商未付给指定分包商的所有款项（扣除保留金）付给该分包商，并从应付给承包商的任何款项中扣除。

（2）对承包商提出的索赔要求进行评审、反驳与修正。它包括以下内容：

1）此项索赔是否具有合同依据、索赔理由是否充分及索赔论证是否符合逻辑。

2）索赔事件的发生是否为承包商的责任，是否为承包商应承担的风险。

3）在索赔事件初发时承包商是否采取了控制措施。据国际惯例，凡遇偶然事故发生影响工程施工时，承包商有责任采取力所能及的一切措施，防止事态扩大，尽力挽回损失。如确有事实证明承包商在当时未采取任何措施，业主可拒绝其补偿损失的要求。

4）承包商是否在合同规定的时限内（一般为发生索赔事件后的28天内）向业主和监理工程师报送索赔意向通知。

5）认真核定索赔款额，肯定其合理的索赔要求，反驳修正其不合理的要求，使之更加可靠准确。

## 5.5 工程变更与现场签证

### 5.5.1 工程变更管理

工程变更一般是指在工程施工过程中，根据合同约定对施工的程序、工程的内容、数量、质量要求及标准等方面作出的变更。工程变更属于合同变更的一种。《示范文本》针对工程变更相关内容做出了明确的规定。

**1. 变更的范围和内容**

除专用合同条款另有约定外，在履行合同中发生以下情形之一，应按照规定进行变更。

（1）增加或减少合同中任何工作，或追加额外的工作。

（2）取消合同中任何工作，但转由他人实施的工作除外。

（3）改变合同中任何工作的质量标准或其他特性。

（4）改变工程的基线、标高、位置和尺寸。

（5）改变工程的时间安排或实施顺序。

**2. 变更权**

发包人和监理人均可以提出变更。变更指示均通过监理人发出，监理人发出变更指示前应征得发包人同意。承包人收到经发包人签认的变更指示后，方可实施变更。未经许可，承包人不得擅自对工程的任何部分进行变更。

涉及设计变更的，应由设计人提供变更后的图纸和说明。如变更超过原设计标准或批准的建设规模时，发包人应及时办理规划、设计变更等审批手续。

**3. 变更程序**

（1）发包人提出变更。发包人提出变更的，应通过监理人向承包人发出变更指示，变更指示应说明计划变更的工程范围和变更的内容。

（2）监理人提出变更建议。监理人提出变更建议的，需要向发包人以书面形式提出变更计划，说明计划变更工程范围和变更的内容、理由，以及实施该变更对合同价格和工期的影响。发包人同意变更的，由监理人向承包人发出变更指示。发包人不同意变更的，监理人无权擅自发出变更指示。

（3）变更执行。承包人收到监理人下达的变更指示后，认为不能执行，应立即提出不能执行该变更指示的理由。承包人认为可以执行变更的，应当书面说明实施该变更指示对合同价格和工期的影响，且合同当事人应当按照合同约定确定变更估价。

（4）承包人的合理化建议。承包人提出合理化建议的，应向监理人提交合理化建议说明，说明建议的内容和理由，以及实施该建议对合同价格和工期的影响。

除专用合同条款另有约定外，监理人应在收到承包人提交的合理化建议后7天内审查完毕并报送发包人，发现其中存在技术上的缺陷，应通知承包人修改。发包人应在收到监理人报送的合理化建议后7天内审批完毕。合理化建议经发包人批准的，监理人应及时发出变更指示，由此引起的合同价格调整按照变更估价约定执行。发包人不同意变更的，监理人应书面通知承包人。

合理化建议降低了合同价格或者提高了工程经济效益的，发包人可对承包人给予奖励，奖励的方法和金额在专用合同条款中约定。

**4. 变更估价**

（1）变更的估价原则。除专用合同条款另有约定外，变更估价按照下列约定处理：

1）已标价工程量清单或预算书有相同项目的，按照相同项目单价认定。

2）已标价工程量清单或预算书中无相同项目，但有类似项目的，参照类似项目的单价认定。

3）变更导致实际完成的变更工程量与已标价工程量清单或预算书中列明的该项目工程量的变化幅度超过15%的，或已标价工程量清单或预算书中无相同项目及类似项目单价的，按照合理的成本与利润构成的原则，由合同当事人按照商定或确定的办法确定变更工作的单价。

如果因工程变更等原因导致工程量偏差超过15%，调整的原则为：当工程量增加15%以上时，其增加部分的工程量的综合单价应予调低；当工程量减少15%以上时，减少后剩余部分的工程量的综合单价应予调高。

（2）变更估价程序。承包人应在收到变更指示后14天内，向监理人提交变更估价申请。监理人应在收到承包人提交的变更估价申请后7天内审查完毕并报送发包人，监理人对变更估价申请有异议，通知承包人修改后重新提交。发包人应在承包人提交变更估价申请后14天内审批完毕。发包人逾期未完成审批或未提出异议的，视为认可承包人提交的变更估价申请。

因变更引起的价格调整应计入最近一期的进度款中支付。

**5. 暂列金额**

暂列金额应按照发包人的要求使用，发包人的要求应通过监理人发出。合同当事人可以在专用合同条款中协商确定有关事项。

**6. 计日工**

需要采用计日工方式的，经发包人同意后，由监理人通知承包人以计日工计价方式实施相应的工作，其价款按列入已标价工程量清单或预算书中的计日工计价项目及其单价进行计算；已标价工程量清单或预算书中无相应的计日工单价的，按照合理的成本与利润构成的原则，由合同当事人通过商定或确定变更工作的单价。

采用计日工计价的任何一项工作，承包人应在该项工作实施过程中，每天提交以下报表和有关凭证报送监理人审查：

（1）工作名称、内容和数量。

（2）投入该工作的所有人员的姓名、专业、工种、级别和耗用工时。

（3）投入该工作的材料类别和数量。

（4）投入该工作的施工设备型号、台数和耗用台时。

（5）其他有关资料和凭证。

计日工由承包人汇总后，列入最近一期进度付款申请单，由监理人审查并经发包人批准后列入进度付款

**7. 暂估价**

发包人在工程量清单中给定暂估价的材料、工程设备和专业工程属于依法必须招标的范围并达到规定的规模标准的，由发包人和承包人以招标的方式选择供应商或分包人。发包人和承包人的权利义务关系在专用合同条款中约定。中标金额与工程量清单中所列的暂估价的金额差以及相应的税金等其他费用列入合同价格。

发包人在工程量清单中给定暂估价的材料和工程设备不属于依法必须招标的范围或未达到规定的规模标准的，应由承包人按约定提供。经监理人确认的材料、工程设备的价格与工程量清单中所列的暂估价的金额差以及相应的税金等其他费用列入合同价格。

发包人在工程量清单中给定暂估价的专业工程不属于依法必须招标的范围或未达到规定的规模标准的，由监理人按照规定进行估价，但专用合同条款另有约定的除外。经估价的专业工程与工程量清单中所列的暂估价的金额差以及相应的税金等其他费用列入合同价格。

## 5.5.2 施工现场签证

施工现场签证是指发、承包双方现场代表（或其委托人）就施工过程中涉及的责任事件所作的签认证明。

**1. 施工现场签证与施工索赔的区别**

（1）施工现场签证是双方协商一致的结果，是双方法律行为。是合同双方对变更后的权利义务关系重新予以确认并达成一致意见，施工现场签证可视为建设工程施工合同中出现的新的补充内容。

施工索赔是双方未能协商一致的结果，是单方主张权利的表示，是单方法律行为。

（2）施工现场签证涉及的利益已经确定，可直接作为工程结算的凭据。施工索赔涉及的利益尚待确定，是一种期待权益，未经认可，索赔所涉及的追加或赔偿款项，不能直接作为对方付款的凭据。

（3）施工现场签证是工程施工过程中的例行工作，一般不依赖于证据。工程施工过程中往往会发生不同于原设计、原计划安排的变化，这些变化对原合同进行相应的调整，是常理之中的例行工作。正是因为施工现场签证合同双方是在没有分歧意见的情况下，对这些调整用书面方式互相确认，双方认识一致，因此不需要什么证据。

施工索赔要求是未获确认的权利主张，必须依赖证据。依靠确凿、充分的证据来证明自己提出的主张，是工程索赔能否成功实现的关键。

**2. 现场签证的范围**

现场签证的范围一般包括：

（1）适用于施工合同范围以外零星工程的确认。

（2）在工程施工过程中发生变更后需要现场确认的工程量。

（3）非施工单位原因导致的人工、设备窝工及有关损失。

（4）符合施工合同规定的非施工单位原因引起的工程量或费用增减。

（5）确认修改施工方案引起的工程量或费用增减。

（6）工程变更导致的工程施工措施费增减等。

**3. 现场签证的程序**

承包人应发包人要求完成合同以外的零星工作或非承包人责任事件发生时，承包人应按合同约定及时向发包人提出现场签证。当合同对现场签证未作具体约定时，按照《建设工程价款结算暂行办法》的规定处理：

（1）承包人应在接受发包人要求的 7 天内向发包人提出签证，发包人签证后施工。若没有相应的计日工单价，签证中还应包括用工数量和单价，机械台班数量和单价、使用材料品种及数量和单价等。若发包人未签证同意，承包人施工后发生争议的，责任由承包人自负。

（2）发包人应在收到承包人的签证报告48小时内给予确认或提出修改意见，否则视为该签证报告已经认可。

（3）发、承包双方确认的现场签证费用与工程进度款同期支付。

**4. 现场签证费用的计算**

现场签证费用的计价方式包括两种：第一种是完成合同以外的零星工作时，按计日工作单价计算。此时提交现场签证费用申请时，应包括下列证明材料：

（1）工作名称、内容和数量。

（2）投入该工作所有人员的姓名、工种、级别和耗用工时。

（3）投入该工作的材料类别和数量。

（4）投入该工作的施工设备型号、台数和耗用台时。

（5）监理人要求提交的其他资料和凭证。

第二种是完成其他非承包人责任引起的事件，应按合同中的约定计算。

## 本课程职业活动训练

### 工作任务六　编制某施工索赔意向通知和索赔报告

1. 活动目的

熟悉建筑工程施工索赔的工作程序，了解施工索赔过程的工作要点与技巧，熟悉工程索赔与反索赔的工作内容，学习索赔报告的编写和索赔计算方法。

2. 实训环境要求

（1）本实训需要专业教室或多媒体教室一间。

（2）本实训活动需搜集某工程项目某一索赔事件的相关资料，如工程师指令、施工日志、图纸、双方签订的施工合同、来往信函、会议记录及各种工程签证等。

（3）如果搜集实际资料有一定困难，可以采用虚拟某一工程索赔事件的方式进行。

（4）学生可以分为若干组，分别代表业主、承包商、工程师等三方，形成不同索赔处理小组，共同完成索赔过程。

3. 实训内容

（1）根据资料中索赔事件的发生情况，编制索赔意向书。

（2）承包商一方按教材中提供索赔报告的格式编制索赔报告。

（3）承包商一方向工程师一方提交索赔报告和索赔证据。

（4）工程师一方对索赔报告进行审核，提出审核意见。

（5）业主方就索赔报告要求进行反索赔。

# 本单元小结

索赔是一种正当的权利要求，是指施工合同当事人在合同实施过程中，根据法律、合同规定及惯例，对并非由于自己的过错，而是由于应由合同对方承担责任的情况造成的实际损失向对方提出给予补偿的要求。

索赔管理的特点：索赔工作贯穿于工程项目始终；索赔是一门融工程技术和法律与一体的综合学问和艺术；影响索赔成功的相关因素多。

索赔管理的原则：客观性原则；合法性原则；合理性原则。

索赔计算，是以具体的计算方法和计算过程，说明自己应得经济补偿的款额或延长时间。如果说根据部分的任务是解决索赔能否成立，则计算部分的任务就是决定应得到多少索赔款额和工期。前者是定性的，后者是定量的。

在工程建设项目承包合同中，监理工程师既不是承包合同签约的一方，也不是业主的雇员，而是承包合同签约双方以外的第三方，他是以自己的高超的专业技术智能和特定的法律地位工作，并在业主与承包商签订的承包合同中及在与业主签订的监理委托合同中被授予特殊的权力，受业主的委托和授权代表业主决定工程技术方面的重大问题，提供高质量的服务，控制监督施工的质量、工期和造价，以保证工程建成后符合业主的建设目的。

## 案例分析

### 案例分析一

某职业技术学院在教学楼建设的土方工程中，承包商在合同标明有坚硬岩石的地方没有遇到坚硬岩石，因此工期提前1个月。但在合同中另一标明地下水位在施工面以下的地方遇到地下水位高于最低施工面，因此导致开挖工作变得更加困难，由此造成了实际生产率比原计划低得多，经测算影响工期3个月。由于施工效率低，导致后序施工任务延误到雨期进行，按一般公认标准推算，又影响工期2个月。施工单位因此造成的各项损失准备提出索赔。

问题：

1. 该项施工索赔能否成立？为什么？

2. 在该索赔事件中，应提出的索赔内容包括哪几方面？

3. 在工程施工中，通常可以提供的索赔证据有哪些？

4. 承包商应提供的索赔文件有哪些？请协助承包商拟定一份索赔通知。

案例分析要点：

问题1：该项施工索赔能成立。施工中在合同标明地下水位在施工面以下的地方却遇到地下水位高于最低施工面，属于施工现场的施工条件与原来的勘察有很大差异，属于甲方的责任范围。

问题2：本事件使承包商由于意外地质条件造成施工困难，导致工期延长，相应产生额外工程费用，因此，应包括费用索赔和工期索赔。

问题3：可以提供的索赔证据有：

（1）招标文件、工程合同及附件、业主认可的施工组织设计、工程图纸、技术规范等。

（2）工程各项有关设计交底记录、变更图纸、变更施工指令等。

（3）工程各项经业主或监理工程师签认的签证。

（4）工程各项往来信件、指令、信函、通知、答复等。

（5）工程各项会议纪要。

（6）施工计划及现场实施情况记录。

（7）施工日报及工长工作日志、备忘录。

（8）工程送电、送水、道路开通、封闭的日期及数量记录。

（9）工程停水、停电和干扰事件影响的日期及恢复施工的日期。

（10）工程预付款、进度款拨付的数额及日期记录。

（11）工程图纸、图纸变更、交底记录的送达份数及日期记录。

（12）工程有关施工部位的照片及录像等。

（13）工程现场气候记录，有关天气的温度、风力、降雨雪量等。

（14）工程验收报告及各项技术鉴定报告等。

（15）工程材料采购、订货、运输、进场、验收、使用等方面的凭据。

（16）工程会计核算资料。

（17）国家、省、市有关影响工程造价、工期的文件、规定等。

问题4：承包商应提供的索赔文件有：

（1）索赔信。

（2）索赔报告。

（3）索赔证据与详细计算书等附件。

索赔通知的参考形式如下：

### 索赔意向通知

致甲方代表（或监理工程师）：

我方希望你方对工程地质条件变化问题引起重视。

1. 在合同文件未标明有坚硬岩石的地方未遇到坚硬岩石。

2. 在合同文件中标明地下水位在施工面以下的地方遇到地下水位高于最低施工面。

由于第1条，我方实际施工进度提前。

由于第2条，我方实际生产率降低，而引起进度拖延，并不得不在雨期施工。

上述条件变化，造成我方施工现场设计与原设计有很大不同，为此向你方提出工期索赔及费用索赔要求，具体工期索赔及费用索赔依据与计算书在随后的索赔报告中。

承包商：×××

××年××月××日

### 案例分析二

建设单位与施工单位对某工程建设项目签订了施工合同，在合同中有这样的规定条款，施工过程中，如造成窝工的过错方为建设单位，则机械的停工费和人工窝工费可按工日费和台班费的50%结算进行赔偿支付。建设单位还与监理单位签订了施工阶段的监理合同，合同中规定监理工程师可直接签证、批准5天以内的工期延期和6000元人民币以内的单项费用索赔。工程按下列网络计划进行，其关键线路为A-E-H-I-J。在施工过程中，出现了下列一些情况，影响一些工作暂时停工（同一工作由不同原因引起的停工时间都不在同一时间）。

（1）因业主不能及时供应材料，使E延误3天，G延误2天，H延误3天。

（2）因机械发生故障检修，使E延误2天，G延误2天。

（3）因业主要求设计变更，使F延误3天。

（4）因公网停电，使F延误1天，I延误1天。

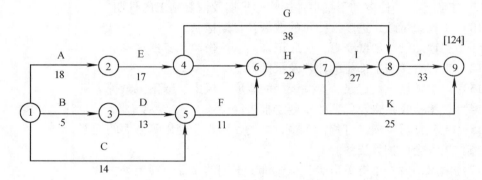

施工单位及时向监理工程师提交了一份索赔申请报告，并附有有关资料、证据和下列要求：

1. 工期顺延

E停工5天，F停工4天，G停工4天，H停工3天，I停工1天，总计要求工期顺延17天。

2. 经济损失索赔

（1）机械设备窝工费：

E工序吊车（3+2）台班×240元/台班=1200元

F工序搅拌机（3+1）台班×70元/台班=280元

G工序小型机械（2+2）台班×55元/台班=220元

H工序搅拌机3台班×70元/台班=210元

合计机械设备窝工费1910元。

（2）人工窝工费：

E工序5天×30人×28元/工日=4200元

F工序4天×35人×28元/工日=3920元

G工序4天×15人×28元/工日=1680元

H工序3天×35人×28元/工日=2940元

I工序1天×20人×28元/工日=560元

合计人工窝工费13300元。

（3）间接费增加（1910+13300）×16%=2433.6（元）。

（4）利润损失（1910＋13300＋2433.6）×5%＝882.18（元）。

总计经济索赔额 1910＋13300＋2433.6＋882.18＝18525.78（元）。

问题：

1. 施工单位索赔申请书提出的工序顺延时间、停工人数、机械台班数和单价的数据等，经审查后均为真实。监理工程师对所附各项工期顺延、经济索赔要求，如何确定认可？为什么？

2. 监理工程师对认可的工期顺延和经济索赔金如何处理？为什么？

案例分析要点：

问题1：（1）工期顺延。由于非施工单位原因造成的工期延误，应给予补偿。

1）因业主原因：E 工作补偿 3 天，H 工作补偿 3 天，G 工作补偿 2 天。

2）因业主要求变更设计：F 工作补偿 3 天。

3）因公网停电：F 工作补偿 1 天，I 工作补偿 1 天。

应补偿的工期：因关键工作延误天数一共为 7 天，非关键工作延误 5 天，关键工作延误天数大于非关键工作延误天数，所以监理工程师认可顺延工期 7 天。

（2）经济索赔。

1）机械闲置费：（3×240＋4×70＋2×55＋3×70）×50%＝660（元）。

2）人工窝工费：（3×30＋4×35＋2×15＋3×35＋1×20）×50%＝5390（元）。

3）因属暂时停工，间接费损失不予补偿。

4）因属暂时停工，利润损失不予补偿。

经济补偿合计：660＋5390＝6050 元。

问题2：关于认可的工期顺延和经济索赔处理因经济补偿金额超过监理工程师 5000 元的批准权限，以及工期顺延天数超过了监理工程师 5 天的批准权限，故监理工程师审核签证经济索赔金额及工期顺延证书均应报业主审查批准。

## 复习思考与训练题

1. 什么是索赔？索赔成立的条件有哪些？

2. 索赔申请的程序与批准的原则是什么？

3. 业主如何进行反索赔？

4. 简述工程索赔事件费用项目构成。

5. 工程师怎么预防和减少索赔事件的发生？

6. 工程索赔应从哪些地方搜集什么样的证据？

7. 工程延误如何分类？简述工期索赔的计算方法。

8. 在工程主体建设中，施工单位没有按施工组织设计对门窗洞口进行围栏防护，监理人员不慎从二楼摔下受伤，由此发生的医疗费用应由谁来承担，为什么？

9. 工程索赔争议有哪些处理方法？工程师在工程索赔中有何作用？

10. 为什么承包商要多与工程师、业主谈判索赔问题，而不是轻易使用司法程序解决问题？

11. 什么是工程变更？其程序如何？

12. 施工现场签证的程序如何？

# 附　　录

## 《建设工程施工合同（示范文本）》（GF—2013—0201）节选

## 专用合同条款

1. 一般约定

1.1　词语定义

1.1.1　合同

1.1.1.10　其他合同文件包括：＿＿＿＿＿＿＿＿＿＿＿＿＿＿＿＿＿＿＿＿＿＿＿＿＿。

1.1.2　合同当事人及其他相关方

1.1.2.4　监理人：

名　　　称：＿＿＿＿＿＿＿＿＿＿＿＿＿＿＿＿＿＿＿＿＿＿＿＿＿＿＿＿＿＿＿＿；

资质类别和等级：＿＿＿＿＿＿＿＿＿＿＿＿＿＿＿＿＿＿＿＿＿＿＿＿＿＿＿＿＿；

联系电话：＿＿＿＿＿＿＿＿＿＿＿＿＿＿＿＿＿＿＿＿＿＿＿＿＿＿＿＿＿＿＿＿＿；

电子信箱：＿＿＿＿＿＿＿＿＿＿＿＿＿＿＿＿＿＿＿＿＿＿＿＿＿＿＿＿＿＿＿＿＿；

通信地址：＿＿＿＿＿＿＿＿＿＿＿＿＿＿＿＿＿＿＿＿＿＿＿＿＿＿＿＿＿＿＿＿＿。

1.1.2.5　设计人：

名　　　称：＿＿＿＿＿＿＿＿＿＿＿＿＿＿＿＿＿＿＿＿＿＿＿＿＿＿＿＿＿＿＿＿；

资质类别和等级：＿＿＿＿＿＿＿＿＿＿＿＿＿＿＿＿＿＿＿＿＿＿＿＿＿＿＿＿＿；

联系电话：＿＿＿＿＿＿＿＿＿＿＿＿＿＿＿＿＿＿＿＿＿＿＿＿＿＿＿＿＿＿＿＿＿；

电子信箱：＿＿＿＿＿＿＿＿＿＿＿＿＿＿＿＿＿＿＿＿＿＿＿＿＿＿＿＿＿＿＿＿＿；

通信地址：＿＿＿＿＿＿＿＿＿＿＿＿＿＿＿＿＿＿＿＿＿＿＿＿＿＿＿＿＿＿＿＿＿。

1.1.3　工程和设备

1.1.3.7　作为施工现场组成部分的其他场所包括：＿＿＿＿＿＿＿＿＿＿＿＿＿＿＿。

1.1.3.9　永久占地包括：＿＿＿＿＿＿＿＿＿＿＿＿＿＿＿＿＿＿＿＿＿＿＿＿＿＿＿。

1.1.3.10　临时占地包括：＿＿＿＿＿＿＿＿＿＿＿＿＿＿＿＿＿＿＿＿＿＿＿＿＿＿。

1.3　法律

适用于合同的其他规范性文件：＿＿＿＿＿＿＿＿＿＿＿＿＿＿＿＿＿＿＿＿＿＿＿＿。

1.4　标准和规范

1.4.1　适用于工程的标准规范包括：＿＿＿＿＿＿＿＿＿＿＿＿＿＿＿＿＿＿＿＿＿＿。

1.4.2　发包人提供国外标准、规范的名称：＿＿＿＿＿＿＿＿＿＿＿＿＿＿＿＿＿＿；

发包人提供国外标准、规范的份数：＿＿＿＿＿＿＿＿＿＿＿＿＿＿＿＿＿＿＿＿＿；

发包人提供国外标准、规范的名称：＿＿＿＿＿＿＿＿＿＿＿＿＿＿＿＿＿＿＿＿＿。

1.4.3 发包人对工程的技术标准和功能要求的特殊要求：

_____。

1.5 合同文件的优先顺序

合同文件组成及优先顺序为：_____。

1.6 图纸和承包人文件

1.6.1 图纸的提供

发包人向承包人提供图纸的期限：_____；

发包人向承包人提供图纸的数量：_____；

发包人向承包人提供图纸的内容：_____。

1.6.4 承包人文件

需要由承包人提供的文件，包括：_____；

承包人提供的文件的期限为：_____；

承包人提供的文件的数量为：_____；

承包人提供的文件的形式为：_____；

发包人审批承包人文件的期限：_____。

1.6.5 现场图纸准备

关于现场图纸准备的约定：_____。

1.7 联络

1.7.1 发包人和承包人应当在_____天内将与合同有关的通知、批准、证明、证书、指示、指令、要求、请求、同意、意见、确定和决定等书面函件送达对方当事人。

1.7.2 发包人接收文件的地点：_____；

发包人指定的接收人为：_____。

承包人接收文件的地点：_____；

承包人指定的接收人为：_____。

监理人接收文件的地点：_____；

监理人指定的接收人为：_____。

1.10 交通运输

1.10.1 出入现场的权利

关于出入现场的权利的约定：_____。

1.10.3 场内交通

关于场外交通和场内交通的边界的约定：_____。发包人向承包人免费提供满足工程施工需要的场内道路和交通设施的约定：_____。

1.10.4 超大件和超重件的运输

运输超大件或超重件所需的道路和桥梁临时加固改造费用和其他有关费用由_____承担。

1.11 知识产权

1.11.1 关于发包人提供给承包人的图纸、发包人为实施工程自行编制或委托编制的技术规范以及反映发包人关于合同要求或其他类似性质的文件的著作权的归属：

_____。

关于发包人提供的上述文件的使用限制的要求：＿＿＿＿＿＿＿＿＿＿＿＿＿＿。

1.11.2　关于承包人为实施工程所编制文件的著作权的归属：＿＿＿＿＿＿＿＿＿＿＿。

关于承包人提供的上述文件的使用限制的要求：＿＿＿＿＿＿＿＿＿＿＿＿＿。

1.11.4　承包人在施工过程中所采用的专利、专有技术、技术秘密的使用费的承担方式：＿＿＿＿＿＿＿＿＿＿＿＿＿

1.13　工程量清单错误的修正

出现工程量清单错误时，是否调整合同价格：＿＿＿＿＿＿＿＿＿＿＿＿＿。

允许调整合同价格的工程量偏差范围：＿＿＿＿＿＿＿＿＿＿＿＿＿＿＿＿＿。

2. 发包人

2.2　发包人代表

发包人代表：

姓　　名：＿＿＿＿＿＿＿＿＿＿＿＿＿；

身份证号：＿＿＿＿＿＿＿＿＿＿＿＿＿；

职　　务：＿＿＿＿＿＿＿＿＿＿＿＿＿；

联系电话：＿＿＿＿＿＿＿＿＿＿＿＿＿；

电子信箱：＿＿＿＿＿＿＿＿＿＿＿＿＿；

通信地址：＿＿＿＿＿＿＿＿＿＿＿＿＿。

发包人对发包人代表的授权范围如下：＿＿＿＿＿＿＿＿＿＿＿＿＿＿。

2.4　施工现场、施工条件和基础资料的提供

2.4.1　提供施工现场

关于发包人移交施工现场的期限要求：＿＿＿＿＿＿＿＿＿＿＿＿＿＿。

2.4.2　提供施工条件

关于发包人应负责提供施工所需要的条件，包括：＿＿＿＿＿＿＿＿＿＿＿＿＿＿。

2.5　资金来源证明及支付担保

发包人提供资金来源证明的期限要求：＿＿＿＿＿＿＿＿＿＿＿＿＿。

发包人是否提供支付担保：＿＿＿＿＿＿＿＿＿＿＿＿＿。

发包人提供支付担保的形式：＿＿＿＿＿＿＿＿＿＿＿＿＿。

3. 承包人

3.1　承包人的一般义务

（5）承包人提交的竣工资料的内容：＿＿＿＿＿＿＿＿＿＿＿＿＿。

承包人需要提交的竣工资料套数：＿＿＿＿＿＿＿＿＿＿＿＿＿。

承包人提交的竣工资料的费用承担：＿＿＿＿＿＿＿＿＿＿＿＿＿。

承包人提交的竣工资料移交时间：＿＿＿＿＿＿＿＿＿＿＿＿＿。

承包人提交的竣工资料形式要求：＿＿＿＿＿＿＿＿＿＿＿＿＿。

（6）承包人应履行的其他义务：＿＿＿＿＿＿＿＿＿＿＿＿＿。

3.2　项目经理

3.2.1　项目经理：

姓　　名：＿＿＿＿＿＿＿＿＿＿＿＿＿；

身份证号：＿＿＿＿＿＿＿＿＿＿＿＿＿；

建造师执业资格等级：_____；

建造师注册证书号：_____；

建造师执业印章号：_____；

安全生产考核合格证书号：_____；

联系电话：_____；

电子信箱：_____；

通信地址：_____；

承包人对项目经理的授权范围如下：_____。

关于项目经理每月在施工现场的时间要求：_____。

承包人未提交劳动合同，以及没有为项目经理缴纳社会保险证明的违约责任：_____。

项目经理未经批准，擅自离开施工现场的违约责任：_____。

3.2.3 承包人擅自更换项目经理的违约责任：_____。

3.2.4 承包人无正当理由拒绝更换项目经理的违约责任：_____。

3.3 承包人人员

3.3.1 承包人提交项目管理机构及施工现场管理人员安排报告的期限：_____。

3.3.3 承包人无正当理由拒绝撤换主要施工管理人员的违约责任：_____。

3.3.4 承包人主要施工管理人员离开施工现场的批准要求：_____。

3.3.5 承包人擅自更换主要施工管理人员的违约责任：_____。

承包人主要施工管理人员擅自离开施工现场的违约责任：_____。

3.5 分包

3.5.1 分包的一般约定

禁止分包的工程包括：_____。

主体结构、关键性工作的范围：_____。

3.5.2 分包的确定

允许分包的专业工程包括：_____。

其他关于分包的约定：_____

_____。

3.5.4 分包合同价款

关于分包合同价款支付的约定：_____。

3.6 工程照管与成品、半成品保护

承包人负责照管工程及工程相关的材料、工程设备的起始时间：_____。

3.7 履约担保

承包人是否提供履约担保：_____。

承包人提供履约担保的形式、金额及期限的：_____。

4. 监理人

4.1 监理人的一般规定

关于监理人的监理内容：_____。

关于监理人的监理权限：_____。

关于监理人在施工现场的办公场所、生活场所的提供和费用承担的约定：_____。

4.2 监理人员

总监理工程师：

姓　　名：_____；

职　　务：_____；

监理工程师执业资格证书号：_____；

联系电话：_____；

电子信箱：_____；

通信地址：_____；

关于监理人的其他约定：_____。

4.4 商定或确定

在发包人和承包人不能通过协商达成一致意见时，发包人授权监理人对以下事项进行确定：

（1）_____；

（2）_____；

（3）_____。

5. 工程质量

5.1 质量要求

5.1.1 特殊质量标准和要求：_____。

关于工程奖项的约定：_____。

5.3 隐蔽工程检查

5.3.2 承包人提前通知监理人隐蔽工程检查的期限的约定：_____。

监理人不能按时进行检查时，应提前_____小时提交书面延期要求。

关于延期最长不得超过：_____小时。

6. 安全文明施工与环境保护

6.1 安全文明施工

6.1.1 项目安全生产的达标目标及相应事项的约定：_____。

6.1.4 关于治安保卫的特别约定：_____。

关于编制施工场地治安管理计划的约定：_____。

6.1.5 文明施工

合同当事人对文明施工的要求：_____。

6.1.6 关于安全文明施工费支付比例和支付期限的约定：_____。

7. 工期和进度

7.1 施工组织设计

7.1.1 合同当事人约定的施工组织设计应包括的其他内容：_____。

7.1.2 施工组织设计的提交和修改

承包人提交详细施工组织设计的期限的约定：_____。

发包人和监理人在收到详细的施工组织设计后确认或提出修改意见的期限：_____。

7.2 施工进度计划

7.2.2 施工进度计划的修订

发包人和监理人在收到修订的施工进度计划后确认或提出修改意见的期限：_____。

7.3 开工

7.3.1 开工准备

关于承包人提交工程开工报审表的期限：_____。

关于发包人应完成的其他开工准备工作及期限：_____。

关于承包人应完成的其他开工准备工作及期限_____。

7.3.2 开工通知

因发包人原因造成监理人未能在计划开工日期之日起_____天内发出开工通知的，承包人有权提出价格调整要求，或者解除合同。

7.4 测量放线

7.4.1 发包人通过监理人向承包人提供测量基准点、基准线和水准点及其书面资料的期限：_____。

7.5 工期延误

7.5.1 因发包人原因导致工期延误

因发包人原因导致工期延误的其他情形：_____。

7.5.2 因承包人原因导致工期延误

因承包人原因造成工期延误，逾期竣工违约金的计算方法为：_____。

因承包人原因造成工期延误，逾期竣工违约金的上限：_____。

7.6 不利物质条件

不利物质条件的其他情形和有关约定：_____。

7.7 异常恶劣的气候条件

发包人和承包人同意以下情形视为异常恶劣的气候条件：

（1）_____；

（2）_____；

（3）_____。

7.9 提前竣工的奖励

7.9.2 提前竣工的奖励：_____。

8. 材料与设备

8.4 材料与工程设备的保管与使用

8.4.1 发包人供应的材料设备的保管费用的承担：_____。

8.6 样品

8.6.1 样品的报送与封存

需要承包人报送样品的材料或工程设备，样品的种类、名称、规格、数量要求：_____。

8.8 施工设备和临时设施

8.8.1 承包人提供的施工设备和临时设施

关于修建临时设施费用承担的约定：＿＿＿＿＿＿＿＿＿＿＿＿＿＿。

9. 试验与检验

9.1 试验设备与试验人员

9.1.2 试验设备

施工现场需要配置的试验场所：＿＿＿＿＿＿＿＿＿＿＿＿＿＿。

施工现场需要配备的试验设备：＿＿＿＿＿＿＿＿＿＿＿＿＿＿。

施工现场需要具备的其他试验条件：＿＿＿＿＿＿＿＿＿＿＿＿＿＿。

9.4 现场工艺试验

现场工艺试验的有关约定：＿＿＿＿＿＿＿＿＿＿＿＿＿＿。

10. 变更

10.1 变更的范围

关于变更的范围的约定：＿＿＿＿＿＿＿＿＿＿＿＿＿＿。

10.4 变更估价

10.4.1 变更估价原则

关于变更估价的约定：＿＿＿＿＿＿＿＿＿＿＿＿＿＿。

10.5 承包人的合理化建议

监理人审查承包人合理化建议的期限：＿＿＿＿＿＿＿＿＿＿＿＿＿＿。

发包人审批承包人合理化建议的期限：＿＿＿＿＿＿＿＿＿＿＿＿＿＿。

承包人提出的合理化建议降低了合同价格或者提高了工程经济效益的奖励的方法和金额为：＿＿＿＿＿＿＿＿＿＿＿＿＿＿。

10.7 暂估价

暂估价材料和工程设备的明细详见附件11：《暂估价一览表》。

10.7.1 依法必须招标的暂估价项目

对于依法必须招标的暂估价项目的确认和批准采取第＿＿＿种方式确定。

10.7.2 不属于依法必须招标的暂估价项目

对于不属于依法必须招标的暂估价项目的确认和批准采取第＿＿＿种方式确定。

第3种方式：承包人直接实施的暂估价项目

承包人直接实施的暂估价项目的约定：＿＿＿＿＿＿＿＿＿＿。

10.8 暂列金额

合同当事人关于暂列金额使用的约定：＿＿＿＿＿＿＿＿＿＿。

11. 价格调整

11.1 市场价格波动引起的调整

市场价格波动是否调整合同价格的约定：＿＿＿＿＿＿＿＿＿＿。

因市场价格波动调整合同价格，采用以下第＿＿＿种方式对合同价格进行调整：

第1种方式：采用价格指数进行价格调整。

关于各可调因子、定值和变值权重，以及基本价格指数及其来源的约定：＿＿＿＿＿＿＿＿＿；

第2种方式：采用造价信息进行价格调整。

（2）关于基准价格的约定：＿＿＿＿＿＿＿＿＿＿。

专用合同条款①承包人在已标价工程量清单或预算书中载明的材料单价低于基准价格

的：专用合同条款合同履行期间材料单价涨幅以基准价格为基础超过_____%时，或材料单价跌幅以已标价工程量清单或预算书中载明材料单价为基础超过_____%时，其超过部分据实调整。

②承包人在已标价工程量清单或预算书中载明的材料单价高于基准价格的：专用合同条款合同履行期间材料单价跌幅以基准价格为基础超过_____%时，材料单价涨幅以已标价工程量清单或预算书中载明材料单价为基础超过_____%时，其超过部分据实调整。

③承包人在已标价工程量清单或预算书中载明的材料单价等于基准单价的：专用合同条款合同履行期间材料单价涨跌幅以基准单价为基础超过 ±_____%时，其超过部分据实调整。

第 3 种方式：其他价格调整方式：_____。

12. 合同价格、计量与支付

12.1　合同价格形式

1. 单价合同。

综合单价包含的风险范围：_____。

风险费用的计算方法：_____。

风险范围以外合同价格的调整方法：_____。

2. 总价合同。

总价合同包含的风险范围：_____。

风险费用的计算方法：_____。

风险范围以外合同价格的调整方法：_____。

3. 其他价格方式：_____。

12.2　预付款

12.2.1　预付款的支付

预付款支付比例或金额：_____。

预付款支付期限：_____。

预付款扣回的方式：_____。

12.2.2　预付款担保

承包人提交预付款担保的期限：_____。

预付款担保的形式为：_____。

12.3　计量

12.3.1　计量原则

工程量计算规则：_____。

12.3.2　计量周期

关于计量周期的约定：_____。

12.3.3　单价合同的计量

关于单价合同计量的约定：_____。

12.3.4　总价合同的计量

关于总价合同计量的约定：_____。

12.3.5　总价合同采用支付分解表计量支付的，是否适用第 12.3.4 项〔总价合同的计量〕约定进行计量：_____。

12.3.6　其他价格形式合同的计量

其他价格形式的计量方式和程序：_____。

12.4　工程进度款支付

12.4.1　付款周期

关于付款周期的约定：_____。

12.4.2　进度付款申请单的编制

关于进度付款申请单编制的约定：_____。

12.4.3　进度付款申请单的提交

（1）单价合同进度付款申请单提交的约定：_____。

（2）总价合同进度付款申请单提交的约定：_____。

（3）其他价格形式合同进度付款申请单提交的约定：_____。

12.4.4　进度款审核和支付

（1）监理人审查并报送发包人的期限：_____。

发包人完成审批并签发进度款支付证书的期限：_____。

（2）发包人支付进度款的期限：_____。

发包人逾期支付进度款的违约金的计算方式：_____。

12.4.6　支付分解表的编制

2.总价合同支付分解表的编制与审批：_____。

3.单价合同的总价项目支付分解表的编制与审批：_____。

13.验收和工程试车

13.1　分部分项工程验收

13.1.2　监理人不能按时进行验收时，应提前_____小时提交书面延期要求。

关于延期最长不得超过：_____小时。

13.2　竣工验收

13.2.2　竣工验收程序

关于竣工验收程序的约定：_____。

发包人不按照本项约定组织竣工验收、颁发工程接收证书的违约金的计算方法：
_____。

13.2.5　移交、接收全部与部分工程

承包人向发包人移交工程的期限：_____。

发包人未按本合同约定接收全部或部分工程的，违约金的计算方法为：
_____。

承包人未按时移交工程的，违约金的计算方法为：_____。

13.3　工程试车

13.3.1　试车程序

工程试车内容：_____。

（1）单机无负荷试车费用由_____承担；

（2）无负荷联动试车费用由_____承担。

13.3.3 投料试车

关于投料试车相关事项的约定：＿＿＿＿＿＿＿＿＿。

13.6 竣工退场

13.6.1 竣工退场

承包人完成竣工退场的期限：＿＿＿＿＿＿＿＿＿。

14. 竣工结算

14.1 竣工付款申请

承包人提交竣工付款申请单的期限：＿＿＿＿＿＿＿。

竣工付款申请单应包括的内容：＿＿＿＿＿＿＿＿。

14.2 竣工结算审核

发包人审批竣工付款申请单的期限：＿＿＿＿＿＿。

发包人完成竣工付款的期限：＿＿＿＿＿＿＿＿。

关于竣工付款证书异议部分复核的方式和程序：＿＿＿。

14.4 最终结清

14.4.1 最终结清申请单

承包人提交最终结清申请单的份数：＿＿＿＿＿＿＿。

承包人提交最终结算申请单的期限：＿＿＿＿＿＿＿。

14.4.2 最终结清证书和支付

（1）发包人完成最终结清申请单的审批并颁发最终结清证书的期限：＿＿＿＿＿＿＿＿＿。

（2）发包人完成支付的期限：＿＿＿＿＿＿＿＿。

15. 缺陷责任期与保修

15.2 缺陷责任期

缺陷责任期的具体期限：＿＿＿＿＿＿＿＿＿。

15.3 质量保证金

关于是否扣留质量保证金的约定：＿＿＿＿＿＿＿。

15.3.1 承包人提供质量保证金的方式

质量保证金采用以下第＿＿＿种方式：

（1）质量保证金保函，保证金额为：＿＿＿＿＿＿；

（2）＿＿＿＿＿％的工程款；

（3）其他方式：＿＿＿＿＿＿＿＿＿＿。

15.3.2 质量保证金的扣留

质量保证金的扣留采取以下第＿＿＿种方式：

（1）在支付工程进度款时逐次扣留，在此情形下，质量保证金的计算基数不包括预付款的支付、扣回以及价格调整的金额；

（2）工程竣工结算时一次性扣留质量保证金；

（3）其他扣留方式：＿＿＿＿＿＿＿＿＿＿。

关于质量保证金的补充约定：＿＿＿＿＿＿＿＿。

15.4 保修

15.4.1 保修责任

工程保修期为：_____。

15.4.3 修复通知

承包人收到保修通知并到达工程现场的合理时间：_____。

16. 违约

16.1 发包人违约

16.1.1 发包人违约的情形

发包人违约的其他情形：_____。

16.1.2 发包人违约的责任

发包人违约责任的承担方式和计算方法：

（1）因发包人原因未能在计划开工日期前 7 天内下达开工通知的违约责任：_____。

（2）因发包人原因未能按合同约定支付合同价款的违约责任：_____。

（3）发包人违反第 10.1 款〔变更的范围〕第（2）项约定，自行实施被取消的工作或转由他人实施的违约责任：_____。

（4）发包人提供的材料、工程设备的规格、数量或质量不符合合同约定，或因发包人原因导致交货日期延误或交货地点变更等情况的违约责任：_____。

（5）因发包人违反合同约定造成暂停施工的违约责任：_____。

（6）发包人无正当理由没有在约定期限内发出复工指示，导致承包人无法复工的违约责任：_____。

（7）其他：_____。

16.1.3 因发包人违约解除合同

承包人按 16.1.1 项〔发包人违约的情形〕约定暂停施工满_____天后发包人仍不纠正其违约行为并致使合同目的不能实现的，承包人有权解除合同。

16.2 承包人违约

16.2.1 承包人违约的情形

承包人违约的其他情形：_____。

16.2.2 承包人违约的责任

承包人违约责任的承担方式和计算方法：_____。

16.2.3 因承包人违约解除合同

关于承包人违约解除合同的特别约定：_____。

发包人继续使用承包人在施工现场的材料、设备、临时工程、承包人文件和由承包人或以其名义编制的其他文件的费用承担方式：_____。

17. 不可抗力

17.1 不可抗力的确认

除通用合同条款约定的不可抗力事件之外，视为不可抗力的其他情形：_____。

17.4 因不可抗力解除合同

合同解除后，发包人应在商定或确定发包人应支付款项后_____天内完成款项的支付。

18. 保险

18. 1 工程保险

关于工程保险的特别约定：_____。

18. 3 其他保险

关于其他保险的约定：_____。

承包人是否应为其施工设备等办理财产保险：_____。

18. 7 通知义务

关于变更保险合同时的通知义务的约定：_____。

20. 争议解决

20. 3 争议评审

合同当事人是否同意将工程争议提交争议评审小组决定：_____。

20. 3. 1 争议评审小组的确定

争议评审小组成员的确定：_____。

选定争议评审员的期限：_____。

争议评审小组成员的报酬承担方式：_____。

其他事项的约定：_____。

20. 3. 2 争议评审小组的决定

合同当事人关于本项的约定：_____。

20. 4 仲裁或诉讼

因合同及合同有关事项发生的争议，按下列第_____种方式解决：

（1）向_____仲裁委员会申请仲裁；

（2）向_____人民法院起诉。

# 参 考 文 献

[1]  田恒久. 工程招投标与合同管理 [M]. 北京：中国电力出版社，2002.

[2]  全国造价工程师执业资格考试培训教材编审委员会. 工程造价计价与控制 [M]. 北京：中国计划出版社，2010.

[3]  全国造价工程师执业资格考试培训教材编审委员会. 工程造价案例分析 [M]. 北京：中国城市出版社，2010.

[4]  何佰洲，刘禹. 工程建设合同与合同管理 [M]. 沈阳：东北财经大学出版社，2004.

[5]  危道军. 招投标与合同管理实务 [M]. 北京：高等教育出版社，2005.

[6]  全国一级建造师执业资格考试用书编写委员会. 建设工程经济 [M]. 北京：中国建筑工业出版社，2011.

[7]  全国一级建造师执业资格考试用书编写委员会. 建设工程项目管理 [M]. 北京：中国建筑工业出版社，2011.

[8]  全国一级建造师执业资格考试用书编写委员会. 建设法规及相关知识 [M]. 北京：中国建筑工业出版社，2011.

[9]  全国二级建造师执业资格考试用书编写委员会. 建筑施工管理 [M]. 北京：中国建筑工业出版社，2011.

[10]  高群，张素菲. 建设工程招投标与合同管理 [M]. 北京：机械工业出版社，2007.

[11]  张水波，何伯森. FIDIC 新版合同条件导读与解析 [M]. 北京：中国建筑工业出版社，2003.

[12]  《标准文件》编制组. 中华人民共和国标准施工招标资格预审文件 2007 年版 [M]. 北京：中国计划出版社，2007.

[13]  《标准文件》编制组. 中华人民共和国标准施工招标文件 2007 年版 [M]. 北京：中国计划出版社，2007.

[14]  《房屋建筑和市政工程标准施工招标资格预审文件》编制组. 中华人民共和国房屋建筑和市政工程标准施工招标资格预审文件 2010 年版 [M]. 北京：中国建筑工业出版社，2010.

[15]  《房屋建筑和市政工程标准施工招标文件》编制组. 房屋建筑和市政工程标准施工招标文件 2010 年版 [M]. 北京：中国建筑工业出版社，2010.

[16]  国家发展和改革委员会法规司，等. 中华人民共和国招标投标法实施条例释义 [M]. 北京：中国计划出版社，2012.

[17]  住房和城乡建设部标准定额研究所，等. GB 50500—2013 建设工程工程量清单计价规范 [S]. 北京：中国计划出版社，2013.

[18]  住房和城乡建设部，国家工商行政管理总局. GF-2013-0201 建设工程施工合同（示范文本）[S]. 北京：中国建筑工业出版社，2013.

# 教材使用调查问卷

尊敬的老师：

您好！欢迎您使用机械工业出版社出版的"高职高专土建类专业规划教材"，为了进一步提高我社教材的出版质量，更好地为我国教育发展服务，欢迎您对我社的教材多提宝贵的意见和建议。敬请您留下您的联系方式，我们将向您提供周到的服务，向您赠阅我们最新出版的教学用书、电子教案及相关图书资料。

本调查问卷复印有效，请您通过以下方式返回：

邮寄：北京市西城区百万大庄街 22 号机械工业出版社建筑分社（100037）

　　　张荣荣　　　（收）

传真：010-68994437（张荣荣收）　　　　　Email：r. r. 00@163. com

## 一、基本信息

姓名：_____　职称：_____　　　　职务：_____

所在单位：_____

任教课程：_____

邮编：_____　地址：_____

电话：_____　电子邮件：_____

## 二、关于教材

1. 贵校开设土建类哪些专业？

□建筑工程技术　　　　□建筑装饰工程技术　　　　□工程监理　　　　□工程造价

□房地产经营与估价　　□物业管理　　　　　　　　□市政工程

2. 您使用的教学手段：　□传统板书　　　□多媒体教学　　　□网络教学

3. 您认为还应开发哪些教材或教辅用书？_____

4. 您是否愿意参与教材编写？希望参与哪些教材的编写？

课程名称：_____

形式：　□纸质教材　　　□实训教材（习题集）　　　□多媒体课件

5. 您选用教材比较看重以下哪些内容？

□作者背景　　　□教材内容及形式　　　□有案例教学　　　□配有多媒体课件

□其他_____

## 三、您对本书的意见和建议（欢迎您指出本书的疏误之处）_____

_____

_____

## 四、您对我们的其他意见和建议_____

_____

_____

**请与我们联系：**

100037　北京百万庄大街 22 号

机械工业出版社·建筑分社　张荣荣　收

Tel：010—88379777（O），6899 4437（Fax）

E-mail：r. r. 00@163. com

http：//www. cmpedu. com（机械工业出版社·教材服务网）

http：//www. cmpbook. com（机械工业出版社·门户网）

http：//www. golden-book. com（中国科技金书网·机械工业出版社旗下网站）